辽宁科协资助
LIAONING KEXIE ZIZHU
辽宁省优秀自然科学著作·2022年

# 薄壁圆柱壳耦合结构动力学建模、分析与实验测试

李朝峰　唐千升　闻邦椿　著

科学出版社

北　京

# 内 容 简 介

　　本书在介绍薄壁圆柱壳结构动力学基本理论的基础上,对薄壁圆柱壳及其耦合结构的动力学建模方法、分析和实验方法等开展相关研究。主要内容包括圆柱壳结构动力学基本理论、线性边界圆柱壳结构的动力学特性、螺栓连接圆柱壳结构的动力学特性、圆板-圆柱壳耦合结构的振动特性、层合圆柱壳结构的振动特性及振动响应与控制、圆柱壳结构的振动实验测试等。

　　本书可以作为高等院校机械、力学等专业高年级本科生、研究生的参考书,也可供相关领域科研人员和工程技术人员参考。

**图书在版编目（CIP）数据**

薄壁圆柱壳耦合结构动力学建模、分析与实验测试 / 李朝峰,唐千升,闻邦椿著. —北京：科学出版社,2024.11

ISBN 978-7-03-077317-3

Ⅰ.①薄… Ⅱ.①李…②唐…③闻… Ⅲ.①薄壁结构－圆柱面壳－耦合结构－结构动力学－研究 Ⅳ.①TU33

中国国家版本馆 CIP 数据核字（2023）第 255910 号

责任编辑：姜　红　常友丽 / 责任校对：邹慧卿
责任印制：赵　博 / 封面设计：无极书装

**科 学 出 版 社** 出版
北京东黄城根北街 16 号
邮政编码：100717
http://www.sciencep.com

三河市春园印刷有限公司印刷
科学出版社发行　各地新华书店经销
\*

2024 年 11 月第　一　版　开本：720×1000　1/16
2024 年 11 月第一次印刷　印张：22 1/2
字数：454 000

定价：198.00 元
（如有印装质量问题,我社负责调换）

# 前　　言

薄壁圆柱壳结构具有厚度小、质量轻、易于加工和力学性能好等特点，被广泛应用于重要工程领域，如航空航天、石油化工、航海等领域的机械设备中。由于其薄壁特征，极易出现密集型振动模态，以及在不同载荷环境下容易和其他结构发生耦合振动，使得该类结构的动力学问题显得复杂多变，不易设计。因此薄壁圆柱壳的结构设计是高端机械装备动力学设计的重要任务之一。

薄壁圆柱壳耦合结构振动问题研究的目的在于掌握其动力学建模方法，了解其振动规律和机理，掌握抑制其有害振动的方法和手段，以及掌握利用其有益振动的技术。而做到这些的前提就是要弄清不同工况下薄壁圆柱壳振动特性，揭示其内在振动规律及随外部因素的变化规律。本书在薄壁圆柱壳振动问题建模、求解过程中，以单一圆柱壳、螺栓连接圆柱壳、圆板-圆柱壳及层合圆柱壳结构为研究对象，主要采用半解析方法对系统进行动力学建模，应用数值积分方法和增量谐波平衡法对结构振动响应进行求解，对结构模态特性和振动响应特征进行分析，期望能为薄壁圆柱壳振动控制和利用方面的研究贡献些许力量。

我自工作以来，一直从事航空发动机结构中薄壁结构的动力学与振动控制研究。我对薄壁圆柱壳的研究始于 2013 年，针对在研究过程中发现的一些科学问题做了一定的工作，并加以总结形成本书的主要内容。为了方便表述，本书提到的圆柱壳均为薄壁圆柱壳。以从单构件到多构件振动及从理论到实验为主线，本书研究内容分为五部分：第一部分主要对圆柱壳结构振动问题的研究意义和国内外研究现状进行总结；第二部分主要关注圆柱壳结构振动分析基本理论及模态特性问题；第三部分主要关注圆柱壳耦合结构模态及非线性振动问题；第四部分主要关注层合圆柱壳结构动力学与控制问题；第五部分主要关注圆柱壳结构振动测试问题。

第一部分：涉及第 1 章内容，以圆柱壳结构为对象，分析圆柱壳结构振动研究的意义，总结典型圆柱壳结构振动、圆柱壳耦合结构振动、层合圆柱壳结构振动、圆柱壳结构振动实验的国内外研究现状。

第二部分：涉及第 2、3 章内容，以航空发动机机匣/鼓筒等为背景，主要介绍圆柱壳结构振动分析基本理论、建模手段及求解方法，研究结构参数、载荷场和边界条件对圆柱壳结构振动特性的影响。

第三部分：涉及第 4、5 章内容，主要以圆柱壳耦合结构为研究对象，包含螺栓连接圆柱壳结构、双圆柱壳耦合结构、圆板-圆柱壳耦合结构。主要研究螺栓连接非线性力学特性给圆柱壳耦合结构振动响应特征带来的影响,以及不同连接条件下的圆柱壳耦合结构模态特性。

第四部分:涉及第 6、7 章内容,主要研究层合圆柱壳结构自由振动、基于大变形理论的层合圆柱壳结构非线性振动特性,以及压电层对圆柱壳结构振动控制策略。

第五部分:涉及第 8 章,主要介绍圆柱壳结构的振动实验测试方面的内容。

以上这些内容相互独立,互为依托。作者尽量体现问题研究的过程,希望能为相关研究人员提供一定的方法参考。如关于螺栓连接建模的问题,先是忽略微滑移特征,在问题得到解决的基础上,再进行更深入的微滑移特征研究,以起到循序渐进、厘清机理的效果。另外,值得一提的是,书中最后的实验研究方法可以扩展应用在各个章节的研究内容中。本书仅进行了单个圆柱壳结构振动模态及振动响应的测试,希望能起到抛砖引玉的作用。

本书所研究的相关内容,主要是在国家自然科学基金委面上项目"热环境下航空发动机旋转叶片组耦合振动及局部化损伤成因研究"(项目编号:52075086)、"航空发动机叶片-轮盘-鼓筒装配部件的耦合动力学及其振动局部化控制研究"(项目编号:51575093)的资助下,由东北大学李朝峰教授、安徽农业大学唐千升博士和东北大学闻邦椿教授共同完成。作者在本书撰写的过程中,得到了课题组韩清凯教授的指导和建议,在此表示特别感谢!同时也对课题组的苗伯卿、裴晨阳、仲秉夫、杨青玉、乔瑞环、李培勇、苗雪阳、江雨霖、杨康、吕志鹏等硕士、博士研究生的努力工作表示感谢!

作者力求完美,但由于水平有限,书中难免存在不足或不妥之处,敬请广大读者批评指正。

李朝峰

2023 年 9 月

# 目　录

第 1 章

# 绪 论

圆柱壳结构具有厚度小、质量轻、易于加工和力学性能好等特点,被广泛应用于重要工程领域,如航空航天、石油化工、航海等领域的机械设备中。在现代航空发动机的研发、制造过程中,根据装配、维修、搬运等需要,航空发动机的各部件并不是整体一次加工而成的,而是通过螺栓连接、榫头榫槽连接、焊接和铆接等方式进行的组合。螺栓连接由于其可靠性强、通用性好、拆卸方便、易操作及连接性能好等优点大量应用于航空发动机和燃气轮机中,图 1.1 为昆仑发动机[1]和 QD70 系列燃机[2],包含了很多螺栓连接圆柱壳结构。

(a) 昆仑发动机　　　　　　　　　　(b) QD70系列燃机

图 1.1　工程设备中存在的螺栓连接圆柱壳结构

## ■ 1.1　圆柱壳结构振动研究的意义

从整体装备上来说,螺栓整体的失效、脱落等故障均可能会引起重大的航空安全事故。2001 年 6 月 15 日,荷兰皇家空军的一架 J-206 号 F-16 战斗机在飞行时,悬挂系统中的螺栓由于温差变形等原因发生松脱,致使油管损坏,引发发动机故障,导致坠机。经过此次事件后,全球所有的 F-16 引擎上的螺栓都换成了镍合金材料以保证其疲劳特性和连接特性[3]。

从振动角度来说，部件之间螺栓连接将带来一系列动力学问题，例如会降低整个发动机的可靠性等。螺栓连接是将两个相邻部件通过螺栓的方式装配在一起，螺栓连接部位称为结合部。相关的研究表明，连接结构 40%～60%的刚度，以及90%的阻尼来自结合部[4]。因此，在载荷环境中，结合部的状态变化对连接结构，甚至整体部件有着至关重要的影响。据统计，从 1963 年至 1978 年的 15 年期间，美国空军战斗机共发生飞行事故 3824 起，由发动机故障引起的事故 1664 起，占事故总数的 43.5%。而发动机故障引起的事故中，属于疲劳、蠕变、振动、断裂和腐蚀性故障的约占 64%[5]。发动机的结构强度故障的 90%以上由振动导致或与振动有关。因此，为了降低和避免螺栓连接结构振动引发的损失和灾难，对螺栓连接结构进行深入的振动特性分析及非线性动力学特性研究变得十分迫切。

从结构材料上来看，近些年来伴随着复合材料技术的进步，复合材料结构具有机械强度高、刚度高和功能可设计性等优异性能，使其开始广泛应用到涡扇发动机和燃气轮机等机械装备中，比如纤维增强复合圆柱壳已经在旋转机械上得到应用。在部分型号的航空发动机上已开始使用初步的复合壳结构来实现不同的工程要求，如图 1.1 所示。于是，针对复合材料层合圆柱壳结构的几何非线性动力学问题，开始成为时下工程和理论界的研究前沿。当前，在理论与实践领域，关于复合材料层合圆柱壳结构的动力学特性的研究有诸多进展。但是，许多研究局限于以下三个方面：①弹性边界下的线性动力学分析；②经典边界下的几何非线性振动研究；③直接采用有限元法进行数值模拟分析。但是在实际工程应用中，边界多为复杂条件支承，再加上复合材料的各向异性以及几何非线性等突出的力学特性，其振动特性的分析十分复杂，导致在弹性边界下的动力学研究成果并不是特别突出。而且，由于航空发动机是高度集成化的机械装备，对其质量、形状以及几何尺寸有着严格限制，有些情况下，传统工程上所采用的增加厚度或者加强筋的方式来使薄壁结构固有频率升高从而减少振幅的方法不太可行。因此，采用阻尼材料或涂层材料对其局部刚度强化的技术得到了广泛应用。在此背景下，将此种薄壁结构看成主体是各向同性单层、局部采用复合材料层合的组合圆柱壳，对其进行动力学分析变得十分有意义。

从振动水平上来看，鼓盘式转子由鼓筒、轮盘及转轴组成。轮盘是压气机中主要连接和受力零件，轮盘的主要功能是安装叶片及传输功率，轮盘是在高转速旋转态下工作，承受着很高的离心负载、振动负载和热负载。由于目前发动机日益追求轻量化和长寿命，所以轮盘的结构也日益趋于轻型化，设计得非常薄。但是在高负载、长寿命的工作要求下，轮盘的振动问题就显得极其重要[6]。鼓筒作为典型的薄壁壳体构件，极易产生振动。在材料弹性范围内，应力与应变成正比，因而随着鼓筒直径的不断增大，鼓筒的径向应变和径向位移急剧增大。当振动幅值与鼓筒厚度数量级相近时，以往的线性壳理论不再准确，需要采用更为合适的非线性壳理论对简化的模型进行分析计算。

航空发动机作为航空器、航天器、火箭和导弹等飞行器的"心脏"[7]，是航空技术发展的关键环节和重要指标。航空发动机装备技术的发展是飞行器性能、可靠性和成本的决定因素[8]。航空发动机中结构是由大量薄壁结构组成，包括圆柱壳结构、圆锥壳结构和圆板结构等。例如，机匣结构是由多段圆柱壳、圆锥壳结构装配而成；在内部转子结构中，也存在着螺栓连接鼓筒轮盘装配结构。结构的薄壁特征决定了其在大载荷、大冲击等工况下容易发生振动变形，而连接结构会导致其振动情况更为复杂。

尽管近些年来对连接部件的动力学特性研究逐渐增多，但是对于螺栓连接圆柱壳耦合结构动力学特性方面的研究尚不多见。在以往的大多数研究中，在进行单构件或多构件耦合结构振动问题的研究时，往往过于简化构件间的约束条件和连接条件，未能充分考虑到连接特性对圆柱壳耦合结构的模态特性及响应特征的影响，显然这样的分析与处理方式是不合适的。而从圆柱壳结构在国防、航天航空、船舶等领域中的广泛应用和重要地位的角度出发，有必要结合工程中遇到的亟待解决的问题，深入研究圆柱壳耦合动力学特性，建立有效和全面的装配结构动力学模型，分析其连接特性、在复杂工作环境下的模态特性和响应特征，这是当前发展航空发动机事业上的重要研究课题，此项工作的开展和进行具有重要的理论意义和工程实用价值。

在此背景下，以圆柱壳耦合结构为研究对象，从理论分析和实验研究两个方面展开圆柱壳耦合结构动力学问题的研究，揭示圆柱壳和其装配结构间的耦合振动机理，探明耦合连接对圆柱壳耦合结构振动特性的影响规律，为航空发动机中薄壁耦合结构及其零件、部件振动特性研究的发展提供理论依据和基础。

## ■ 1.2 圆柱壳结构振动的国内外研究现状

对于圆柱壳结构振动的研究现状，这里围绕以下四部分内容展开：典型圆柱壳结构振动研究现状、圆柱壳耦合结构振动研究现状、层合圆柱壳结构振动研究现状、圆柱壳结构振动实验研究现状。

### 1.2.1 典型圆柱壳结构振动研究现状

普遍的壳理论都是基于线性弹性理论和经典的壳理论而发展的。关于薄壳结构动力学的研究最早可追溯到 19 世纪 80 年代，在漫长的发展过程中，研究人员根据不同工程实际应用的需要，针对具体问题对薄壳理论进行了不同的近似处理，从而形成了诸多的薄壳变形理论。1882 年，瑞利将壳体结构看作是壳体中曲面的拓展，并认为壳体弯曲变形和拉伸变形可以分离，开创性地研究了真空中无限长圆柱壳的弯曲和拉伸的自由振动频率。1888 年，Love[9]发展了基尔霍夫（Kirchhoff）关于薄板的假设，由此得到了 Love 壳理论，而且，瑞利的简化结果成为 Love 一般理论的一个特例。此外，Donnell[10]、Sanders[11]、Flügge[12]等先后建立了其他的近似薄壁壳理论。这些理论因其良好的精度和适用性，而被广泛应用于圆柱壳结构静力学和动力学研究，也奠定了典型圆柱壳的理论研究基础。下面介绍国内外学者对典型圆柱壳结构振动开展的研究。

### 1.2.1.1　经典边界条件

一开始对薄壳振动的研究都是从简单边界进行的，主要包括固定支承、自由支承、简单支承及其组合支承，这里及下文统称为经典边界。对于经典边界条件下的圆柱壳振动研究已有大量的文献。早期对圆柱壳的研究大多集中在对经典齐次边界下圆柱壳的动力学分析，Lam 等[13]以梁函数作为壳体轴向模态函数，考虑了九种不同的边界条件，包括两端固支（C-C）、两端自由（F-F）、两端简支（S-S）、两端滑动（SL-SL）以及固支-自由（C-F）、固支-简支（C-S）、固支-滑动（C-SL）、自由-简支（F-S）和自由-滑动（F-SL），研究了边界条件对多层圆柱壳频率的影响。之后，Lam 等[14]又研究了边界条件对旋转层合圆柱壳的影响。其研究是基于 Love[9]壳理论进行的，并采用了里茨-伽辽金法求解。Suzuki 等[15]对固支边界和简支边界条件下转动圆柱壳的频率特性和振型进行了研究。Li 等[16]使用广义微分法研究了不同边界条件对圆柱壳频率特性的影响。Li[17]使用波传播法对 C-C 边界条件下圆柱壳的自由振动进行了研究。

### 1.2.1.2　一般边界条件

随着对薄壳振动理论研究的不断深入，以及建模手段不断丰富，学者开始突破边界条件对圆柱壳振动研究的限制。人工弹簧技术是当前最常用的模拟圆柱壳弹性支承边界的方法。在建模过程中，根据边界约束情况设置相对应的弹簧进行模拟，并可以通过设计不同的弹簧刚度来实现各种边界条件。例如，常见的经典边界就是弹簧刚度设置为极大值或极小值的特例。Liu 等[18]对任意边界条件下旋转加筋圆柱壳的振动特性进行了分析。基于 Sanders[11]壳理论，采用正交多项式作为轴向模态函数并采用了人工弹簧技术，利用瑞利-里茨法推导了弹性边界条件下壳体自由振动的特征方程，分析了弹簧刚度、壳体转速及加强筋的数量和深宽比等参数对固有频率的影响。张爱国等[19]提出了使用一种改进的二维傅里叶级数对位移场函数进行展开，采用瑞利-里茨法得到了各向异性圆柱壳自由振动的特征方程。通过改变边界弹簧刚度模拟了 C-S、F-S、C-C、F-F 等多种边界条件并对其固有特性进行了计算。Qin 等[20]建立了具有任意边界圆柱壳的自由振动微分方程，并对三种不同形式的位移容许函数进行了比较研究。Qin 等[21]对任意边界条件下旋转功能梯度碳纳米管增强复合材料圆柱壳进行了自由振动分析。

以上对圆柱壳的边界设定均为理想的均匀支承边界，而在实际工程应用中圆柱壳结构的边界往往是通过局部焊接、铆接、拉杆连接、螺栓连接等不同形式进行支承，其提供的边界约束通常是非均匀的，因此一些研究人员开始思考基于人工弹簧技术对非均匀弹性边界包括点或者线支承的圆柱壳进行研究。早在 1984年，Irie 等[22]就分析了具有四个对称位置分布的刚性或者弹性点支承的圆柱壳的自由振动，研究了其固有频率及振型特征。Chen 等[23]对非均匀弹性边界约束下圆柱壳的自由振动特性进行了分析，所研究的非均匀弹性边界包括点支承和局部支承，计算了壳体的固有频率和振型。Xie 等[24]采用波的方法研究了具有非均匀点和线支承的圆柱壳的自由和受迫振动，分析了刚度和支承点位置对壳体自由振动的影响以及边界和结构阻尼对受迫振动的影响。

### 1.2.1.3 容许函数

在进行圆柱壳建模时，其重点在于对圆柱壳振动位移容许函数的表达。常见的容许函数表达方法有：梁函数法、改进傅里叶级数法、幂级数法、正交多项式法、切比雪夫多项式法、波传播法。

#### 1. 梁函数法

1984 年，Irie 等[22]运用梁函数，结合拉格朗日乘数法，并通过瑞利-里茨法导出频率方程，通过数值计算固有频率和振型，对弹性或刚性点支承圆柱壳的自由振动进行了分析。Lam 等[25]利用 Love[9]壳理论、梁函数和瑞利-里茨法研究了边界条件（固支、简支、自由进行组合）和铺设方案对层合圆柱壳固有频率的影响。Huang[26]针对自由边界条件圆板-圆柱壳组合结构，忽略薄膜和弯曲的影响，建立了 Donnell-Mushtari-Vlasov（唐奈-穆斯塔里-弗拉索）方程，利用梁函数作为权重函数，根据里茨-伽辽金法建立了频率方程。刘小宛等[27]基于 Sanders[11]壳理论，采用梁函数作为位移容许函数并且通过瑞利-里茨法得到了环肋圆柱壳在自由振动时的特征方程。

#### 2. 改进傅里叶级数法

Jeong 等[28]采用傅里叶级数和斯托克斯（Stokes）变换发展了针对部分充液圆柱壳和部分包液圆柱壳的自由振动特性分析的方法。Shao 等[29]将此方法应用到层合圆柱壳自由振动分析中，讨论了边界条件、长径比、厚径比和纤维方向对频率特性的影响。Dai 等[30-31]将改进傅里叶级数法应用到圆柱壳振动中，讨论了该方法的适用性及边界参数对圆柱壳频率、振型和导纳性能的影响。Chen 等[23]应用改进傅里叶级数法分析了均布点约束、弧度约束对圆柱壳固有频率及振型的影响。

Jin 等[32]分析了边界约束刚度及铺层方案对层合复合材料圆柱壳频率参数的影响。Su 等[33]基于改进傅里叶级数法、1 阶剪切变形理论和瑞利-里茨法，提出了一般边界条件下功能梯度圆柱壳、圆柱壳和圆环板的统一求解方法。

### 3. 幂级数法

幂级数法在梁、板、壳结构振动问题求解上都有应用。在圆柱壳中的应用主要是将振动方向上的位移通过幂级数展开，再与三角函数相结合，从而推导出圆柱壳动力学方程。Matsunaga[34]基于二维高阶壳理论和幂级数法，研究了高阶变形对厚弹性圆柱壳频率的影响。Hägglund 等[35]利用圆柱壳厚度坐标对壳三个方向位移进行幂级数展开，从而推导了无限长圆柱壳动力学方程。Firouz-Abadi 等[36]将幂级数法应用到旋转圆柱壳振动分析中，研究了转速、基础刚度和几何尺寸对圆柱壳行波频率的影响。Torkaman-Asadi 等[37]分析了局部弹性基础对圆柱壳自由振动的影响。

### 4. 正交多项式法

1985 年，Bhat[38]为解决结构的一般边界问题提出用施密特正交化方法构造正交多项式簇，进而对模型进行动力学方程推导。随后将该正交多项式法应用到板、壳振动特性的研究中[39]。Song 等[40]对不同边界条件下静态和旋转态复合材料层合圆柱壳振动特性进行了分析。Li 等[41]讨论了边界间隙对压力管道非线性动力学行为的影响。Sun 等[42]应用正交多项式和里茨法建立了硬涂层圆柱壳的解析模型，讨论了涂层厚度、弹性模量和损耗因子等参数对圆柱壳振动特性的影响。Lin 等[43]分析了任意边界条件下功能梯度圆柱壳振动与气弹性稳定性，重点分析了体积分数、热梯度和边界条件等对振动特性的影响。

### 5. 切比雪夫多项式法

Zhou 等[44]应用切比雪夫多项式法分析了不同边界、结构参数下圆柱壳对称与反对称模态频率特性。Pellicano[45]将切比雪夫多项式法用于圆柱壳非线性振动研究。Kurylov 等[46]和 Ng 等[47]进一步分析了不同边界条件下圆柱壳非线性振动特性。Qu 等[48-49]结合区域分解法分析了复合圆柱壳模态特性和响应特性。Osguei 等[50]基于 Kirchhoff-Love 理论，讨论了螺旋圆柱内半径、分离距离、倾角、厚度和长度对任意边界条件下螺旋截面圆柱壳自由振动特性的影响。

### 6. 波传播法

Zhang 等[51-54]将波传播法分别应用到复合材料层合圆柱壳、充液圆柱壳、水下圆柱壳及旋转复合材料层合圆柱壳的振动特性分析中，充分验证了其广泛适用性。Yan 等[55]利用波传播法研究了水下黏弹性圆柱壳内的振动功率流。Lam 等[56]和

Gan 等[57]证明了在长圆柱壳、大周向波数情况下波传播法有更好的精度与准确性。Wang 等[58]研究了在低频区间内水下圆柱壳自由弯曲振动情况。

### 1.2.1.4 载荷场

实际的工程生产中，圆柱壳结构往往会受到外界复杂环境给予的各种激励，分析圆柱壳在各种载荷场下的振动更加贴合实际工程环境，其理论研究显得十分具有价值。在加载径向恒力、周期激励及其组合激励条件下，依据 Donnell[10]线性壳理论，Kumar 等[59]研究了外部受到径向简谐激励的圆柱壳的固有频率变化，并在其论述中分为两端铰支（P-P）、铰支-自由（P-F）、C-F、一端铰支另一端受轴向约束四种边界约束形式对其振动形式进行研究。Caresta 等[60]将潜艇外壳简化为封闭圆柱-圆锥闭合壳体，分析该结构在简谐力激励下的结构和声学响应。Huang 等[61]研究了转动圆柱壳在受到简谐移动载荷时的共振现象。Ng 等[62]研究了转动圆柱壳在受到径向载荷作用时的振动和临界转速。

### 1.2.1.5 旋转圆柱壳

若圆柱壳结构在复杂的载荷环境中处于旋转态，则很容易产生振动。因此，国内外学者也针对旋转壳问题进行了动力学建模与分析。Saito 等[63]对有限长度圆柱壳进行分析，发现随着圆柱壳边界条件的变化，系统转速对圆柱壳固有频率的影响程度并没有发生明显变化。Sun 等[64]基于 Sanders[11]壳理论，对不同边界条件下旋转圆柱壳的振动特性进行分析。Lee 等[65]研究了边界条件对旋转态正交加肋复合材料圆柱壳固有频率的影响。Civalek[66]研究了不同边界条件下旋转层合圆柱壳的自由振动问题。

### 1.2.1.6 圆柱壳的非线性振动特性

随着理论研究的深入，伴随着实际工程生产过程中圆柱壳结构的应用环境与结构设计越来越复杂，以往的线性壳理论已不再适用于当前需求，需要采用更为合适的非线性壳理论对简化的模型进行分析计算。针对圆柱壳结构的非线性动力学响应已有较多研究。Chu[67]对闭口圆柱壳的非线性振动进行分析，发现此时壳体非线性动力学行为呈现硬特性。Chen 等[68]利用摄动法对由 Donnell[10]非线性壳理论所得到的壳体非线性振动方程进行了求解，得到了外载荷作用下圆柱壳的非线性动力学响应。此外，他们还进行了相应的实验研究，实验结果与理论计算结果一致，均呈现了软式非线性特征。在 Amabili 等[69]的综述文章中主要介绍了闭口圆柱壳非线性的自由和受迫振动。Karagiozis 等[70]用具有 C-C 边界的梁的振型函数来近似表达圆柱壳轴向弯曲振型函数，进而对 C-C 的圆柱壳的非线性动力学特性进行了分析。Jansen[71]针对不同边界条件的影响分析了圆柱壳的非线性振动和线性颤振行为。Rougui 等[72]应用半解析方法研究了 S-S 边界的圆柱壳的非线性自由和受迫振动。Avramov 等[73]对简支边界条件下圆柱壳的非线性特性进行了渐进分析。Amabili 等[74]发展了一种应用于盘和壳计算的新的非线性高阶剪切变形理论。Zhang 等[75]对固支边界条件下功能梯度圆柱壳的非线性动力学进行了研究。Pellicano 等[76]研究了带有刚性轮盘连接的圆柱壳的线性和非线性振动，并与实验进行了对比。Lee 等[77]对简支边界条件下转动混合圆柱壳的非线性自由振动进行了研究。Wang 等[78]进行了转动悬臂圆柱壳受到径向简谐激励的非线性行波振动响应研究。Liu 等[79]基于 Love[9]壳理论，分析了 C-F 边界条件下转动圆柱壳的非线性振动问题。

## 1.2.2　圆柱壳耦合结构振动研究现状

针对圆柱壳结构的振动问题，研究者已经进行了大量和深入的研究，并发表了不少成果。然而在工程中，圆柱壳结构往往不是独立存在与工作的。比如，航空发动机轮盘-鼓筒转子系统可视为多级圆板和圆柱壳耦合而成的部件，机匣可视为多级圆柱壳结构与其他壳结构（圆柱壳、圆锥壳、球壳）的组合装配部件。因此，正确分析和掌握此类耦合结构的振动特性对工程设计和故障检测有着重要的作用，同时也是对整体结构振动分析提供理论基础和技术支撑。随着科学的进步与技术的发展，学者将注意力转移到圆柱壳耦合结构的振动研究中来。尤其是近30 年来，学者对圆柱壳-板耦合结构、圆柱壳-壳耦合结构的振动研究开展了许多工作。

### 1.2.2.1　圆柱壳-板耦合结构振动研究现状

圆板和圆柱壳的耦合结构是圆柱壳-板结构中的一种常用的典型结构，是学者重点关注的对象。Cheng 等[80]利用人工弹簧法结合三角函数和幂级数法建立了弹性连接板壳耦合结构模型，分析了耦合结构壳主导振型、板主导振型和耦合振型。Huang 等[81-82]利用导纳法建立系统频率方程并对其进行数值求解，研究了长度、厚度和连接位置对组合结构模态特性的影响，并探讨了板壳结构的耦合行为以及线力加载与力矩加载的耦合关系。Harari 等[83]建立了浸没于流体中的有双端板的加筋圆柱壳的分析模型，并与实验结果进行了比较，得到了流体中各点的压力、驱动点和传递点的加速度。Yuan 等[84]将正交多项式法和人工弹簧法结合，应用瑞利-里兹法建立了板壳耦合方程，分析了耦合条件对频率与振型的影响。Amabili[85]将冲液容器简化成圆柱壳和圆板的组合结构，研究了液体高度、基础刚度和连接刚度对容器固有特性的影响。Yim 等[86]使用导纳法分析了可附加圆板的固支-自由圆柱壳的耦合结构模态特性,并分析了圆板在不同位置下的振动特性。Huang[26]针对自由边界条件圆板-圆柱壳组合结构,提出了一种近似求解方法,引入了模态综合法(或导纳法)和 4 节点高斯-勒让德正交数值积分法对模态进行求解,采用割线法搜索系统频率方程的零点,即板壳组合的固有频率。钱斌等[87]利用均值导纳法获得了圆柱壳与端板间振动能量比,从而分析封闭圆柱壳振动响应。Zhang 等[88]基于简化的刹车转子模型,建立了圆板-圆柱壳耦合结构模型,分析了耦合结构模态特点,并讨论了子结构模态对耦合模态的贡献度。邹明松等[89]依据位移协调条件,采用半解析方法,推导了端部圆板封闭圆柱壳频率矩阵方程,求解频率与模态。Chen 等[90]建立了内部耦合横板圆柱壳模型,研究了系统各关键参数对结构能量流动行为的影响。Cao 等[91]建立了轮盘-鼓筒-转轴系统的动力学模型,分析了不平衡转子旋转对鼓筒振动的影响,结果表明,不平衡转子旋转仅与带一个周向波数的鼓筒振动模态耦合。在此模型基础上,Liu 等[92]研究了轮盘-鼓筒-转轴系统在碰摩工况下的圆柱壳动力学行为。Ma 等[93]将改进傅里叶级数法引入圆板-圆柱壳耦合结构中,并分析了圆板不同位置、不同耦合条件对耦合结构频率特性及强迫振动响应的影响。Xie 等[94]基于波传播法分析了环板位置、连接条件和边界条件等对环板-圆柱壳耦合结构自由振动和强迫振动的影响。Cao 等[95]应用改进傅里叶级数法研究了不同边界条件下圆板-圆柱壳耦合结构频率特性和振型特征。石先杰等[96]运用谱几何法构建了一般边界条件和耦合条件下圆柱壳-环板耦合结构动力学模型,将圆柱壳和环板的振动位移容许函数被统一地描述为一种谱形式的改进三角级数。Chen 等[97]开发了一种新型的径向摩擦接触力模型,研究了盘鼓式转子的动态特性,结果表明旋转壳之间的接触刚度和定子转子系统不仅影响了几何参数和材料参数,还影响了角变形位置。Li 等[98-99]建立了刚性轮盘-柔性鼓筒耦合动力学模型,利用非线性壳理论研究了旋转鼓盘结构的非线性振动,分析了轮盘支承刚度和结构几何参数对圆柱壳几何非线性振动的影响,随后考虑轮盘和鼓筒之间的弹性连接,分析了支承刚度和连接刚度对耦合结构模态特性的影响。Qin 等[100]利用切比雪夫多项式建立了旋转态中厚度圆板-圆柱壳振动方程,并针对单一模态分析了耦合刚度和边界条件对耦合结构行波频率特性的影响。Chen 等[101]通过实验测得轮盘-鼓筒转子系统振动响应数据,运用构造小波方法发展了一套故障诊断方法,经过数值验证和实验验证,证明该方法有良好实用性和鲁棒性。

#### 1.2.2.2　圆柱壳-壳耦合结构振动研究现状

圆柱壳和其他壳体耦合结构大体包括圆柱壳-圆柱壳结构、圆柱壳-圆锥壳结构、圆柱壳-球壳结构以及圆柱壳-多壳组合结构。由于此类结构应用性广，且多为薄壁结构，振动影响性大，因此被学者广泛关注。

圆柱壳-圆柱壳结构在以往的研究中主要考虑圆柱壳之间的厚度不一致导致的耦合结构，即阶梯圆柱壳结构。Zhang 等[102]应用区域分解技术提出了变厚度阶梯组合壳自由振动解析解法，给出了频率与振型。陈美霞等[103]采用波动法建立了多舱段加筋圆柱壳动力学模型，并针对其振动特性和频响特性进行了研究。Poultangari 等[104]将矢量波法和傅里叶级数法相结合，提出了一种用于多柔性支承的阶梯圆柱壳自由振动分析方法。Tang 等[105]利用回传射线矩阵法分析了任意边界条件下多段圆柱壳固有特性及响应特性。Meshkinzar 等[106]通过对阶梯式变厚度压电圆柱壳的研究发现，尽管均匀壁厚管和步进壁厚管的吸声功率相同，但其所产生的声场强度平均提高了约 85%。Li 等[107]采用统一的雅可比多项式和傅里叶级数处理位移容许函数，提出用半解析方法分析均匀圆柱壳和阶梯圆柱壳在任意边界条件下的自由振动特性。Pang 等[108]将圆柱壳轴向位移分量用雅可比多项式表示，周向位移分量用傅里叶级数表示，从而发展了一种一般边界条件的阶梯功能梯度抛物面壳体自由振动特性的半解析方法。桂夷斐等[109]进行了轴向冲击载荷下阶梯圆柱壳动态屈曲研究。Gao 等[110]基于里茨法，给出了均匀阶梯功能梯度球帽结构的振动近似解。

近年来，多部件耦合逐渐被重视，在圆柱壳耦合结构方面，学者开始对多级组合壳振动问题进行分析。Qu 等[111-112]应用多段分割技术研究了带加强筋圆锥-圆柱-球壳组合结构自由振动，以及耦合球-圆柱-球壳结构在水下的振动和声学响应。Wu 等[113]采用区域分解法建立了两端连接球壳的圆柱壳组合结构运动方程，分析了结构参数对频率的影响。Su 等[114]提出了一种分析具有任意边界条件的圆锥-圆柱-球壳自由振动的傅里叶谱元法。Xie 等[115]应用半解析方法分析了弹性边界条件下带加强筋圆锥-圆柱-球壳组合结构自由振动和强迫振动特性。Zhao 等[116]提出了利用光谱-几何-里茨法求解任意边界条件下圆锥-圆柱-球壳组合自由振动问题，并分析了壳体组合的几何尺寸对固有频率的影响。Bagheri 等[117]采用广义微分求积法推导了两端连接圆锥壳的圆柱壳组合结构自由振动运动齐次方程，分析了不同边界条件下组合结构频率特性。Pang 等[118]基于能量法和 Flügge[12]壳理论，利用瑞利-里茨法得到了球-圆柱-球壳的动力学方程，较好地求解了自由振动问题。Xie 等[119]采用解析法建立了轴和水下圆锥-圆柱壳耦合系统的横向振动动力学模型，讨论了流体、激励和轴承刚度对轴-水下圆锥-圆柱壳耦合系统横向振动特性的影响。

## 1.2.3 层合圆柱壳结构振动研究现状

复合材料具有比强度和比刚度高、力学性能正交异性、结构可设计性等优点，自从其问世以来一直是学者关注的热点。近年来随着材料技术的发展，复合材料在很多领域逐渐代替传统的金属材料，使用复合材料更容易满足提高承载能力、减轻结构重量、提高材料性能的目标。对于复合材料层合圆柱壳动力学特性的研究，在工程领域以及科研领域都成为学者关注的热点。

### 1.2.3.1 复合材料层合圆柱壳的研究现状

在过去的几十年中，研究人员对复合材料层合圆柱壳进行了大量的研究。20 世纪 80～90 年代，曹志远[120]和 Leissa 等[121]对圆柱壳的理论进行了全面的研究和对比，对板壳结构的建模方法进行了详细的总结介绍，这些成果成为后来学者研究板壳结构的重要参考资料。之后，Qatu 等[122-123]和刘人怀等[124]对圆柱壳振动的理论、分析方法以及各种几何结构进行了综述。同时期，Lam 等[125]将四种常用的层合圆柱壳理论（Donnell[10]、Flügge[12]、Love[9]、Sanders[11]）进行了固有频率的对比，给出了不同壳理论所适用的范围。Soldatos 等[126]采用瑞利-里茨法、Love[9]壳理论和正交多项式分析了自由边界下受横向剪切变形的层合圆柱壳自由振动问题。Ip 等[127]使用瑞利-里茨法对圆柱壳的自由振动进行了研究。

21 世纪以来，对复合材料层合圆柱壳的研究仍然是学者关注的重点。2000 年，王安稳等[128]分析了简支层合圆柱壳自由振动。2001 年，Zhang 将波传播法推广到研究不同边界的复合材料层合圆柱壳和旋转复合材料层合圆柱壳的固有频率[51, 129]。高传宝等[130]使用波传播法研究了复合材料层合圆柱壳的自由振动。2007 年，Shao 等[29]利用 Love[9]壳理论、傅里叶级数展开和斯托克斯变换，分析了任意经典边界条件的层合圆柱壳的自由振动。2013 年，Jin 等[32]提出了一种修正的傅里叶余弦级数作为位移容许函数来分析弹性边界复合材料层合圆柱壳的自由振动，并考虑了任意铺层角的影响。2014 年，Ye 等[131]基于瑞利-里茨法、切比雪夫多项式建立了一个统一公式来分析不同壳体曲率和任意约束条件的复合材料层合圆柱壳的振动，并提出一种基于切比雪夫多项式的层合结构的建模理论。Kouchakzadeh 等[132]使用 Donnell[10]壳理论和哈密顿原理研究了两种组合层合圆柱壳的振动特性，并研究了系统的固有频率和振型。2015 年，利用 Donnell[10]壳理论、正交多项式和瑞利-里茨法，宋旭圆等分析了任意边界条件下层合圆柱壳和旋转层合圆柱壳的自由振动[40, 133]。2016 年，Biswal 等[134]基于 1 阶剪切变形理论对湿热环境下玻璃纤维/环氧树脂复合材料圆柱壳的自由振动进行数值和实验分析。谭安全等[135]使用半解析方法分析了经典边界下的复合材料层合圆柱壳的自由振动。在以往的研究中，修正傅里叶级数、正交多项式和切比雪夫多项式被广泛地用作壳振动分析的位移容许函数。2017 年，Ghasemi 等[136]基于 Love[9]壳理论分析了旋转金属纤维层合圆柱壳的自由振动，并研究了碳纤维/环氧树脂、玻璃/环氧树脂和芳纶/环氧树脂复合材料对壳固有特性的影响。随着层合圆柱壳研究的深入，一些学者开始研究具有非均匀弹性边界约束的圆柱壳的自由振动和受迫振动。2017 年，Xie 等[24]

利用波传播法研究了点约束、线约束弹性边界下的圆柱壳的振动。之后，唐千升等建立了一种非线性螺栓连接圆柱壳模型，并分析了其固有特性[137-139]。

### 1.2.3.2 压电层合圆柱壳的研究现状

对于带有压电层的层合圆柱壳振动特性研究，关键在于建立其动力学方程，进而分析壳的固有特性以及响应曲线。关于压电结构模型的建立，近年来学者主要使用三种方法，包括解析法、半解析方法、有限元法等。对于一个压电层合圆柱壳结构，基于材料、系统性、成本等因素考虑，对压电材料的尺寸、位置进行优化计算是十分有必要的。对于压电层进行优化配置是建立一定的优化指标，并通过优化算法对其进行优化计算分析。

#### 1. 压电层合圆柱壳动力学建模及振动控制的研究现状

2000 年，Saravanan 等[140]使用基于哈密顿原理的半解析方法研究了不同参数对压电智能圆柱壳的阻尼比的影响，其模型中最外层为感应层，最内层为作动层。Balamurugan 等[141]使用有限元法研究了压电层合圆柱壳和板的主动控制，介绍了直接比例反馈控制、负速度反馈控制以及李雅普诺夫反馈控制，提出了一种新的压电四边形复合板壳单元，并将其应用于具有分布在上下表面的锆钛酸铅压电陶瓷传感器和驱动器的复合悬臂板和半圆形悬臂壳。2006 年，张亚红等[142]使用解析法研究了一种带有压电作动器的悬臂圆柱壳的振动控制，证明了压电层层数越多减振效果越好。2007 年，Kar-Gupta 等[143]建立了一种 1~3 层的层合结构模型，其中基底层和纤维层都具有各向异性和压电效应，并分析了不同方向的材料参数对压电性能的影响。Sheng 等基于 1 阶剪切壳理论以及哈密顿原理分析了带有感应层的功能梯度圆柱壳的振动特性，其中热和移动载荷被考虑在模型中，也分析了轴向波数对频率的影响，之后还分析了环境温度、功能梯度层的厚度分数指数对响应曲线的影响[144-146]。2013 年，Sheng 等[147]基于 1 阶剪切理论、哈密顿原理、冯·卡门非线性理论以及负速度反馈控制，建立了一种智能压电功能梯度圆柱壳模型，其中最内层为感应层，中间层为功能梯度层，最外层为作动层，并分析了反馈放大系数、温度以及功能梯度层指数对时域响应的影响。2010 年，刘艳红等[148]通过状态转移矩阵技术对固支压电层合圆柱壳的自由振动进行分析。2011 年，Kerur 等[149]提出一种利用主动纤维复合材料作为压电作动器，聚偏二氟乙烯压电薄膜为压电传感器的有限元模型，并利用压电层对圆柱壳的振动进行控制。2012 年，Nath 等[150]将改进的 z 形 3 阶剪切理论引入动力学研究，建模过程中使用哈密顿原理建立简支边界圆柱壳的机电耦合方程，进行壳的自由振动以及强迫振动精确解计算，并将该方法得到的结果与文献进行对比分析，验证了该方法的准确性。2015 年，Loghmani 等[151]通过理论分析以及实验研究两方面研究了圆形压电片对圆柱壳的主动振动控制，使用哈密顿原理建立带有压电片的圆柱壳的振动耦合微分方程，并分析了其模态、频率以及时域响应。Parashar 等[152]采用瑞利-里茨法、正交多项式法求解压电陶瓷圆柱壳的固有频率和振型。2016 年，Sharma 等[153]建立了一种利用锆钛酸铅-铂基功能梯度压电材料对主体结构进行振动控制的有限元法。

### 2. 振动控制中压电层优化配置的研究现状

1993 年，Hać 等[154]提出一种优化压电传感器和作动器位置的方法，这种方法建立了与输入能量以及输出能量相关的优化标准，并在其优化准则中不仅考虑了被控制的低阶模态，同时也对可能产生溢出效应的高阶模态进行了分析，并以简支梁和矩形板进行了验证分析。1998 年，陈勇等[155]对表面带有压电层的圆柱壳进行振动控制研究，并研究其振动噪声辐射。2005 年，Jin 等[156]基于模糊控制的遗传算法提出了一种表面贴压电传感器和作动器的圆柱壳振动优化控制方法，被控制量包括压电片的位置、尺寸，其中优化准则使用能量耗散最大化准则。2008 年，王建国等[157]基于遗传算法优化理论以及 1 阶梯度优化理论对压电层合结构的形状参数进行了优化设计。刘朋[158]优化计算了压电梁上的压电层位置和数量。2011 年，Sohn 等[159]使用宏纤维复合材料作为压电层，对智能船体结构的主动振动控制进行研究，并通过模态实验验证了其模型的准确性。2012 年，李鑫[160]对圆柱壳进行压电能量收集分析以及振动控制分析。2014 年，Biglar 等[161]对圆柱壳上的压电感应器和作动器位置、角度进行了优化分析。优化过程中，不仅考虑了被控制的模态，同时为了限制溢出效应也考虑了高阶模态，并使用遗传算法对其进行了优化设计。Gençoğlu 等[162]使用有限元模型对压电作动层的位置进行了优化分析，并分析了每个单元控制时控制指标的值。柴旭[163]基于有限元模型对压电层合曲壳结构振动控制进行了研究。2015 年，Zhang 等[164]基于 1 阶剪切壳理论建立智能结构的机电耦合有限元模型，使用比例积分微分控制来抑制壳的振动，并提出一种基于 $H_\infty$ 优化观测器的控制方案[165-166]。2017 年，Bendine 等[167]分析了离散的压电层对复合材料板的振动主动控制。通过 1 阶剪切壳理论建立有限元模型，并提出一种基于线性二次型调节器的全局优化方法来寻找压电层的最优位置。Zhai 等[168]利用有限元法建立压电层合圆柱壳动力学方程，并建立优化指标函数，同时对压电层的厚度、位置进行优化。2018 年，Hu 等[169]提出一种优化压电层的位置、尺寸和角度的分布式压电作动层的多参数优化方法。

### 1.2.3.3 层合圆柱壳非线性振动研究现状

在载荷复杂的工作环境中，薄壁结构常常发生大位移弹性变形，产生几何非线性。随着对层合圆柱壳结构研究的深入，学者对圆柱壳结构的非线性振动的研究增多。例如，Ganapathi 等[170]利用 1 阶剪切变形理论、拉格朗日运动方程和威尔逊 $\theta$ 法对复合材料层合圆柱壳的大振幅振动进行了分析。2007 年，李健等[171]使用渐进摄动法对圆柱壳的几何非线性频率进行了计算、分析。李永刚等[172]使用4阶龙格-库塔法对悬臂旋转态圆柱壳的几何非线性进行了计算分析。Jansen[173]主要研究了静载荷对圆柱壳非线性振动的影响。2013年，Qu等[49]提出了用区域分解方法求解复合材料层合圆柱壳在经典和非经典边界条件下振动问题的变分公式。然后，瞿叶高等[48,174]用区域分解法研究了层合圆柱壳的自由振动、简谐振动和瞬态振动。王延庆等[175-179]对层合圆柱壳的内共振问题以及简支边界下的旋转层合圆柱壳非线性动力学进行了一系列研究。2017年，Dey等[180]研究了简支复合材料层合圆柱壳的非线性动力响应，壳承受周期性径向点载荷和静态轴向载荷。Jabareen等[181]基于有限元法提出一种Cosserat点模型，对受均匀载荷的圆柱壳的几何非线性振动进行分析。Ninh等[182]使用解析方法分析了功能梯度碳纳米管复合增强材料圆柱壳结构在弹性介质下的振动，其模型中考虑了电、热效应。Ashok等[183]对带有纤维复合材料的层合圆柱壳的几何非线性进行了研究，并分析了其瞬态响应。

利用压电材料对圆柱壳结构进行振动控制时需考虑到非线性的影响。与线性分析相比，几何非线性压电层合圆柱壳振动特性研究的文献要少得多。Zhang等[184]以压电智能结构为研究对象对其建模技术进行了详细的介绍，主要包括：①板壳厚度位移假设；②几何非线性板壳理论；③电弹性材料非线性建模；④压电结构多物理耦合建模技术；⑤压电纤维复合黏结结构建模技术。2013年，Rafiee等[185-186]改进Donnell[10]壳理论、里茨-伽辽金法、Volmir假设，分析了简支边界下的含有压电层的功能梯度圆柱壳在电-热-气动-机械复合载荷下的非线性振动，并分析了压电层厚度、几何参数、温度、电压和气动载荷对其动力学特性的影响。2014年，Shen等[187]通过高阶剪切非线性壳理论考虑了冯·卡门非线性，建立了考虑热压电效应的压电纤维增强复合材料层合圆柱壳在热环境下的大幅、小幅振动，其中材料采用了均匀分布和功能梯度材料，分析了功能梯度、温度变化、电压和边界条件等参数对非线性的影响。Zhang等[188]利用大旋转壳理论建立了复合材料和压电层合薄壁结构的全几何非线性有限元模型。Zhang等[189]研究了强驱动电场作用下压电层合结构的几何非线性。Jafari等[190]利用拉格朗日方程、Donnell[10]非线性壳理论和4阶龙格-库塔法研究了带有压电层的简支功能梯度圆柱壳的非线性振动。2015年，Zhang等[191]基于1阶剪切壳理论、冯·卡门非线性、中旋转壳几何非线性和大旋转非线性对压电智能结构进行动态、静态仿真分析。2016，Arani等[192]对受轴向流动振动的功能梯度碳纳米纤维增强圆柱壳的非线性振动控制和稳定性进行研究。樊温亮[193]对湿热条件下带有脱层的压电层合圆柱壳的非线性静力学和动力学进行了研究。2017年，Yue等[194]对压电层合抛物面壳体进行了振动控制的实验研究，其控制策略采用正位置反馈算法，通过实验识别振动幅值的最大位置，并布置压电执行器，以提高振动控制效率。

## 1.2.4　圆柱壳结构振动实验研究现状

在理论分析的同时，实验工作是在科学研究过程中必不可少的一环。通过实验可以对理论模型与理论结果进行验证，同时可以发现新的振动现象与影响规律。而通过圆柱壳结构的振动测试实验研究，不仅可以直接了解圆柱壳结构振动特性，也有利于结构设计、故障分析等诸多过程，故具有重要的意义。伴随着近些年来理论研究的深入，研究人员通过设计实验台，探索实验测试方法和手段，对圆柱壳结构理论模型与动力学特性进行验证和分析，并取得了相当多的成果。接下来对圆柱壳振动实验方面相关现状进行回顾。

目前，对于圆柱壳结构实验的研究已经较为广泛。Lee 等[195]基于软件 I-DEAS 的测试模块，利用锤击法对圆柱壳-球壳耦合结构频率与振型进行了测试，从而验证了数值仿真的有效性和正确性。王雪仁等[196]分别利用锤击法和两激振器激励法对圆柱壳结构进行了模态测试和振动响应测试。Schwingshackl 等[197]提出了一种针对圆柱壳结构振型快速测量方法。该方法主要采用连续扫描激光多普勒振动测量技术，利用 45° 反射镜与旋转电机相结合的方法实现圆柱壳内壁非定点拾振，从而可以连续、高效地获取圆柱壳壁振动信息，再通过数据处理获得圆柱壳振型。Farshidianfar 等[198]采用声激励形式的非接触式激励对长圆柱壳进行激励测试，发现声激励不仅可以激发圆柱壳三个方向上的所有振动模态，而且能获取更好的测量结果。Grigorenko 等[199]提出采用全息干涉测量技术来确定各向同性圆柱壳的频率与振型，并将实验结果与数值计算结果进行比较，得到了较好的收敛性。温华兵等[200]对加筋圆柱壳结构进行振动模态测试与分析。Jalali 等[201]通过实验研究了液体对管道和圆柱形储罐的频率与振型的影响。程亮亮[202]基于圆柱壳实验测试结果，通过 MATLAB 编程进行参数辨识，并基于 Visual Basic 开发了振动测试硬件组配系统和振动测试方法向导支持系统。王宇等[203]对薄壁悬臂圆柱壳进行谐波激励下的振动响应测试，从而对解析法计算结果进行对比验证。Yang 等[204]采用锤击法对全复合材料波纹夹层圆柱壳进行模态测试实验，通过实验结果对有限元建模进行校验和修正。Zippo 等[205]搭建了受轴向压力圆柱壳振动测试实验台，通过锤击法获得轴向不同预压下圆柱固有频率和振型。通过扫频实验，获得轴向静压和动压复合作用下圆柱壳振动响应曲线，从而分析圆柱壳非线性动力学行为。Yan 等[206]应用三维扫描激光多普勒振动技术对液体火箭发动机喷管进行模态实验，测试结果用于有限元模型的修正。Wilkes 等[207]对不同法兰圆柱结构进行了振动模态测试，并分析了激振方式对壳结构振动响应的影响。Zhao 等[208]对部分浸没圆柱壳在点激励作用下振动及声辐射进行了测量，从而验证了理论计算结果的正确性。

近些年来，李晖和孙伟等对圆柱壳振动进行了大量的实验研究[209-210]。李晖等[210]搭建了包含锤击、电磁激振器、压电陶瓷和振动台激振四种不同激励形式的圆柱壳测试系统，并对测试结果进行了比较，从而获得精准测试结果。Li 等[211]将振动台激振与激光多普勒测振仪组合进行悬臂薄圆柱壳振动响应测试，在共振状态下通过激光旋转扫描方法精准快速测量圆柱壳响应，并通过数据处理技术获取圆柱壳的振型。在此实验测试技术的基础上，进一步分析了不同约束方式对圆柱壳频率和振型的影响。通过设置不同的螺栓松动形式，研究了螺栓松动对圆柱壳模态的影响[212]。通过不同厚度的橡胶圈模拟不同刚度的边界条件，进而研究了弹支边界条件下圆柱壳频率与振型的变化情况[213]。通过实验研究了硬涂层圆柱壳模态特性，讨论了硬质涂层对圆柱壳的固有频率、振型、阻尼比和振动响应的影响[214]。

随着测试技术的发展与对壳体振动的深入了解，学者逐步开始通过实验方法研究圆柱壳非线性振动特性。例如，Zippo 等[215]在温度和激励幅值均匀的受控环境下通过实验研究了轴向简谐激励下带质量的聚合物圆柱壳的非线性动力学行为。Li 等[216]通过接触式电磁激振器和激光位移测量技术，分析了点支承刚度和激励载荷大小对圆柱壳几何非线性振动的影响。结果表明，随着支承刚度的增加，圆柱壳的共振频率增加、响应幅值减小以及非线性特性减弱。

结合上述文献，可以发现以下问题。

（1）在圆柱壳振动分析过程中，求解方法主要以数值方法、半解析方法、实验法为主。对于圆柱壳的研究，逐渐由单构件向多构件、由经典边界向任意边界、由自由振动向强迫振动和由静态向旋转态等方向发展，为圆柱壳振动理论的发展和完善打下理论基础。因此，对于圆柱壳振动基本理论已有较全面的研究。但是，针对一些特定情况下的圆柱壳结构振动，尤其是非正常边界条件下圆柱壳振动理论与实验，仍需要进一步研究。

（2）在圆柱壳耦合结构振动分析过程中，连接条件的处理尤为关键，常见的建模方法有机械导纳法、人工弹簧法和有限元法等。对于圆柱壳耦合结构的研究，逐渐由刚性连接向一般连接、由经典边界向任意边界等方向发展，为圆柱壳耦合结构振动理论的发展和完善打下理论基础。综上所述，对于圆柱壳耦合结构振动问题较为复杂，目前虽然有了一定的研究，但针对一些特定情况下的板-壳耦合结构和多壳耦合结构振动并没有进行深入分析。例如，当子结构间耦合条件为非连续连接条件时，对耦合结构振动特性的变化问题并没有进行探讨；在工作过程中，由旋转运动所带来的振动特性变化问题并没有得到全面的分析。因此，针对不同连接条件和工作条件下的圆柱壳耦合结构的振动特性问题，仍需要进一步研究。

（3）对于圆柱壳振动实验的研究大体分为三类。第一类是测试方法类实验研究。该工作的主要目的在于探索圆柱壳测试实验新方法，以及比较测试方法的优越性。在激励源方面主要有锤击激励、激振器激励、振动台激励、电磁激励和压电陶瓷激励等。在振动测试方面主要包括接触式拾振，如加速度传感器，以及非接触测量，如激光拾振仪和电涡流位移传感器等。第二类是验证和修正类实验研究。该工作的主要目的在于对理论模型的实验验证，或者利用实验结果对理论模型进行修正。第三类是参数分析类实验。该工作的主要目的在于通过实验结果分析实验参数对圆柱壳振动特性的影响。从上述研究结果来看，对于圆柱壳结构的实验研究，逐渐由测得出向测得准又快、由自由振动测试向强迫振动测试、由线性振动测试向非线性振动测试等方向发展，为圆柱壳耦合结构振动测试的发展和完善打下理论基础与实践支撑。

# ■ 1.3 本书的结构与内容

本书的主要研究内容简述如下。

第 1 章介绍本书所述研究内容的意义及研究现状。从典型圆柱壳结构振动研究、圆柱壳耦合结构振动研究、层合圆柱壳结构振动研究和圆柱壳结构振动实验研究四个方面阐述和分析了国内外的研究现状及研究成果，从而说明本书研究内容的必要性和重要性。

第 2 章主要介绍圆柱壳结构动力学模型的建立以及求解的数值算法。模型建立采用半解析方法。首先，介绍典型圆柱壳结构的几何应力-应变关系，并介绍了常见的位移容许函数；其次，根据系统的能量关系并利用拉格朗日方程得到圆柱壳结构的振动微分方程；最后，给出了两种数值求解方法，即纽马克法与增量谐波平衡法。这一章的内容为后续章节的展开奠定了理论基础。

第 3 章主要介绍边界条件对圆柱壳结构动力学特性的影响。首先，从经典边界条件入手，介绍了圆柱壳结构动力学特性的分析方法，继而将边界条件推广到一般边界；然后，对一般边界条件下旋转圆柱壳结构的旋转态问题以及静态圆柱壳结构的非线性振动问题开展研究。

第 4 章分析非连续线性连接条件下圆柱壳耦合结构的动力学特性，利用弹簧模拟螺栓连接这一非连接边界条件；考虑界面接触特征，分别对螺栓连接圆柱壳结构、螺栓-法兰连接圆柱壳结构的振动特性进行了研究。

第 5 章以圆板-圆柱壳耦合结构为研究对象，针对这一耦合结构建立了坐标系，并使用人工弹簧技术研究了其自由振动、行波运动和非线性振动。

第 6 章分析了层合圆柱壳结构的振动特性。首先，介绍了非连续边界复合材料层合圆柱壳结构的动力学振动特性；其次，考虑弹性边界层合圆柱壳结构在旋转态下的非线性振动特性；最后，分析了局部层合圆柱壳结构的动力学特性。

　　第 7 章分析了层合圆柱壳结构的振动响应与控制。首先，研究了弹性边界静态层合圆柱壳结构的非线性振动；其次，考虑了非连续弹性边界复合材料层合圆柱壳结构的非线性振动特性；最后，利用压电片实现了对圆柱壳结构的自由振动和非线性振动的控制。

　　第 8 章首先介绍了圆柱壳结构模态测试原理及模态特性分析方法；其次，详细叙述了整周约束和螺栓连接圆柱壳结构模态测试以及振动响应测试方案，并对测试结果进行了分析；最后，基于常用的虚拟仪器软件开发了一套圆柱壳结构模态特性测试系统，详细说明了测试系统的总体构架、操作流程，以及各个主要功能模块，包括主程序模块、固有频率测试模块、模态振型测试模块和模态阻尼测试模块。

# 第 2 章

# 圆柱壳结构动力学基本理论

关于圆柱壳结构振动基本理论的研究开始于 19 世纪 70～80 年代，并随着研究的不断深入，壳理论也不断增多，Leissa 等[121]在文献中详细地介绍了各种常见的壳理论，并做了相应的比较，其中包括 Love[9]壳理论、Flügge[12]壳理论、Sanders[11]壳理论和 Donnell[10]壳理论等。曹志远[120]对板壳振动的基本理论和分析方法做了系统的介绍，还针对各种类型问题给出了各种分析方法和技巧，同时指出由于不同的薄壳理论是基于对壳模型的不同简化建立的，所以计算结果也有差异，但总体是可以相互验证的。Qatu[122, 217]详细地描述了 1989 年到 2000 年这十多年中学者对壳的研究方向、内容和成果。这些成果都为圆柱壳的研究打下了坚实的基础。本章以典型圆柱壳结构为例，完整地介绍圆柱壳结构动力学模型的推导过程，内容主要包括几何应力-应变关系、梁函数和位移容许函数、圆柱壳坐标系的建立、能量方程与动力学建模方法、数值求解方法。

## ■ 2.1　几何应力-应变关系

经典圆柱壳理论利用圆柱壳中曲面的几何方程来描述中曲面上某一点的应变与该点位移的关系。为便于表述圆柱壳轴向位移，将圆柱壳轴向位置无量纲化，即 $\xi = x/L$，其中 $L$ 为圆柱壳长度，$x \in [0, L]$，$\xi \in [0, 1]$。中曲面应变分量 $\varepsilon_x^0$、$\varepsilon_\theta^0$ 和 $\gamma_{x\theta}^0$ 表达如下：

$$\begin{cases} \varepsilon_x^0 = \dfrac{1}{L} \dfrac{\partial u}{\partial \xi} \\[2mm] \varepsilon_\theta^0 = \dfrac{\partial v}{R \partial \theta} + \dfrac{w}{R} \\[2mm] \gamma_{x\theta}^0 = \dfrac{\partial u}{R \partial \theta} + \dfrac{1}{L} \dfrac{\partial v}{\partial \xi} \end{cases} \tag{2.1}$$

中曲率分量 $\kappa_x$、$\kappa_\theta$ 和 $\kappa_{x\theta}$ 表达如下：

$$
\begin{cases}
\kappa_x = -\dfrac{1}{L^2}\dfrac{\partial^2 w}{\partial \xi^2} \\[2mm]
\kappa_\theta = \dfrac{1}{R^2}\dfrac{\partial v}{\partial \theta} - \dfrac{\partial^2 w}{R^2 \partial \theta^2} \\[2mm]
\kappa_{x\theta} = \dfrac{1}{RL}\dfrac{\partial v}{\partial \xi} - \dfrac{2}{L}\dfrac{\partial^2 w}{R\partial \xi \partial \theta}
\end{cases}
\tag{2.2}
$$

因此，中曲面的应变-位移关系表达如下：

$$
\begin{cases}
\varepsilon_x = \varepsilon_x^0 + z\kappa_x \\[1mm]
\varepsilon_\theta = \varepsilon_\theta^0 + z\kappa_\theta \\[1mm]
\gamma_{x\theta} = \gamma_{x\theta}^0 + z\kappa_{x\theta}
\end{cases}
\tag{2.3}
$$

对于需要考虑材料各向异性的圆柱壳，如复合材料层合圆柱壳，其应力-应变表达式写为

$$
\begin{pmatrix}
\sigma_x \\ \sigma_\theta \\ \tau_{x\theta}
\end{pmatrix}
= \overline{Q}
\begin{pmatrix}
\varepsilon_x \\ \varepsilon_\theta \\ \gamma_{x\theta}
\end{pmatrix}
\tag{2.4}
$$

式中，$\overline{Q}$ 为复合材料主方向的应力-应变矩阵 $Q$ 的转换刚度矩阵，$\overline{Q} = T^{-1}Q(T^{-1})^{\mathrm{T}}$。转换矩阵 $T$ 定义为

$$
T =
\begin{bmatrix}
\cos^2\beta & \sin^2\beta & 2\cos\beta\sin\beta \\
\sin^2\beta & \cos^2\beta & -2\cos\beta\sin\beta \\
-\cos\beta\sin\beta & \cos\beta\sin\beta & \cos^2\beta - \sin^2\beta
\end{bmatrix}
\tag{2.5}
$$

而矩阵 $Q$ 可以写成如下形式：

$$
Q =
\begin{bmatrix}
Q_{11} & Q_{12} & 0 \\
Q_{12} & Q_{22} & 0 \\
0 & 0 & Q_{66}
\end{bmatrix}
=
\begin{bmatrix}
\dfrac{E_{11}}{1-\mu_{12}\mu_{21}} & \dfrac{\mu_{12}E_{22}}{1-\mu_{12}\mu_{21}} & 0 \\[3mm]
\dfrac{\mu_{12}E_{22}}{1-\mu_{12}\mu_{21}} & \dfrac{E_{22}}{1-\mu_{12}\mu_{21}} & 0 \\[3mm]
0 & 0 & G_{12}
\end{bmatrix}
\tag{2.6}
$$

式中，$G_{12}$ 为壳的剪切模量；$E_{11}$ 和 $E_{22}$ 分别为壳的主弹性模量和次弹性模量；$\mu_{12}$ 和 $\mu_{21}$ 分别为壳的主泊松比和次泊松比，两者之间的关系可以用等式 $E_{11}\mu_{21} = E_{22}\mu_{12}$ 表示。

对于各向同性圆柱壳，其物理方程在中曲面曲线坐标系中的应力-应变矩阵 $\boldsymbol{Q}^{\mathrm{S}}$ 可以由下式计算：

$$\boldsymbol{Q}^{\mathrm{S}} = \begin{bmatrix} \dfrac{E^{\mathrm{S}}}{1-\left(\mu^{\mathrm{S}}\right)^2} & \dfrac{\mu^{\mathrm{S}}E^{\mathrm{S}}}{1-\left(\mu^{\mathrm{S}}\right)^2} & 0 \\[3mm] \dfrac{\mu^{\mathrm{S}}E^{\mathrm{S}}}{1-\left(\mu^{\mathrm{S}}\right)^2} & \dfrac{E^{\mathrm{S}}}{1-\left(\mu^{\mathrm{S}}\right)^2} & 0 \\[3mm] 0 & 0 & G_{12}^{\mathrm{S}} \end{bmatrix} \tag{2.7}$$

式中，$E^{\mathrm{S}}$ 为弹性模量；$\mu^{\mathrm{S}}$ 为泊松比；$G_{12}^{\mathrm{S}}$ 为剪切模量，且有 $G_{12}^{\mathrm{S}} = E^{\mathrm{S}}\big/\left[2\left(1+\mu^{\mathrm{S}}\right)\right]$。

圆柱壳所受力以及力矩可写成

$$\begin{pmatrix} N_x & N_\theta & N_{x\theta} \end{pmatrix} = \int_{-h/2}^{h/2} \begin{pmatrix} \sigma_x & \sigma_\theta & \tau_{x\theta} \end{pmatrix}\mathrm{d}z$$
$$\begin{pmatrix} M_x & M_\theta & M_{x\theta} \end{pmatrix} = \int_{-h/2}^{h/2} \begin{pmatrix} \sigma_x & \sigma_\theta & \tau_{x\theta} \end{pmatrix}z\mathrm{d}z \tag{2.8}$$

将上式写为矩阵形式，表达式为

$$\begin{pmatrix} N_x \\ N_\theta \\ N_{x\theta} \\ M_x \\ M_\theta \\ M_{x\theta} \end{pmatrix} = \boldsymbol{S}\boldsymbol{\varepsilon} = \begin{bmatrix} A_{11} & A_{12} & 0 & B_{11} & B_{12} & 0 \\ A_{12} & A_{22} & 0 & B_{12} & B_{22} & 0 \\ 0 & 0 & A_{66} & 0 & 0 & B_{66} \\ B_{11} & B_{12} & 0 & D_{11} & D_{12} & 0 \\ B_{12} & B_{22} & 0 & D_{12} & D_{22} & 0 \\ 0 & 0 & B_{66} & 0 & 0 & D_{66} \end{bmatrix} \begin{pmatrix} \varepsilon_x^0 \\ \varepsilon_\theta^0 \\ \gamma_{x\theta}^0 \\ \kappa_x \\ \kappa_\theta \\ \kappa_{x\theta} \end{pmatrix} \tag{2.9}$$

式中，$A_{ij}$、$B_{ij}$ 和 $D_{ij}$ 分别为拉伸矩阵、耦合矩阵和弯曲矩阵元素，计算如下：

$$A_{ij} = \int_{-h/2}^{h/2} \overline{Q}_{ij}\mathrm{d}z$$
$$B_{ij} = \int_{-h/2}^{h/2} \overline{Q}_{ij}z\mathrm{d}z \tag{2.10}$$
$$D_{ij} = \int_{-h/2}^{h/2} \overline{Q}_{ij}z^2\mathrm{d}z$$

# ■ 2.2　梁函数和位移容许函数

圆柱壳建模时，重点在于对圆柱壳振动位移的表达。常见的有梁函数和位移容许函数，其中位移容许函数表达方法有：修正傅里叶级数、正交多项式和切比雪夫多项式。

### 2.2.1 梁函数

利用广义坐标表示圆柱壳中曲面位移 $u$、$v$ 和 $w$，并进行离散化，结果如下：

$$
\begin{cases}
u = \sum_{i=1}^{m}\sum_{j=1}^{n}\left[\eta_{11}^{ij}(t)\cos(i\theta)-\eta_{21}^{ij}(t)\sin(i\theta)\right]\varphi_j^u(\xi) \\[2mm]
\quad = \sum_{i=1}^{m}\sum_{j=1}^{n}\begin{bmatrix}\cos(i\theta)\varphi_j^u(\xi)\\-\sin(i\theta)\varphi_j^u(\xi)\end{bmatrix}^{\mathrm{T}}\begin{bmatrix}\eta_{11}^{ij}(t)\\\eta_{21}^{ij}(t)\end{bmatrix} \\[2mm]
\quad = \boldsymbol{U}^{\mathrm{T}}\boldsymbol{q}_u \\[2mm]
v = \sum_{i=1}^{m}\sum_{j=1}^{n}\left[\eta_{12}^{ij}(t)\sin(i\theta)+\eta_{22}^{ij}(t)\cos(j\theta)\right]\varphi_j^v(\xi) \\[2mm]
\quad = \sum_{i=1}^{m}\sum_{j=1}^{n}\begin{bmatrix}\sin(i\theta)\varphi_j^v(\xi)\\\cos(i\theta)\varphi_j^v(\xi)\end{bmatrix}^{\mathrm{T}}\begin{bmatrix}\eta_{12}^{ij}(t)\\\eta_{22}^{ij}(t)\end{bmatrix} \\[2mm]
\quad = \boldsymbol{V}^{\mathrm{T}}\boldsymbol{q}_v \\[2mm]
w = \sum_{i=1}^{m}\sum_{j=1}^{n}\left[\eta_{13}^{ij}(t)\cos(i\theta)-\eta_{23}^{ij}(t)\sin(j\theta)\right]\varphi_j^w(\xi) \\[2mm]
\quad = \sum_{i=1}^{m}\sum_{j=1}^{n}\begin{bmatrix}\cos(i\theta)\varphi_j^w(\xi)\\-\sin(i\theta)\varphi_j^w(\xi)\end{bmatrix}^{\mathrm{T}}\begin{bmatrix}\eta_{13}^{ij}(t)\\\eta_{23}^{ij}(t)\end{bmatrix} \\[2mm]
\quad = \boldsymbol{W}^{\mathrm{T}}\boldsymbol{q}_w
\end{cases}
\tag{2.11}
$$

式中，$\boldsymbol{q}_u$、$\boldsymbol{q}_v$ 和 $\boldsymbol{q}_w$ 为广义坐标；$\boldsymbol{U}$、$\boldsymbol{V}$ 和 $\boldsymbol{W}$ 是满足边界条件的振型函数向量。

$$
\begin{aligned}
\boldsymbol{U} &= \begin{pmatrix}U_{11} & \cdots & U_{1n} & U_{21} & \cdots & U_{2n} & \cdots & U_{ij} & \cdots & U_{m1} & \cdots & U_{mn}\end{pmatrix}^{\mathrm{T}} \\
\boldsymbol{V} &= \begin{pmatrix}V_{11} & \cdots & V_{1n} & V_{21} & \cdots & V_{2n} & \cdots & V_{ij} & \cdots & V_{m1} & \cdots & V_{mn}\end{pmatrix}^{\mathrm{T}} \\
\boldsymbol{W} &= \begin{pmatrix}W_{11} & \cdots & W_{1n} & W_{21} & \cdots & W_{2n} & \cdots & W_{ij} & \cdots & W_{m1} & \cdots & W_{mn}\end{pmatrix}^{\mathrm{T}} \\
\boldsymbol{q}_u &= \begin{pmatrix}q_{11}^u & \cdots & q_{1n}^u & q_{21}^u & \cdots & q_{2n}^u & \cdots & q_{ij}^u & \cdots & q_{m1}^u & \cdots & q_{mn}^u\end{pmatrix}^{\mathrm{T}} \\
\boldsymbol{q}_v &= \begin{pmatrix}q_{11}^v & \cdots & q_{1n}^v & q_{21}^v & \cdots & q_{2n}^v & \cdots & q_{ij}^v & \cdots & q_{m1}^v & \cdots & q_{mn}^v\end{pmatrix}^{\mathrm{T}} \\
\boldsymbol{q}_w &= \begin{pmatrix}q_{11}^w & \cdots & q_{1n}^w & q_{21}^w & \cdots & q_{2n}^w & \cdots & q_{ij}^w & \cdots & q_{m1}^w & \cdots & q_{mn}^w\end{pmatrix}^{\mathrm{T}}
\end{aligned}
\tag{2.12}
$$

利用圆柱壳振型的轴向分布接近于相应边界条件梁振型函数的特性，采用梁函数来逼近圆柱壳轴向振型函数。一般可设 3 个方向的振型分布，形式如下：

$$
\varphi_j^u(x)=\frac{\mathrm{d}\psi(x)}{\mathrm{d}x}, \quad \varphi_j^v(x)=\psi(x), \quad \varphi_j^w(x)=\psi(x)
\tag{2.13}
$$

式中，$\varphi_j(x)$ 为相应边界条件下连续梁的振型函数，一般形式如下：

$$\varphi_j(x) = \sin\frac{\lambda_j}{L}x - \sinh\frac{\lambda_j}{L}x - \frac{\sinh\lambda_j + \sin\lambda_j}{\cosh\lambda_j + \cos\lambda_j}\left(\cos\frac{\lambda_j}{L}x - \cosh\frac{\lambda_j}{L}x\right) \quad (2.14)$$

### 2.2.2　修正傅里叶级数

传统的傅里叶级数展开在具有复杂边界条件的情况下容易出现沿壳端的收敛问题。为了克服收敛性问题并满足任意边界条件，位移场由标准傅里叶级数和补充项组成的修正傅里叶级数来表示，如下所示：

$$U(\xi) = \sum_{m=0}^{M} U_m^{\mathrm{F}}\cos(m\pi\xi) + \sum_{l=1}^{2}\tilde{U}_l^{\mathrm{F}}\zeta_l(\xi)$$

$$V(\xi) = \sum_{m=0}^{M} V_m^{\mathrm{F}}\cos(m\pi\xi) + \sum_{l=1}^{2}\tilde{V}_l^{\mathrm{F}}\zeta_l(\xi) \quad (2.15)$$

$$W(\xi) = \sum_{m=0}^{M} W_m^{\mathrm{F}}\cos(m\pi\xi) + \sum_{l=1}^{2}\tilde{W}_l^{\mathrm{F}}\zeta_l(\xi)$$

式中，$U_m^{\mathrm{F}}$、$V_m^{\mathrm{F}}$、$W_m^{\mathrm{F}}$、$\tilde{U}_l^{\mathrm{F}}$、$\tilde{V}_l^{\mathrm{F}}$ 和 $\tilde{W}_l^{\mathrm{F}}$ 为未知系数；$\zeta_l(\xi)$（$l=1,2$）为与无量纲坐标 $\xi$ 相关的补充项，表达式如下：

$$\zeta_1(\xi) = \xi(\xi-1)^2, \quad \zeta_2(\xi) = \xi^2(\xi-1) \quad (2.16)$$

### 2.2.3　正交多项式

用正交多项式的形式表示圆柱壳的位移场，如下所示：

$$U(\xi) = \sum_{m=0}^{\mathrm{NT}} U_m^{\mathrm{O}}\varphi_m^u(\xi)$$

$$V(\xi) = \sum_{m=0}^{\mathrm{NT}} V_m^{\mathrm{O}}\varphi_m^v(\xi) \quad (2.17)$$

$$W(\xi) = \sum_{m=0}^{\mathrm{NT}} W_m^{\mathrm{O}}\varphi_m^w(\xi)$$

式中，$U_m^{\mathrm{O}}$、$V_m^{\mathrm{O}}$ 和 $W_m^{\mathrm{O}}$ 为未知系数；$\varphi_m^u(\xi)$、$\varphi_m^v(\xi)$ 和 $\varphi_m^w(\xi)$ 为区间[0, 1]内定义的满足圆柱壳边界条件的基函数；NT 为近似圆柱壳轴向振型过程中所取得的多项式项数，同时利用格拉姆-施密特正交化过程构建选取的多项式簇。

给定 $\psi_1^u(\xi)$、$\psi_1^v(\xi)$ 和 $\psi_1^w(\xi)$ 分别为满足边界条件的轴向、周向和径向多项式簇，边界条件不同，多项式首项取值不同。

$$\psi_2^w(\xi) = \left(\xi - B_1^w\right)\psi_1^w(\xi) \tag{2.18}$$

式中，

$$B_1^w = \frac{\int_0^1 \xi\left[\psi_1^w(\xi)\right]^2 \mathrm{d}\xi}{\int_0^1 \left[\psi_1^w(\xi)\right]^2 \mathrm{d}\xi} \tag{2.19}$$

双初值 $\psi_1^w(\xi)$ 和 $\psi_2^w(\xi)$ 确定后，可求解 $\psi_3^w(\xi)$ 至 $\psi_{\mathrm{NT}}^w(\xi)$，计算过程如下：

$$\psi_{k+1}^w(\xi) = \left(\xi - B_k^w\right)\psi_k^w(\xi) - C_k^w\psi_{k-1}^w(\xi), \quad k \geqslant 2 \tag{2.20}$$

式中，参数 $B_k^w$ 和 $C_k^w$ 表达如下：

$$B_k^w = \frac{\int_0^1 \xi\left[\psi_k^w(\xi)\right]^2 \mathrm{d}\xi}{\int_0^1 \left[\psi_k^w(\xi)\right]^2 \mathrm{d}\xi} \tag{2.21}$$

$$C_k^w = \frac{\int_0^1 \xi \cdot \psi_k^w(\xi) \cdot \psi_{k-1}^w(\xi)\mathrm{d}\xi}{\int_0^1 \left[\psi_{k-1}^w(\xi)\right]^2 \mathrm{d}\xi} \tag{2.22}$$

同理，可求得周向及径向多项式近似表达式 $\psi^u(\xi)$ 和 $\psi^v(\xi)$。在求得多项式簇 $\psi_k(\xi)$（$k=1, 2, \cdots, \mathrm{NT}$）后，将其归一化：

$$\varphi_k(\xi) = \frac{\psi_k(\xi)}{\sqrt{\int_0^1 \left[\psi_k^u(\xi)\right]^2 \mathrm{d}\xi}}, \quad k = 1, 2, \cdots, \mathrm{NT} \tag{2.23}$$

归一化后的多项式簇 $\varphi_k(\xi)$（$k=1, 2, \cdots, \mathrm{NT}$）各项两两正交：

$$\int_0^1 \varphi_p(\xi) \cdot \varphi_q(\xi)\mathrm{d}\xi = \begin{cases} 0, & p \neq q \\ 1, & p = q \end{cases}, \quad p, q = 1, 2, \cdots, \mathrm{NT} \tag{2.24}$$

依据上面的构造方式，可得到模拟圆柱壳径向振型函数的多项式近似表达式 $W(\xi)$。同理可以得到用于模拟轴向和周向振型函数的多项式近似表达式 $U(\xi)$ 和 $V(\xi)$。

### 2.2.4　切比雪夫多项式

用切比雪夫多项式表示圆柱壳的位移场：

$$
\begin{cases}
u(\xi,\theta,t)=\displaystyle\sum_{m=1}^{\mathrm{NT}}\sum_{n=1}^{N}a_{mn}T_m^{*}(\xi)\mathrm{e}^{-\mathrm{j}\omega t}\cos(n\theta)=\bar{\boldsymbol{U}}^{\mathrm{T}}\boldsymbol{q}_u \\[2mm]
v(\xi,\theta,t)=\displaystyle\sum_{m=1}^{\mathrm{NT}}\sum_{n=1}^{N}b_{mn}T_m^{*}(\xi)\mathrm{e}^{-\mathrm{j}\omega t}\sin(n\theta)=\bar{\boldsymbol{V}}^{\mathrm{T}}\boldsymbol{q}_v \\[2mm]
w(\xi,\theta,t)=\displaystyle\sum_{m=1}^{\mathrm{NT}}\sum_{n=1}^{N}c_{mn}T_m^{*}(\xi)\mathrm{e}^{-\mathrm{j}\omega t}\cos(n\theta)=\bar{\boldsymbol{W}}^{\mathrm{T}}\boldsymbol{q}_w
\end{cases}
\tag{2.25}
$$

式中，$a_{mn}$、$b_{mn}$ 和 $c_{mn}$ 为未知系数；$\omega$ 为壳的固有频率；$\boldsymbol{q}_u$、$\boldsymbol{q}_v$ 和 $\boldsymbol{q}_w$ 为整理后位移的广义坐标；$n$ 为壳的周向波数；$\bar{\boldsymbol{U}}$、$\bar{\boldsymbol{V}}$ 和 $\bar{\boldsymbol{W}}$ 为适应边界的位移容许函数；$T_m^{*}(\xi)$ 为切比雪夫多项式的位移展开式，$T_m^{*}(\xi)=T_m(2\xi-1)$，$T_m(\cdot)$ 为第一类切比雪夫多项式，通过下式获得：

$$
T_0(\xi)=1,\quad T_1(\xi)=\xi,\quad T_{m+1}(\xi)=2\xi T_m(\xi)-T_{m-1}(\xi),\quad m\geqslant 2
\tag{2.26}
$$

## ■ 2.3　圆柱壳坐标系的建立

在建立圆柱壳动力学模型之前首先要确定圆柱壳的坐标系。圆柱壳的坐标系通常考虑为柱坐标系。如图 2.1 所示，圆柱壳长度为 $L$、厚度为 $H$、半径为 $R$。在轴向、周向和径向上，中间面上任意点的位移分别由 $u$、$v$ 和 $w$ 表示，定义无量纲长度 $\xi$ 代替轴向坐标 $x$，即 $\xi=x/L$。

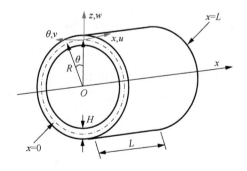

图 2.1　圆柱壳坐标系

圆柱壳的某些动力学问题进行坐标系的转换后往往会更方便理解，如旋转态问题。以常见的轮盘-鼓筒耦合结构为例，轮盘-鼓筒耦合系统坐标示意图如图 2.2

所示。鼓筒随转子系统以角速度 $\Omega$ 一起转动，各坐标系分别定义如下。

（1） $O\text{-}xyz$：惯性坐标系。$\boldsymbol{i}$、$\boldsymbol{j}$ 和 $\boldsymbol{k}$ 分别为 $x$、$y$ 和 $z$ 方向的单位向量。

（2） $O_1\text{-}x_1y_1z_1$：鼓筒的中心坐标系。原点 $O_1$ 位于轮盘与鼓筒相交圆的几何中心，且三个坐标轴的方向与坐标系 $O\text{-}xyz$ 方向相同；$\boldsymbol{i}_1$、$\boldsymbol{j}_1$ 和 $\boldsymbol{k}_1$ 分别为 $x_1$、$y_1$ 和 $z_1$ 方向的单位向量。

（3） $O_2\text{-}x_2y_2z_2$：鼓筒的随体坐标系，随鼓筒以角速度 $\Omega$ 转动。圆点 $O_2$ 与 $O_1$ 重合，且 $x_2$ 轴与 $x_1$ 轴重合。$\boldsymbol{i}_2$、$\boldsymbol{j}_2$ 和 $\boldsymbol{k}_2$ 分别为 $x_2$、$y_2$ 和 $z_2$ 方向的单位向量。

（4） $O_3\text{-}x_3y_3z_3$：中曲面的曲线坐标系。$\boldsymbol{i}_3$、$\boldsymbol{j}_3$ 和 $\boldsymbol{k}_3$ 分别为 $x_3$、$y_3$ 和 $z_3$ 方向的单位向量。$u$、$v$ 和 $w$ 表示鼓筒中曲面在三个坐标轴方向的位移，$\overrightarrow{O_1A} = \overrightarrow{O_1O_2} + \overrightarrow{O_2O_3} + \overrightarrow{O_3O} + \overrightarrow{OA}$。

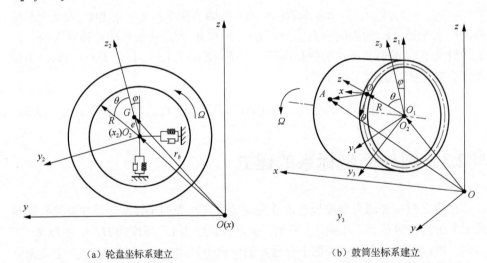

（a）轮盘坐标系建立　　　　　　　　　（b）鼓筒坐标系建立

图 2.2　轮盘-鼓筒耦合系统坐标示意图

依据前面所建立的坐标系及各个假设，各坐标系单位向量间的转换矩阵为

$$A_1 = \begin{bmatrix} 1 & 0 & 0 \\ 0 & 1 & 0 \\ 0 & 0 & 1 \end{bmatrix}, \quad A_2 = \begin{bmatrix} 1 & 0 & 0 \\ 0 & \cos\varphi & -\sin\varphi \\ 0 & \sin\varphi & \cos\varphi \end{bmatrix}, \quad A_3 = \begin{bmatrix} 1 & 0 & 0 \\ 0 & \cos\theta & -\sin\theta \\ 0 & \sin\theta & \cos\theta \end{bmatrix} \quad (2.27)$$

由式（2.27）可以对各坐标系进行转化，转化关系如下：

$$\begin{pmatrix} \boldsymbol{i} \\ \boldsymbol{j} \\ \boldsymbol{k} \end{pmatrix} = A_1^{-1} \begin{pmatrix} \boldsymbol{i}_1 \\ \boldsymbol{j}_1 \\ \boldsymbol{k}_1 \end{pmatrix}, \quad \begin{pmatrix} \boldsymbol{i}_1 \\ \boldsymbol{j}_1 \\ \boldsymbol{k}_1 \end{pmatrix} = A_2^{-1} \begin{pmatrix} \boldsymbol{i}_2 \\ \boldsymbol{j}_2 \\ \boldsymbol{k}_2 \end{pmatrix}, \quad \begin{pmatrix} \boldsymbol{i}_2 \\ \boldsymbol{j}_2 \\ \boldsymbol{k}_2 \end{pmatrix} = A_3^{-1} \begin{pmatrix} \boldsymbol{i}_3 \\ \boldsymbol{j}_3 \\ \boldsymbol{k}_3 \end{pmatrix} \quad (2.28)$$

## ■ 2.4　能量方程与动力学建模方法

圆柱壳的动能 $T$ 和应变能 $U_\varepsilon$ 可以表示为

$$T = \frac{\rho H L}{2} \int_0^{2\pi} \int_0^1 (\dot{u}^2 + \dot{v}^2 + \dot{w}^2) R \mathrm{d}\xi \mathrm{d}\theta \tag{2.29}$$

$$U_\varepsilon = \frac{L}{2} \int_0^1 \int_0^{2\pi} \boldsymbol{\varepsilon}^{\mathrm{T}} \boldsymbol{S} \boldsymbol{\varepsilon} R \mathrm{d}\theta \mathrm{d}\xi \tag{2.30}$$

式中，$\rho$ 为壳的密度；$\boldsymbol{\varepsilon}$ 为应变向量；$\boldsymbol{S}$ 为转换刚度矩阵。$\boldsymbol{\varepsilon}^{\mathrm{T}}$ 表示为

$$\boldsymbol{\varepsilon}^{\mathrm{T}} = \begin{pmatrix} \varepsilon_x^0 & \varepsilon_\theta^0 & \gamma_{x\theta}^0 & k_x & k_\theta & k_{x\theta} \end{pmatrix} \tag{2.31}$$

将位移容许函数表示的位移场代入动能与应变能的表达式中，可以写成下面的二次型形式：

$$T = \frac{1}{2} \dot{\boldsymbol{q}}_u^{\mathrm{T}} \boldsymbol{M}^{uu} \dot{\boldsymbol{q}}_u + \frac{1}{2} \dot{\boldsymbol{q}}_v^{\mathrm{T}} \boldsymbol{M}^{vv} \dot{\boldsymbol{q}}_v + \frac{1}{2} \dot{\boldsymbol{q}}_w^{\mathrm{T}} \boldsymbol{M}^{ww} \dot{\boldsymbol{q}}_w \tag{2.32}$$

$$U_\varepsilon = \frac{1}{2} \boldsymbol{q}_u^{\mathrm{T}} \boldsymbol{K}^{uu} \boldsymbol{q}_u + \frac{1}{2} \boldsymbol{q}_u^{\mathrm{T}} \boldsymbol{K}^{uv} \boldsymbol{q}_v + \frac{1}{2} \boldsymbol{q}_u^{\mathrm{T}} \boldsymbol{K}^{uw} \boldsymbol{q}_w + \frac{1}{2} \boldsymbol{q}_v^{\mathrm{T}} \boldsymbol{K}^{vv} \boldsymbol{q}_v + \frac{1}{2} \boldsymbol{q}_v^{\mathrm{T}} \boldsymbol{K}^{vw} \boldsymbol{q}_w + \frac{1}{2} \boldsymbol{q}_w^{\mathrm{T}} \boldsymbol{K}^{ww} \boldsymbol{q}_w \tag{2.33}$$

式中，$\boldsymbol{M}^{uu}$、$\boldsymbol{M}^{vv}$ 和 $\boldsymbol{M}^{ww}$ 为质量矩阵元素；$\boldsymbol{K}^{uu}$、$\boldsymbol{K}^{uv}$、$\boldsymbol{K}^{uw}$、$\boldsymbol{K}^{vv}$、$\boldsymbol{K}^{vw}$ 和 $\boldsymbol{K}^{ww}$ 为势能刚度矩阵元素。

在考虑有阻尼耗散能 $D$ 的情况下，振动系统的拉格朗日方程的形式为

$$\frac{\mathrm{d}}{\mathrm{d}t} \left( \frac{\partial T}{\partial \dot{\boldsymbol{q}}} \right) - \frac{\partial T}{\partial \boldsymbol{q}} + \frac{\partial D}{\partial \dot{\boldsymbol{q}}} + \frac{\partial U_\varepsilon}{\partial \boldsymbol{q}} = \boldsymbol{F}(t) \tag{2.34}$$

式中，$\boldsymbol{q}$ 表示广义坐标向量；$\boldsymbol{F}(t)$ 表示广义外激励向量。

$$\boldsymbol{q} = \begin{pmatrix} \boldsymbol{q}_u & \boldsymbol{q}_v & \boldsymbol{q}_w \end{pmatrix}^{\mathrm{T}}, \quad \boldsymbol{F}(t) = \begin{pmatrix} f_x & f_y & f_z \end{pmatrix}^{\mathrm{T}} \tag{2.35}$$

将能量方程式代入拉格朗日方程中，可以得到圆柱壳的振动微分方程：

$$\boldsymbol{M}\ddot{\boldsymbol{q}} + \boldsymbol{C}\dot{\boldsymbol{q}} + \boldsymbol{K}\boldsymbol{q} = \boldsymbol{F}(t) \tag{2.36}$$

式中，$\boldsymbol{M}$、$\boldsymbol{C}$ 和 $\boldsymbol{K}$ 分别为层合圆柱壳的质量矩阵、结构阻尼矩阵和刚度矩阵。在分析圆柱壳振动响应时，通常需要分析阻尼的影响。这里考虑瑞利阻尼，其表达式为

$$\boldsymbol{C} = \alpha \boldsymbol{M} + \beta \boldsymbol{K} \tag{2.37}$$

式中，$\alpha$ 和 $\beta$ 为瑞利阻尼系数，表示为

$$\alpha = 2\left(\frac{\xi_2}{\omega_2} - \frac{\xi_1}{\omega_1}\right)\Bigg/\left(\frac{1}{\omega_2^2} - \frac{1}{\omega_1^2}\right), \quad \beta = 2\left(\xi_2\omega_2 - \xi_1\omega_1\right)\Big/\left(\omega_2^2 - \omega_1^2\right) \qquad (2.38)$$

其中，$\xi_1$ 和 $\xi_2$ 为阻尼系数；计算时 $\omega_1$ 和 $\omega_2$ 为圆柱壳 1 阶和 2 阶固有频率。

# ■ 2.5  数值求解方法

为了探索圆柱壳的振动特性，分析不同参数对圆柱壳频率特性和振型特征的影响，需要对圆柱壳振动微分方程进行求解，常用的数值求解方法包括纽马克法和增量谐波平衡法等。

## 2.5.1  纽马克法

通常把结构振动响应分析分为结构的瞬态响应分析和结构的基础响应分析。动力响应问题就是求解动力学方程，即在外力作用下，求出作为时间函数的 $\delta(t)$、$\dot{\delta}(t)$ 和 $\ddot{\delta}(t)$。根据所用方法不同，前者又有振型叠加法和逐步积分法；根据结构的基础加速度性质不同，后者又有频率响应分析的谱分析方法。

假设考虑阻尼时系统的动力学方程为

$$M\ddot{\delta}(t) + C\dot{\delta}(t) + K\delta(t) = F(t) \qquad (2.39)$$

假设 $t=0$ 时的位移为 $\delta_0$、速度为 $\dot{\delta}_0$ 和加速度为 $\ddot{\delta}_0$，并假设时间求解域等分为 $n$ 个时间间隔 $\Delta t$。在讨论具体算法时，假设 $0, \Delta t, 2\Delta t, \cdots, t$ 时刻的解已经求得，计算的目的在于求 $t+\Delta t$ 时刻的解，由此建立求解所有离散时间点的一般算法步骤。常用纽马克法求解，首先假设：

$$\dot{\delta}_{t+\Delta t} = \dot{\delta}_t + \left[(1-\alpha)\ddot{\delta}_t + \alpha\ddot{\delta}_{t+\Delta t}\right]\Delta t \qquad (2.40)$$

$$\delta_{t+\Delta t} = \delta_t + \dot{\delta}_t\Delta t + \left[\left(\frac{1}{2} - \beta\right)\ddot{\delta}_t + \beta\ddot{\delta}_{t+\Delta t}\right]\Delta t^2 \qquad (2.41)$$

式中，$\alpha$ 和 $\beta$ 是按积分精度和稳定性要求而设定的参数。当 $\alpha=1/2$ 和 $\beta=1/6$ 时，式（2.40）和式（2.41）对应于线性加速度法，可以得到加速度表达式：

$$\ddot{\delta}_{t+\tau} = \ddot{\delta}_t + \left(\ddot{\delta}_{t+\Delta t} - \ddot{\delta}_t\right)\tau\Big/\Delta t \qquad (2.42)$$

式中，$0 \leqslant \tau \leqslant \Delta t$。纽马克法是从平均加速度法这种无条件稳定积分方案中提出的，要求 $\alpha=0.5$ 和 $\beta=0.25$。这时，$\Delta t$ 内的加速度为

$$\ddot{\delta}_{t+\tau} = \frac{1}{2}\left(\ddot{\delta}_t + \ddot{\delta}_{t+\Delta t}\right) \tag{2.43}$$

纽马克法中的时间 $t+\Delta t$ 的位移解 $\ddot{\delta}_{t+\Delta t}$ 是通过满足时间 $t+\Delta t$ 的运动方程得到的，即

$$M\ddot{\delta}_{t+\Delta t} + C\dot{\delta}_{t+\Delta t} + K\delta_{t+\Delta t} = F_{t+\Delta t} \tag{2.44}$$

为此，首先从式（2.41）解得

$$\ddot{\delta}_{t+\Delta t} = \frac{1}{\beta \Delta t^2}\left(\delta_{t+\Delta t} - \delta_t\right) - \frac{1}{\beta \Delta t}\dot{\delta}_t - \left(\frac{1}{2\beta} - 1\right)\ddot{\delta}_t \tag{2.45}$$

将上式代入式（2.40），然后再一并代入式（2.44），得到 $\delta_{t+\Delta t}$ 的计算公式为

$$\left(K + \frac{1}{\beta \Delta t^2}M + \frac{\alpha}{\beta \Delta t}C\right)\delta_{t+\Delta t} = F_{t+\Delta t} + M\left[\frac{1}{\beta \Delta t^2}\delta_t + \frac{1}{\beta \Delta t}\dot{\delta}_t + \left(\frac{1}{2\beta} - 1\right)\ddot{\delta}_t\right]$$
$$+ C\left[\frac{\alpha}{\beta \Delta t}\delta_t + \left(\frac{\alpha}{\beta} - 1\right)\dot{\delta}_t + \left(\frac{\alpha}{2\beta} - 1\right)\Delta t\ddot{\delta}_t\right] \tag{2.46}$$

采用纽马克法求解运动方程的具体步骤如下。

（1）初始计算：①形成刚度矩阵 $K$、质量矩阵 $M$ 和阻尼矩阵 $C$；②给定 $\delta_0$、$\dot{\delta}_0$ 和 $\ddot{\delta}_0$；③选择时间步长 $\Delta t$、参数 $\alpha$ 和 $\beta$，并计算积分常数，即

$$\alpha \geqslant 0.5, \quad \beta \geqslant 0.25\left(0.5 + \alpha\right)^2$$

$$c_0 = \frac{1}{\beta \Delta t^2}, \quad c_1 = \frac{1}{\beta \Delta t}, \quad c_2 = \frac{1}{\beta \Delta t^2}, \quad c_3 = \frac{1}{2\beta} - 1$$

$$c_4 = \frac{\alpha}{\beta} - 1, \quad c_5 = \frac{\Delta t}{2}\left(\frac{\alpha}{\beta} - 2\right), \quad c_6 = \Delta t(1-\alpha), \quad c_7 = \alpha \Delta t$$

④形成有效刚度矩阵 $\hat{K}$，$\hat{K} = K + c_0 M + c_1 C$；⑤三角分解 $\hat{K}$，$\hat{K} = LDL^{\mathrm{T}}$。

（2）对于每一个时间步长：①计算时间 $t+\Delta t$ 的有效载荷，即

$$\hat{F}_{t+\Delta t} = F_{t+\Delta t} + M\left(c_0\delta_t + c_2\dot{\delta}_t + c_3\ddot{\delta}_t\right) + C\left(c_1\delta_t + c_4\dot{\delta}_t + c_5\ddot{\delta}_t\right)$$

②求解时间 $t+\Delta t$ 的位移，即

$$\boldsymbol{LDL}^{\mathrm{T}}\delta_{t+\Delta t}=\hat{\boldsymbol{F}}_{t+\Delta t}$$

（3）计算时间 $t+\Delta t$ 的加速度和速度：

$$\ddot{\delta}_{t+\Delta t}=c_0\left(\delta_{t+\Delta t}-\delta_t\right)-c_2\dot{\delta}_t-c_3\ddot{\delta}_t$$

$$\dot{\delta}_{t+\Delta t}=\dot{\delta}_t+c_6\ddot{\delta}_t+c_7\ddot{\delta}_{t+\Delta t}$$

从纽马克法的循环求解方程可见，有效刚度矩阵 $\hat{\boldsymbol{K}}$ 中包含了 $\boldsymbol{K}$。而一般情况下 $\boldsymbol{K}$ 总是非对角矩阵，因此在求解 $\delta_{t+\Delta t}$ 时，$\hat{\boldsymbol{K}}$ 的求逆是必需的（而在线性分析中只需计算一次）。

当 $\alpha\geq0.5$、$\beta\geq0.25(0.5+\alpha)^2$ 时，纽马克法是无条件稳定的，即时间步长 $\Delta t$ 的大小不影响解的稳定性。

### 2.5.2　增量谐波平衡法

系统的非线性振动微分方程可以写为

$$\boldsymbol{MX}''+\boldsymbol{CX}'+\left(\boldsymbol{K}+\boldsymbol{K}_{\mathrm{NL2}}+\boldsymbol{K}_{\mathrm{NL3}}\right)\boldsymbol{X}=\boldsymbol{F}\cos(\omega t) \tag{2.47}$$

引入新的无量纲时间变量 $\tau=\omega t$，微分方程可写成

$$\omega^2\boldsymbol{MX}''+\omega\boldsymbol{CX}'+\left(\boldsymbol{K}+\boldsymbol{K}_{\mathrm{NL2}}+\boldsymbol{K}_{\mathrm{NL3}}\right)\boldsymbol{X}=\boldsymbol{F}\cos\tau \tag{2.48}$$

式中，$\boldsymbol{X}=\begin{pmatrix}X_1 & X_2 & X_3 & \cdots & X_n\end{pmatrix}^{\mathrm{T}}$；$\boldsymbol{F}=\begin{pmatrix}0 & 0 & F\end{pmatrix}$。

增量谐波平衡法是处理非线性运动微分方程的高效方法。首先使用牛顿-拉弗森法使方程线性化。如果用 $X_{j0}$ 和 $\omega_0$ 描述振动状态，则附近的状态可以通过添加相应增量表示：

$$X_j=X_{j0}+\Delta X,\quad j=1,\ 2,\cdots,\ n$$
$$\omega=\omega_0+\Delta\omega \tag{2.49}$$

将式（2.49）代入运动微分方程（2.48）并忽略小量的高阶项，则式（2.48）可以写成线性增量的形式：

$$\omega_0^2\boldsymbol{M}\Delta\boldsymbol{X}''+\omega\boldsymbol{C}\Delta\boldsymbol{X}'+\left(\boldsymbol{K}+2\boldsymbol{K}_{\mathrm{NL2}}+3\boldsymbol{K}_{\mathrm{NL3}}\right)\Delta\boldsymbol{X}=\mathbf{RE}-\left(2\omega_0\boldsymbol{MX}_0''+\boldsymbol{CX}_0'\right)\Delta\omega \tag{2.50}$$

$$\mathbf{RE}=\boldsymbol{F}\cos\tau-\omega_0^2\boldsymbol{MX}_0''-\omega_0\boldsymbol{CX}_0'-\left(\boldsymbol{K}+\boldsymbol{K}_{\mathrm{NL2}}+\boldsymbol{K}_{\mathrm{NL3}}\right)\boldsymbol{X}_0 \tag{2.51}$$

式中，$\boldsymbol{X}_0=\begin{pmatrix}X_{10} & X_{20} & X_{30} & \cdots & X_{n0}\end{pmatrix}^{\mathrm{T}}$；$\Delta\boldsymbol{X}=\begin{pmatrix}\Delta X_1 & \Delta X_2 & \Delta X_3 & \cdots & \Delta X_n\end{pmatrix}^{\mathrm{T}}$。

当解达到精确值时，误残差 **RE** 变为零。接着使用里茨-伽辽金法将稳态解表示为截断的傅里叶级数，稳态解可以表示为截断的傅里叶级数：

$$X_{j0} = A_0 + \sum_{k=1}^{r} \left( a_{jk} \cos(k\tau) + b_{jk} \sin(k\tau) \right) = T_c A_j \tag{2.52}$$

$$\Delta X_j = \Delta A + \sum_{k=1}^{r} \left( a_{jk} \cos(k\tau) + b_{jk} \sin(k\tau) \right) = T_c \Delta A_j \tag{2.53}$$

式中，

$$T_c = \begin{pmatrix} 1 & \cos\tau & \sin\tau & \cos(2\tau) & \sin(2\tau) & \cdots & \cos(r\tau) & \sin(r\tau) \end{pmatrix} \tag{2.54}$$

$$A_j = \begin{pmatrix} a_{j1} & a_{j2} & \cdots & a_{jn} & b_{j1} & b_{j2} & \cdots & b_{jn} \end{pmatrix}^{\mathrm{T}} \tag{2.55}$$

$$\Delta A_j = \begin{pmatrix} \Delta a_{j1} & \Delta a_{j2} & \cdots & \Delta a_{jn} & \Delta b_{j1} & \Delta b_{j2} & \cdots & \Delta b_{jn} \end{pmatrix}^{\mathrm{T}} \tag{2.56}$$

使用傅里叶参数 $A$ 和增量 $\Delta A$ 表示 $X_0$ 和 $\Delta X$：

$$X_0 = SA \tag{2.57}$$

$$\Delta X = S \Delta A \tag{2.58}$$

式中，

$$S = \begin{bmatrix} T_c & & & \\ & T_c & & \\ & & \ddots & \\ & & & T_c \end{bmatrix}; \quad A = \begin{bmatrix} A_1 & A_2 & \cdots & A_n \end{bmatrix}^{\mathrm{T}}; \quad \Delta A = \begin{bmatrix} \Delta A_1 & \Delta A_2 & \cdots & \Delta A_n \end{bmatrix}^{\mathrm{T}} \tag{2.59}$$

将式（2.57）、式（2.58）代入式（2.52），并采用

$$\int_0^{2\pi} \delta(\Delta X)^{\mathrm{T}} \left[ \omega_0^2 M X_0'' + \left( K + 2K_{\mathrm{NL2}} + 3K_{\mathrm{NL3}} \right) \Delta X \right] \mathrm{d}\tau$$
$$= \int_0^{2\pi} \delta(\Delta X)^{\mathrm{T}} \left[ \mathbf{RE} - \left( 2\omega_0 M X_0'' \right) \Delta\omega \right] \mathrm{d}\tau \tag{2.60}$$

将式（2.60）整理可得

$$R = K_{\mathrm{mc}} \Delta A + R_{\mathrm{mc}} \Delta\omega \tag{2.61}$$

式中，$R = R_1 + R_2$。

$$R_1 = -\int_0^{2\pi} S^{\mathrm{T}} \left[ \omega_0^2 MS'' + \omega_0 CS' + \left( K + K_{\mathrm{NL2}} + K_{\mathrm{NL3}} \right) S \right] \mathrm{d}\tau A$$

$$R_2 = \int_0^{2\pi} S^{\mathrm{T}} \left( F\cos\tau \right) \mathrm{d}\tau$$

$$K_{\mathrm{mc}} = \int_0^{2\pi} S^{\mathrm{T}} \left[ \omega_0^2 MS'' + \omega_0 CS' + \left( K + 2K_{\mathrm{NL2}} + 3K_{\mathrm{NL3}} \right) S \right] \mathrm{d}\tau \qquad (2.62)$$

$$R_{\mathrm{mc}} = \int_0^{2\pi} S^{\mathrm{T}} \left( 2\omega_0 MS'' + \omega_0 CS' \right) \mathrm{d}\tau A$$

弧长法作为牛顿-拉弗森法的改进迭代方法，与增量谐波平衡法结合可以获得系统的不稳定稳态解。

对平衡方程（2.61）使用弧长法，取

$$\Psi\left(A,\omega\right) = -R \qquad (2.63)$$

将式（2.63）整理为

$$\Psi = \Psi_0 + \frac{\partial \Psi}{\partial A}\delta A + \frac{\partial \Psi}{\partial \lambda}\delta \lambda = \Psi_0 + K_A \delta X + K_\lambda \delta \lambda = 0 \qquad (2.64)$$

式中，$K_A = \dfrac{\partial \psi}{\partial A} = K_{\mathrm{mc}}$；$K_\lambda = \dfrac{\partial \psi}{\partial \lambda} = R_{\mathrm{mc}}$。

为实现弧长法的有规则进行，增加控制方程

$$\Delta A^{\mathrm{T}} \Delta A + \Delta \lambda^2 \varphi^2 \omega^2 = \Delta l^2 \qquad (2.65)$$

式中，$\varphi$ 为调整 $\omega$ 与 $\Delta A$ 相对大小关系的参数。

联立式（2.61）和式（2.65）求解 $\Delta A$ 和 $\Delta \lambda$，从而可以通过迭代求得系数矩阵 $A$ 和 $\omega$ 的对应关系，通过式（2.57）可以得到时域响应。

# ■ 2.6  本章小结

本章介绍了圆柱壳结构动力学基本理论。给出了圆柱壳结构的应力-应变关系，介绍了圆柱壳结构位移表达方法，包括梁函数以及修正傅里叶级数、正交多项式、切比雪夫多项式等位移容许函数。介绍了圆柱壳结构坐标系建立方法以及利用圆柱壳能量方程开展圆柱壳结构动力学建模的方法。最后给出了系统响应的两种求解方法，即纽马克法与增量谐波平衡法，为后续内容提供理论基础和研究方法。

# 第 3 章

# 线性边界圆柱壳结构的动力学特性

由于圆柱壳结构的工作边界条件大多十分复杂，因此关注并研究圆柱壳的边界问题是十分重要的。早期对圆柱壳的研究多集中在经典边界，之后有学者提出使用人工弹簧对圆柱壳进行弹性边界的研究。

本章突破经典边界条件的限制，引入线性弹簧组模拟边界支承条件。本章首先介绍了经典边界条件下圆柱壳的动力学模型的建立并分析其特性。以此为基础，引出一般边界条件圆柱壳并分析其动力学特性，再以旋转态和非线性两个问题为例进行详细阐述。

## ■ 3.1　经典边界圆柱壳结构的动力学特性

在壳理论漫长的发展过程中，根据不同工程实际应用的需要，形成了诸多的壳变形理论。例如，Donnell[10]、Sanders[11]、Flügge[12]等先后建立了各自的近似壳理论。这些理论因其良好的精度和适用性而被广泛应用于圆柱壳结构静力学和动力学研究中。一开始对壳振动的研究都是从简单边界进行的，主要包括固定支承、自由支承、简单支承及组合支承。

### 3.1.1　经典边界圆柱壳结构动力学模型的建立

本节将基于第 2 章所介绍的 Sanders[11]壳理论对经典边界圆柱壳进行动力学建模，介绍如何利用半解析方法得到振动微分方程。

#### 3.1.1.1　能量表达式

根据 Sanders[11]壳理论，可以得到圆柱壳中面应变分量和曲率分量，如式（2.1）和式（2.2），进一步可以得到圆柱壳所受力以及力矩：

$$N_x = K\left(\varepsilon_x^0 + \mu\varepsilon_\theta^0\right), \quad N_\theta = K\left(\varepsilon_\theta^0 + \mu\varepsilon_x^0\right), \quad N_{x\theta} = K\frac{1-\mu}{2}\varepsilon_{x\theta}^0$$

$$M_x = D\left(\chi_x + \mu k_\theta\right), \quad M_\theta = D\left(\chi_\theta + \mu k_x\right), \quad M_{x\theta} = D\frac{1-\mu}{2}k_{x\theta}$$

(3.1)

式中，

$$K = \frac{Eh}{1-\mu^2}, \quad D = \frac{Eh^3}{12\left(1-\mu^2\right)}$$

用内力表示应力表达式：

$$\sigma_x = \frac{N_x}{h} + \frac{12M_x}{h^3}z, \quad \sigma_\theta = \frac{N_\theta}{h} + \frac{12M_\theta}{h^3}z, \quad \tau_{x\theta} = \frac{N_{x\theta}}{h} + \frac{12M_{x\theta}}{h^3}z$$

(3.2)

上式表明，薄膜里形成壳体应力中沿厚度均匀分布的分量——薄膜应力，弯矩与转矩形成壳体应力中沿厚度线性分布的分量——弯曲应力，且由横向剪力值推导垂直剪力值是根据垂直剪力沿厚度抛物线分布确定的，即

$$\tau_{xz} = \frac{3}{2h}Q_x\left[1-\left(\frac{z}{h/2}\right)^2\right], \quad \tau_{\theta z} = \frac{3}{2h}Q_\theta\left[1-\left(\frac{z}{h/2}\right)^2\right]$$

(3.3)

式中，$Q_x$ 和 $Q_\theta$ 为横向剪力：

$$Q_x = \frac{\partial M_x}{\partial x} + \frac{\partial M_{x\theta}}{R\partial\theta}, \quad Q_\theta = \frac{\partial M_{x\theta}}{\partial x} + \frac{\partial M_\theta}{R\partial\theta}$$

(3.4)

为计算方便，可以假设圆柱壳无量纲长度为 $\xi = x/L$，在柱面坐标系 $O\text{-}x\theta z$ 中，圆柱壳中曲面上任意一点的振动速度为

$$\dot{u} = \frac{\partial u}{\partial t}, \quad \dot{v} = \frac{\partial v}{\partial t}, \quad \dot{w} = \frac{\partial w}{\partial t}$$

(3.5)

则动能可表示为

$$T = \frac{\rho hL}{2}\int_0^1\int_0^{2\pi}\left(\dot{u}^2 + \dot{v}^2 + \dot{w}^2\right)R\,\mathrm{d}\xi\,\mathrm{d}\theta$$

(3.6)

应变势能表达式为

$$U = \frac{1}{2}\int_V\left(\sigma_x\varepsilon_x + \sigma_\theta\varepsilon_\theta + \tau_{x\theta}\varepsilon_{x\theta}\right)\mathrm{d}V$$

(3.7)

可以得到应变势能具体的表达式:

$$U = \int_0^1 \int_0^{2\pi} \left\{ \frac{Eh}{2(1-\mu^2)} \left[ \left( \frac{1}{L} \frac{\partial u}{\partial \xi} \right)^2 + \frac{2\mu}{RL} \frac{\partial u}{\partial \xi} \left( \frac{\partial v}{\partial \theta} + w \right) + \frac{1}{R^2} \left( \frac{\partial v}{\partial \theta} + w \right)^2 \right. \right.$$

$$+ \frac{1-\mu}{2} \left( \frac{1}{R} \frac{\partial u}{\partial \theta} + \frac{1}{L} \frac{\partial v}{\partial \xi} \right)^2 \right] + \frac{Eh^3}{24(1-\mu^2)} \left[ \left( \frac{1}{L^2} \frac{\partial^2 w}{\partial \xi^2} \right)^2 + \frac{2\mu}{R^2 L^2} \frac{\partial^2 w}{\partial \xi^2} \left( \frac{\partial^2 w}{\partial \theta^2} - \frac{\partial v}{\partial \theta} \right) \right.$$

$$+ \frac{1}{R^4} \left( \frac{\partial v}{\partial \theta} - \frac{\partial^2 w}{\partial \theta^2} \right)^2 + \frac{1-\mu}{2R^2} \left( \frac{1}{2R} \frac{\partial u}{\partial \theta} - \frac{3}{2L} \frac{\partial v}{\partial \xi} + \frac{2}{L} \frac{\partial^2 w}{\partial \xi \partial \theta} \right)^2 \right] \right\} RL \mathrm{d}\xi \mathrm{d}\theta$$

$$(3.8)$$

### 3.1.1.2　能量方程的离散化

对于连续系统,可以用振型叠加法来讨论其振动特性,也就是说可以将相互耦合的运动微分方程转化为用正则坐标表示的相互独立的振动微分方程,即系统的各位置响应可以表达为振型函数与时间函数的线性组合。因此可以运用广义坐标表示 $u$、$v$ 和 $w$,再利用里茨-伽辽金法进行方程离散化。设里茨-伽辽金法表达式为

$$u(\xi,\theta,t) = \sum_{i=1}^m \sum_{j=1}^n U_{ij}(\xi,\theta) q_{ij}^u(t) = \boldsymbol{U}^{\mathrm{T}} \boldsymbol{q}_u$$

$$v(\xi,\theta,t) = \sum_{i=1}^m \sum_{j=1}^n V_{ij}(\xi,\theta) q_{ij}^v(t) = \boldsymbol{V}^{\mathrm{T}} \boldsymbol{q}_v \qquad (3.9)$$

$$w(\xi,\theta,t) = \sum_{i=1}^m \sum_{j=1}^n W_{ij}(\xi,\theta) q_{ij}^w(t) = \boldsymbol{W}^{\mathrm{T}} \boldsymbol{q}_w$$

式中, $\boldsymbol{q}_u$、$\boldsymbol{q}_v$ 和 $\boldsymbol{q}_w$ 为与时间相关的广义坐标向量; $\boldsymbol{U}$、$\boldsymbol{V}$ 和 $\boldsymbol{W}$ 为满足边界条件约束的振型向量。

$$\boldsymbol{U} = \begin{pmatrix} U_{11} & \cdots & U_{1n} & U_{21} & \cdots & U_{2n} & \cdots & U_{ij} & \cdots & U_{m1} & \cdots & U_{mn} \end{pmatrix}$$

$$\boldsymbol{V} = \begin{pmatrix} V_{11} & \cdots & V_{1n} & V_{21} & \cdots & V_{2n} & \cdots & V_{ij} & \cdots & V_{m1} & \cdots & V_{mn} \end{pmatrix}$$

$$\boldsymbol{W} = \begin{pmatrix} W_{11} & \cdots & W_{1n} & W_{21} & \cdots & W_{2n} & \cdots & W_{ij} & \cdots & W_{m1} & \cdots & W_{mn} \end{pmatrix}$$

$$\boldsymbol{q}_u = \begin{pmatrix} q_{11}^u & \cdots & q_{1n}^u & q_{21}^u & \cdots & q_{2n}^u & \cdots & q_{ij}^u & \cdots & q_{m1}^u & \cdots & q_{mn}^u \end{pmatrix} \qquad (3.10)$$

$$\boldsymbol{q}_v = \begin{pmatrix} q_{11}^v & \cdots & q_{1n}^v & q_{21}^v & \cdots & q_{2n}^v & \cdots & q_{ij}^v & \cdots & q_{m1}^v & \cdots & q_{mn}^v \end{pmatrix}$$

$$\boldsymbol{q}_w = \begin{pmatrix} q_{11}^w & \cdots & q_{1n}^w & q_{21}^w & \cdots & q_{2n}^w & \cdots & q_{ij}^w & \cdots & q_{m1}^w & \cdots & q_{mn}^w \end{pmatrix}$$

式中, $m$ 为圆柱壳轴向半波数; $n$ 为圆柱壳周向波数。

圆柱壳振型函数可以表达为轴向近似梁模态函数和周向三角函数的组合函数：

$$
\begin{aligned}
U_{ij}(\xi,\theta) &= \frac{\partial\phi(\xi)}{L\partial\xi}\cos(n\theta)\\
V_{ij}(\xi,\theta) &= \phi(\xi)\cos(n\theta)\\
W_{ij}(\xi,\theta) &= \phi(\xi)\sin(n\theta)
\end{aligned}
\tag{3.11}
$$

式中，$\phi(\xi)$ 为对应边界条件的梁函数的振型函数，其表达式为

$$
\phi(\xi) = \alpha_1\cosh(\lambda_m\xi) + \alpha_2\cos(\lambda_m\xi) - \varsigma_m\left[\alpha_3\sin(\lambda_m\xi) + \alpha_4\sin(\lambda_m\xi)\right]
\tag{3.12}
$$

式中，$\alpha_i\,(i=1,2,3,4)$ 是与边界条件有关的定常数；$\lambda_m$ 是跟边界条件有关的超越方程的根；$\varsigma_m$ 是和 $\lambda_m$ 相关的系数。$\alpha_i$、$\lambda_m$ 和 $\varsigma_m$ 具体的值可参考表 3.1 和表 3.2。

表 3.1　不同边界下的定常数 $\alpha_i\,(i=1, 2, 3, 4)$ 的选值

| 边界条件 | $\alpha_1$ | $\alpha_2$ | $\alpha_3$ | $\alpha_4$ |
|---|---|---|---|---|
| S-S | 0 | 0 | 0 | −1 |
| C-C | 1 | −1 | 1 | −1 |
| F-F | 1 | 1 | 1 | 1 |
| C-S | 1 | −1 | 1 | −1 |
| C-F | 1 | −1 | 1 | −1 |
| F-S | 1 | 1 | 1 | 1 |

表 3.2　不同边界下的 $\lambda_m$ 和 $\varsigma_m$ 的选值

| 边界条件 | $\varsigma_m$ | $\lambda_m$ |
|---|---|---|
| S-S | 1 | $m\pi$ |
| C-C | $(\cosh\lambda_m-\cos\lambda_m)/(\sinh\lambda_m-\sin\lambda_m)$ | $\cos\lambda_m\cosh\lambda_m=1$ |
| F-F | $(\cosh\lambda_m-\cos\lambda_m)/(\sinh\lambda_m-\sin\lambda_m)$ | $\cos\lambda_m\cosh\lambda_m=1$ |
| C-S | $(\cosh\lambda_m-\cos\lambda_m)/(\sinh\lambda_m-\sin\lambda_m)$ | $\tan\lambda_m=\tanh\lambda_m$ |
| C-F | $(\sinh\lambda_m-\sin\lambda_m)/(\cosh\lambda_m+\cos\lambda_m)$ | $\cos\lambda_m\cosh\lambda_m=1$ |
| F-S | $(\cosh\lambda_m-\cos\lambda_m)/(\sinh\lambda_m-\sin\lambda_m)$ | $\tan\lambda_m=\tanh\lambda_m$ |

那么，可根据里茨-伽辽金法离散化思想，用广义坐标和振型函数来表示圆柱壳的动能和势能。

将式（3.9）代入式（3.6）可得动能表达式：

$$T = \frac{1}{2}\dot{\boldsymbol{q}}_u^{\mathrm{T}}\boldsymbol{M}_1\dot{\boldsymbol{q}}_u + \frac{1}{2}\dot{\boldsymbol{q}}_v^{\mathrm{T}}\boldsymbol{M}_2\dot{\boldsymbol{q}}_v + \frac{1}{2}\dot{\boldsymbol{q}}_w^{\mathrm{T}}\boldsymbol{M}_3\dot{\boldsymbol{q}}_w \tag{3.13}$$

式中，$\boldsymbol{M}_1$、$\boldsymbol{M}_2$ 和 $\boldsymbol{M}_3$ 为模态质量矩阵，具体表达式为

$$\boldsymbol{M}_1 = \rho h L \int_0^1 \int_0^{2\pi} \boldsymbol{U}\boldsymbol{U}^{\mathrm{T}} R \mathrm{d}\theta \mathrm{d}\xi$$

$$\boldsymbol{M}_2 = \rho h L \int_0^1 \int_0^{2\pi} \boldsymbol{V}\boldsymbol{V}^{\mathrm{T}} R \mathrm{d}\theta \mathrm{d}\xi \tag{3.14}$$

$$\boldsymbol{M}_3 = \rho h L \int_0^1 \int_0^{2\pi} \boldsymbol{W}\boldsymbol{W}^{\mathrm{T}} R \mathrm{d}\theta \mathrm{d}\xi$$

将式（3.9）代入式（3.8），可得到势能表达式为

$$U = \frac{1}{2}\boldsymbol{q}_u^{\mathrm{T}}\boldsymbol{K}_1\boldsymbol{q}_u + \frac{1}{2}\boldsymbol{q}_u^{\mathrm{T}}\boldsymbol{K}_2\boldsymbol{q}_v + \frac{1}{2}\boldsymbol{q}_u^{\mathrm{T}}\boldsymbol{K}_3\boldsymbol{q}_w + \frac{1}{2}\boldsymbol{q}_v^{\mathrm{T}}\boldsymbol{K}_4\boldsymbol{q}_v + \frac{1}{2}\boldsymbol{q}_v^{\mathrm{T}}\boldsymbol{K}_5\boldsymbol{q}_w + \frac{1}{2}\boldsymbol{q}_w^{\mathrm{T}}\boldsymbol{K}_6\boldsymbol{q}_w \tag{3.15}$$

式中，$\boldsymbol{K}_1$、$\boldsymbol{K}_2$、$\boldsymbol{K}_3$、$\boldsymbol{K}_4$、$\boldsymbol{K}_5$ 和 $\boldsymbol{K}_6$ 为模态刚度矩阵，表达式为

$$\boldsymbol{K}_1 = \int_0^1 \int_0^{2\pi} \left\{ \frac{Eh}{1-\mu^2}\frac{1}{L^2}\frac{\partial \boldsymbol{U}}{\partial \xi}\frac{\partial \boldsymbol{U}^{\mathrm{T}}}{\partial \xi} + \left[ \frac{Eh}{1-\mu^2}\frac{1-\mu}{2}\frac{1}{R^2} \right. \right.$$

$$\left. \left. + \frac{Eh^3}{12(1-\mu^2)}\frac{1-\mu}{2R^2}\frac{1}{4R^2} \right]\frac{\partial \boldsymbol{U}}{\partial \theta}\frac{\partial \boldsymbol{U}^{\mathrm{T}}}{\partial \theta} \right\} RL\mathrm{d}\theta\mathrm{d}\xi$$

$$\boldsymbol{K}_2 = \int_0^1 \int_0^{2\pi} \frac{Eh}{1-\mu^2}\frac{2\mu}{RL}\frac{\partial \boldsymbol{U}}{\partial \xi}\frac{\partial \boldsymbol{V}^{\mathrm{T}}}{\partial \theta}$$

$$+ \left[ \frac{Eh}{1-\mu^2}\frac{1-\mu}{2}\frac{2}{RL} - \frac{Eh^3}{12(1-\mu^2)}\frac{1-\mu}{2R^2}\frac{3}{2RL} \right]\frac{\partial \boldsymbol{U}}{\partial \theta}\frac{\partial \boldsymbol{V}^{\mathrm{T}}}{\partial \xi} RL\mathrm{d}\theta\mathrm{d}\xi$$

$$\boldsymbol{K}_3 = \int_0^1 \int_0^{2\pi} \left[ \frac{Eh}{1-\mu^2}\frac{2\mu}{RL}\frac{\partial \boldsymbol{U}}{\partial \xi}\boldsymbol{W}^{\mathrm{T}} + \frac{Eh^3}{12(1-\mu^2)}\frac{1-\mu}{2R^2}\frac{2}{RL}\frac{\partial \boldsymbol{U}}{\partial \theta}\frac{\partial^2 \boldsymbol{W}^{\mathrm{T}}}{\partial \xi \partial \theta} \right] RL\mathrm{d}\theta\mathrm{d}\xi$$

$$\boldsymbol{K}_4 = \int_0^1 \int_0^{2\pi} \left\{ \left[ \frac{Eh}{1-\mu^2}\frac{1}{R^2} + \frac{Eh^3}{12(1-\mu^2)}\frac{1}{R^4} \right]\frac{\partial \boldsymbol{V}}{\partial \theta}\frac{\partial \boldsymbol{V}^{\mathrm{T}}}{\partial \theta} \right.$$

$$\left. + \left[ \frac{Eh}{1-\mu^2}\frac{1-\mu}{2}\frac{1}{L^2} + \frac{Eh^3}{12(1-\mu^2)}\frac{1-\mu}{2R^2}\frac{9}{4L^2} \right]\frac{\partial \boldsymbol{V}}{\partial \xi}\frac{\partial \boldsymbol{V}^{\mathrm{T}}}{\partial \xi} \right\} RL\mathrm{d}\theta\mathrm{d}\xi$$

$$K_5 = \int_0^1 \int_0^{2\pi} \left[ \frac{Eh}{1-\mu^2} \frac{2}{R^2} \frac{\partial V}{\partial \theta} W^{\mathrm{T}} - \frac{Eh^3}{12(1-\mu^2)} \frac{2\mu}{R^2 L^2} \frac{\partial V}{\partial \theta} \frac{\partial^2 W^{\mathrm{T}}}{\partial \xi^2} \right.$$

$$\left. - \frac{Eh^3}{12(1-\mu^2)} \frac{2}{R^4} \frac{\partial V}{\partial \theta} \frac{\partial^2 W^{\mathrm{T}}}{\partial \theta^2} - \frac{Eh^3}{12(1-\mu^2)} \frac{1-\mu}{2R^2} \frac{6}{L^2} \frac{\partial V}{\partial \xi} \frac{\partial^2 W^{\mathrm{T}}}{\partial \xi \partial \theta} \right] RL\mathrm{d}\theta\mathrm{d}\xi$$

$$K_6 = \int_0^1 \int_0^{2\pi} \left[ \frac{Eh}{1-\mu^2} \frac{1}{R^2} WW^{\mathrm{T}} + \frac{Eh^3}{12(1-\mu^2)} \frac{1}{L^4} \frac{\partial^2 W}{\partial \xi^2} \frac{\partial^2 W^{\mathrm{T}}}{\partial \xi^2} \right.$$

$$+ \frac{Eh^3}{12(1-\mu^2)} \frac{2\mu}{R^2 L^2} \frac{\partial^2 W}{\partial \xi^2} \frac{\partial^2 W^{\mathrm{T}}}{\partial \theta^2}$$

$$\left. + \frac{Eh^3}{12(1-\mu^2)} \frac{1}{R^4} \frac{\partial^2 W}{\partial \theta^2} \frac{\partial^2 W^{\mathrm{T}}}{\partial \theta^2} + \frac{Eh^3}{12(1-\mu^2)} \frac{1-\mu}{2R^2} \frac{4}{L^2} \frac{\partial^2 W}{\partial \xi \partial \theta} \frac{\partial^2 W^{\mathrm{T}}}{\partial \xi \partial \theta} \right] RL\mathrm{d}\theta\mathrm{d}\xi$$

### 3.1.1.3 振动微分方程

在有阻尼情况下，振动系统的拉格朗日方程的形式为

$$\frac{\mathrm{d}}{\mathrm{d}t} \left( \frac{\partial T}{\partial \dot{q}} \right) - \frac{\partial T}{\partial q} + \frac{\partial U}{\partial q} = F \tag{3.16}$$

式中，$T$ 为系统动能；$U$ 为系统势能；$F$ 为外激励向量；$q$ 为广义坐标。

$$q = \begin{pmatrix} q_u & q_v & q_w \end{pmatrix}^{\mathrm{T}}$$

$$F = \begin{pmatrix} F_{uq} & F_{vq} & F_{wq} \end{pmatrix}$$

由矩阵形式的圆柱壳能量方程和外激励展开可得

$$\frac{\mathrm{d}}{\mathrm{d}t} \left( \frac{\partial T}{\partial \dot{q}_u} \right) - \frac{\partial T}{\partial q_u} + \frac{\partial U}{\partial q_u} = F_{uq}$$

$$\frac{\mathrm{d}}{\mathrm{d}t} \left( \frac{\partial T}{\partial \dot{q}_v} \right) - \frac{\partial T}{\partial q_v} + \frac{\partial U}{\partial q_v} = F_{vq} \tag{3.17}$$

$$\frac{\mathrm{d}}{\mathrm{d}t} \left( \frac{\partial T}{\partial \dot{q}_w} \right) - \frac{\partial T}{\partial q_w} + \frac{\partial U}{\partial q_w} = F_{wq}$$

不计阻尼和激振力，可得到圆柱壳自由振动微分方程：

$$M\ddot{q} + Kq = 0 \tag{3.18}$$

则广义质量矩阵、广义刚度矩阵可表示为

$$M = \begin{bmatrix} M_1 & 0 & 0 \\ 0 & M_2 & 0 \\ 0 & 0 & M_3 \end{bmatrix}, \quad K = \begin{bmatrix} K_1 & \frac{1}{2}K_2 & \frac{1}{2}K_3 \\ \frac{1}{2}K_2^{\mathrm{T}} & K_4 & \frac{1}{2}K_5 \\ \frac{1}{2}K_3^{\mathrm{T}} & \frac{1}{2}K_5^{\mathrm{T}} & K_6 \end{bmatrix}$$

假设圆柱壳振动系统为线性振动系统，并且振动为简谐振动，可设方程（3.18）的通解：

$$q(t) = q_0 \mathrm{e}^{\mathrm{i}\lambda t} \tag{3.19}$$

式中，$q_0$ 为特征向量；$\lambda$ 为特征值。将式（3.19）代入方程（3.18）得到

$$\left(-\lambda^2 M + K\right) q_0 = 0 \tag{3.20}$$

方程（3.20）称为振动特征值问题，使方程有解，可得到特征方程：

$$\left| -\lambda^2 M + K \right| = 0 \tag{3.21}$$

解上述方程可得到特征根，特征值虚部为圆柱壳固有频率，取其中最小值为本节所需固有频率 $\omega_{mn}$。无量纲频率参数可表示为

$$\Omega_{mn} = \omega_{mn} R \sqrt{\rho\left(1-\mu^2\right)/E} \tag{3.22}$$

## 3.1.2　经典边界圆柱壳结构固有特性的分析

上一节介绍了经典边界条件下圆柱壳动力学模型的建立，本节将继续讨论不同边界条件、周向波数与长径比对圆柱壳固有特性的影响。

### 3.1.2.1　经典边界条件对固有特性的影响

表 3.3 对比了不同经典边界条件下，周向波数 $n=1,2,3$ 时圆柱壳无量纲固有频率大小。在其他条件不变的情况下，当 $n=1$ 时，C-F 的无量纲固有频率最小，F-F 的无量纲固有频率最大；当 $n=2$ 时，F-F 的无量纲固有频率最小，C-C 的无量纲固有频率最大；当 $n=3$ 时，C-F 的无量纲固有频率最小，F-F 的无量纲固有频率最大。这些说明，不同的边界条件会影响圆柱壳结构的固有频率。

表 3.3　不同经典边界条件下的无量纲固有频率

| 周向波数 *n* | 无量纲固有频率 | | | | | |
|---|---|---|---|---|---|---|
| | S-S | C-C | F-F | C-S | C-F | F-S |
| 1 | 0.102567 | 0.107572 | 0.112327 | 0.104596 | 0.100347 | 0.106504 |
| 2 | 3.58305 | 3.82536 | 3.53381 | 3.66572 | 3.56835 | 3.55104 |
| 3 | 6.13152 | 6.14645 | 6.23112 | 6.14048 | 6.09393 | 6.17511 |

#### 3.1.2.2　周向波数对固有特性的影响

图 3.1 为 $m=1$、$L/R=4$、$h/R=0.02$ 时，不同经典边界条件下圆柱壳周向波数对固有频率的影响。当边界条件一定时，固有频率随着 $n$ 的增大先减小后增大。其中，C-F 在 $n=2$ 时，固有频率达到最小值；S-S、C-S 和 S-F 在 $n=3$ 时，固有频率达到最小值；C-C 和 F-F 在 $n=4$ 时，固有频率达到最小值。而且，随着周向波数的增大，边界条件对固有频率的影响程度减小。

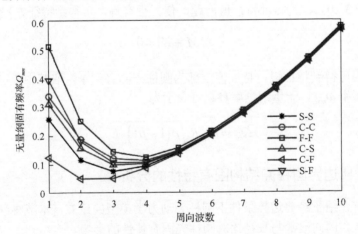

图 3.1　不同经典边界条件下固有频率随周向波数 $n$ 的变化曲线

#### 3.1.2.3　长径比对固有特性的影响

图 3.2 表示不同的经典边界条件下，圆柱壳长径比 $L/R$ 对圆柱壳 1 阶固有频率的影响。在本次分析中，我们考虑 $m=1$、$n=6$、$h/R=0.02$。从图中可以看出，在不同经典边界条件下，圆柱壳的无量纲固有频率随 $L/R$ 值增大呈下降趋势。并且，$L/R$ 较小时，固有频率下降得较为明显；随着 $L/R$ 的增大，固有频率曲线逐渐趋于平缓。

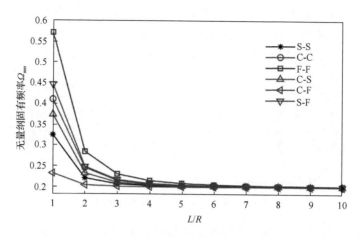

图 3.2　固有频率随 $L/R$ 变化曲线

## ■ 3.2　一般边界圆柱壳结构的动力学特性

在一般工程分析过程中，常常将圆柱壳的实际复杂边界约束简化为 S-S、C-C 或者 C-F 等经典的约束条件。但是，这与实际的工程环境中情况不一定相符合，圆柱壳的边界往往是复杂的任意刚度的约束，如焊接、螺栓连接和铆接等形式。故而依据简化的经典边界约束条件计算设计的圆柱壳与实际的情况与需求会存在着较大的误差，往往达不到实际工程需求。因此，对弹性边界下圆柱壳振动特性进行分析具有很强的理论意义和实际工程意义。另外，圆柱壳结构在工作过程中可能受周向均匀分布压力作用从而改变系统刚度大小，故在本节建模分析时加以考虑，但该问题不具普遍性，因此在后续章节中不再予以考虑。

### 3.2.1　一般边界圆柱壳结构动力学模型的建立

本节引入人工弹簧的概念来模拟弹性支承，用正交多项式簇与三角函数乘积的组合来表示圆柱壳振型，在考虑圆柱壳受周向均匀分布压力的同时，研究弹性支承中各向弹簧刚度对圆柱壳结构固有特性和振动响应的影响。

#### 3.2.1.1　能量表达式

在工程中，对于圆柱壳的支承形式很多，所用支承件的材料特性、安装方式也各有不同，因此不能简单地简化为经典边界情况。所以，对于一般非经典边界条件情况，可以将圆柱壳与支承件间的接触约束等效为弹性边界条件。本节引入人工弹簧来描述圆柱壳两端复杂的弹性边界约束的情况，用弹簧组来模拟圆柱壳的边界支承连接。如图 3.3 所示，弹簧组分布在圆柱壳两个端部，并且沿着圆周方向均匀分布，每组弹簧由四个弹簧组成，分别约束轴向、周向、径向和扭转方向上的运动，其刚度分别为 $k_u$、$k_v$、$k_w$ 和 $k_\theta$。

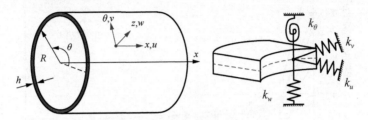

图 3.3　圆柱壳两端弹性支承示意图

根据 3.1 节的介绍，任意边界条件下圆柱壳的动能、势能仍可表示为

$$T = \frac{\rho h L}{2} \int_0^1 \int_0^{2\pi} \left[ \left( \frac{\partial u}{\partial t} \right)^2 + \left( \frac{\partial v}{\partial t} \right)^2 + \left( \frac{\partial w}{\partial t} \right)^2 \right] R \mathrm{d}\xi \mathrm{d}\theta \tag{3.23}$$

$$U_\varepsilon = \int_0^1 \int_0^{2\pi} \left\{ \frac{Eh}{2(1-\mu^2)} \left[ \left( \frac{1}{L} \frac{\partial u}{\partial \xi} \right)^2 + \frac{2\mu}{RL} \frac{\partial u}{\partial \xi} \left( \frac{\partial v}{\partial \theta} + w \right) + \frac{1}{R^2} \left( \frac{\partial v}{\partial \theta} + w \right)^2 \right. \right.$$

$$+ \frac{1-\mu}{2} \left( \frac{1}{R} \frac{\partial u}{\partial \theta} + \frac{1}{L} \frac{\partial v}{\partial \xi} \right)^2 \right] + \frac{Eh^3}{24(1-\mu^2)} \left[ \left( \frac{1}{L^2} \frac{\partial^2 w}{\partial \xi^2} \right)^2 + \frac{2\mu}{R^2 L^2} \frac{\partial^2 w}{\partial \xi^2} \left( \frac{\partial^2 w}{\partial \theta^2} - \frac{\partial v}{\partial \theta} \right) \right.$$

$$\left. \left. + \frac{1}{R^4} \left( \frac{\partial v}{\partial \theta} - \frac{\partial^2 w}{\partial \theta^2} \right)^2 + \frac{1-\mu}{2R^2} \left( \frac{1}{2R} \frac{\partial u}{\partial \theta} - \frac{3}{2L} \frac{\partial v}{\partial \xi} + \frac{2}{L} \frac{\partial^2 w}{\partial \xi \partial \theta} \right)^2 \right] \right\} RL \mathrm{d}\xi \mathrm{d}\theta$$

$$\tag{3.24}$$

忽略弹簧的质量，圆柱壳两端的约束弹簧的势能为

$$U_s = \frac{1}{2} \int_0^{2\pi} \left[ k_u u^2 + k_v v^2 + k_w w^2 + k_\theta \left( \frac{\partial w}{L \partial \xi} \right)^2 \right]_{\xi=0} R \mathrm{d}\theta$$

$$+ \frac{1}{2} \int_0^{2\pi} \left[ k_u u^2 + k_v v^2 + k_w w^2 + k_\theta \left( \frac{\partial w}{L \partial \xi} \right)^2 \right]_{\xi=1} R \mathrm{d}\theta \tag{3.25}$$

由于受到周向均匀分布压力作用引起的变形势能为

$$U_p = -\int_0^1 \int_0^{2\pi} \frac{p}{2} \left[ \left( \frac{\partial^2 w}{\partial \theta^2} + w \right) w \right] L \mathrm{d}\theta \mathrm{d}\xi \tag{3.26}$$

那么，圆柱壳总势能为

$$U = U_\varepsilon + U_s + U_p \tag{3.27}$$

### 3.2.1.2　能量方程的离散化

与 3.1 节相同，可根据里茨-伽辽金法离散化思想，重新定义广义坐标和振型函数来表示圆柱壳动能和势能。可得动能表达式为

$$T = \frac{1}{2}\dot{\boldsymbol{q}}_u^{\mathrm{T}}\boldsymbol{M}_1\dot{\boldsymbol{q}}_u + \frac{1}{2}\dot{\boldsymbol{q}}_v^{\mathrm{T}}\boldsymbol{M}_2\dot{\boldsymbol{q}}_v + \frac{1}{2}\dot{\boldsymbol{q}}_w^{\mathrm{T}}\boldsymbol{M}_3\dot{\boldsymbol{q}}_w \tag{3.28}$$

应变势能表达式为

$$U_\varepsilon = \frac{1}{2}\boldsymbol{q}_u^{\mathrm{T}}\boldsymbol{K}_1\boldsymbol{q}_u + \frac{1}{2}\boldsymbol{q}_u^{\mathrm{T}}\boldsymbol{K}_2\boldsymbol{q}_v + \frac{1}{2}\boldsymbol{q}_u^{\mathrm{T}}\boldsymbol{K}_3\boldsymbol{q}_w + \frac{1}{2}\boldsymbol{q}_v^{\mathrm{T}}\boldsymbol{K}_4\boldsymbol{q}_v + \frac{1}{2}\boldsymbol{q}_v^{\mathrm{T}}\boldsymbol{K}_5\boldsymbol{q}_w + \frac{1}{2}\boldsymbol{q}_w^{\mathrm{T}}\boldsymbol{K}_6\boldsymbol{q}_w \tag{3.29}$$

弹簧势能表达式为

$$U_s = \frac{1}{2}\boldsymbol{q}_u^{\mathrm{T}}\boldsymbol{S}_1\boldsymbol{q}_u + \frac{1}{2}\boldsymbol{q}_v^{\mathrm{T}}\boldsymbol{S}_2\boldsymbol{q}_v + \frac{1}{2}\boldsymbol{q}_w^{\mathrm{T}}\boldsymbol{S}_3\boldsymbol{q}_w \tag{3.30}$$

式中，

$$\boldsymbol{S}_1 = \int_0^{2\pi}\left(k_u\boldsymbol{U}\boldsymbol{U}^{\mathrm{T}}\right)_{\xi=0}R\mathrm{d}\theta + \int_0^{2\pi}\left(k_u\boldsymbol{U}\boldsymbol{U}^{\mathrm{T}}\right)_{\xi=1}R\mathrm{d}\theta$$

$$\boldsymbol{S}_2 = \int_0^{2\pi}\left(k_v\boldsymbol{V}\boldsymbol{V}^{\mathrm{T}}\right)_{\xi=0}R\mathrm{d}\theta + \int_0^{2\pi}\left(k_v\boldsymbol{V}\boldsymbol{V}^{\mathrm{T}}\right)_{\xi=1}R\mathrm{d}\theta$$

$$\boldsymbol{S}_3 = \int_0^{2\pi}\left(k_w\boldsymbol{W}\boldsymbol{W}^{\mathrm{T}}\right)_{\xi=0}R\mathrm{d}\theta + \int_0^{2\pi}\left(k_w\boldsymbol{W}\boldsymbol{W}^{\mathrm{T}}\right)_{\xi=1}R\mathrm{d}\theta$$

$$+ \int_0^{2\pi}k_\theta\left(\frac{\partial\boldsymbol{W}}{L\partial\xi}\right)^2R\mathrm{d}\theta + \int_0^{2\pi}k_\theta\left(\frac{\partial\boldsymbol{W}}{L\partial\xi}\right)^2_{\xi=1}R\mathrm{d}\theta$$

周向均匀分布压力引起的势能表达式为

$$U_p = \frac{1}{2}\boldsymbol{q}_w^{\mathrm{T}}\boldsymbol{H}\boldsymbol{q}_w \tag{3.31}$$

式中，

$$\boldsymbol{H} = -\int_0^1\int_0^{2\pi}\frac{pL}{2}\left[\left(\frac{\partial^2\boldsymbol{W}}{\partial\theta^2} + \boldsymbol{W}\right)\boldsymbol{W}^{\mathrm{T}}\right]\mathrm{d}\theta\mathrm{d}\xi$$

### 3.2.1.3　振动微分方程

与 3.1 节相同，不计阻尼和激振力，可得到圆柱壳自由振动微分方程：

$$\boldsymbol{M}\ddot{\boldsymbol{q}} + \boldsymbol{K}\boldsymbol{q} = \boldsymbol{0} \tag{3.32}$$

式中，

$$M = \begin{bmatrix} M_1 & & \\ & M_2 & \\ & & M_3 \end{bmatrix}, \quad K = K_\varepsilon + K_p + K_s = \begin{bmatrix} K_1 & \frac{1}{2}K_2 & \frac{1}{2}K_3 \\ \frac{1}{2}K_2^{\mathrm{T}} & K_4 & \frac{1}{2}K_5 \\ \frac{1}{2}K_3^{\mathrm{T}} & \frac{1}{2}K_5^{\mathrm{T}} & K_6 + H \end{bmatrix} + \begin{bmatrix} S_1 & & \\ & S_2 & \\ & & S_3 \end{bmatrix}$$

与经典边界相比较，在不考虑周向均匀分布压力引起的刚度矩阵 $H$ 情况下，刚度矩阵中多了由弹簧势能引起的弹簧刚度矩阵 $K_s$。

## 3.2.2　一般边界圆柱壳结构固有特性的分析

上一节讨论了一般边界条件下圆柱壳动力学模型的建立，本节将继续讨论边界刚度对圆柱壳固有特性的影响。假设圆柱壳长度 $L$=2000mm、厚度 $H$=10mm、中曲面半径 $R$=500mm、弹性模量 $E$=2.06GPa，两端受对称的弹性边界条件约束。接下来分别讨论边界轴向、周向、径向和扭转弹簧刚度对模态($m$=1, $n$=2)、($m$=2, $n$=3)和($m$=3, $n$=4)下固有频率特性的影响情况。

### 3.2.2.1　轴向弹簧刚度和扭转弹簧刚度对固有特性的影响

图 3.4 表示的是当轴向弹簧刚度和扭转弹簧刚度的数量级分别从 0 到 14 的过程中，固有频率值的变化情况。在这一刚度变化过程中，假设径向弹簧刚度和周向弹簧刚度为无穷大，因此可以认为在(0, 0)处，边界条件为简支边界。随着两方向弹簧刚度的不断增大，频率值也不断增大，最后达到一个稳定值，在(14, 14)处，边界条件为固支边界。从图中可以看出，固有频率随扭转弹簧刚度增大变化很小，这说明扭转弹簧刚度对固有频率的影响较小。而随着轴向弹簧刚度的增大，固有频率值变化很明显，特别是轴向弹簧刚度的数量级在 7 到 12 这一区间内。图 3.4（d）表示的是扭转弹簧刚度为 0 时，固有频率随轴向弹簧刚度变化的增长速率，在数量级较小时增长率明显增大，在数量级到达 10 之后增长率开始下降，最后降为 0，从图中也明显看出固有频率对轴向弹簧刚度的数量级敏感区间为 7～12。图 3.4（a）～（c）中扭转弹簧刚度等于 0 的情况相比较：模态($m$=1, $n$=2)下，频率从 230.5Hz 到 319.4Hz，变化率为 38.57%；模态($m$=2, $n$=3)下，频率从 406Hz 到 453Hz，变化率为 11.58%；模态($m$=3, $n$=4)下，频率从 542.3Hz 到 571.4Hz，变化率为 5.37%。因此可以推断，低阶模态对轴向弹簧刚度的敏感性要远远大于高阶模态。

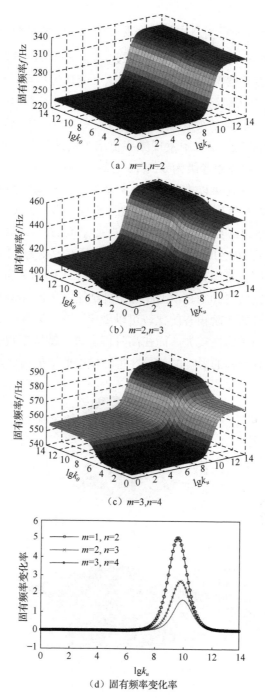

（a）$m=1,n=2$

（b）$m=2,n=3$

（c）$m=3,n=4$

（d）固有频率变化率

图 3.4　轴向弹簧刚度和扭转弹簧刚度对圆柱壳固有特性的影响（$k_v=\infty$，$k_w=\infty$）

### 3.2.2.2 径向弹簧刚度和周向弹簧刚度对固有特性的影响

当轴向弹簧刚度 $k_u$ 和扭转弹簧刚度 $k_\theta$ 设置为 0 时，固有频率随径向弹簧刚度和周向弹簧刚度的变化情况如图 3.5 所示。这一变化过程可以认为是边界条件从两端自由逐渐变换为两端简支约束的过程。从图中可以看出，固有频率随着径向和周向弹簧刚度的数量级变化发生明显的改变。$\lg k_v$ 或 $\lg k_w$ 可以认为是刚度的数量级大小。从图 3.5（d）中发现频率值增长的速率先增大后减小，最后趋于稳定到达 0 值。其中在数量级为 6 到 12 之间，频率值变化最为明显。另外，从图 3.5（a）～（c）中对比可以推断，固有频率对径向和周向弹簧刚度的敏感程度也受刚度之间大小的相互影响。例如，在图 3.5（a）中，当 $\lg k_w=0$ 时，固有频率值的变化范围从 125.6Hz 到 230.5Hz，最多改变了 83.52%。当 $\lg k_w=14$ 时，固有频率值的变化范围从 202.9Hz 到 230.5Hz，固有频率改变为 13.60%。从同样的规律性也可以发现 $k_v$ 影响着固有频率对 $k_w$ 的敏感性。不同的是当 $\lg k_w=14$ 时固有频率值保持在一个稳定值 230.5Hz。因此可得到结论，周向弹簧对固有频率的影响更加明显。但通过对这 3 阶模态的比较可以看出，在低阶模态时，固有频率对径向和周向弹簧刚度的敏感性较大，而在高阶模态时，敏感性较小。并且，径向和周向弹簧刚度对固有频率的影响的差异性也随模态的增加而逐渐减小。

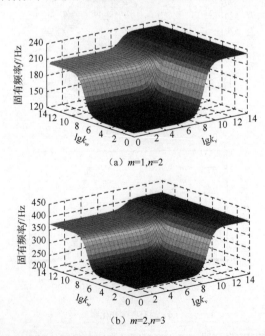

（a）$m=1,n=2$

（b）$m=2,n=3$

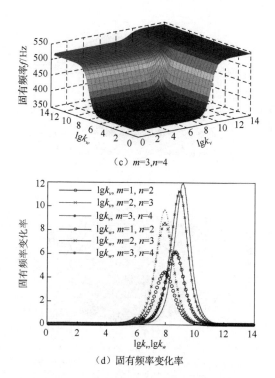

（c）$m=3, n=4$

（d）固有频率变化率

图 3.5　径向弹簧刚度和周向弹簧刚度对圆柱壳固有特性的影响（$k_u=0, k_\theta=0$）

　　另一种情况，当轴向弹簧刚度 $k_u$ 和扭转弹簧刚度 $k_\theta$ 为无穷大时，固有频率随径向和周向弹簧刚度的变化如图 3.6 所示，可以得到与图 3.5 相似的现象和结论。通过图 3.5 和图 3.6 对比可以发现，当 $k_u=\infty$ 和 $k_\theta=\infty$ 时，固有频率对径向和周向弹簧刚度的敏感性较大。

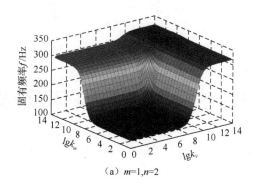

（a）$m=1, n=2$

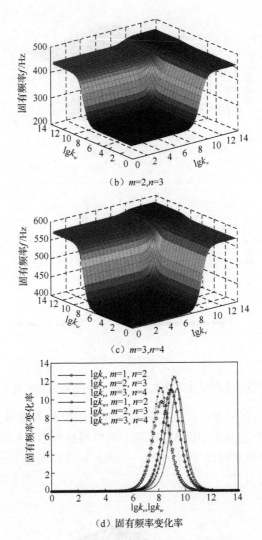

（b）*m*=2,*n*=3

（c）*m*=3,*n*=4

（d）固有频率变化率

图 3.6　径向弹簧刚度和周向弹簧刚度对圆柱壳固有特性的影响（ $k_u=\infty$, $k_\theta=\infty$）

# ■ 3.3　旋转圆柱壳结构的旋转态问题分析

旋转态问题一直是圆柱壳动力学研究的重要内容，该问题与实际工程应用有着十分紧密的联系。例如，由于航空发动机压气机中的鼓盘式转子长期处于高转速、激励复杂的工况下，航空发动机鼓盘式转子在高负载、长寿命且复杂的工况下极易产生振动，进而影响航空发动机正常工作，甚至会引发机毁人亡的恶性事故。因此，对圆柱壳及其耦合结构进行带有旋转态的振动特性研究是保证设计合理的必要环节。

### 3.3.1　旋转圆柱壳结构动力学模型的建立

建立如图 3.7 的旋转态下的圆柱壳模型，圆柱壳厚度为 $H$，长度为 $L$，半径为 $R$，转速为 $\Omega$。在圆柱壳两端（$x=0$，$x=L$）的轴向、周向和法向分别引入 3.2 节中所介绍的人工弹簧对边界进行约束。两端的弹簧构成弹性边界，通过调节弹簧的刚度来实现包括经典边界在内的任意边界条件。为了计算简便引入轴向方向上的无量纲参数 $\xi = x/L$。

在对静态的圆柱壳结构的研究中，由于没有离心力和科里奥利力的作用，其固有频率和模态阻尼都为定值，而当圆柱壳转动时，在转速引起的离心力产生的周向应力作用下会产生"刚化效应"，使得圆柱壳的整体刚度增大。因此相比于静态，旋转态圆柱壳的固有特性随转动速度增大而增加。同时，受转动速度与圆柱壳横向变形的速度向量方向不同产生的科里奥利力影响，转动圆柱壳的频率在惯性坐标下会出现"行波"现象，此时旋转圆柱壳的频率为"前行波"与"后行波"频率。

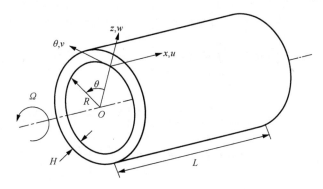

图 3.7　旋转态下圆柱壳的示意图

根据 2.1 节中典型圆柱壳结构几何应力-应变关系所述的内容,结合动能定理,旋转态圆柱壳的动能可表示为

$$T_{\mathrm{m}} = \frac{\rho HRL}{2} \int_0^{2\pi} \int_0^1 \left[ \dot{u}^2 + \dot{v}^2 + \dot{w}^2 + 2\Omega \left( w\dot{v} - v\dot{w} \right) + \Omega^2 \left( v^2 + w^2 \right) \right] \mathrm{d}\xi \mathrm{d}\theta \quad (3.33)$$

圆柱壳的势能可以表示如下：

$$U_{\varepsilon} = \frac{L}{2} \int_{-\frac{H}{2}}^{\frac{H}{2}} \int_0^1 \int_0^{2\pi} \left( \sigma_x \varepsilon_x + \sigma_\theta \varepsilon_\theta + \tau_{x\theta} \varepsilon_{x\theta} \right) R \mathrm{d}\xi \mathrm{d}\theta \mathrm{d}z \quad (3.34)$$

式中，$\sigma_x$、$\sigma_\theta$ 和 $\tau_{x\theta}$ 以及 $\varepsilon_x$、$\varepsilon_\theta$ 和 $\varepsilon_{x\theta}$ 分别为圆柱壳的应力和应变分量。

圆柱壳在转动过程中受离心力作用，引起圆柱壳的初始拉应力 $N_\theta^0 = \rho h \Omega^2 R^2$。

由旋转引起的圆柱壳壳体周向张力产生的应变能势能表达式如下：

$$U_{\mathrm{h}} = \frac{LR}{2}\int_0^{2\pi}\int_0^1 N_\theta^0 \left[\frac{1}{R^2}\left(\frac{\partial u}{\partial \theta}\right)^2 + \frac{1}{R^2}\left(\frac{\partial v}{\partial \theta}+w\right)^2 + \frac{1}{R^2}\left(-\frac{\partial w}{\partial \theta}+v\right)^2\right]R\mathrm{d}\xi\mathrm{d}\theta \quad (3.35)$$

圆柱壳两端边界弹簧的弹性势能表达如下：

$$U_{\mathrm{spr}} = \frac{1}{2}\int_0^{2\pi}\left[k_0^u u^2 + k_0^v v^2 + k_0^w w^2 + k_0^\theta \left(\frac{\partial w}{L\partial \xi}\right)^2\right]\Bigg|_{\xi=0} R\mathrm{d}\theta$$

$$+ \frac{1}{2}\int_0^{2\pi}\left[k_1^u u^2 + k_1^v v^2 + k_1^w w^2 + k_1^\theta \left(\frac{\partial w}{L\partial \xi}\right)^2\right]\Bigg|_{\xi=1} R\mathrm{d}\theta \quad (3.36)$$

综上，圆柱壳的总动能为

$$T = T_{\mathrm{m}} \quad (3.37)$$

圆柱壳的总势能表达如下：

$$U = U_\varepsilon + U_{\mathrm{h}} + U_{\mathrm{spr}} \quad (3.38)$$

根据振型函数和位移容许函数的内容，这里选择正交多项式为容许函数，可以得到旋转态下圆柱壳的动能为

$$T_{\mathrm{drum}} = \frac{1}{2}\dot{\boldsymbol{q}}_u^{\mathrm{T}}\boldsymbol{M}_1\dot{\boldsymbol{q}}_u + \frac{1}{2}\dot{\boldsymbol{q}}_v^{\mathrm{T}}\boldsymbol{M}_2\dot{\boldsymbol{q}}_v + \frac{1}{2}\dot{\boldsymbol{q}}_w^{\mathrm{T}}\boldsymbol{M}_3\dot{\boldsymbol{q}}_w + \frac{1}{2}\Omega^2\boldsymbol{q}_v^{\mathrm{T}}\boldsymbol{M}_2\boldsymbol{q}_v$$

$$+ \frac{1}{2}\Omega^2\boldsymbol{q}_w^{\mathrm{T}}\boldsymbol{M}_3\boldsymbol{q}_w + \Omega\dot{\boldsymbol{q}}_v^{\mathrm{T}}\boldsymbol{M}_4\boldsymbol{q}_w - \Omega\boldsymbol{q}_v^{\mathrm{T}}\boldsymbol{M}_4\dot{\boldsymbol{q}}_w \quad (3.39)$$

$$U = U_\varepsilon + U_{\mathrm{h}} + U_{\mathrm{spr}}$$

$$= \frac{1}{2}\boldsymbol{q}_u^{\mathrm{T}}\boldsymbol{K}_{11}\boldsymbol{q}_u + \frac{1}{2}\boldsymbol{q}_u^{\mathrm{T}}\boldsymbol{K}_{12}\boldsymbol{q}_v + \frac{1}{2}\boldsymbol{q}_u^{\mathrm{T}}\boldsymbol{K}_{13}\boldsymbol{q}_w + \frac{1}{2}\boldsymbol{q}_v^{\mathrm{T}}\boldsymbol{K}_{21}\boldsymbol{q}_u$$

$$+ \frac{1}{2}\boldsymbol{q}_v^{\mathrm{T}}\boldsymbol{K}_{22}\boldsymbol{q}_v + \frac{1}{2}\boldsymbol{q}_v^{\mathrm{T}}\boldsymbol{K}_{23}\boldsymbol{q}_w + \frac{1}{2}\boldsymbol{q}_w^{\mathrm{T}}\boldsymbol{K}_{31}\boldsymbol{q}_u + \frac{1}{2}\boldsymbol{q}_w^{\mathrm{T}}\boldsymbol{K}_{32}\boldsymbol{q}_v$$

$$+ \frac{1}{2}\boldsymbol{q}_w^{\mathrm{T}}\boldsymbol{K}_{33}\boldsymbol{q}_w + \frac{1}{2}\boldsymbol{q}_u^{\mathrm{T}}\boldsymbol{H}_1\boldsymbol{q}_u + \frac{1}{2}\boldsymbol{q}_v^{\mathrm{T}}\boldsymbol{H}_2\boldsymbol{q}_v + \frac{1}{2}\boldsymbol{q}_w^{\mathrm{T}}\boldsymbol{H}_3\boldsymbol{q}_w \quad (3.40)$$

$$+ \frac{1}{2}\boldsymbol{q}_v^{\mathrm{T}}\boldsymbol{H}_4\boldsymbol{q}_w + \frac{1}{2}\boldsymbol{q}_w^{\mathrm{T}}\boldsymbol{H}_1\boldsymbol{q}_v + \boldsymbol{q}_u^{\mathrm{T}}\boldsymbol{K}_{s11}\boldsymbol{q}_u + \boldsymbol{q}_v^{\mathrm{T}}\boldsymbol{K}_{s22}\boldsymbol{q}_v + \boldsymbol{q}_w^{\mathrm{T}}\boldsymbol{K}_{s33}\boldsymbol{q}_w$$

根据拉格朗日方程，对结构的质量矩阵、阻尼矩阵及刚度矩阵进行组集，得

弹性连接旋转圆柱壳结构的运动微分方程：

$$M\ddot{q} + G\dot{q} + Kq = 0 \tag{3.41}$$

## 3.3.2　旋转圆柱壳结构动力学模型验证

在本节的边界条件构建方法中，通过设定不同的连接弹簧刚度来模拟不同边界条件。为验证本节所建立模型的正确性，调整边界弹簧刚度使其模拟 S-S 边界条件（ $k_j^k = k_j^\theta = 0$ ， $k_j^v = k_j^w = 10^{12}\,\mathrm{N/m}$ ， $j=0,1$ ）以及 C-C 边界条件（ $k_j^u = k_j^v = k_j^w = k_j^\theta = 10^{12}\,\mathrm{N/m}$ , $j=0,1$ ），对静态下不同的周向波数 $n$ 的圆柱壳模型进行固有频率的计算，并将结果与文献[218]进行对比，如表 3.4 所示。利用无量纲转化公式 $\omega^* = \omega\sqrt{\rho R^2(1-\mu^2)}$ 将固有频率 $\omega$ 转化为无量纲固有频率 $\omega^*$ 。其中圆柱壳模型的长径比 $L/R=20$ ，厚径比 $H/R=0.002$ 。从表 3.4 可以看出，在不同的边界条件下，所计算得到的结果与文献[218]中的结果的最大误差不超过 2%，这证明所用方法是准确可行的。

表 3.4　静止圆柱壳无量纲频率参数对比

| $n$ | 无量纲频率参数（S-S） | | | 无量纲频率参数（C-C） | | |
|---|---|---|---|---|---|---|
| | 文献[218] | 本节 | 误差/% | 文献[218] | 本节 | 误差/% |
| 1 | 0.016101 | 0.016101 | 0 | 0.032885 | 0.033552 | 1.989 |
| 2 | 0.009382 | 0.009377 | 0.053 | 0.013932 | 0.014009 | 0.550 |
| 3 | 0.022105 | 0.022104 | 0.005 | 0.022672 | 0.022676 | 0.018 |
| 4 | 0.042095 | 0.042097 | 0.005 | 0.042208 | 0.042208 | 0 |
| 5 | 0.068008 | 0.068007 | 0.001 | 0.068046 | 0.068046 | 0 |
| 6 | 0.099730 | 0.099756 | 0.003 | 0.099748 | 0.099748 | 0 |
| 7 | 0.137239 | 0.137287 | 0.035 | 0.137249 | 0.137250 | 0.008 |
| 8 | 0.180527 | 0.180570 | 0.024 | 0.180535 | 0.180537 | 0.001 |
| 9 | 0.229593 | 0.229633 | 0.017 | 0.229599 | 0.229602 | 0.001 |
| 10 | 0.284435 | 0.284473 | 0.013 | 0.284439 | 0.284443 | 0.001 |

为验证本节旋转态圆柱壳模型的正确性，选取与文献[63]一致的几何参数，即长径比 $L/R=10$ ，厚径比 $H/R=0.05$ ，并利用无量纲转化公式 $\Omega^* = \Omega\sqrt{\rho R^2(1-\mu^2)}$ 将转速 $\Omega$ 转化为无量纲转速 $\Omega^*$ ，数据对比如表 3.5 所示。可以看出在旋转态下，本节的计算结果与文献[65]结果的最大误差不超过 1%。

通过表 3.4 和表 3.5 的数据对比，可以确定本节所建立的圆柱壳模型无论在静态还是在旋转态下都是正确且可行的。

表 3.5    C-C 旋转圆柱壳无量纲频率参数对比

| $\Omega^*$ | $n$ | 文献[63] | | 本节 | | 误差/% | |
|---|---|---|---|---|---|---|---|
| | | $\omega_b^*$ | $\omega_f^*$ | $\omega_b^*$ | $\omega_f^*$ | $\omega_b^*$ | $\omega_f^*$ |
| 0.0025 | 2 | 0.05993 | 0.05593 | 0.06039 | 0.05639 | 0.762 | 0.816 |
| | 3 | 0.11455 | 0.11155 | 0.11461 | 0.11160 | 0.052 | 0.045 |
| | 4 | 0.21313 | 0.21078 | 0.21318 | 0.21081 | 0.023 | 0.014 |
| | 5 | 0.34225 | 0.34033 | 0.34230 | 0.34036 | 0.015 | 0.008 |
| 0.0050 | 2 | 0.06216 | 0.05416 | 0.06262 | 0.05462 | 0.735 | 0.842 |
| | 3 | 0.11652 | 0.11052 | 0.11659 | 0.11057 | 0.060 | 0.045 |
| | 4 | 0.21486 | 0.21016 | 0.21491 | 0.21018 | 0.023 | 0.009 |
| | 5 | 0.34380 | 0.33995 | 0.34386 | 0.33997 | 0.017 | 0.006 |

注：$\omega_b^*$ 表示前行波频率，$\omega_f^*$ 表示后行波频率

### 3.3.3    数值计算与结果分析

本节将分析圆柱壳两端边界弹簧的刚度以及圆柱壳尺寸对旋转态下圆柱壳固有频率的影响规律。

#### 3.3.3.1    弹簧刚度对固有频率的影响

本节研究了布置在圆柱壳两端的边界弹簧的刚度对旋转态下圆柱壳的固有频率的影响，弹簧刚度的变化范围在 $10^0 \sim 10^{15}$N/m，圆柱壳的长径比 $L/R=1$，厚径比 $H/R=0.01$，多项式的项数 NT=5，周向波数 $n=6$。当其中一个方向上的弹簧刚度从 $10^0$ 逐渐增大到 $10^{15}$N/m 时，其他弹簧的刚度均保持 $10^{15}$N/m 不变。当发生变化的弹簧达到 $10^{15}$N/m 时，圆柱壳的边界条件即变成了两端固支。图 3.8（a）表示不同方向上弹簧刚度的变化对前行波的影响，图 3.8（b）表示了刚度的变化对后行波的影响，其中无量纲转速 $\Omega^*$ 为 0.01。

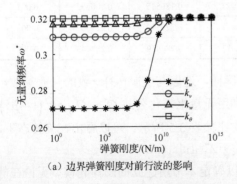

（a）边界弹簧刚度对前行波的影响

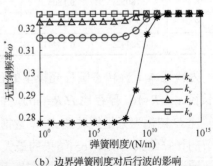

（b）边界弹簧刚度对后行波的影响

图 3.8    边界弹簧刚度对圆柱壳前后行波的影响

从图 3.8 中可以看出，不同方向上弹簧刚度的变化对圆柱壳的前后行波影响的程度是不一样的。在本节的模型中，轴向方向上弹簧，即 $k_u$ 刚度的变化对固有频率的影响最为显著。在弹簧刚度变化的过程中，圆柱壳的频率首先保持不变，然后在敏感区间内随着弹簧刚度的增大快速变化，之后保持平稳。

### 3.3.3.2　几何尺寸对固有频率的影响

本节主要分析圆柱壳尺寸（长径比和厚径比）对旋转态圆柱壳固有频率的影响，见图 3.9 和图 3.10。圆柱壳的边界条件为两端固支。从图 3.9 和图 3.10 中可以看出，随着长径比的增大，圆柱壳的前后行波都呈现减小的趋势，而随着厚径比的增大，圆柱壳的前后行波则呈现了增大的趋势。

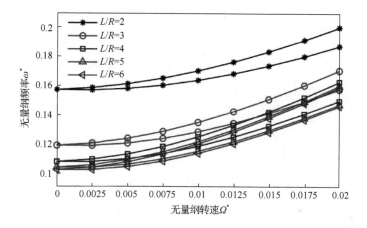

图 3.9　长径比对圆柱壳固有频率的影响

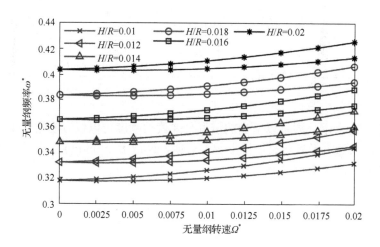

图 3.10　厚径比对圆柱壳固有频率的影响

# 3.4　静态圆柱壳结构的非线性振动问题分析

本节引入线性弹簧组来模拟弹性边界条件，分析圆柱壳的几何非线性振动特性。基于 Donnell[10]的非线性壳理论来推导圆柱壳的振动微分方程，选取正交多项式作为圆柱壳结构的位移容许函数，并将结果与现有文献进行对比，验证本节方法的正确性。同时，讨论了边界弹簧刚度和几何尺寸对幅频曲线的影响。

## 3.4.1　静态圆柱壳结构动力学模型的建立

建立如 3.2 节中静态圆柱壳模型，其动能表达式为

$$T = \frac{\rho HL}{2} \int_0^{2\pi} \int_0^1 \left( \dot{u}^2 + \dot{v}^2 + \dot{w}^2 \right) R \mathrm{d}\theta \mathrm{d}\xi \tag{3.42}$$

静态圆柱壳的势能表达式为

$$U_\varepsilon = \frac{L}{2} \int_0^1 \int_{-H/2}^{H/2} \int_0^{2\pi} \left( \sigma_x \varepsilon_x + \sigma_\theta \varepsilon_\theta + \tau_{x\theta} \varepsilon_{x\theta} \right) R \mathrm{d}z \mathrm{d}\theta \mathrm{d}\xi \tag{3.43}$$

式中，$\sigma_x$、$\sigma_\theta$、$\tau_{x\theta}$ 及 $\varepsilon_x$、$\varepsilon_\theta$、$\varepsilon_{x\theta}$ 分别为圆柱壳的应力和应变分量。

在圆柱壳的两端分别布置轴向、周向、径向和扭转四组线性弹簧，其势能可以表示为

$$
\begin{aligned}
U_{\mathrm{spr}} = & \frac{1}{2} \int_0^{2\pi} \left[ k_0^u u^2(0) + k_0^v v^2(0) + k_0^w w^2(0) + k_0^\theta \frac{1}{L^2} \left( \frac{\partial w(0)}{\partial \xi} \right)^2 \right] R \mathrm{d}\theta \\
& + \frac{1}{2} \int_0^{2\pi} \left[ k_1^u u^2(1) + k_1^v v^2(1) + k_1^w w^2(1) + k_1^\theta \frac{1}{L^2} \left( \frac{\partial w(1)}{\partial \xi} \right)^2 \right] R \mathrm{d}\theta
\end{aligned}
\tag{3.44}
$$

如表 3.6 所示，通过以适当的值调节弹簧的刚度可以很容易地实现当前工作中考虑的经典边界及其组合。除非另有说明，N/m 和 N·m/rad 分别用作平移弹簧和扭转弹簧的刚度单位。

表 3.6　边界弹簧刚度

| 边界条件 | 边界弹簧刚度 |
|---|---|
| F-F | $k_u = k_v = k_w = k_\theta = 0$ |
| S-S | $k_u = k_\theta = 0$ , $k_v = k_w = 10^{12}\,\text{N/m}^2$ |
| C-C | $k_u = k_v = k_w = 10^{12}\,\text{N/m}^2$ , $k_\theta = 10^{12}\,\text{N/rad}$ |

在圆柱壳结构中，假设圆柱壳的周向波数为 $n$，圆柱壳中曲面上任意一点在所对应的轴向、周向和径向上的振动位移表达式可写为轴向振型、周向振型和时间项相乘的形式，即

$$\begin{cases} u(\xi,\theta,t)=U_n(\xi)\cos(n\theta)\sin(\omega t) \\ v(\xi,\theta,t)=V_n(\xi)\sin(n\theta)\sin(\omega t) \\ w(\xi,\theta,t)=W_0(\xi)\sin(\omega t)+W_n(\xi)\cos(n\theta)\sin(\omega t) \end{cases} \tag{3.45}$$

式中，相对于第 2 章中容许位移函数的展开方式，本部分由于考虑了几何非线性的因素，且 $w$ 方向为发生非线性的主要方向，所以需对径向位移展开项进行扩展[219]；$\omega$ 是复合材料层合圆柱壳的固有频率；$\sin(n\theta)$ 和 $\cos(n\theta)$ 是圆柱壳的周向振型函数；简谐函数 $\sin(\omega t)$ 是时间项；$U_n(\xi)$、$V_n(\xi)$ 和 $W_n(\xi)$ 是轴向振型函数；$W_0(\xi)$ 是轴对称模态函数。采用正交多项式作为轴向振型位移函数（位移容许函数），圆柱壳的周向振型采用三角函数法表示。将圆柱壳的轴向位移 $u$、周向位移 $v$ 及径向位移 $w$ 分别进行伽辽金离散化，可得

$$\begin{cases} u(\xi,\theta,t)=\boldsymbol{q}_u \boldsymbol{U}^{\text{T}}=\sum_{i=1}^{\text{NT}}\boldsymbol{q}_u\varphi_i^u(\xi)\cos(n\theta) \\ v(\xi,\theta,t)=\boldsymbol{q}_v \boldsymbol{V}^{\text{T}}=\sum_{i=1}^{\text{NT}}\boldsymbol{q}_v\varphi_i^v(\xi)\sin(n\theta) \\ w(\xi,\theta,t)=\boldsymbol{q}_w \boldsymbol{W}^{\text{T}}=\sum_{i=1}^{\text{NT}}\boldsymbol{q}_w\varphi_i^w(\xi)\big[\cos(n\theta)+1\big] \end{cases} \tag{3.46}$$

式中，$\boldsymbol{q}_u$、$\boldsymbol{q}_v$ 和 $\boldsymbol{q}_w$ 为时间项；$\varphi_i^u(\xi)$、$\varphi_i^v(\xi)$ 和 $\varphi_i^w(\xi)$ 是正交多项式。

将式（3.45）代入式（3.42），可以获得静态复合材料层合圆柱壳三层总动能 $T$ 的表达式，具体如下：

$$T=\dot{\boldsymbol{q}}_u^{\text{T}}\boldsymbol{M}_1\dot{\boldsymbol{q}}_u+\dot{\boldsymbol{q}}_v^{\text{T}}\boldsymbol{M}_2\dot{\boldsymbol{q}}_v+\dot{\boldsymbol{q}}_w^{\text{T}}\boldsymbol{M}_3\dot{\boldsymbol{q}}_w \tag{3.47}$$

同时，将式（3.45）代入式（3.43）和式（3.44），可以获得复合材料层合圆柱壳的势能 $U$ 的表达式，具体如下：

$$
\begin{aligned}
U &= U_{\varepsilon} + U_{\text{spr}} \\
&= \frac{1}{2}\boldsymbol{q}_u^{\mathrm{T}}\boldsymbol{K}_{11}\boldsymbol{q}_u + \frac{1}{2}\boldsymbol{q}_u^{\mathrm{T}}\boldsymbol{K}_{12}\boldsymbol{q}_v + \frac{1}{2}\boldsymbol{q}_u^{\mathrm{T}}\boldsymbol{K}_{13}\boldsymbol{q}_w + \frac{1}{2}\boldsymbol{q}_v^{\mathrm{T}}\boldsymbol{K}_{21}\boldsymbol{q}_u + \frac{1}{2}\boldsymbol{q}_v^{\mathrm{T}}\boldsymbol{K}_{22}\boldsymbol{q}_v \\
&\quad + \frac{1}{2}\boldsymbol{q}_v^{\mathrm{T}}\boldsymbol{K}_{23}\boldsymbol{q}_w + \frac{1}{2}\boldsymbol{q}_w^{\mathrm{T}}\boldsymbol{K}_{31}\boldsymbol{q}_u + \frac{1}{2}\boldsymbol{q}_w^{\mathrm{T}}\boldsymbol{K}_{32}\boldsymbol{q}_v + \frac{1}{2}\boldsymbol{q}_w^{\mathrm{T}}\boldsymbol{K}_{33}\boldsymbol{q}_w + \boldsymbol{q}_u^{\mathrm{T}}\boldsymbol{K}_{s11}\boldsymbol{q}_u \\
&\quad + \boldsymbol{q}_v^{\mathrm{T}}\boldsymbol{K}_{s22}\boldsymbol{q}_v + \boldsymbol{q}_w^{\mathrm{T}}\boldsymbol{K}_{s33}\boldsymbol{q}_w + \boldsymbol{q}^{\mathrm{T}}\boldsymbol{K}_{\mathrm{N}}^{(2)}\boldsymbol{q} + \boldsymbol{q}^{\mathrm{T}}\boldsymbol{K}_{\mathrm{N}}^{(3)}\boldsymbol{q}
\end{aligned}
\tag{3.48}
$$

将式（3.47）、式（3.48）代入拉格朗日方程，对得到的质量矩阵、阻尼矩阵及刚度矩阵进行组集，得到弹性边界下静态复合材料层合圆柱壳结构的运动微分方程：

$$
\boldsymbol{M}_{\mathrm{L}}\ddot{\boldsymbol{q}} + \boldsymbol{C}_{\mathrm{L}}\dot{\boldsymbol{q}} + \left(\boldsymbol{K}_{\mathrm{L}} + \boldsymbol{K}_{\text{spr}} + \boldsymbol{K}_{\mathrm{N}}^{(2)} + \boldsymbol{K}_{\mathrm{N}}^{(3)}\right)\boldsymbol{q} = \boldsymbol{F}
\tag{3.49}
$$

式中，$\boldsymbol{M}_{\mathrm{L}}$ 是质量矩阵；$\boldsymbol{C}_{\mathrm{L}}$ 是阻尼矩阵，且 $\boldsymbol{C}_{\mathrm{L}} = \alpha\boldsymbol{M}_{\mathrm{L}} + \beta\left(\boldsymbol{K}_{\mathrm{L}} + \boldsymbol{K}_{\text{spr}}\right)$，$\alpha$ 和 $\beta$ 是瑞利阻尼系数；$\boldsymbol{K}_{\mathrm{L}}$ 是复合圆柱壳结构的刚度矩阵；$\boldsymbol{K}_{\text{spr}}$ 是边界弹簧刚度矩阵；$\boldsymbol{K}_{\mathrm{N}}^{(2)}$ 和 $\boldsymbol{K}_{\mathrm{N}}^{(3)}$ 是由二次项和三次项组集而成的非线性矩阵；$\boldsymbol{F}$ 为复合圆柱壳所受的简谐外激励，由下式获得：

$$
\boldsymbol{F} = f\cos\left(\omega_{\text{EX}}t\right)\left[W_0\left(\xi\right)\sin\omega t + W_n\left(\xi\right)\cos\left(n\theta\right)\sin\omega t\right]_{x=L_{\mathrm{L}}/2,\ \theta=0^{\circ}}
\tag{3.50}
$$

其中，$f$ 为外激励的最大值；$\omega_{\text{EX}}$ 为外激励频率；$t$ 为时间；$x=L_{\mathrm{L}}/2$，$\theta=0^{\circ}$ 表示外激励的激励位置。

### 3.4.2　静态圆柱壳结构动力学模型验证与收敛性分析

本节采取与文献中结果进行比较的方法来验证静态圆柱壳非线性模型的准确性。整个验证过程分为两部分：线性部分的验证和非线性部分的验证。线性部分可以通过和静态下的圆柱壳的固有频率来验证，在3.3节中已进行过验证，在这里不再继续验证。

为了验证非线性部分，将本模型中计算所得的结果与文献[220]和文献[173]中的结果进行了对比。所对比的圆柱壳模型长度 $L=0.09587\mathrm{m}$，半径 $R=0.0678\mathrm{m}$，厚度 $H=0.678\mathrm{mm}$，阻尼系数 $\zeta=0.001$，周向波数 $n=6$，边界条件为 S-S。布置在两边的弹簧刚度为 $k_j^u = k_j^{\theta} = 0$、$k_j^v = k_j^w = 10^{12}\,\mathrm{N/m}$，$j=0,1$。在幅频曲线中，$\omega_{\text{EX}}$ 为外激励频率；$\omega_{(1,6)}$ 为基础频率，$m=1$，$n=6$；$A$ 为模态振幅；$H$ 为圆柱壳的厚度。在

图 3.11 的幅频曲线中，纵坐标为归一化振幅，即 $A/H$，横坐标为归一化频率，即 $\omega_{EX}/\omega_{(1,6)}$。从图 3.11 中可以看出，本节所得到的幅频曲线和文献中的结果吻合良好，验证了其准确性。

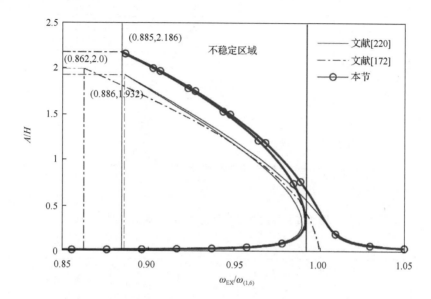

图 3.11　与现有文献对比的幅频曲线

### 3.4.3　数值计算与结果分析

基于 3.4.1 节建立的考虑几何非线性的圆柱壳动力学模型，这里分析一般边界的弹簧刚度和圆柱壳几何参数对非线性幅频曲线的影响规律。

#### 3.4.3.1　弹簧刚度对非线性幅频曲线的影响

3.3 节的结果中显示，轴向方向上的弹簧刚度，即 $k_u$ 的变化对固有频率的影响最为显著，且弹簧的敏感区间在 $10^8 \sim 10^{12}$N/m 这一范围，在本节中主要讨论了轴向方向上的弹簧对非线性幅频曲线的影响。从图 3.12 可以看出，随着弹簧刚度的增大，幅频曲线的幅值减小，软式非线性的现象也逐渐变弱，当刚度达到 $10^{11}$N/m 时，幅频曲线趋于稳定。

#### 3.4.3.2　几何参数对非线性幅频曲线的影响

几何参数是影响圆柱壳几何非线性振动特性的重要因素。在本节中主要讨论了长径比和厚径比对非线性幅频曲线的影响。图 3.13 为不同长径比和厚径比下圆柱壳的幅频曲线。在图 3.13 中可以看出，随着长径比的增大，圆柱壳幅频曲线的软式非线性现象逐渐减弱。同样地，随着圆柱壳厚径比的增大，幅频曲线的软式非线性现象同样呈现了减弱的趋势，而且幅频曲线的归一化幅值也呈现减小的趋势。

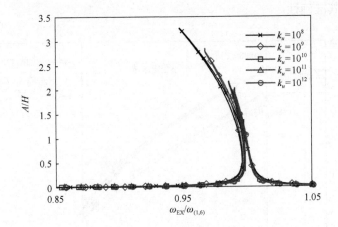

图 3.12　弹簧刚度对非线性幅频曲线的影响

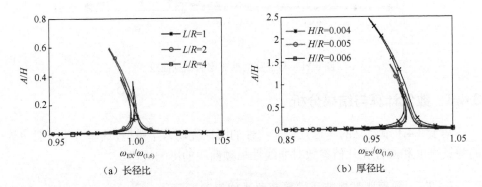

（a）长径比　　　　　　　　　　（b）厚径比

图 3.13　几何尺寸对非线性幅频曲线的影响

## ■ 3.5　本章小结

本章研究了线性边界圆柱壳结构的振动问题。首先，从经典边界和一般边界出发，建立了线性边界圆柱壳结构的动力学模型，分析了结构参数和边界参数对圆柱壳结构固有特性的影响。然后，开展了圆柱壳结构旋转态问题分析。最后，讨论了静态圆柱壳结构的非线性振动问题。

（1）利用半解析方法推导了经典边界圆柱壳结构动力学模型，简单地讨论了不同边界条件下圆柱壳结构前 3 阶固有频率以及不同周向波数所对应的固有频率的情况。另外，分析了不同经典边界下圆柱壳结构 1 阶固有频率随长径比变化的情况。

（2）引入人工弹簧的概念来模拟弹性支承，建立了一般边界圆柱壳结构振动微分方程，分析了边界刚度对圆柱壳结构固有频率的影响。结果表明：固有频率对扭转弹簧刚度的敏感性较弱，随扭转弹簧刚度的变化改变量不大；固有频率对轴向弹簧刚度的敏感性较强，随轴向弹簧刚度增大有较大变化，特别是在刚度数量级$[10^7, 10^{12}]$区间范围内更加明显；可以推断固有频率对径向和周向弹簧刚度的敏感性都比较强，在刚度数量级$[10^6, 10^{12}]$区间范围内尤为突出，相比较而言，周向弹簧刚度对固有频率的影响更加明显。总体上看，低阶模态对刚度的敏感度要明显高于高阶模态。

（3）建立了一般边界条件下旋转态圆柱壳结构动力学模型，分析了边界弹簧刚度和圆柱壳几何参数对旋转态下圆柱壳结构固有频率的影响规律。结果表明：旋转态下，圆柱壳结构频率呈现行波频率特征，表现为前行波频率和后行波频率。边界刚度对前后行波频率影响趋于一致。当长径比增大时，圆柱壳的前行波和后行波均减小，而当厚径比增大时，圆柱壳的前行波和后行波均增大。

（4）基于Donnell[10]非线性壳理论，建立弹性边界下静态圆柱壳结构非线性动力学模型，分析了轴向边界刚度和几何参数对圆柱壳结构幅频曲线的影响规律。结果表明：随着轴向弹簧刚度的增大，幅频曲线的幅值减小，软式非线性的现象逐渐变弱，当刚度达到$10^{11}$N/m时，幅频曲线趋于稳定。几何参数是影响圆柱壳几何非线性振动特性的重要因素，随着圆柱壳长径比或厚径比的增大，圆柱壳结构幅频曲线软式非线性现象减弱。

# 第 4 章

# 螺栓连接圆柱壳结构的动力学特性

圆柱壳结构由于具有刚性好、重量轻等优点，因此在航空发动机等机械系统中得到了广泛的应用。螺栓连接是圆柱壳结构主要的固定方式之一，如航空发动机机匣是通过多组螺栓连接的壳结构组成的。螺栓连接方式有其独特的力学特性，例如沿边界的约束非连续性和刚度的分散性，在设计、制造和安装过程中也会造成螺栓之间的连接特性不一致等，这些都会导致被连接的圆柱壳结构的模态特性产生变化。因此对螺栓连接圆柱壳结构模态特性分析进行研究具有重要工程意义。

## ■ 4.1 非连续线性连接条件下圆柱壳结构自由振动特性

本节通过考虑螺栓连接处的约束条件，采用拉格朗日方程建立螺栓连接圆柱壳结构自由振动微分方程，进而获得频率方程。通过算例，首先针对螺栓连接圆柱壳结构调谐系统，分析螺栓数量和连接刚度对圆柱壳频率和振型的影响。基于统计学理论，针对螺栓连接圆柱壳结构失谐系统，讨论螺栓位置和连接刚度随机失谐对系统模态特性的影响，并通过特殊失谐算例对统计结果进行讨论与说明。

### 4.1.1 非连续线性连接条件下圆柱壳结构动力学模型的建立

航空发动机机匣是典型的螺栓连接圆柱壳结构，两端机匣通过螺栓连接在一起，如图 4.1（a）所示。本节将以单段圆柱壳为研究对象，假设圆柱壳连接在基座上，建立如图 4.1（b）所示螺栓连接圆柱壳力学模型，图中圆柱壳一端通过螺栓固定，另一端为自由边界。建立坐标系 $O\text{-}x\theta z$，其中 $u$、$v$ 和 $w$ 分别代表圆柱壳在 $x$、$\theta$ 和 $z$ 方向上的振动位移，圆柱壳厚度为 $H$，半径为 $R$，长度为 $L$，密度为 $\rho$，弹性模量为 $E$，泊松比为 $\mu$。

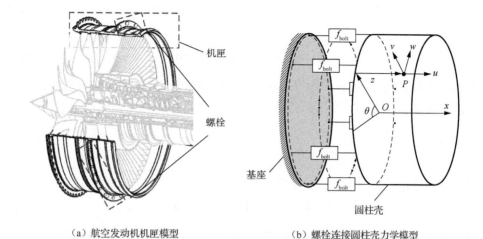

（a）航空发动机机匣模型        （b）螺栓连接圆柱壳力学模型

图 4.1   航空发动机机匣模型和螺栓连接圆柱壳力学模型

根据螺栓连接力学特性的特点，可将螺栓连接部简化为非连续线性模型。如图 4.2 所示，轴向、切向、径向和扭转方向上螺栓连接力和力矩分别为 $F_u$、$F_v$、$F_w$ 和 $M_\theta$，可以用四组弹簧来进行模拟。因此，螺栓连接处所储存的总势能为

$$U_{\text{bolt}} = \sum_{S=1}^{N_b}\left[\frac{1}{2}k_u^{\theta_S}u_{\theta_S}^2 + \frac{1}{2}k_v^{\theta_S}v_{\theta_S}^2 + \frac{1}{2}k_w^{\theta_S}w_{\theta_S}^2 + \frac{1}{2}k_\theta^{\theta_S}\left(\frac{\partial w_{\theta_S}}{\partial x}\right)^2\right] \quad (4.1)$$

式中，$k_u$ 为轴向的连接刚度；$k_v$ 为切向的连接刚度；$k_w$ 为径向的连接刚度；$k_\theta$ 为扭转方向的连接刚度；$\theta_S$ 表示螺栓编号为 $S$ 的周向角度位置；$N_b$ 为螺栓数量。

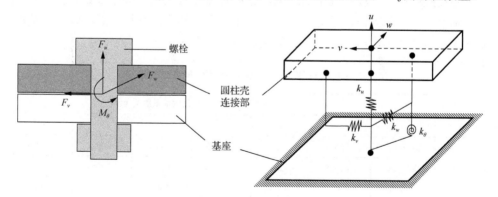

图 4.2   螺栓连接线性简化力学模型

得到弹簧势能的广义形式：

$$U_{\text{bolt}} = \frac{1}{2}\boldsymbol{p}^{\text{T}}\boldsymbol{B}_1\boldsymbol{p} + \frac{1}{2}\boldsymbol{p}^{\text{T}}\boldsymbol{B}_2\boldsymbol{q} + \frac{1}{2}\boldsymbol{p}^{\text{T}}\boldsymbol{B}_3\boldsymbol{r} \quad (4.2)$$

将总动能和总势能代入拉格朗日方程，推导得到螺栓连接圆柱壳自由振动微分方程

$$M\ddot{X} + (K + K_{\text{bolt}})X = 0 \qquad (4.3)$$

式中，$M$ 为质量矩阵；$K$ 为刚度矩阵；$X$ 为位移向量；$K_{\text{bolt}}$ 为螺栓连接刚度矩阵。具体表达式见附录 A。

假设

$$X = X_0 e^{i\omega t} \qquad (4.4)$$

将式（4.4）代入式（4.3），得到频率方程：

$$\left| -\omega^2 M + (K + K_{\text{bolt}}) \right| = 0 \qquad (4.5)$$

解上述方程可以得到圆柱壳固有频率。圆柱壳无量纲频率参数可以通过下式获得：

$$\tilde{\omega} = \omega R \sqrt{\rho(1-\mu^2)/E} \qquad (4.6)$$

## 4.1.2 模型验证

在对螺栓连接圆柱壳结构进行动力学特性分析之前，需要对本节提出的模型与方法进行验证。因此，为验证本节所用方法的正确性，本节以与文献结果和有限元仿真结果对比两种方式展开验证工作。

针对不同约束点数量的圆柱壳结构，比较本节方法的计算结果与文献中报道的结果，如表 4.1 所示，相关的模型参数与文献一致，$H/R$=0.003、$L/R$=5，采用较大连接刚度值进行模拟固定点约束。通过对前 6 阶无量纲频率参数进行比较发现，本节所提出的方法的计算结果与文献中报道的结果具有很好的一致性，从而验证了本节所建模型与所提方法的准确性与有效性。

表 4.1　多点约束圆柱壳无量纲频率参数比较

| $N_b$ | 项目 | 不同阶次时的无量纲频率参数及误差 | | | | | |
|---|---|---|---|---|---|---|---|
| | | 1 | 2 | 3 | 4 | 5 | 6 |
| 8 | 式（4.6） | 0.02528 | 0.02676 | 0.03283 | 0.03480 | 0.04028 | 0.04028 |
| | 文献[23] | 0.02528 | 0.02670 | 0.03274 | 0.03411 | 0.03954 | 0.03954 |
| | 误差/% | 0 | 0.22 | 0.26 | 2.03 | 1.88 | 1.88 |
| 16 | 式（4.6） | 0.03411 | 0.03567 | 0.04292 | 0.04369 | 0.05478 | 0.05604 |
| | 文献[23] | 0.03393 | 0.03563 | 0.04248 | 0.04369 | 0.05478 | 0.05642 |
| | 误差/% | 0.53 | 0.12 | 1.03 | 0 | 0 | 0.68 |

续表

| $N_b$ | 项目 | 不同阶次时的无量纲频率参数及误差 | | | | | |
|---|---|---|---|---|---|---|---|
| | | 1 | 2 | 3 | 4 | 5 | 6 |
| 24 | 式（4.6） | 0.03735 | 0.03756 | 0.04475 | 0.04778 | 0.05604 | 0.06108 |
| | 文献[23] | 0.03715 | 0.03749 | 0.04473 | 0.04732 | 0.05603 | 0.06091 |
| | 误差/% | 0.45 | 0.17 | 0.05 | 0.88 | 0 | 0.26 |
| 32 | 式（4.6） | 0.03735 | 0.03756 | 0.04475 | 0.04778 | 0.05604 | 0.06109 |
| | 文献[23] | 0.03717 | 0.03750 | 0.04473 | 0.04734 | 0.05604 | 0.06093 |
| | 误差/% | 0.48 | 0.17 | 0.05 | 0.92 | 0 | 0.256 |
| 48 | 式（4.6） | 0.03735 | 0.03756 | 0.04475 | 0.04778 | 0.05604 | 0.06109 |
| | 文献[23] | 0.03719 | 0.03750 | 0.04473 | 0.04736 | 0.05604 | 0.06093 |
| | 误差/% | 0.42 | 0.17 | 0.05 | 0.88 | 0 | 0.26 |

　　利用 ANSYS 软件对多点弹性连接圆柱壳模型进行建模，并将仿真结果与本节方法计算结果相比较。在 ANSYS 建模过程中，使用了 SHELL 63 单元。采用弹簧模拟多点弹性支承，并用 COMBIN 14 单元表示。模型共 256 个节点、256 个单元，如图 4.3 所示。相关结构参数如表 4.2 所列。

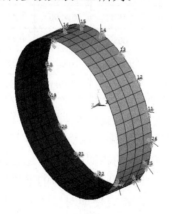

图 4.3　多点约束圆柱壳有限元模型

表 4.2　螺栓连接圆柱壳耦合结构相关参数

| 参数 | 数值 | 参数 | 数值 |
|---|---|---|---|
| 壳壁厚度 $H$/m | 0.002 | 材料密度 $\rho$/（kg/m³） | 7850 |
| 长度 $L$/m | 0.100 | 弹性模量 $E$/GPa | 206 |
| 中曲面半径 $R$/m | 0.200 | 泊松比 $\mu$ | 0.3 |

　　在验证过程中，假设各向连接刚度值相等，设以 10 为底刚度值的对数为 $K_{\log}$，即 $K_{\log} = \lg k_u = \lg k_v = \lg k_w = \lg k_\theta$。假定有 $K_{\log} = 4, 7, 10$ 三种不同约束条件，本节计算结果、ANSYS 仿真结果及相对误差如表 4.3 所示，需要注意的是表中忽略掉了频率值相同的阶次频率。通过对比可见，在多点弹性约束边界条件下，本节所提出的方法和模型计算的模态频率的计算精度均与有限元法相当。

表 4.3　多点弹性约束圆柱壳固有频率与 ANSYS 仿真结果比较　单位：Hz

| 阶次 | $K_{\log} = 4$ | | | $K_{\log} = 7$ | | | $K_{\log} = 10$ | | |
| --- | --- | --- | --- | --- | --- | --- | --- | --- | --- |
| | 固有频率 [式 (4.6)] | 固有频率 (ANSYS) | 误差/% | 固有频率 [式 (4.6)] | 固有频率 (ANSYS) | 误差/% | 固有频率 [式 (4.6)] | 固有频率 (ANSYS) | 误差/% |
| 1 | 42.74 | 42.65 | 0.21 | 404.45 | 401.36 | 0.77 | 811.02 | 809.22 | 0.22 |
| 2 | 45.32 | 45.34 | 0.04 | 438.02 | 438.25 | 0.05 | 812.4 | 818.42 | 0.74 |
| 3 | 54.22 | 54.35 | 0.24 | 488.39 | 480.09 | 1.73 | 851.19 | 862.59 | 1.32 |
| 4 | 62.96 | 63.26 | 0.47 | 539.57 | 541.95 | 0.44 | 918.89 | 911.35 | 0.83 |
| 5 | 102.19 | 102.58 | 0.38 | 675.18 | 679.18 | 0.59 | 1147.4 | 1153.6 | 0.54 |
| 6 | 157.86 | 165.57 | 4.66 | 706.07 | 693.02 | 1.88 | 1159.3 | 1161.2 | 0.17 |
| 7 | 182.63 | 183.51 | 0.48 | 791.47 | 794.90 | 0.43 | 1344.6 | 1361.8 | 1.26 |
| 8 | 290.17 | 291.84 | 0.57 | 1005.4 | 1013.3 | 0.78 | 1555.9 | 1566.4 | 0.67 |
| 9 | 304.32 | 314.94 | 3.37 | 1040.2 | 1026.2 | 1.36 | 1583.7 | 1603.2 | 1.22 |
| 10 | 423.15 | 425.97 | 0.66 | 1124.8 | 1130.1 | 0.46 | 1853.3 | 1874.5 | 1.13 |

　　图 4.4 和图 4.5 分别给出了在 $K_{\log} = 7$ 时，采用本节方法以及 ANSYS 仿真出的前 10 阶模态振型。从振型对比结果可以看出，本节方法计算出的圆柱壳振型与 ANSYS 仿真计算的振型具有极好的相似性，从而也验证了用本节所提出的动力学模型及计算方法计算多点弹性约束圆柱壳振型的准确性和有效性。与有限元法相比，本节方法的优势在于可以简单方便地对实际结构以及约束条件进行参数化分析，且能够简单直接地处理任意连接条件下圆柱壳的振动问题。

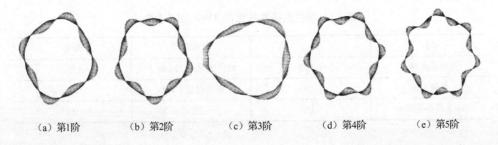

　　（a）第1阶　　　　　（b）第2阶　　　　　（c）第3阶　　　　　（d）第4阶　　　　　（e）第5阶

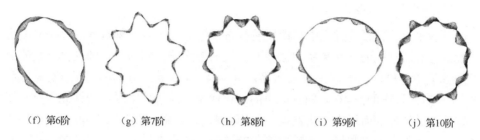

（f）第6阶　　（g）第7阶　　（h）第8阶　　（i）第9阶　　（j）第10阶

图 4.4　$K_{\log}$=7 时本节模型计算的前 10 阶模态的振型

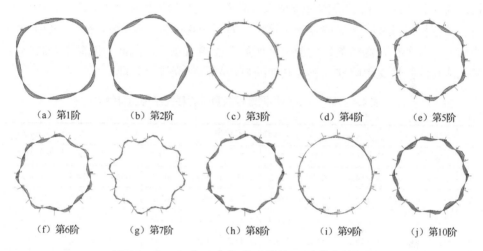

（a）第1阶　　（b）第2阶　　（c）第3阶　　（d）第4阶　　（e）第5阶

（f）第6阶　　（g）第7阶　　（h）第8阶　　（i）第9阶　　（j）第10阶

图 4.5　$K_{\log}$=7 时 ANSYS 仿真的前 10 阶模态的振型

### 4.1.3　数值计算与结果分析

在这一节中，为了探索螺栓连接圆柱壳的自由振动特性，分析不同连接参数（包括螺栓数量、连接刚度、安装方式等）对圆柱壳频率特性和振型特征的影响，以螺栓连接圆柱壳为研究对象展开计算，并将从调谐系统和失谐系统两个角度着手进行分析。在未作具体说明情况下，圆柱壳的结构参数如表 4.2 所示。

#### 4.1.3.1　螺栓连接圆柱壳结构调谐系统模态特性分析

在分析之前，需说明螺栓连接圆柱壳结构调谐系统的概念。螺栓的布置位置沿着圆柱壳的边界均匀分布，且每个螺栓约束处的连接刚度相互一致，称为调谐系统。对于调谐系统的参数影响分析，主要从螺栓数量和连接刚度两个方面对圆柱壳结构的固有频率和振型的影响进行讨论。

**1. 螺栓数量的影响**

一般来说，在设计过程中，螺栓通常布置为 2、4、6 等偶数数量。不同的螺栓数量会对圆柱壳的固有频率和振型产生很大的影响。例如，在圆柱壳一端安装不同数量的螺栓，另一端为自由边界。表 4.4 和表 4.5 分别列出了 $K_{\log}=13$ 和 $K_{\log}=7$ 时圆柱壳的前 10 阶固有频率的变化情况。从整体来看，圆柱壳固有频率随螺栓数量的增加而增大。从表 4.4 中可以看出，当螺栓数量大于 40 时，圆柱壳频率不再增大，而是趋于一个稳定值。随着固定约束点增多，圆柱壳频率收敛于悬臂边界圆柱壳固有频率。但是，当连接刚度不足时，如表 4.5 中 $K_{\log}=7$，当螺栓数量大于 40 时，圆柱壳固有频率依然随着螺栓数量的增加增大，且与弹性支承边界的圆柱壳频率有明显的差异。这意味着对非连续弹性支承的情况应采用详细的模型进行分析，螺栓数量的变化将明显改变固有频率，因此不能简单地将结构简化成传统弹性支承圆柱壳或者其他经典边界圆柱壳进行处理。

表 4.4　$K_{\log}=13$ 时不同螺栓数量下圆柱壳结构固有频率　　单位：Hz

| 阶次 | $N_b$ 不同时的固有频率 | | | | | | | | | | 悬臂边界的固有频率 |
| --- | --- | --- | --- | --- | --- | --- | --- | --- | --- | --- | --- |
| | 8 | 12 | 16 | 20 | 24 | 28 | 32 | 36 | 40 | 48 | |
| 1 | 248.9 | 506.2 | 814.6 | 900.4 | 944.2 | 977.7 | 991.8 | 1003 | 1084.4 | 1084.4 | 1084.2 |
| 2 | 349.2 | 588.5 | 814.6 | 900.4 | 944.2 | 977.7 | 991.8 | 1003 | 1084.4 | 1084.4 | 1084.2 |
| 3 | 349.2 | 588.5 | 815.8 | 911.5 | 959.0 | 1013.2 | 1030.7 | 1044.9 | 1120.2 | 1120.2 | 1120.0 |
| 4 | 511.1 | 794.7 | 815.8 | 911.5 | 959.0 | 1013.2 | 1030.7 | 1044.9 | 1120.2 | 1120.2 | 1120.0 |
| 5 | 511.1 | 794.7 | 851.3 | 984.9 | 1026 | 1040.7 | 1051.6 | 1060 | 1147.7 | 1147.7 | 1147.4 |
| 6 | 661.7 | 899.9 | 926.2 | 984.9 | 1026 | 1040.7 | 1051.6 | 1060 | 1147.7 | 1147.7 | 1147.4 |
| 7 | 661.7 | 965.5 | 926.2 | 1041.6 | 1081.3 | 1164.5 | 1184.9 | 1193.8 | 1237 | 1237 | 1236.9 |
| 8 | 736.0 | 965.5 | 1049.8 | 1041.6 | 1081.3 | 1164.5 | 1184.9 | 1193.8 | 1237 | 1237 | 1236.9 |
| 9 | 747.5 | 1051.9 | 1149.4 | 1136.2 | 1167.2 | 1179 | 1187.5 | 1320.6 | 1320.6 | 1320.6 | 1320.3 |
| 10 | 780.1 | 1051.9 | 1149.4 | 1136.2 | 1167.2 | 1179 | 1187.5 | 1320.6 | 1320.6 | 1320.6 | 1320.3 |

表 4.5　$K_{\log}=7$ 时不同螺栓数量下圆柱壳结构固有频率　　单位：Hz

| 阶次 | $N_b$ 不同时的固有频率 | | | | | | | | | | 弹性支承的固有频率 |
| --- | --- | --- | --- | --- | --- | --- | --- | --- | --- | --- | --- |
| | 8 | 12 | 16 | 20 | 24 | 28 | 32 | 36 | 40 | 48 | |
| 1 | 238.7 | 360.4 | 404.4 | 441.0 | 467.6 | 495.3 | 507.0 | 533.9 | 542.9 | 560.0 | 757.75 |
| 2 | 288.4 | 360.4 | 404.4 | 441.0 | 467.6 | 495.3 | 507.0 | 533.9 | 542.9 | 560.0 | 757.75 |
| 3 | 288.4 | 404.8 | 438.0 | 460.5 | 474.6 | 501.1 | 522.8 | 560.2 | 577.6 | 609.7 | 807.24 |

续表

| 阶次 | $N_b$ 不同时的固有频率 | | | | | | | | | | 弹性支承的固有频率 |
|---|---|---|---|---|---|---|---|---|---|---|---|
| | 8 | 12 | 16 | 20 | 24 | 28 | 32 | 36 | 40 | 48 | |
| 4 | 402.1 | 404.8 | 438.0 | 460.5 | 474.6 | 501.1 | 522.8 | 560.2 | 577.6 | 609.7 | 807.24 |
| 5 | 427.9 | 415.5 | 488.4 | 549.6 | 566.8 | 579.9 | 586.2 | 592.2 | 609.9 | 618.3 | 816.06 |
| 6 | 427.9 | 415.5 | 488.4 | 549.6 | 566.8 | 579.9 | 586.2 | 592.2 | 609.9 | 618.3 | 816.06 |
| 7 | 445.8 | 469.3 | 539.6 | 557.9 | 596.0 | 647.8 | 683.8 | 724.5 | 737.8 | 742.1 | 948.09 |
| 8 | 445.8 | 566.7 | 539.6 | 557.9 | 596.0 | 647.8 | 683.8 | 724.5 | 737.8 | 742.1 | 948.09 |
| 9 | 549.3 | 590.1 | 675.2 | 699.2 | 712.0 | 716.88 | 720.9 | 734.4 | 763.0 | 814.2 | 995.66 |
| 10 | 549.3 | 590.1 | 675.2 | 699.2 | 712.0 | 716.88 | 720.9 | 734.4 | 763.0 | 814.2 | 995.66 |

表 4.6 列出了不同螺栓数量下圆柱壳的前 6 阶模态振型。从中可以看出，螺栓数量的增加不仅改变了圆柱壳的固有频率大小，而且改变了圆柱壳的振型。圆柱壳的振型变化主要体现在两方面。一方面是振型形状，例如在螺栓数量相对少时，圆柱壳周向振型形态并不是标准的正/余弦形态，而是在局部位置出现了振动局部化现象，例如 8 螺栓工况下第 2 阶 $n=5$ 模态，16 螺栓工况下第 1 阶 $n=7$ 模态。另一方面是振型顺序，例如，从第 1 阶模态的振型可以看出，8、12、16、24、32、40 和 48 的螺栓数量分别对应主导模态 $n=4$、$n=6$、$n=7$、$n=6$、$n=7$、$n=7$ 和 $n=7$。但同时，从表 4.6 中可以发现，当螺栓数量足够多时，圆柱壳振型的形状和阶次顺序不再发生变化，圆柱壳结构模态呈现稳定状况。

表 4.6　不同螺栓数量下圆柱壳前 6 阶模态振型

| 螺栓个数 | 不同阶次的振型 | | | | | |
|---|---|---|---|---|---|---|
| | 1 | 2 | 3 | 4 | 5 | 6 |
| 8 | $n=4$ | $n=5$ | $n=5$ | $n=6$ | $n=6$ | $n=7$ |
| 12 | $n=6$ | $n=7$ | $n=7$ | $n=8$ | $n=8$ | $n=6$ |
| 16 | $n=7$ | $n=7$ | $n=6$ | $n=6$ | $n=8$ | $n=5$ |

续表

| 螺栓个数 | 不同阶次的振型 | | | | | |
|---|---|---|---|---|---|---|
| | 1 | 2 | 3 | 4 | 5 | 6 |
| 24 | $n=6$ | $n=6$ | $n=7$ | $n=7$ | $n=8$ | $n=8$ |
| 32 | $n=7$ | $n=7$ | $n=6$ | $n=6$ | $n=8$ | $n=8$ |
| 40 | $n=7$ | $n=7$ | $n=8$ | $n=8$ | $n=6$ | $n=6$ |
| 48 | $n=7$ | $n=7$ | $n=8$ | $n=8$ | $n=6$ | $n=6$ |

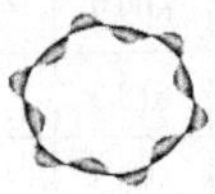

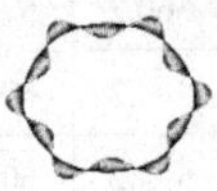

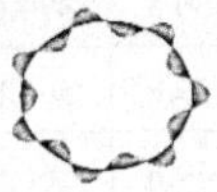

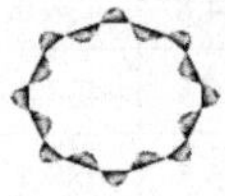

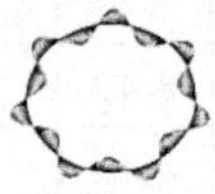

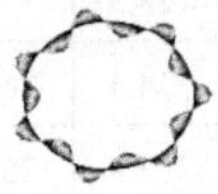

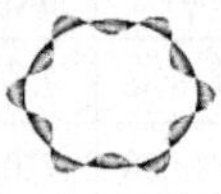

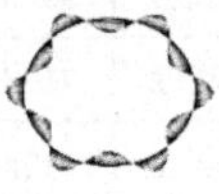

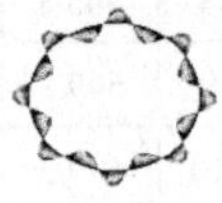

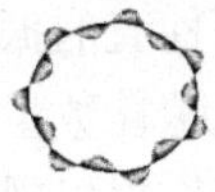

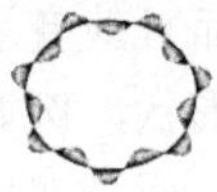

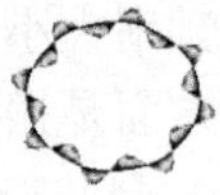

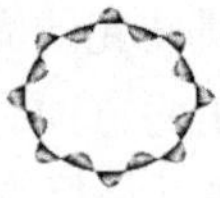

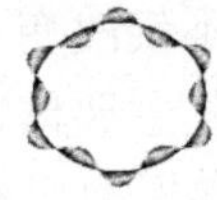

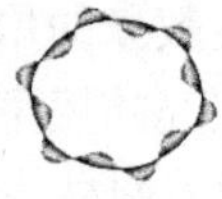

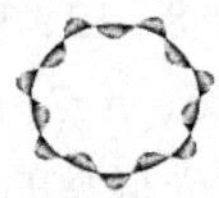

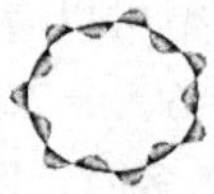

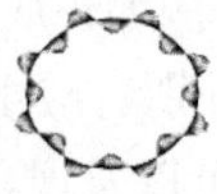

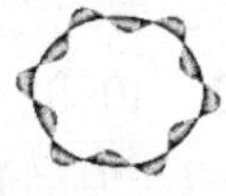

### 2. 连接刚度的影响

连接刚度是影响圆柱壳频率的一个重要参数。图 4.6 描绘了前 4 阶固有频率随着切向和径向连接刚度的变化情况，水平方向上坐标分别为切向和径向连接刚度，垂直方向坐标为圆柱壳固有频率，在计算过程中，螺栓数量为 16。显而易见，前 4 阶固有频率随着刚度的增加而增加，且频率在一定刚度区间内变化明显。例如图 4.6(a)中，在切向连接刚度的变化过程中，当 $k_v$ 小于 $10^4$N/m 或者大于 $10^9$N/m 时，固有频率基本保持不变，而当 $10^4$N/m$<k_v<10^9$N/m 时，固有频率急剧变化，该刚度区间为频率对刚度的敏感区间。比较发现，随着模态阶次的升高，连接刚度的敏感区间有变窄的趋势。图 4.7 描绘的是前 4 阶固有频率随着轴向和扭转连接刚度的变化情况，水平方向上坐标为轴向和扭转连接刚度，垂直方向坐标为圆柱壳固有频率。从图中看出，只有扭转连接刚度在较小区间内变化时才会引起固有频率值的变化，且变化较小。因此可以推断，扭转连接刚度对固有频率的影响较小。相反，固有频率随着轴向连接刚度的变化而变化，且频率在一定区间内变化较为明显。例如在图 4.7(a)中，在轴向连接刚度增大的过程中，当 $k_u$ 小于 $10^4$N/m

或者大于 $10^{10}$N/m 时，固有频率基本保持不变，而当 $10^4$N/m$< k_u <10^{10}$N/m，固有频率急速增大，该刚度区间称为频率对连接刚度的敏感区间。比较发现，轴向连接刚度的敏感区间有变窄的趋势，对于第 4 阶固有频率，该敏感区间变为 $10^6$N/m$< k_u <10^{10}$N/m。

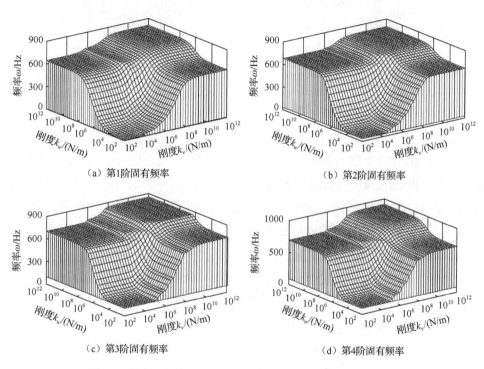

(a) 第1阶固有频率　　　　　　　　　　(b) 第2阶固有频率

(c) 第3阶固有频率　　　　　　　　　　(d) 第4阶固有频率

图 4.6　切向和径向连接刚度对圆柱壳前 4 阶固有频率的影响

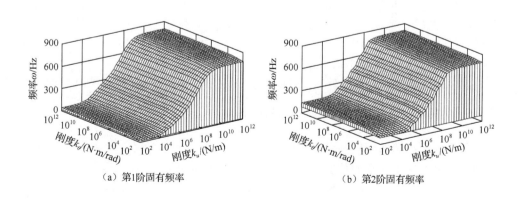

(a) 第1阶固有频率　　　　　　　　　　(b) 第2阶固有频率

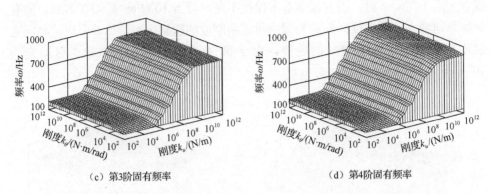

(c) 第3阶固有频率          (d) 第4阶固有频率

图 4.7　轴向和扭转连接刚度对圆柱壳前 4 阶固有频率的影响

综上所述，刚度对低固有频率的影响比高固有频率的影响更明显，轴向、径向和切向连接刚度对固有频率的影响大于扭转连接刚度的影响。同时，从图中发现，各阶频率随刚度变化曲线并不是光滑曲线。如图 4.7 所示，在任意轴向连接刚度下，固有频率随扭转连接刚度的变化曲线是连续光滑的。而在任意扭转连接刚度下，固有频率随轴向连接刚度变化曲线是非光滑的。这种不光滑的现象主要是由于刚度变化引起模态阶次发生改变。

同时，连接刚度对圆柱壳的振型形状也有明显的影响。从图 4.8 可以清楚看出，不同连接刚度下圆柱壳第 1 阶模态的振型发生了明显变化，尤其体现在周向波数上。当 $k_u=10^4$N/m、$k_\theta=10^4$N·m/rad 时，对应模态为 $(m=1, n=1)$；当 $k_u=10^6$N/m、$k_\theta=10^6$N·m/rad 时，对应模态为 $(m=1, n=3)$；当 $k_u=10^8$N/m、$k_\theta=10^8$N·m/rad 时，对应模态为 $(m=1, n=6)$；当 $k_u=10^{12}$N/m、$k_\theta=10^{12}$N·m/rad 时，对应模态为 $(m=1, n=7)$。

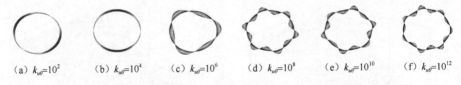

(a) $k_{u\theta}=10^2$    (b) $k_{u\theta}=10^4$    (c) $k_{u\theta}=10^6$    (d) $k_{u\theta}=10^8$    (e) $k_{u\theta}=10^{10}$    (f) $k_{u\theta}=10^{12}$

图 4.8　不同连接刚度下第 1 阶模态的振型（$k_{u\theta}$ 表示 $k_u$ 和 $k_\theta$ 的数值）

在工程中，螺栓的作用是限制圆柱壳边缘的振动从而实现连接或约束，而连接刚度是影响连接效果的关键因素。图 4.9 表现的是不同连接刚度下圆柱壳模态 $(m=1, n=5)$ 的振型。在计算过程中，$k_\theta=10^{13}$N·m/rad，$k_u=10^{13}$N/m。从图中可清楚地看到，连接刚度的变化引起同模态振型的不同形态的变化，在低连接刚度下对连接边缘的约束效果有限，因而在同样激励作用下易引起连接端较大振动变形，而在实际的工程中，边界的振动变形可能引起螺栓连接界面的接触状态的改变，进而影响圆柱壳频率特性和响应特征。

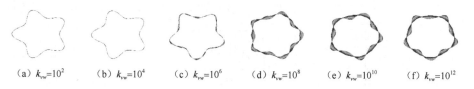

(a) $k_{vw}=10^2$　　(b) $k_{vw}=10^4$　　(c) $k_{vw}=10^6$　　(d) $k_{vw}=10^8$　　(e) $k_{vw}=10^{10}$　　(f) $k_{vw}=10^{12}$

图 4.9　不同连接刚度下模态($m=1, n=5$)的振型（$k_{vw}$ 表示 $k_v$ 和 $k_w$ 的数值）

#### 4.1.3.2　螺栓连接圆柱壳结构失谐系统模态特性分析

对于实际工况中螺栓连接的圆柱壳结构而言，由于螺栓的制造误差、安装误差和材料不均匀等，导致不同螺栓之间总是存在随机误差，称为失谐系统。不同螺栓的连接特性存在差异（如位置、刚度等），定义为螺栓失谐。本节通过考虑螺栓相关参数的随机失谐类型，将随机失谐参数引入螺栓连接圆柱壳动力学模型中。应用蒙特卡罗仿真（Monte Carlo simulation, MCS）方法对螺栓随机失谐对圆柱壳结构振动特性的影响问题进行求解与分析，实现步骤具体如下。

第一步：随机生成含螺栓失谐特征的 $N_S$ 个样本，在本节的分析中，主要考虑两个失谐参数，分别为螺栓安装位置和螺栓连接刚度。因此，假设安装位置失谐误差为 $\rho_\theta$，连接刚度失谐误差为 $\rho_k$，且失谐误差服从正态分布：

$$\rho_\theta = \frac{\theta_m - \theta_t}{2\pi / N_b} \sim N\left(\mu_\theta, \sigma_\theta^2\right) \tag{4.7}$$

$$\rho_k = \frac{k_m - k_t}{k_t} \sim N\left(\mu_k, \sigma_k^2\right) \tag{4.8}$$

式中，$\mu_\theta$ 和 $\sigma_\theta$ 分别为螺栓安装位置失谐误差的均值和标准差；$\mu_k$ 和 $\sigma_k$ 分别为螺栓连接刚度失谐误差的均值和标准差；$\theta_t$ 和 $k_t$ 分别为调谐状态下的螺栓安装位置和螺栓连接刚度；$\theta_m$ 和 $k_m$ 分别为失谐状态下的螺栓安装位置和螺栓连接刚度。

第二步：计算每个螺栓失谐系统的圆柱壳的特征值和特征向量。频率方程可以写为

$$\left| -\omega^2 M + \left( K + K_m \right) \right| = 0 \tag{4.9}$$

式中，$K_m$ 为失谐工况下螺栓连接刚度矩阵。根据式（4.9）对所有随机失谐样本进行计算。

第三步：根据样本计算结果，生成螺栓连接圆柱壳频率特性的统计量。利用

蒙特卡罗仿真方法计算样本的概率特征。统计参数的均值和标准差能够通过下式获得：

$$\bar{\omega} = \frac{1}{N} \sum_{i=1}^{N} \left( \omega_i / \omega_t \right) \tag{4.10}$$

$$S_\sigma = \sqrt{\frac{\sum_{i=1}^{N} \left( \omega_i / \omega_t - \bar{\omega} \right)^2}{N_S - 1}} \tag{4.11}$$

式中，$\omega_t$ 是调谐状态下的固有频率。

1. 螺栓位置随机失谐

对于圆柱壳结构边界的螺栓安装位置来说，其理想情况是螺栓沿着圆柱壳边界均匀分布。但是，由于实际制造公差或安装误差，螺栓很有可能会偏离理想位置，造成螺栓分布位置不均匀。这种螺栓非均匀分布现象称为螺栓位置失谐，此类失谐形式具有随机性。本节将讨论螺栓分布位置随机失谐对圆柱壳模态特性的影响，在分析过程中，与前面的调谐系统相对应，以螺栓数量 16 为例。

为了分析螺栓位置的随机失谐特征对圆柱壳结构振动特性的影响，采用蒙特卡罗方法进行计算与分析。假设样本数 $N_S = 1000$，螺栓位置随机误差服从正态分布规律 $N\left(0, \sigma_\theta^2\right)$。需要指出的是，在接下来的讨论中，使用的归一化频率定义为带有随机误差特征参数的圆柱壳固有频率与对应调谐系统的圆柱壳固有频率的比值，即调谐系统的频率值表示为 1。本节通过探究不同标准差下随机误差系统固有频率的均值和概率密度，对螺栓分布随机失谐圆柱壳振动特性进行统计结果分析。图 4.10 展示了标准差 $\sigma_\theta = 1\%$、$\sigma_\theta = 5\%$ 和 $\sigma_\theta = 10\%$ 时，圆柱壳前 6 阶归一化频率均值。如图所示，第 1、3、5 阶频率均小于 1，第 2、4、6 阶频率均大于 1。所有的频率均值都偏离了调谐系统频率。统计结果表明，随机的螺栓位置失谐对圆柱壳固有频率的数值大小有重要的影响。而且，标准差越大，所有频率与调谐系统的差异越大，变化越明显。

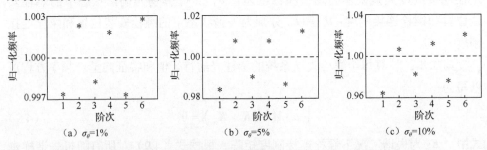

图 4.10　螺栓分布位置随机失谐圆柱壳前 6 阶归一化频率均值

考虑标准差 $\sigma_\theta = 10\%$，得到固有频率概率密度函数（probability density function, PDF），如图 4.11 所示。从图中可以发现，大部分的第 1、3、5 阶归一化频率都小于 1。而第 2、4、6 阶的频率大部分都大于 1。此外，正态分布 $N(\bar{\omega}, S_\sigma^2)$ 的曲线用来估计误差系统样本的频率分布。从图中可以看出频率分布与正态曲线吻合较好，表明随机误差螺栓分布的模态频率在标准差 $\sigma_\theta = 10\%$ 时近似服从正态分布。

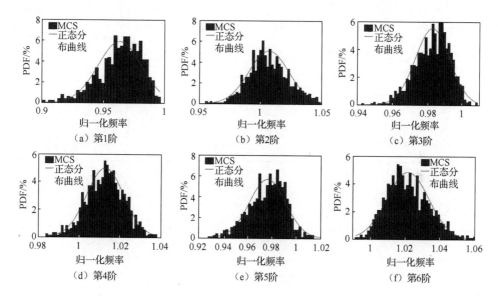

图 4.11　1000 个刚度随机样本的概率密度函数（$\sigma_\theta = 10\%$）

通过一个随机失谐样本对圆柱壳频率和振型进行分析。表 4.7 所列为螺栓的随机位置。根据样本螺栓位置，计算圆柱壳前 6 阶固有频率及所对应前 6 阶模态的振型，如表 4.8 所示。对比发现，第 1、3、5 阶固有频率下降明显，第 2、4、6 阶固有频率有明显增加。对比振型发现，失谐样本中，圆柱壳振型也发生了明显的变形。

表 4.7　一个随机样本中螺栓分布位置（$\sigma_\theta = 10\%$）　　单位：rad

| 编号 | 位置 | 编号 | 位置 | 编号 | 位置 | 编号 | 位置 |
|---|---|---|---|---|---|---|---|
| 1 | 0.41381322089 | 5 | 1.97601329019 | 9 | 3.67481505451 | 13 | 5.13357461938 |
| 2 | 0.85741465951 | 6 | 2.30484169088 | 10 | 4.03574635483 | 14 | 5.49531098470 |
| 3 | 1.08939253629 | 7 | 2.73186645299 | 11 | 4.26667996251 | 15 | 5.91855411368 |
| 4 | 1.60465379391 | 8 | 3.15504748493 | 12 | 4.83157014621 | 16 | 6.27513630889 |

表 4.8　一个随机失谐算例中圆柱壳频率和振型（$\sigma_\theta = 10\%$）

| 阶次 | 频率/Hz | 振型 |
|------|---------|------|
| 1 | 383.56 | |
| 2 | 404.60 | |
| 3 | 416.96 | |
| 4 | 443.61 | |
| 5 | 451.56 | |
| 6 | 519.60 | |

2. 螺栓连接刚度失谐

对于螺栓连接圆柱壳来说，理想情况是所有螺栓连接处的约束刚度是完全相同的。然而，材料属性误差、安装顺序、预紧力加载误差，甚至结构受到外载荷引起的连接部位非线性特征，这些因素都会导致不同螺栓之间的连接刚度产生差异，更重要的是，这种连接刚度的差异具有不确定性。这里将螺栓的连接刚度不一致的情况定义为连接刚度失谐。因此，本节目的是研究螺栓连接刚度随机失谐对圆柱壳固有特性的影响。在计算中，假设随机样本数为 $N_S = 1000$，以径向连接刚度作为失谐参数，径向约束刚度失谐误差服从正态分布规律 $N(0, \sigma_k^2)$，并假设其他方向的连接刚度为定常数。

图 4.12 给出了不同刚度失谐误差情况下圆柱壳前 6 阶归一化频率均值。统计结果表明，在标准差 $\sigma_k = 10\%$ 时，奇数阶频率均值小于 1（调谐系统圆柱壳的归

一化频率为 1），而偶数阶频率均值大于 1。但随着约束刚度误差的标准差增大，所有归一化频率均值均明显减小。当标准差 $\sigma_k = 30\%$ 时，前 6 阶归一化频率均值均小于 1。

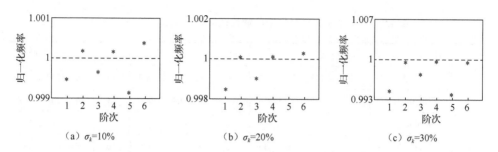

图 4.12　不同刚度失谐误差情况下圆柱壳前 6 阶归一化频率均值

对连接刚度失谐误差的标准差 $\sigma_k = 20\%$ 的 1000 个样本进行统计分析。图 4.13 描绘了前 6 阶频率分布情况。结果表明，奇数阶频率的概率密度函数关于频率均值不对称分布，左侧频段比右侧频段宽。偶数阶频率关于频率均值类似对称分布。图中正态分布曲线用来估计误差系统样本的频率分布。对图中频率分布与正态曲线进行比较，结果表明频率服从近似正态分布。

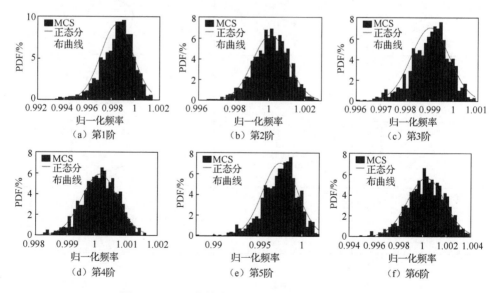

图 4.13　1000 个样本的概率密度函数（$\sigma_k = 20\%$）

接下来给出一个螺栓刚度失谐的随机样本，以更好地理解圆柱壳的模态特性。随机样本中螺栓处的径向连接刚度值分别如表 4.9 所示。根据样本信息，计算圆柱壳前 6 阶固有频率，所对应前 6 阶模态的振型如表 4.10 所示。可以发现，圆柱壳固有频率发生些许变化，成对出现的频率值出现了差异。圆柱壳振型也发生了轻微变化，但由于变形较小，图中难以直观发现。

表 4.9    一个随机失谐算例中各螺栓径向连接刚度（$\sigma_k = 20\%$）

| 编号 | 刚度 $k_w$ /（N/m） | 编号 | 刚度 $k_w$ /（N/m） | 编号 | 刚度 $k_w$ /（N/m） | 编号 | 刚度 $k_w$ /（N/m） |
|---|---|---|---|---|---|---|---|
| 1 | 9751711.303567 | 5 | 11342994.26722 | 9 | 10977787.54062 | 13 | 10587742.93419 |
| 2 | 12979395.21557 | 6 | 7585026.154630 | 10 | 12069386.01984 | 14 | 8425434.392483 |
| 3 | 12818068.9796 | 7 | 11434477.30266 | 11 | 11453770.26677 | 15 | 11776791.26352 |
| 4 | 12834384.82686 | 8 | 13260470.57833 | 12 | 9393118.150428 | 16 | 7705859.78606 |

表 4.10    一个随机失谐算例中圆柱壳频率和振型（$\sigma_k = 20\%$）

| 阶次 | 频率/Hz | 振型 |
|---|---|---|
| 1 | 404.67 | 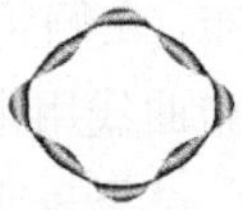 |
| 2 | 405.19 |  |
| 3 | 438.00 | 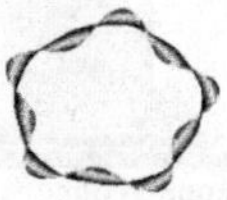 |
| 4 | 438.55 | 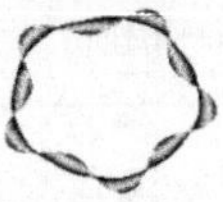 |
| 5 | 488.40 | 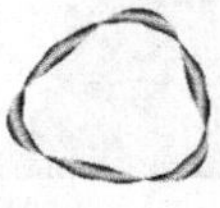 |
| 6 | 489.94 |  |

### 3. 特殊螺栓失谐

为了进一步解释螺栓位置失谐给圆柱壳模态特性带来的影响，这里将给出一种特殊的螺栓失谐情况。假设圆柱壳连接螺栓中仅有一颗螺栓发生位置失谐，且编号为1，螺栓的分布位置可在区间$[\pi/16, 3\pi/16]$内发生变化，其他螺栓位置与上述调谐系统中保持一致。圆柱壳结构固有频率变化情况如图 4.14 所示。当 $\theta_1 = \pi/8$ 时，螺栓沿圆柱壳圆周边界均匀分布，属于调谐系统。如前所述，有一对相同频率，如第 1 阶和 2 阶频率相等，且振型相同。但是随着 $\theta_1$ 偏离 $\pi/8$，相同频率开始显现出差异，一个频率（如第 1 阶频率）明显减小，另一个频率（如第 2 阶频率）明显增大。

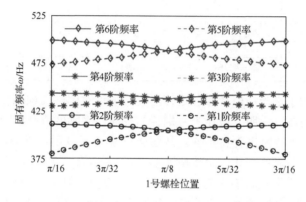

图 4.14　1 号螺栓分布位置失谐对前 6 阶固有频率的影响

1 号螺栓处于不同位置时，圆柱壳的前两阶模态的振型如表 4.11 所示，从图中可以看出，当 $\theta_1 = \pi/8$ 时，前两阶模态的振型相同。然而，当 $\theta_1$ 不等于 $\pi/8$ 时，圆柱壳振型就会发生变化，圆周方向的振型将不再是对称的，且从表 4.11 中可以明显看到变形区域。随着位置误差值的增大，失谐系统与调谐系统的振型差异越来越大。结果表明，螺栓位置对圆柱壳的固有频率和振型有重要影响，多螺栓失谐甚至随机失谐会使圆柱壳的振动特性变得更加复杂。螺栓位置误差越大，失谐系统和调谐系统的圆柱壳振型的差异性越明显。这些结果均表明，螺栓位置在圆柱壳固有频率和振型计算与分析中起着重要的作用。可以推断，当多螺栓位置失谐时，圆柱壳振动特性将会变得更加复杂，例如螺栓随机位置失谐，将导致圆柱壳振动特性的不确定性。从此处的分析结果也可以很好地解释为什么图 4.10 中统计的归一化频率会有大于 1 或者小于 1 的情况，以及图 4.11 中样本频率分布情况。因此，考虑螺栓位置随机失谐的圆柱壳振动特性分析是十分必要的，这也将有益于设计、制造和装配过程中的相关工作。

表 4.11　1 号螺栓处于不同位置时圆柱壳前两阶频率和振型

| 阶次 | 不同位置时的频率和振型 | | | | |
|------|------|------|------|------|------|
| | $\theta_1 = \dfrac{\pi}{16}$ | $\theta_1 = \dfrac{3\pi}{32}$ | $\theta_1 = \dfrac{\pi}{8}$ | $\theta_1 = \dfrac{5\pi}{32}$ | $\theta_1 = \dfrac{3\pi}{16}$ |
| 1 | $\omega_1 = 380\text{Hz}$ | $\omega_1 = 395\text{Hz}$ | $\omega_1 = 404\text{Hz}$ | $\omega_1 = 395\text{Hz}$ | $\omega_1 = 380\text{Hz}$ |
| 2 | $\omega_2 = 411\text{Hz}$ | $\omega_2 = 409\text{Hz}$ | $\omega_2 = 404\text{Hz}$ | $\omega_2 = 409\text{Hz}$ | $\omega_2 = 411\text{Hz}$ |

同样地，为了进一步解释螺栓连接刚度的失谐对圆柱壳模态特性的影响，这里也以一个特例加以说明。假设 1 号螺栓的径向连接刚度值在区间[$10^5$，$10^9$]内变化，其他螺栓处连接刚度保持不变。从图 4.15 中可以发现，当连接刚度改变时，固有频率发生了明显的变化，尤其是第 1、3、5 阶频率。当 $k_w = 10^7\text{N/m}$ 时，系统是调谐系统，如上所述，有一对相同的频率和振型。但是，当 $k_w$ 值偏离 $10^7\text{N/m}$时，相同的频率转化为两个不同数值的频率，随着刚度减小，频率减小非常明显，而当刚度增大时，频率减小，但数值变化量较小。也就是说，当刚度在 $k_w = 10^7\text{N/m}$附近时，随着刚度的增大，单位刚度的频率增量变小。这可以用来解释图 4.12 中频率均值随着标准差的增大而减小的趋势，以及图 4.13 中均值在左侧分布较宽的现象。为了了解连接刚度对圆柱壳固有特性的影响，将前两阶频率振型的变化情况列于表 4.12 中，可明显看到在刚度较小时，振型形状有明显的变化。

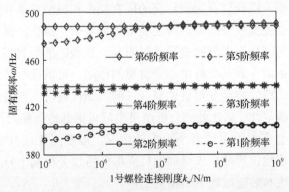

图 4.15　1 号螺栓处连接刚度失谐对前 6 阶固有频率的影响

表 4.12　1 号螺栓不同连接刚度时圆柱壳前两阶频率和振型

| 阶次 | 不同连接刚度时的频率和振型 | | | | |
|---|---|---|---|---|---|
| | $k_w = 10^5\,\mathrm{N/m}$ | $k_w = 10^6\,\mathrm{N/m}$ | $k_w = 10^7\,\mathrm{N/m}$ | $k_w = 10^8\,\mathrm{N/m}$ | $k_w = 10^9\,\mathrm{N/m}$ |
| 1 | $\omega_1 = 393\mathrm{Hz}$ | $\omega_1 = 399\mathrm{Hz}$ | $\omega_1 = 404\mathrm{Hz}$ | $\omega_1 = 404\mathrm{Hz}$ | $\omega_1 = 404\mathrm{Hz}$ |
| 2 | $\omega_1 = 404\mathrm{Hz}$ | $\omega_1 = 404\mathrm{Hz}$ | $\omega_1 = 404\mathrm{Hz}$ | $\omega_1 = 405\mathrm{Hz}$ | $\omega_1 = 405\mathrm{Hz}$ |

# ■ 4.2　非连续线性连接条件下双圆柱壳耦合结构自由振动特性

在一个实际的机械系统中，圆柱壳结构并不是独立存在的，而是存在于多构件连接在一起的耦合部件中，例如航空发动机机匣就是由多段圆柱壳结构通过螺栓连接装配而成。对于某些含圆柱壳子结构的耦合结构，当被连接结构之间刚度存在较大差异时，研究方法是将耦合结构分为独立的个体，然后单独进行构件的振动分析。而对于被连接件刚度相近的结构，研究方法是将耦合结构作为整体系统进行分析。就目前已发表的论文来看，一些学者的研究主要集中在传统阶梯圆柱壳以及圆柱壳与其他结构壳的耦合结构。但是，目前对多段圆柱壳连接的耦合结构的研究，只考虑了弹性连接条件或者刚性连接条件。对于非均匀弹性连接，甚至非线性连接耦合结构的研究尚且不足，而螺栓连接的特点之一就是连接界面刚度不均匀性。鉴于此，本节以螺栓连接双圆柱壳耦合结构为研究对象，提出了螺栓柔性线性连接模型，基于能量法，并结合拉格朗日方程，推导出螺栓连接双圆柱壳耦合结构自由振动微分方程，得到其频率方程。通过与 ANSYS 计算结果比较，进行了模型验证。并在此模型的基础上，分析了螺栓数量、连接刚度、双圆柱壳长度比以及厚度比对螺栓连接双圆柱壳耦合结构固有频率与振型的影响。

## 4.2.1 螺栓连接双圆柱壳耦合结构动力学模型的建立

机匣是由多段圆柱壳结构通过螺栓连接而成，图 4.16（a）展示了航空发动机机匣的简化结构图。针对航空发动机中这一类螺栓装配结构，本节以螺栓连接的双圆柱壳耦合结构为对象进行研究，其简化力学模型如图 4.16（b）所示。在以往的研究中，壳体结构间的类似连接条件通常假定为弹性连接条件或位移连续条件，抑或简单地将耦合结构看作一段圆柱壳结构。然而，螺栓连接力学特性往往比这复杂得多，因此，为分析螺栓连接双圆柱壳耦合结构的振动特性，建立了坐标系，如图 4.16（b）所示。$O_1$-$x_1\theta_1 z_1$ 和 $O_2$-$x_2\theta_2 z_2$ 分别位于壳 1 和壳 2 左端边界的几何中心。$(x_1,x_2)$、$(\theta_1,\theta_2)$ 和 $(z_1,z_2)$ 分别代表了轴向、切向和径向三个方向。两段壳体上任意点 $P_1$ 和 $P_2$ 的振动情况可以用圆柱壳的中曲面上相应点的运动来表示。$u_1$、$v_1$、$w_1$ 和 $u_2$、$v_2$、$w_2$ 分别表示 $x_1$、$\theta_1$、$z_1$ 和 $x_2$、$\theta_2$、$z_2$ 方向上的位移。壳 1 长度为 $L_1$，厚度为 $h_1$，壳 2 长度为 $L_2$，厚度为 $h_2$。假设两个圆柱壳具有相同的半径 $R$，圆柱壳的材料是各向同性材料，质量密度为 $\rho$，泊松比为 $\mu$，弹性模量为 $E$。

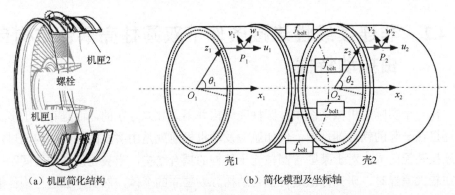

（a）机匣简化结构　　　　　　　（b）简化模型及坐标轴

图 4.16　螺栓连接双圆柱壳耦合结构简化模型及坐标轴

螺栓连接双圆柱壳耦合结构的边界条件可以通过三组线性弹簧和一组扭转弹簧来进行模拟。因此，边界条件中的储存势能为

$$U_{\text{BD1}} = \frac{1}{2}\int_0^{2\pi}\left[k_1 u_1^2 + k_2 v_1^2 + k_3 w_1^2 + k_4\left(\frac{\partial w_1}{\partial x_1}\right)^2\right]R\,\mathrm{d}\theta_1, \quad x_1 = 0 \tag{4.12}$$

$$U_{\text{BD2}} = \frac{1}{2}\int_0^{2\pi}\left[k_5 u_2^2 + k_6 v_2^2 + k_7 w_2^2 + k_8\left(\frac{\partial w_2}{\partial x_2}\right)^2\right]R\,\mathrm{d}\theta_2, \quad x_2 = L_2 \tag{4.13}$$

式中，$(k_1,k_5)$、$(k_2,k_6)$、$(k_3,k_7)$ 和 $(k_4,k_8)$ 分别为边界上轴向、切向、径向和扭转方向的边界刚度。通过设置弹簧刚度，对不同的边界条件进行模拟。例如，将

弹簧刚度设为无穷大，得到固支边界条件。因此，该方法也适用于其他复杂边界条件。边界条件中包含的总势能为

$$U_{BD} = U_{BD1} + U_{BD2} \tag{4.14}$$

如前所述，螺栓连接通常采用两种方法来考虑，即弹性连接或连接处位移连续。实际上，螺栓位置处的力学条件是复杂的、非线性的。由于装配结构在承受外部载荷时，连接界面的变形可分解为三个方向的位移和一个旋转角，因此螺栓连接处存在三个接触力和一个弯矩。在本节的研究过程中，将螺栓连接模型简化，利用四组弹簧来模拟螺栓连接作用。因此，连接结合部所蕴含的弹性势能表示为

$$U_{bolt} = \frac{1}{2}\sum_{S=1}^{N_b}\left[ k_u\left(u_1 - u_2\right)^2 + k_v\left(v_1 - v_2\right)^2 + k_w\left(w_1 - w_2\right)^2 + k_\theta\left(\frac{\partial w_1}{\partial x_1} - \frac{\partial w_2}{\partial x_2}\right)^2 \right] \tag{4.15}$$

式中，$k_u$ 为螺栓轴向连接刚度；$k_\theta$ 为螺栓扭转方向的连接刚度；$k_v$ 为螺栓切向连接刚度；$k_w$ 为螺栓径向连接刚度；$N_b$ 为螺栓数量。将圆柱壳任意点的位移代入能量方程中得到边界势能、动能、应变势能的广义表达式的能量离散方程。然后将离散的能量方程代入拉格朗日方程，得到圆柱壳的振动微分方程如下：

$$M\ddot{X} + KX = O \tag{4.16}$$

式中，$M$ 为系统质量矩阵；$K$ 为系统刚度矩阵；$X = \begin{pmatrix} p^1 & q^1 & r^1 & p^2 & q^2 & r^2 \end{pmatrix}^{\mathrm{T}}$。因此可以得到特征方程

$$\left| -\omega^2 M + K \right| = 0 \tag{4.17}$$

式中，$\omega$ 为固有频率。无量纲频率参数可以通过下式获得：

$$\tilde{\omega} = \omega R\sqrt{\rho\left(1 - \mu^2\right)/E} \tag{4.18}$$

### 4.2.2　模型验证

下面通过有限元算例来验证本节所提模型和方法的有效性与正确性。为此，针对同样的参数模型，分别利用本节方法与 ANSYS 软件进行计算。算例中结构参数相同：$L_1 = L_2 = 100\mathrm{mm}$，$R_1 = R_2 = 100\mathrm{mm}$，$h_1 = h_2 = 2\mathrm{mm}$，$\rho_1 = \rho_2 = 7850\mathrm{kg/m}^3$，$E_1 = E_2 = 206\mathrm{GPa}$，$\mu_1 = \mu_2 = 0.3$，$N_b = 8$，连接刚度为 $k_u = k_v = k_w = 1\times10^7\mathrm{N/m}$，$k_\theta = 1\times10^7\mathrm{N\cdot m/rad}$。图 4.17 是多点连接双圆柱壳耦合结构有限元模型。在 ANSYS 模型中采用了 SHELL 181。螺栓连接由弹簧模拟，通过 COMBIN 14 单元进行建模。通过本节方法计算的频率和振型与 ANSYS 仿真结果进行对比，前 6 阶无量纲频率参数对比结果如表 4.13 所示，前 6 阶模态的振型对比结果如图 4.18 所示。

从表 4.13 中可以看出,无量纲频率参数计算结果与 ANSYS 仿真结果吻合得非常好。从图 4.18 中振型对比结果来看,本节方法仿真的振型与 ANSYS 仿真结果有良好的相似性。综合而言,频率值上良好的一致性和振型上高度的相似性证明本节使用的方法具有良好的有效性和可靠性。

图 4.17　多点连接双圆柱壳耦合结构有限元模型

表 4.13　固支边界下螺栓连接双圆柱壳耦合结构前 6 阶无量纲频率参数

| 项目 | NT×$n$ | 不同阶次的无量纲频率参数 | | | | | |
|---|---|---|---|---|---|---|---|
| | | 1 | 2 | 3 | 4 | 5 | 6 |
| 本节计算结果 | 7×10 | 0.18108 | 0.18785 | 0.18829 | 0.18829 | 0.22527 | 0.22985 |
| | 10×10 | 0.18096 | 0.18769 | 0.18821 | 0.18821 | 0.22515 | 0.22978 |
| | 15×10 | 0.18096 | 0.18768 | 0.18821 | 0.18821 | 0.22515 | 0.22978 |
| | 7×20 | 0.18108 | 0.18577 | 0.18695 | 0.18695 | 0.22384 | 0.22923 |
| | 10×20 | 0.18096 | 0.18550 | 0.18682 | 0.18682 | 0.22365 | 0.22912 |
| | 15×20 | 0.18096 | 0.18550 | 0.18682 | 0.18682 | 0.22364 | 0.22912 |
| | 7×30 | 0.18108 | 0.18559 | 0.18671 | 0.18671 | 0.22363 | 0.22897 |
| | 10×30 | 0.18096 | 0.18525 | 0.18649 | 0.18649 | 0.22336 | 0.22876 |
| | 15×30 | 0.18096 | 0.18524 | 0.18648 | 0.18648 | 0.22334 | 0.22875 |
| | 7×40 | 0.18108 | 0.18551 | 0.18665 | 0.18665 | 0.22350 | 0.22891 |
| | 10×40 | 0.18096 | 0.18511 | 0.18639 | 0.18639 | 0.22315 | 0.22865 |
| | 15×40 | 0.18096 | 0.18508 | 0.18637 | 0.18637 | 0.22312 | 0.22863 |
| ANSYS 仿真结果 | — | 0.18097 | 0.18448 | 0.18614 | 0.18614 | 0.22296 | 0.22851 |
| 误差/% | — | 0.01 | 0.33 | 0.12 | 0.12 | 0.07 | 0.05 |

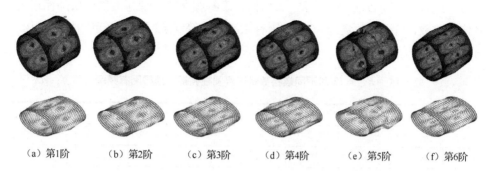

（a）第1阶　　　（b）第2阶　　　（c）第3阶　　　（d）第4阶　　　（e）第5阶　　　（f）第6阶

图 4.18　固支边界下螺栓连接双圆柱壳耦合结构前 6 阶模态的振型对比
（第一行为 ANSYS 仿真结果，第二行为本节计算结果）

### 4.2.3　数值计算与结果分析

　　本节主要通过数值计算，研究螺栓连接参数和结构参数对双圆柱壳耦合结构自由振动特性的影响。在计算过程中，根据被连接的两段圆柱壳结构长度、厚度、边界条件和材料参数等的设定，可将耦合结构分为对称型耦合结构和非对称型耦合结构。即被连接的两个圆柱壳结构具有相同的长度、厚度、半径、材料参数以及非连接端的边界条件，可称之为对称型耦合结构，反之为非对称型耦合结构。根据不同结构类型，分别讨论了螺栓的数量、连接刚度、长度比及厚度比对双圆柱壳耦合结构固有频率与振型的变化规律的影响。本节的算例中，若无特殊说明，结构参数如表 4.14 所示。

表 4.14　结构参数

| 参数 | 数值 | 参数 | 数值 |
| --- | --- | --- | --- |
| 圆柱壳中曲面半径 $R$/m | 0.100 | 圆柱壳 2 厚度 $h_2$ /m | 0.002 |
| 圆柱壳 1 厚度 $h_1$ /m | 0.002 | 圆柱壳 2 长度 $L_2$ /m | 0.100 |
| 圆柱壳 1 长度 $L_1$ /m | 0.100 | 圆柱壳密度 $\rho$/（kg/m³） | 7850 |
| 圆柱壳泊松比 $\mu$ | 0.3 | 圆柱壳弹性模量 $E$/GPa | 206 |

#### 4.2.3.1　螺栓数量对双圆柱壳耦合结构固有特性的影响

　　本节以对称型双圆柱壳耦合结构为研究对象，讨论螺栓数量对双圆柱壳耦合结构的固有频率和振型的影响。为方便计算，当连接刚度 $k_u$、$k_v$、$k_w$ 和 $k_\theta$ 的数值相等时，设 $K_{\log} = \lg k_u = \lg k_v = \lg k_w = \lg k_\theta$。针对 $K_{\log} = 13$ 和 $K_{\log} = 7$ 两种工况下不同螺栓数量连接双圆柱壳耦合结构固有频率进行计算，结果分别见表 4.15 和表 4.16。需要说明的是，类似于表 4.13 中的重复频率值并没有罗列在表 4.15 和表 4.16 中。

从表中的数据中可以看出，当 $K_{\log}=13$ 时，固有频率随着螺栓数量的增加而增大，且快速收敛，当螺栓数量为 36 时，固有频率几乎等同于同等长度单圆柱壳结构固有频率值。

表 4.15　$K_{\log}=13$ 时不同螺栓数量下双圆柱壳耦合结构固有频率　单位：Hz

| 阶次 | 不同螺栓数量时的固有频率 | | | | | | | 单圆柱壳结构固有频率 |
|---|---|---|---|---|---|---|---|---|
| | $N_b=4$ | $N_b=8$ | $N_b=12$ | $N_b=16$ | $N_b=24$ | $N_b=32$ | $N_b=36$ | |
| 1 | 1546.6 | 1546.6 | 1671.6 | 1706.5 | 1740.4 | 1765.5 | 1788.9 | 1788.9 |
| 2 | 1603.5 | 1623.1 | 1703.0 | 1743.7 | 1784.5 | 1815.7 | 1842.7 | 1842.7 |
| 3 | 1646.7 | 1743.7 | 1939.8 | 2013.0 | 2037.9 | 2055.9 | 2058.4 | 2074.2 |
| 4 | 1939.8 | 1971.3 | 2037.9 | 2204.2 | 2244.6 | 2276.6 | 2302.5 | 2302.5 |
| 5 | 1971.3 | 2111.2 | 2164.2 | 2548.6 | 2575.1 | 2581.4 | 2583.5 | 2596.6 |
| 6 | 2021.5 | 2527.5 | 2538.3 | 3003.5 | 3047.3 | 3069.0 | 3071.5 | 3084.3 |
| 7 | 2036.9 | 2587.2 | 2926.8 | 3008.1 | 3063.3 | 3095.4 | 3119.8 | 3119.9 |
| 8 | 2045.8 | 2612.2 | 2932.7 | 3170.3 | 3204.4 | 3232.4 | 3253.5 | 3253.5 |
| 9 | 2110.5 | 2702.4 | 2954.9 | 3211.2 | 3261.3 | 3267.2 | 3269.2 | 3281.6 |
| 10 | 2293.3 | 3042.0 | 3136.2 | 3267.2 | 3351.5 | 3360.2 | 3362.4 | 3370.8 |

表 4.16　$K_{\log}=7$ 时不同螺栓数量下双圆柱壳耦合结构固有频率　单位：Hz

| 阶次 | 不同螺栓数量时的固有频率 | | | | | | | |
|---|---|---|---|---|---|---|---|---|
| | $N_b=4$ | $N_b=8$ | $N_b=12$ | $N_b=16$ | $N_b=24$ | $N_b=32$ | $N_b=36$ | $N_b=40$ |
| 1 | 1546.6 | 1546.6 | 1574.2 | 1583.3 | 1598.7 | 1613.6 | 1625.0 | 1628.7 |
| 2 | 1565.2 | 1583.3 | 1602.5 | 1611.4 | 1625.9 | 1639.8 | 1653.1 | 1655.1 |
| 3 | 1585.6 | 1593.9 | 1939.8 | 1969.5 | 1982.4 | 1994.6 | 1997.2 | 2009.2 |
| 4 | 1725.9 | 1909.0 | 1982.4 | 2005.3 | 2020.3 | 2034.6 | 2043.4 | 2048.5 |
| 5 | 1839.7 | 1955.2 | 1996.9 | 2531.5 | 2549.1 | 2554.5 | 2556.6 | 2568.6 |
| 6 | 1939.8 | 1988.6 | 2170.9 | 2548.5 | 2777.0 | 2848.3 | 2874.9 | 2883.9 |
| 7 | 1955.2 | 2072.7 | 2178.9 | 2654.1 | 2888.6 | 2941.7 | 2952.7 | 2966.7 |
| 8 | 1975.0 | 2428.9 | 2321.3 | 2676.9 | 2914.3 | 3000.3 | 3007.3 | 3012.6 |
| 9 | 1979.5 | 2492.7 | 2526.4 | 2973.6 | 2987.3 | 3016.2 | 3054.8 | 3071.7 |
| 10 | 2002.9 | 2520.3 | 2725.3 | 3006.8 | 3250.1 | 3255.5 | 3257.4 | 3269.9 |

在螺栓数量增加过程中，各阶频率对应的振型及其顺序也会受到影响，表 4.17 展示了 $K_{\log}=13$ 时螺栓数量分别为 4、8、16、24 和 32 时前 10 阶模态的振型及对应的周向模态数。从图中可以看出，在螺栓数量较少时，同一周向波数所对应对

称与反对称模态的固有频率值不同，而且对应振型形状也有所不同，例如 4 个螺栓时第 2 阶和第 8 阶模态，对应的周向波数均为 5，但数值和形状均不相同。同时，不同螺栓数量工况下，振型顺序也有所改变，例如，在 4 个螺栓和 8 个螺栓时第 1 阶模态的振型对应 $n$=4 模态，而螺栓数量大于等于 16 时第 1 阶模态的振型对应 $n$=5 模态。可以看到的是，当螺栓数量大于 24 时，前 10 阶模态对应振型形状具有极强相似性，振型顺序也没有发生改变。与 $K_{\log}=13$ 不同的是，当 $K_{\log}=7$ 时，如表 4.18 所示，频率值随着螺栓数量的增加而增大，但并没有快速收敛。需要注意的是，螺栓数量较少时，更容易引发对称与反对称模态对应固有频率值的差异。

表 4.17 $K_{\log}=13$ 时不同螺栓数量下双圆柱壳耦合结构振型

| 阶次 | 不同螺栓数量时的振型 | | | | |
| --- | --- | --- | --- | --- | --- |
| | $N_b=4$ | $N_b=8$ | $N_b=16$ | $N_b=24$ | $N_b=32$ |
| 1 | $n$=4 | $n$=4 | $n$=5 | $n$=5 | $n$=5 |
| 2 | $n$=5 | $n$=5 | $n$=4 | $n$=4 | $n$=4 |
| 3 | $n$=4 | $n$=4 | $n$=6 | $n$=6 | $n$=6 |
| 4 | $n$=6 | $n$=6 | $n$=3 | $n$=3 | $n$=3 |
| 5 | $n$=6 | $n$=3 | $n$=7 | $n$=7 | $n$=7 |

| 阶次 | 不同螺栓数量时的振型 | | | | |
|---|---|---|---|---|---|
| | $N_b = 4$ | $N_b = 8$ | $N_b = 16$ | $N_b = 24$ | $N_b = 32$ |
| 6 | $n=4$ | $n=7$ | $n=6$ | $n=6$ | $n=6$ |
| 7 | $n=3$ | $n=7$ | $n=5$ | $n=5$ | $n=5$ |
| 8 | $n=5$ | $n=5$ | $n=2$ | $n=2$ | $n=2$ |
| 9 | $n=6$ | $n=4$ | $n=8$ | $n=8$ | $n=8$ |
| 10 | $n=4$ | $n=6$ | $n=8$ | $n=7$ | $n=7$ |

表 4.18　$K_{log} = 7$ 时不同螺栓数量下双圆柱壳耦合结构振型

| 阶次 | 不同螺栓数量时的振型 | | | | |
|---|---|---|---|---|---|
| | $N_b = 4$ | $N_b = 8$ | $N_b = 16$ | $N_b = 24$ | $N_b = 32$ |
| 1 | $n=4$ | $n=4$ | $n=4$ | $n=4$ | $n=4$ |

续表

| 阶次 | 不同螺栓数量时的振型 | | | | |
|---|---|---|---|---|---|
| | $N_b = 4$ | $N_b = 8$ | $N_b = 16$ | $N_b = 24$ | $N_b = 32$ |
| 2 | | | | | |
| | $n=4$ | $n=4$ | $n=5$ | $n=5$ | $n=5$ |
| 3 | | | | | |
| | $n=5$ | $n=5$ | $n=6$ | $n=6$ | $n=6$ |
| 4 | | | | | |
| | $n=5$ | $n=4$ | $n=3$ | $n=3$ | $n=3$ |
| 5 | | | | | |
| | $n=5$ | $n=6$ | $n=7$ | $n=7$ | $n=7$ |
| 6 | | | | | |
| | $n=6$ | $n=3$ | $n=5$ | $n=5$ | $n=5$ |
| 7 | | | | | |
| | $n=6$ | $n=7$ | $n=4$ | $n=6$ | $n=6$ |
| 8 | | | | | |
| | $n=4$ | $n=5$ | $n=6$ | $n=4$ | $n=2$ |

续表

| 阶次 | 不同螺栓数量时的振型 | | | | |
| --- | --- | --- | --- | --- | --- |
| | $N_b = 4$ | $N_b = 8$ | $N_b = 16$ | $N_b = 24$ | $N_b = 32$ |
| 9 | $n=3$ | $n=6$ | $n=2$ | $n=2$ | $n=4$ |
| 10 | $n=6$ | $n=6$ | $n=7$ | $n=7$ | $n=8$ |

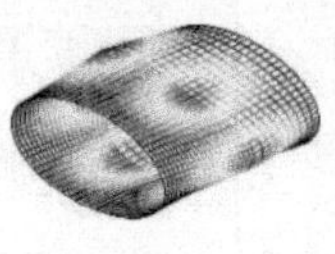

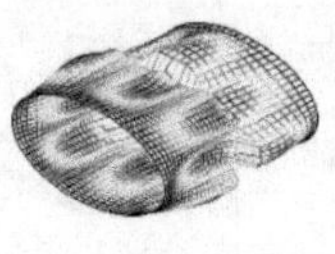

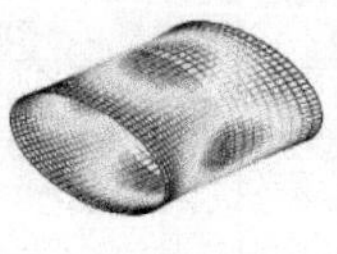

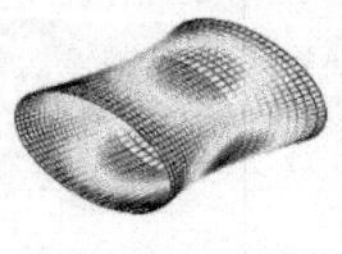

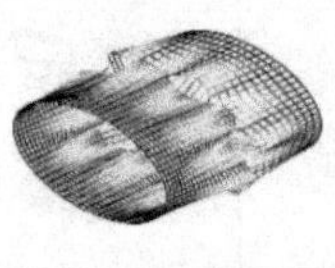

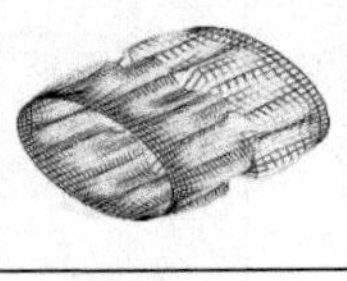

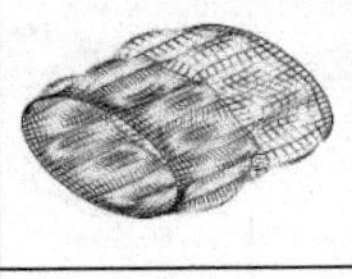

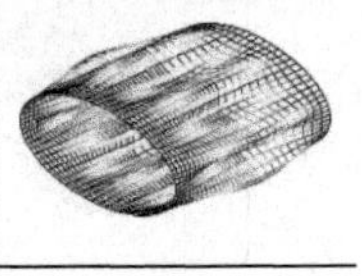

### 4.2.3.2　连接刚度对对称型双圆柱壳耦合结构固有特性的影响

在本节以及接下来的算例中，子结构间的连接螺栓数量均采用 24 个。螺栓连接刚度对双圆柱壳间连接效果及耦合结构的固有特性起着重要的作用。本节将讨论螺栓连接刚度对对称型双圆柱壳耦合结构固有频率和振型的影响。

首先单独讨论耦合结构的固有频率随各方向上的连接刚度的变化情况。图 4.19 表示双圆柱壳耦合结构的无量纲频率参数随螺栓连接刚度的变化情况。在计算过程中，其他三个方向的刚度值保持不变，仅考虑一个方向上刚度的变化，图中横坐标为各向连接刚度，纵坐标为无量纲频率参数。从图中可以看出，对于对称结构，频率大致可分为两类：第一类是不随刚度变化的频率，例如，图 4.19（a）中第 6 阶、第 7 阶频率，图 4.19（b）中第 2 阶、第 4 阶频率等；第二类是随刚度变化的频率。例如，图 4.19（a）中第 1 阶、第 2 阶频率。从图中可以看出，无量纲频率参数随着刚度增大而增大。相对而言，径向和切向连接刚度对固有频率的影响较为明显，其中径向连接刚度尤甚。轴向连接刚度对固有频率的影响较小，扭转连接刚度对固有频率的影响不明显。

从上述图 4.19 的分析来看，径向和切向连接刚度是影响耦合结构的主要参数，因此接下来将讨论这两个方向连接刚度同时改变给双圆柱壳耦合结构频率特性和振型特征带来的变化情况。如图 4.20 描绘的是不同工况下无量纲频率参数随连接界面内连接刚度的变化情况。图中横坐标为切向和径向连接刚度，纵坐标为无量纲频率参数。同样可以发现，耦合结构拥有两类固有频率：一类不随刚度变化而变化，如图 4.20（a）中第 2 阶、第 4 阶、第 7 阶、第 8 阶频率；另一类随刚度变化而变化，如图 4.20（a）中第 1 阶、第 3 阶、第 5 阶和第 6 阶频率，且刚度对固有频率的影响有一定的敏感区间。此两类频率是成对出现的。

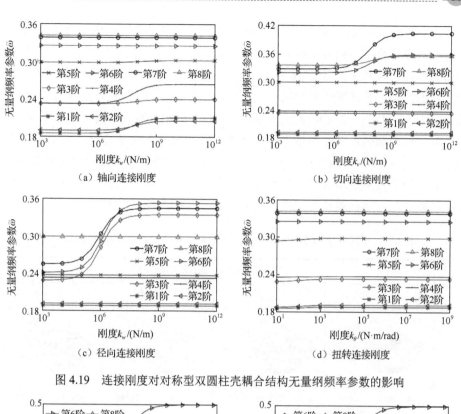

图 4.19　连接刚度对对称型双圆柱壳耦合结构无量纲频率参数的影响

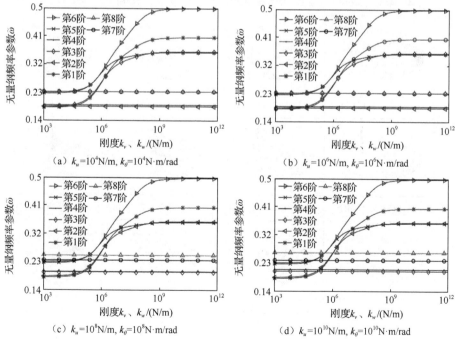

图 4.20　连接刚度对对称型双圆柱壳耦合结构无量纲频率参数的影响

为具体说明连接刚度对双圆柱壳耦合结构振型的影响，给出了图 4.20（d）中对应的特定参数下的耦合结构的固有频率和振型，不同连接刚度时前 8 阶固有频率和振型如表 4.19 所示。当刚度 $k_v = k_w = 10^4 \text{N/m}$ 时，耦合效果较弱，耦合结构所呈现的振型主要体现子结构振动，其中第 1 阶和第 4 阶是成对出现，均体现 $n=4$ 模态，但周向有某一相位差存在。当刚度 $k_v = k_w = 10^6 \text{N/m}$ 时，耦合效应明显增强，但仍可以发现某些阶模态的振型中连接处仍存在位移不连续特征。但是，当连接刚度 $k_v = k_w = 10^8 \text{N/m}$ 或者 $10^{10} \text{N/m}$ 时，结合处连接特性和耦合效应明显增强。另外，发现当连接刚度增大时，频率和振型趋于稳定，即当连接刚度足够大、螺栓数量足够多时，螺栓连接处（壳 1 的右端和壳 2 的左端）变形调谐一致。

表 4.19    不同连接刚度时的螺栓连接双圆柱壳对称型耦合结构频率和振型

| 阶次 | 不同连接刚度时的频率和振型 | | | |
| --- | --- | --- | --- | --- |
| | $k_v = k_w = 10^4 \text{N/m}$ | $k_v = k_w = 10^6 \text{N/m}$ | $k_v = k_w = 10^8 \text{N/m}$ | $k_v = k_w = 10^{10} \text{N/m}$ |
| 1 | $n=4$，频率为 1560Hz | $n=5$，频率为 1744Hz | $n=5$，频率为 1744Hz | $n=5$，频率为 1744Hz |
| 2 | $n=5$，频率为 1590Hz | $n=4$，频率为 1788Hz | $n=4$，频率为 1788Hz | $n=4$，频率为 1788Hz |
| 3 | $n=5$，频率为 1744Hz | $n=6$，频率为 2041Hz | $n=6$，频率为 2041Hz | $n=6$，频率为 2041Hz |
| 4 | $n=4$，频率为 1788Hz | $n=4$，频率为 2237Hz | $n=3$，频率为 2248Hz | $n=3$，频率为 2248Hz |

续表

| 阶次 | 不同连接刚度时的频率和振型 | | | |
| --- | --- | --- | --- | --- |
| | $k_v = k_w = 10^4$N/m | $k_v = k_w = 10^6$N/m | $k_v = k_w = 10^8$N/m | $k_v = k_w = 10^{10}$N/m |
| 5 | $n=6$，频率为 1951Hz | $n=3$，频率为 2248Hz | $n=5$，频率为 2975Hz | $n=6$，频率为 3054Hz |
| 6 | $n=3$，频率为 1981Hz | $n=5$，频率为 2254Hz | $n=6$，频率为 3000Hz | $n=5$，频率为 3073Hz |
| 7 | $n=6$，频率为 2041Hz | $n=6$，频率为 2503Hz | $n=4$，频率为 3283Hz | $n=4$，频率为 3457Hz |
| 8 | $n=3$，频率为 2248Hz | $n=3$，频率为 2526Hz | $n=3$，频率为 3958Hz | $n=3$，频率为 4252Hz |

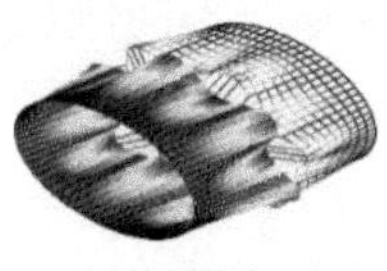

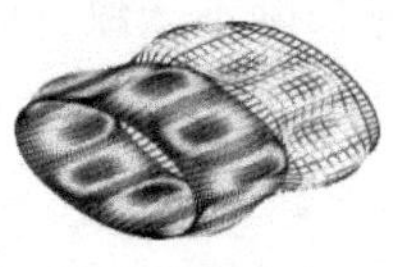

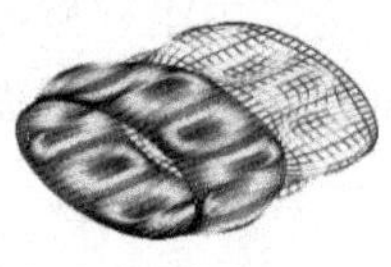

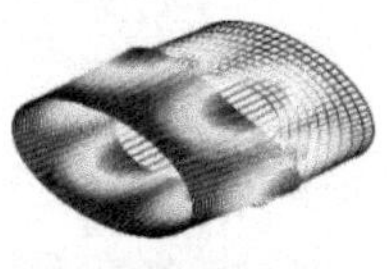

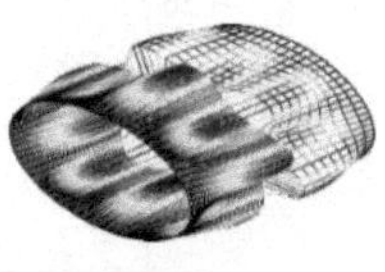

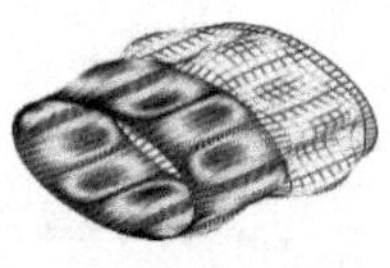

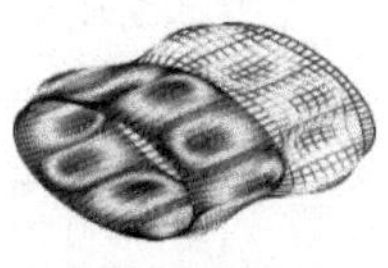

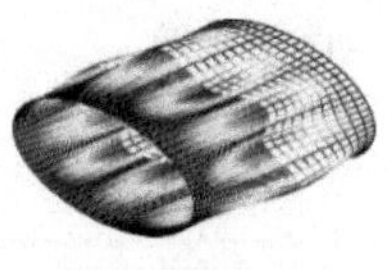

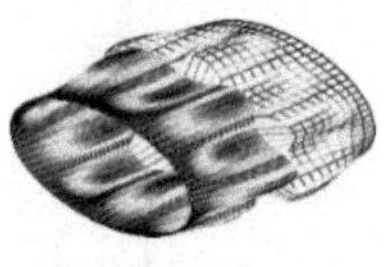

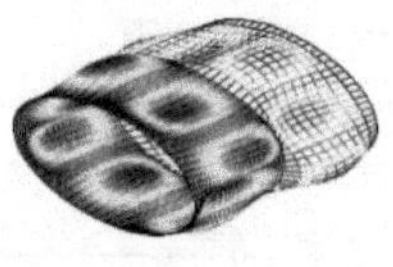

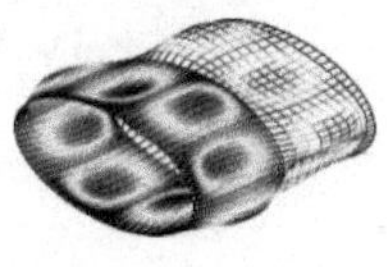

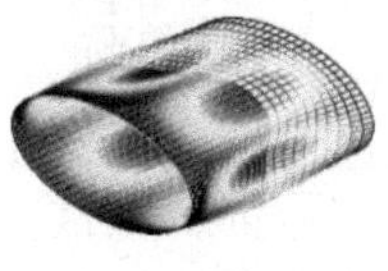

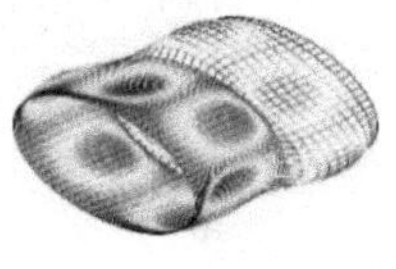

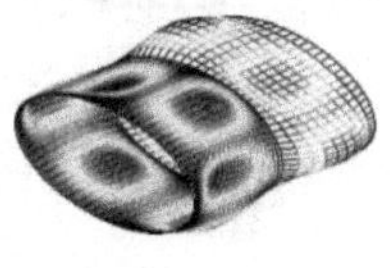

综上所述，当螺栓连接刚度无穷大且螺栓数量足够多时，可视为刚性连接，对称型螺栓连接双圆柱壳耦合结构可视为与其等长度的单圆柱壳结构。但在实际应用中，由于连接刚度难以达到无穷大，导致固有频率的变化以及连接界面处振型的不连续性。在外部载荷作用下，连接界面可能出现滑移、黏滞和分离问题，从而进一步导致频率和振型的改变。因此，研究螺栓连接圆柱壳的详细建模及连接刚度对耦合结构振动特性的影响具有重要意义。

### 4.2.3.3　连接刚度对非对称型双圆柱壳耦合结构固有特性的影响

为分析连接刚度对非对称型双圆柱壳耦合结构频率特性的影响，图 4.21 描绘了非对称型双圆柱壳耦合结构前 8 阶无量纲频率参数随连接刚度的变化情况。图中横坐标为连接刚度，纵坐标为无量纲频率参数。在分析过程中，仅改变所分析方向上连接刚度的大小，其他方向连接刚度保持不变。从图中可以看出，所有频率都随着连接刚度增加而单调增加，并在某一个敏感刚度区间内有明显的快速增大，而且这个刚度区间比图 4.19 中更宽。但是与图 4.19 相比，明显的区别的是，由于双圆柱壳长度不一致，结构失去了对称性，也导致不随刚度变化的模态频率类型消失了。

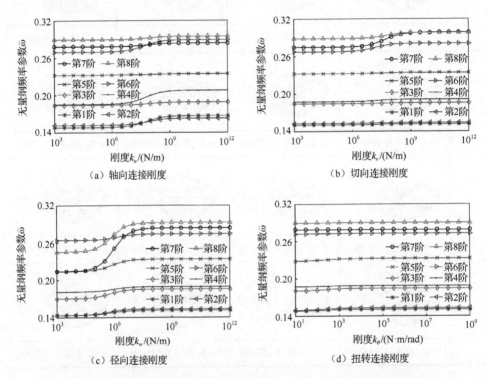

图 4.21  连接刚度对非对称型双圆柱壳耦合结构无量纲频率参数的影响

图 4.22 描绘了四组不同轴向和扭转连接刚度下，双圆柱壳耦合结构的无量纲频率参数随径向和切向连接刚度变化的情况。同样可以看出类似图 4.21 中的变化趋势，这里不再赘述。为详细说明，一些特定刚度下的非对称型双圆柱壳耦合结构的前 8 阶固有频率及振型图如表 4.20 所示，可以看出，低阶频率对应的振型主要由长圆柱壳振型主导，且随着连接刚度增大，两圆柱壳间的连接效应逐渐增强。同时，两圆柱壳连接处存在振型的不连续性，且连接刚度越低，不连续性表现越强烈。

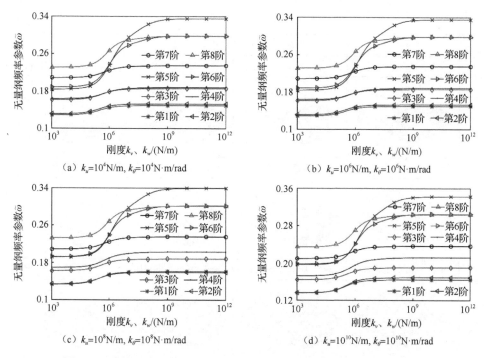

（a）$k_u=10^4$N/m, $k_\theta=10^4$N·m/rad

（b）$k_u=10^6$N/m, $k_\theta=10^6$N·m/rad

（c）$k_u=10^8$N/m, $k_\theta=10^8$N·m/rad

（d）$k_u=10^{10}$N/m, $k_\theta=10^{10}$N·m/rad

图 4.22　连接刚度对非对称型双圆柱壳耦合结构无量纲频率参数的影响

表 4.20　不同连接刚度时的非对称型双圆柱壳耦合结构频率和振型

| 阶次 | 不同连接刚度时的频率和振型 | | | |
|---|---|---|---|---|
| | $k_v=k_w=10^4$ N/m | $k_v=k_w=10^6$ N/m | $k_v=k_w=10^8$ N/m | $k_v=k_w=10^{10}$ N/m |
| 1 | *n*=4，频率为 1164Hz | *n*=5，频率为 1345Hz | *n*=5，频率为 1399Hz | *n*=5，频率为 1402Hz |
| 2 | *n*=5，频率为 1167Hz | *n*=4，频率为 1370Hz | *n*=4，频率为 1438Hz | *n*=4，频率为 1441Hz |
| 3 | *n*=6，频率为 1404Hz | *n*=6，频率为 1558Hz | *n*=6，频率为 1622Hz | *n*=6，频率为 1625Hz |

| 阶次 | 不同连接刚度时的频率和振型 | | | |
|---|---|---|---|---|
| | $k_v = k_w = 10^4$ N/m | $k_v = k_w = 10^6$ N/m | $k_v = k_w = 10^8$ N/m | $k_v = k_w = 10^{10}$ N/m |
| 4 | $n$=3，频率为1475Hz | $n$=3，频率为1671Hz | $n$=3，频率为1801Hz | $n$=3，频率为1808Hz |
| 5 | $n$=5，频率为1681Hz | $n$=7，频率为1930Hz | $n$=7，频率为2013Hz | $n$=7，频率为2018Hz |
| 6 | $n$=4，频率为1695Hz | $n$=5，频率为2065Hz | $n$=5，频率为2543Hz | $n$=6，频率为2595Hz |
| 7 | $n$=7，频率为1793Hz | $n$=4，频率为2063Hz | $n$=6，频率为2570Hz | $n$=5，频率为2601Hz |
| 8 | $n$=6，频率为2006Hz | $n$=6，频率为2309Hz | $n$=4，频率为2814Hz | $n$=4，频率为2923Hz |

综上所述，与对称耦合结构对比，非对称耦合结构对刚度的敏感性更强，对于低阶频率振型主要由长圆柱壳主导。也就是说在连接界面处容易出现位移的不连续性，在大幅值动态外激励载荷下，相对运动引起螺栓界面内的摩擦行为，导致连接界面接触状态的变化，进而影响耦合结构振动特性。

#### 4.2.3.4　长度比对双圆柱壳耦合结构固有特性的影响

双圆柱壳的长度不一致是螺栓连接双圆柱壳非对称耦合结构的一个参考条件。本节通过两种长度设计模型分析两段圆柱壳长度比对非对称耦合结构自由振动特性的影响。模型Ⅰ：保持壳 1 长度不变，只调节壳 2 长度来改变双圆柱壳长度比。模型Ⅱ：保持耦合结构总长度不变，通过调节双圆柱壳长度比改变双圆柱壳在总长度中所占的比例。

1. 模型Ⅰ

图 4.23 描绘了在壳 1 长度保持不变情况下，分别考虑四种不同的连接刚度螺栓连接双圆柱壳耦合结构前 4 阶固有频率随双圆柱壳长度比（$L_2/L_1$）的变化情况。同时，利用长度比为 1 时频率大小排序对结构模态阶次进行定义。为方便计算与分析，与 4.1.2 节一样，假设无量纲量 $K_{\log} = \lg k_u = \lg k_v = \lg k_w = \lg k_\theta$。如图 4.23（a）所示，当 $K_{\log} = 4$ 时，由于连接刚度太小导致耦合效应较弱，因此当长度比 $L_2/L_1$ 从 0.2 开始增大时，在一定的区间内，各模态固有频率虽有减小，但趋势微弱，整体上看数值可视为保持不变。如长度比区间为 $0.2 < L_2/L_1 < 0.38$ 时，第 1 阶、第 2 阶、第 3 阶和第 4 阶频率均维持稳定值；长度比区间为 $0.38 < L_2/L_1 < 1$ 时，第 1 阶和第 2 阶频率仍保持稳定，第 3 阶和第 4 阶频率开始减小。当长度比增加到 $L_2/L_1 = 1$ 附近，频率曲线发生了转向，第 3 阶、第 4 阶频率曲线转向稳定，获得恒定数值，第 1 阶和第 2 阶频率转向出现下降趋势，这种变化在图 4.23（a）中局部放大图中清楚显现。在频率的变化过程中，模态频率所对应的耦合结构振型也发生了明显的变化。图 4.24 给出了图 4.23 中频率曲线转折和交汇区域（A、B 区域）的振型变化情况。针对 $L_2/L_1 = 1$ 附近 A 区域，可分别通过第 1 阶、第 3 阶频率曲线和第 2 阶、第 4 阶频率曲线来考察其振型情况，如图 4.24（a）和图 4.24（b）所示。频率曲线发生了转向，其本质是振型耦合和振型转换。在 B 区域，其振型变化情况见图 4.24（c），可以看到当 $L_2/L_1$ 小于 0.38 时，耦合结构振型由圆柱壳 1 主导，第 3 阶主导模态为($m=2$, $n=4$)，第 4 阶主导模态为($m=2$, $n=5$)；在 $L_2/L_1$ 大于 0.38，耦合结构振型由圆柱壳 2 主导，第 3 阶主导模态为($m=1$, $n=4$)，第 4 阶主导模态为($m=1$, $n=5$)，而在 $L_2/L_1 = 0.38$ 附近，耦合结构模态为两种模态的耦合振型。从图 4.24（a）和图 4.24（b）的判断来看，频率曲线在 $L_2/L_1 = 0.38$ 附近与更高阶频率曲线发生了频率转向和振型转换现象。

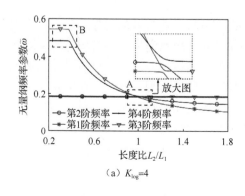

（a）$K_{\log} = 4$

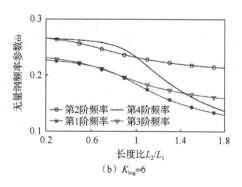

（b）$K_{\log} = 6$

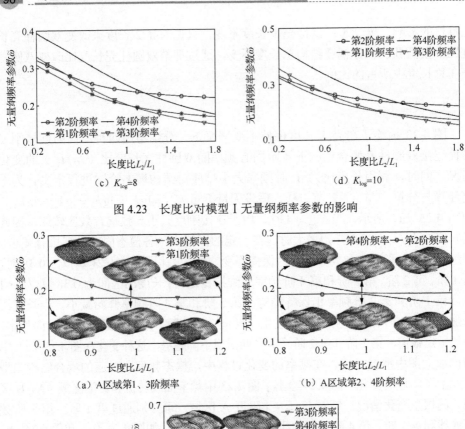

（c）$K_{\log}=8$　　　　　　　　　（d）$K_{\log}=10$

图 4.23　长度比对模型Ⅰ无量纲频率参数的影响

（a）A区域第1、3阶频率　　　　　　（b）A区域第2、4阶频率

（c）B区域第3、4阶频率

图 4.24　$K_{\log}=4$ 时不同长度比下模型Ⅰ的频率转向和振型转换

　　当连接刚度增大，如图 4.23（b）中 $K_{\log}=6$ 时，连接效应明显增强。频率在随长度比的变化过程中，稳定值区域和频率转向区域均消失，各阶模态频率均随着长度比的增加而减小，且在变化过程中，频率曲线相互交叉，振型排序发生改变。表 4.21 给出了 $K_{\log}=6$ 时不同长度比下前 4 阶的振型，需要说明的是，表中模态阶次为按实际频率大小排序。从表中振型的变化趋势可明显看出振型形状和对应模态阶次变化情况。当连接刚度继续增大，如图 4.23（c）和图 4.23（d）所示，频率曲线的变化趋势与图 4.23（b）中类似，只是在数值和曲线的波动曲率上有所不同，这里不再赘述。

表 4.21　不同长度比下模型 I 的耦合壳结构振型

| 阶次 | 不同长度比下的振型 | | | | |
|---|---|---|---|---|---|
| | $L_2/L_1 = 0.3$ | $L_2/L_1 = 0.7$ | $L_2/L_1 = 1$ | $L_2/L_1 = 1.3$ | $L_2/L_1 = 1.7$ |
| 1 | $n=4$，频率为 1923Hz | $n=5$，频率为 1801Hz | $n=4$，频率为 1577Hz | $n=4$，频率为 1335Hz | $n=4$，频率为 1139Hz |
| 2 | $n=5$，频率为 1953Hz | $n=4$，频率为 1808Hz | $n=5$，频率为 1617Hz | $n=5$，频率为 1480Hz | $n=3$，频率为 1225Hz |
| 3 | $n=6$，频率为 2252Hz | $n=6$，频率为 2108Hz | $n=6$，频率为 1982Hz | $n=3$，频率为 1587Hz | $n=5$，频率为 1376Hz |
| 4 | $n=3$，频率为 2263Hz | $n=3$，频率为 2205Hz | $n=3$，频率为 1988Hz | $n=6$，频率为 1589Hz | $n=6$，频率为 1835Hz |

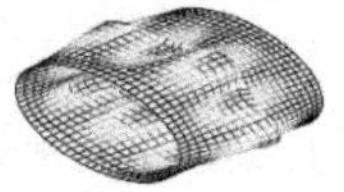

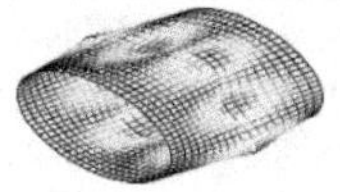

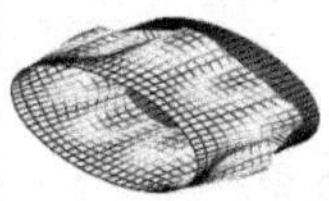

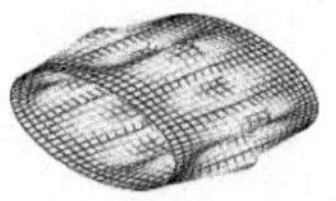

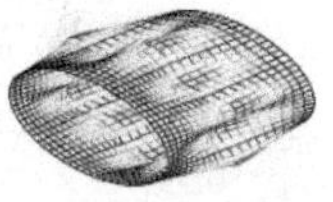

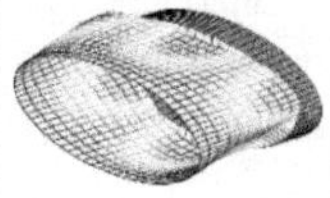

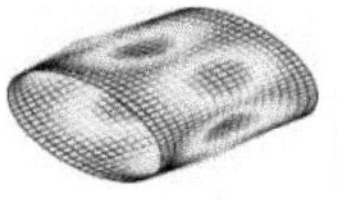

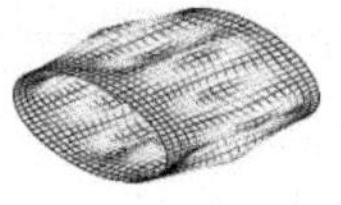

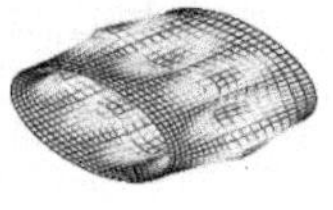

2. 模型 II

图 4.25 描绘了在耦合结构总长度保持不变情况下，分别考虑四种不同连接刚度（$K_{\log}$ =4、6、8、10）工况下螺栓连接双圆柱壳耦合结构前 4 阶固有频率随长度比（$L_2/L_1$）的变化情况。同样，利用 $L_2/L_1$ =1 时频率大小排序对结构各模态频率及曲线进行定义。从整体上看，由于本节中采用的两段圆柱壳结构在材料、厚度、半径上的取值相同，且耦合结构两端边界条件保持一致性，致使耦合结构也具有对称性，由图可见，频率变化曲线关于 $L_2/L_1$ =1 对称。并且，在 $L_2/L_1$ =1 处，各阶模态频率到达局部最大值或最小值。与此同时，各阶固有频率随着长度比的变化也呈现不同的变化趋势。

当 $K_{\log}$ =4 时，如图 4.25（a）所示。当 1/9< $L_2/L_1$ <0.39 时，前 4 阶频率曲线均随着 $L_2/L_1$ 的增大而上升，频率值单调增大；当 0.39< $L_2/L_1$ <1 时，第 1 阶、第 3 阶频率曲线持续上升，而第 2 阶、第 4 阶频率曲线开始转向向下，频率值逐渐

减小；当 $L_2/L_1 = 1$ 时，四条频率曲线均发生转向，变化趋势相互交换，由于对称性不再对 $L_2/L_1 > 1$ 部分进行赘述。在频率的变化过程中，模态频率所对应的耦合结构振型也发生了明显的变化。

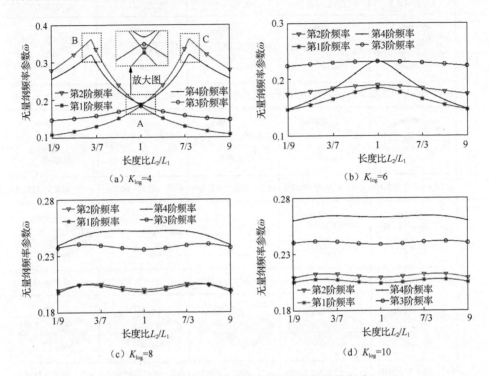

图 4.25　长度比对模型 II 无量纲频率参数的影响

图 4.26 给出了图 4.25（a）中频率曲线转折和交汇区域（A、B、C 区域）的振型变化情况。针对在 $L_2/L_1 = 1$ 附近 A 区域，可分别通过第 1 阶、第 2 阶频率曲线和第 3 阶、第 4 阶频率曲线来考察其振型情况，如图 4.26（a）和图 4.26（b）所示，图中明显表现了振型转换现象。在 B、C 区域，其振型变化情况如图 4.26（c）和（d）所示。以 B 区域为例，可以看到在 $L_2/L_1$ 小于 0.39 时，耦合结构振型以圆柱壳 1 为主导振型，第 2 阶主导模态为($m$=2, $n$=4)，第 4 阶主导模态为($m$=2, $n$=5)；在 $L_2/L_1$ 大于 0.39 时，耦合结构振型由圆柱壳 2 主导，第 2 阶、第 4 阶主导模态分别为($m$=1, $n$=4)和($m$=1, $n$=5)，而在 $L_2/L_1 = 0.39$ 附近，耦合结构模态是两种模态的耦合振型。结合图 4.26（a）和图 4.26（b），可以推断频率曲线在 $L_2/L_1 = 0.39$ 附近与更高阶频率曲线发生了频率转向和振型转换现象。

当 $K_{\log} = 6$ 时，连接效应明显增强，如图 4.25（b）所示。当 $0.2 < L_2/L_1 < 1$ 时，频率曲线单调上升；当 $1 < L_2/L_1 < 1.8$ 时，频率曲线单调下降。在变化过程中，频率曲线有相互交叉，即模态顺序发生改变。为进一步说明，表 4.22 中给出了 $K_{\log} = 6$

时不同长度比下前 4 阶模态的振型，表中阶次为按实际频率大小排序。从振型中可以看出耦合结构振型关于长度比 $L_2/L_1 = 1$ 对称，且当 $L_2/L_1$ 越趋近于 1 时连接特性越好，在长度变化过程中，同一类振型所对应的阶次会发生变化。当刚度继续增大，如图 4.25（c）和图 4.25（d）所示，固有频率变化曲线只有轻微的波动，且连接刚度越大，长度比对固有频率的影响越小，对振型的影响也越小。

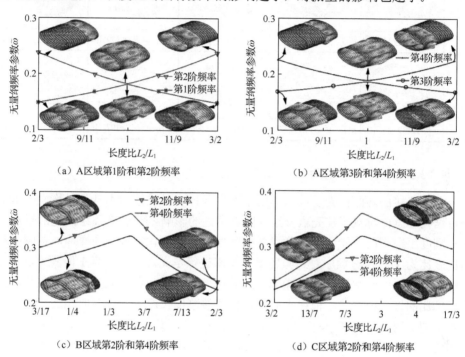

（a）A区域第1阶和第2阶频率　　　　　　（b）A区域第3阶和第4阶频率

（c）B区域第2阶和第4阶频率　　　　　　（d）C区域第2阶和第4阶频率

图 4.26　$K_{\log} = 4$ 时不同长度比下模型 II 的频率转向和振型转换

**表 4.22　不同长度比下模型 II 的耦合结构振型**

| 阶次 | 不同长度比下的振型 | | | | |
|---|---|---|---|---|---|
| | $L_2/L_1 = 0.4$ | $L_2/L_1 = 0.8$ | $L_2/L_1 = 1$ | $L_2/L_1 = 1.2$ | $L_2/L_1 = 1.6$ |
| 1 | $n=4$，频率为 1320Hz | $n=4$，频率为 1513Hz | $n=4$，频率为 1577Hz | $n=4$，频率为 1513Hz | $n=4$，频率为 1320Hz |
| 2 | $n=3$，频率为 1387Hz | $n=5$，频率为 1603Hz | $n=5$，频率为 1617Hz | $n=5$，频率为 1603Hz | $n=3$，频率为 1387Hz |

续表

| 阶次 | 不同长度比下的振型 | | | | |
|---|---|---|---|---|---|
| | $L_2/L_1 = 0.4$ | $L_2/L_1 = 0.8$ | $L_2/L_1 = 1$ | $L_2/L_1 = 1.2$ | $L_2/L_1 = 1.6$ |
| 3 | $n=5$，频率为1527Hz | $n=3$，频率为1795Hz | $n=6$，频率为1982Hz | $n=3$，频率为1795Hz | $n=5$，频率为1527Hz |
| 4 | $n=6$，频率为1974Hz | $n=6$，频率为1977Hz | $n=3$，频率为1988Hz | $n=6$，频率为1977Hz | $n=6$，频率为1974Hz |

#### 4.2.3.5 厚度比对双圆柱壳耦合结构固有特性的影响

螺栓连接的两圆柱壳子结构厚度不一致同样会导致结构不具备对称性，本节分析结构厚度比对双圆柱壳耦合结构固有特性的影响。图 4.27 描绘的是四组不同连接刚度工况下前 4 阶无量纲频率参数随厚度比的变化情况。同样地，各图中利用厚度比为 1 时模态顺序对结构各模态频率进行定义，分别为第 1 阶频率、第 2 阶频率、第 3 阶频率和第 4 阶频率。从整体效果来看，各阶无量纲频率参数均随着厚度比的增大而增加。但在不同的螺栓连接刚度工况下，频率曲线的变化规律略有不同。例如，当 $K_{\log} = 4$ 时，从图 4.27（a）中发现，当 $0.5 < h_2/h_1 < 1$ 时，第 1 阶和第 3 阶频率曲线上升明显，而第 2 阶和第 4 阶频率曲线相对稳定，数值变化不大。当到达 $h_2/h_1 = 1$ 附近时，4 阶频率曲线之间发生转向，第 1 阶和第 3 阶频率曲线转向相对稳定状态，而第 2 阶和第 4 阶频率曲线开始迅速上升。在频率曲线转向过程中，耦合结构振型也发生了变化，图 4.28 给出了图 4.27（a）中频率曲线转折和交会区域的振型变化情况。明显地，在频率曲线相遇与分离过程中，耦合结构振型发生了相互转换。

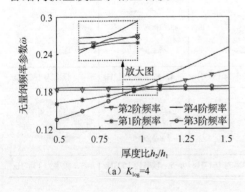

（a）$K_{\log}=4$

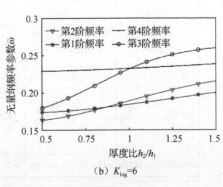

（b）$K_{\log}=6$

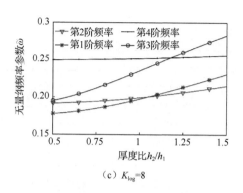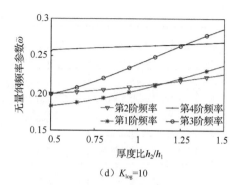

(c) $K_{log}=8$ (d) $K_{log}=10$

图 4.27 四组不同连接刚度工况下厚度比对双圆柱壳耦合结构无量纲频率参数的影响

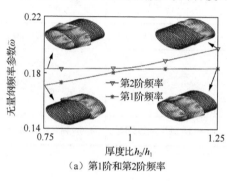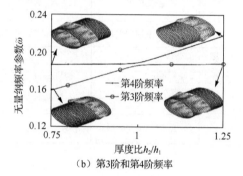

（a）第1阶和第2阶频率 （b）第3阶和第4阶频率

图 4.28 $K_{log}=4$ 时不同厚度比下的频率转向和振型转换

当 $K_{log}=6$ 时，从图 4.27（b）中发现，频率曲线均随着厚度比的增大而单调上升。在变化过程中，频率曲线转向现象消失，转而形成曲线相交。在相交的过程中，发生振型顺序的变换。为详细说明，表 4.23 分别给出了不同厚度比下前 4 阶所对应的频率与振型，表中阶次为按实际频率大小排序。当 $K_{log}=8$ 或 $K_{log}=10$ 时，固有频率的变化趋势与 $K_{log}=6$ 时类似，区别之处在于由于连接刚度增大，固有频率增大，振型顺序发生变化时对应的厚度比增大。振型变化过程与表 4.23 相似，这里不再赘述。

表 4.23 不同厚度比下螺栓连接双圆柱壳耦合结前 4 阶模态的振型

| 阶次 | 不同厚度比下的振型 | | | |
|---|---|---|---|---|
| | $h_2/h_1=0.5$ | $h_2/h_1=0.75$ | $h_2/h_1=1$ | $h_2/h_1=1.25$ |
| 1 | $n=5$，频率为 1399Hz | $n=5$，频率为 1487Hz | $n=4$，频率为 1577Hz | $n=4$，频率为 1713Hz |

续表

| 阶次 | 不同厚度比下的振型 | | | |
| --- | --- | --- | --- | --- |
| | $h_2/h_1 = 0.5$ | $h_2/h_1 = 0.75$ | $h_2/h_1 = 1$ | $h_2/h_1 = 1.25$ |
| 2 | $n=4$，频率为1488Hz | $n=4$，频率为1521Hz | $n=5$，频率为1617Hz | $n=5$，频率为1842Hz |
| 3 | $n=6$，频率为1537Hz | $n=6$，频率为1742Hz | $n=6$，频率为1982Hz | $n=3$，频率为2038Hz |
| 4 | $n=3$，频率为1960Hz | $n=3$，频率为1970Hz | $n=3$，频率为1988Hz | $n=6$，频率为2224Hz |

# ■ 4.3 螺栓连接圆柱壳结构的振动特性及界面接触状态研究

圆柱壳结构具有结构简单、性能好和重量轻等优点，因此广泛应用于航空航天、航海和土木等诸多工程领域。在实际工程应用中圆柱壳通常会被加工成分段的形式，然后通过连接结构将其装配到一起，其中螺栓连接由于具有结构简单、易于加工、便于拆卸、承载能力高和可靠性好等诸多优点被广泛地应用到圆柱壳的连接装配中。目前针对圆柱壳的研究大多考虑线性约束边界，对于非线性螺栓连接边界条件的研究仍旧不足。本节对螺栓连接圆柱壳的振动响应和界面接触状态进行了分析。首先，建立作用于圆柱壳边界的螺栓连接非线性模型，模型中考虑了连接界面黏滞、滑移和分离等非线性行为以及连接结构不同的抗拉、抗压刚度。然后，通过拉格朗日方程建立相应的动力学表达式。采用数值积分方法求解振动响应并对预紧力、激励幅值、摩擦系数和螺栓个数等参数的影响进行了分析。

### 4.3.1  螺栓连接圆柱壳结构动力学模型的建立

如图 4.29 所示的一个螺栓连接圆柱壳模型为本节所研究的对象。该圆柱壳的一端为自由边界，另一端通过均匀分布的一定数量的螺栓连接于一个固定平面上。为了简化分析过程，忽略图 4.29（a）中所示的法兰结构，假设螺栓产生的边界约束直接作用于圆柱壳的中曲面上，简化后的模型如图 4.29（b）所示。圆柱壳的中曲面半径为 $R$，长度为 $L$，厚度为 $h$，材料密度为 $\rho$，弹性模量为 $E$，泊松比为 $\mu$。在中曲面上建立正交曲面坐标系 $O\text{-}x\theta z$，其中 $x$、$\theta$、$z$ 分别指向圆柱壳的轴向、周向和径向，中曲面上任意一点 $P_0$ 沿以上三个方向的位移分量用 $u$、$v$、$w$ 表示。螺栓作用点 $P_s$ 处的坐标为 $(x_s, \theta_s, z_s)$，并且 $x_s = 0$、$z_s = 0$，相应的位移分量用 $u_s$、$v_s$ 和 $w_s$ 表示。

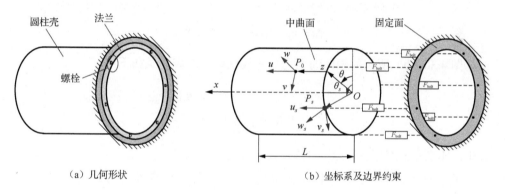

（a）几何形状　　　　　　　　　　（b）坐标系及边界约束

图 4.29　螺栓连接圆柱壳示意图

本节推导了作用于圆柱壳边界上螺栓连接的模型表达式。首先作出以下假设：①螺栓连接处界面上的力与变形均匀一致；②连接界面之间仅存在微小的相对运动，螺杆不受剪切力；③仅考虑两个被连接件之间形成的接触面，忽略其他接触面。如图 4.30（a）所示，圆柱壳中曲面上一点 $P_s$ 通过螺栓与固定平面 $S_0$ 连接，螺栓连接模型被建立在与圆柱壳一致的坐标中。根据圆柱壳的边界自由度，将 $P_s$ 点处的螺栓等效为三个约束力与一个力矩的组合，即 $f_{us}$、$f_{ws}$、$f_{vs}$ 和 $M_{\beta s}$，分别对应圆柱壳上 $P_s$ 处的轴向、径向、周向和扭转方向。图 4.30（a）为连接界面干摩擦模型，其中 $k_u$ 是轴向连接刚度，$k_w$ 和 $k_v$ 分别为径向和周向连接刚度，$k_\beta$ 是扭转连接刚度，$F_{ns}$ 是界面法向压力，$d_{ws}$ 和 $d_{vs}$ 分别是干摩擦阻尼器在径向和周向的分量，$F_f^w$ 和 $F_f^v$ 分别是界面干摩擦力在径向和周向的分量。图 4.30（b）为螺栓产生的沿壳体轴向的约束力分段线性模型，图中 $k_C$ 和 $k_T$ 分别为抗压刚度和抗拉刚度，$F_{pre}$ 为螺栓预紧力，$u_0$ 是拉压刚度转变时的轴向临界相对位移。

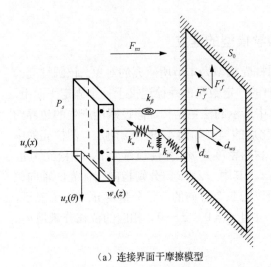
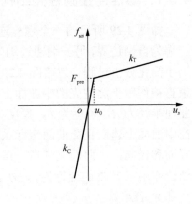

（a）连接界面干摩擦模型          （b）轴向约束力分段线性模型

图 4.30    螺栓连接力学模型

图 4.30（b）所示的轴向约束力分段线性模型的表达式如下：

$$f_{us} = \begin{cases} k_C u_s, & k_C u_s < F_{pre} \\ k_C u_0 + k_T (u_s - u_0), & k_C u_s \geqslant F_{pre} \end{cases} \qquad (4.19)$$

式中，本节中忽略了法兰变形的影响，因此 $u_0 = F_{pre}/k_C$。

采用一个刚度为 $k_\beta$ 的线性扭转弹簧对边界转角自由度 $\beta_s$ 进行约束：

$$M_{\beta s} = k_\beta \left( \frac{\partial w_s}{\partial x} \right) \qquad (4.20)$$

由于需要对螺栓施加预紧力 $F_{pre}$，因此在连接界面之间存在法向压力，当壳体产生沿界面法向的相对运动时，界面间的接触压力会发生改变，其表达式如下：

$$F_{ns} = \begin{cases} F_{pre} - f_{us}, & f_{us} < F_{pre}，接触 \\ 0, & f_{us} \geqslant F_{pre}，分离 \end{cases} \qquad (4.21)$$

在螺栓连接界面上存在不同的接触状态。当 $F_{ns} > 0$ 时，连接界面保持接触状态，将发生黏滞运动与滑移运动。当两个剪切力分量的合力小于临界滑移力时，接触状态为黏滞状态，反之将会发生滑移。当 $F_{ns} = 0$ 时，界面出现间歇性分离现象。为了模拟连接界面在发生宏观滑移以及分离时的剩余剪切刚度，用线性弹簧与干摩擦力的组合表示螺栓对圆柱壳产生的径向与周向约束力分量，其具体表达式如下：

$$f_{ws} = \begin{cases} k_w(w_s - d_{ws}) + k_{wl}w_s, & \sqrt{\left[k_v(v_s - d_{vs})\right]^2 + \left[k_w(w_s - d_{ws})\right]^2} < \upsilon F_{ns}, F_{ns} > 0, \text{黏滞} \\ \upsilon F_{ns}\sin(\gamma) + k_{wl}w_s, & \sqrt{\left[k_v(v_s - d_{vs})\right]^2 + \left[k_w(w_s - d_{ws})\right]^2} \geqslant \upsilon F_{ns}, F_{ns} > 0, \text{滑移} \\ k_{wl}w_s, & F_{ns} = 0, \text{分离} \end{cases}$$

$$(4.22)$$

$$f_{vs} = \begin{cases} k_v(v_s - d_{vs}) + k_{vl}v_s, & \sqrt{\left[k_v(v_s - d_{vs})\right]^2 + \left[k_w(w_s - d_{ws})\right]^2} < \upsilon F_{ns}, F_{ns} > 0, \text{黏滞} \\ \upsilon F_{ns}\cos(\gamma) + k_{vl}v_s, & \sqrt{\left[k_v(v_s - d_{vs})\right]^2 + \left[k_w(w_s - d_{ws})\right]^2} \geqslant \upsilon F_{ns}, F_{ns} > 0, \text{滑移} \\ k_{vl}v_s, & F_{ns} = 0, \text{分离} \end{cases}$$

$$(4.23)$$

式中，$k_{wl}$ 和 $k_{vl}$ 分别为径向和周向摩擦力所并联的线性弹簧的刚度；$\upsilon$ 为连接接触界面上的摩擦系数，在本节中考虑为一个常数。引入摩擦方向角的概念，并将其定义为摩擦力方向与周向坐标之间的夹角，如图 4.31 所示。其表达如下：

$$\gamma = \begin{cases} \arccos\left[\dfrac{F_f^v}{\sqrt{\left(F_f^v\right)^2 + \left(F_f^w\right)^2}}\right], & F_f^w \geqslant 0, F_f^v \neq 0 \text{ 或 } F_f^w > 0, F_f^v = 0 \\ -\arccos\left[\dfrac{F_f^v}{\sqrt{\left(F_f^v\right)^2 + \left(F_f^w\right)^2}}\right], & F_f^w < 0 \end{cases}$$

$$(4.24)$$

式中，$F_f^w$ 和 $F_f^v$ 为摩擦力分量，计算形式如下：

$$\begin{cases} F_f^w = k_w(w_s - d_{ws}) \\ F_f^v = k_v(v_s - d_{vs}) \end{cases}$$

$$(4.25)$$

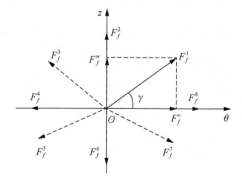

图 4.31　连接界面上的摩擦方向角

当连接界面处于黏滞状态时，干摩擦阻尼器的速度分量为 $\dot{d}_{ws} = \dot{d}_{vs} = 0$，当连接界面发生滑移运动时，干摩擦阻尼器的速度分量为 $\dot{d}_{ws} = \dot{w}_s$、$\dot{d}_{vs} = \dot{v}_s$，当界面出现分离之后，干摩擦阻尼器不再起作用，假设其仍存在，则其将与界面具有相同的位移，其速度分量为 $\dot{d}_{ws} = \dot{w}_s$、$\dot{d}_{vs} = \dot{v}_s$。根据其速度分量表达式建立干摩擦阻尼器的位移分段表达式如下：

$$d_{ws} = \begin{cases} a_1, & F_{ns} > 0, \sqrt{\left[k_v \left(v_s - d_{vs}\right)\right]^2 + \left[k_w \left(w_s - d_{ws}\right)\right]^2} < vF_{ns} \\ w_s - \dfrac{vF_{ns}\sin(\gamma)}{k_w}, & F_{ns} > 0, \sqrt{\left[k_v \left(v_s - d_{vs}\right)\right]^2 + \left[k_w \left(w_s - d_{ws}\right)\right]^2} \geqslant vF_{ns} \\ w_s, & F_{ns} = 0 \end{cases} \quad (4.26)$$

$$d_{vs} = \begin{cases} b_1, & F_{ns} > 0, \sqrt{\left[k_v \left(v_s - d_{vs}\right)\right]^2 + \left[k_w \left(w_s - d_{ws}\right)\right]^2} < vF_{ns} \\ v_s - \dfrac{vF_{ns}\cos(\gamma)}{k_v}, & F_{ns} > 0, \sqrt{\left[k_v \left(v_s - d_{vs}\right)\right]^2 + \left[k_w \left(w_s - d_{ws}\right)\right]^2} \geqslant vF_{ns} \\ v_s, & F_{ns} = 0 \end{cases} \quad (4.27)$$

式中，$a_1$ 和 $b_1$ 为常量，在迭代计算过程中其取值为接触状态刚变为黏滞的时刻对应的摩阻器的位移分量。

根据薄壳理论，对圆柱壳的变形作出以下四点假设：

（1）变形前垂直于中曲面的直线在变形后仍保持直线，并垂直于中曲面；

（2）相对于其他应力分量，沿中曲面垂直法方向的法向应力可忽略不计；

（3）相对于壳体微体的移动惯性力，可忽略其转动惯性力矩；

（4）法向挠度沿中曲面法线上各点是不变的。

基于 Sanders[11] 壳理论对圆柱壳的能量表达式进行推导，前面的章节已经介绍了能量表达式的建立过程，这里不再赘述。假设螺栓数量为 $N_b$，所有的螺栓均匀分布，并且规定第一个螺栓的位置为 $P_1(\varphi, 0)$，则螺栓所做的虚功可以表示为

$$\delta W_c = -\sum_{s=1}^{N_b} \int_0^L \int_0^{2\pi} \frac{1}{R} \delta(\theta - \theta_s) \delta(x - x_s) \left( f_{us} u_s + f_{vs} v_s + f_{ws} w_s + M_{\beta s} \frac{\partial w_s}{\partial x} \right) R \mathrm{d}\theta \mathrm{d}x$$

$$(4.28)$$

式中，$(\theta_s, x_s)$ 为连接面上第 $s$ 个螺栓的位置坐标，并且有 $\theta_s = \varphi + 2\pi/N_b(s-1)$、$x_s = 0$；$\delta(\cdot)$ 为狄拉克函数，具有如下计算性质：

$$\int_a^b \delta(x - x_0) f(x) \mathrm{d}x = f(x_0) \quad (4.29)$$

假设在圆柱壳上 $P_e(\theta_e, x_e)$ 处施加径向简谐激励载荷，载荷的表达式如下：

$$F_e = F\delta(\theta - \theta_e)\delta(x - x_e)\cos(\omega t) \tag{4.30}$$

式中，$F$ 为激励载荷的幅值；$\omega$ 是激励载荷的频率。激励载荷所对应的虚功为

$$\delta W_e = \int_0^L \int_0^{2\pi} \frac{1}{R} F\delta(\theta - \theta_e)\delta(x - x_e)\cos(\omega t) w R \mathrm{d}\theta \mathrm{d}x \tag{4.31}$$

根据拉格朗日方程得到螺栓连接圆柱壳的振动微分方程：

$$M\ddot{q} + C\dot{q} + Kq = F_e - F_c \tag{4.32}$$

式中，$M$、$C$、$K$、$F_e$ 和 $F_c$ 分别为质量矩阵、阻尼矩阵，刚度矩阵、激励力向量和螺栓约束力向量。在对圆柱壳结构进行动力学响应分析时需要考虑阻尼的影响，本节中采用瑞利阻尼作为阻尼矩阵，其表达式如下：

$$C = \alpha M + \beta K \tag{4.33}$$

式中，$\alpha$ 和 $\beta$ 为瑞利阻尼系数，表达式为

$$\alpha = \frac{2(\zeta_1\omega_2 - \zeta_2\omega_1)}{\omega_2^2 - \omega_1^2}\omega_1\omega_2, \quad \beta = \frac{2(\zeta_2\omega_2 - \zeta_1\omega_1)}{\omega_2^2 - \omega_1^2} \tag{4.34}$$

其中，$\zeta_1$ 和 $\zeta_2$ 为对应的阻尼比，$\omega_1$ 和 $\omega_2$ 为感兴趣频率范围的下限与上限截断频率，本节选取前两阶固有频率。

## 4.3.2　模型验证

为了验证所提出的螺栓连接圆柱壳理论模型的合理性和准确性，在本节中分别对螺栓连接和圆柱壳的理论进行验证。

### 4.3.2.1　双线性螺栓连接模型理论验证

为了证明本节所应用的分段线性模型能够合理、准确地模拟螺栓连接的力学特性，通过建立三维有限元模型对所推导模型和理论进行验证。首先考虑图 4.32 所示的一个简单的螺栓连接结构，通过有限元软件 ANSYS 建立有限元模型，如图 4.32（b）所示。在有限元模型中，被连接件与螺栓均采用 8 节点三维实体单元 SOLID 185 建成，在每个节点处有三个自由度。在该螺栓连接结构中存在三个接触面，分别为螺栓头与上连接件之间、上下连接件之间、螺母与下连接件之间构成的接触面。使用面-面接触单元 CONTA 174 和 TARGE 170 通过 ANSYS 中的接触管理器在以上各接触面之间生成接触对，通过实常数可以对接触模型中的接触

参数进行设置。通过 ANSYS 中的预紧单元 PRETS 179 在螺杆中间横截面上生成预应力截面，以便实现对螺栓连接预紧力的加载。

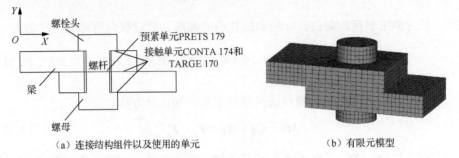

（a）连接结构组件以及使用的单元　　　　　　　　（b）有限元模型

图 4.32　螺栓连接结构有限元模型

对于图 4.32 所示的螺栓连接结构仅考虑其在图中 $X$、$Y$ 方向的运动，根据本节所建立的螺栓连接模型得到在 $X$、$Y$ 方向恢复力-位移的表达式如下：

$$f_Y = \begin{cases} k_C y, & k_C y < F_{pre} \\ k_C y_0 + k_T(y - y_0), & k_C y \geqslant F_{pre} \end{cases} \tag{4.35}$$

$$f_X = \begin{cases} k_X(x - d_X) + k_{XI} x, & \left| k_X(x - d_X) \right| < \upsilon(F_{pre} - f_Y), F_{pre} - f_Y > 0, \text{黏滞} \\ \upsilon(F_{pre} - f_Y)\sin(\gamma) + k_{XI} x, & \left| k_X(x - d_X) \right| \geqslant \upsilon(F_{pre} - f_Y), F_{pre} - f_Y > 0, \text{滑移} \\ k_{XI} x, & F_{pre} - f_Y = 0, \text{分离} \end{cases}$$

$$\tag{4.36}$$

式中，$y_0$ 为刚度变化时对应的 $Y$ 方向的临界位移，$y_0 = F_{pre}/k_C$；$k_X$ 是剪切刚度；$k_{XI}$ 是切向连接刚度；$d_X$ 是摩阻器位移；$\gamma$ 是摩擦方向角，表达式为

$$\gamma = \arccos\left( \frac{k_X(x - d_X)}{\sqrt{\left[ k_X(x - d_X) \right]^2}} \right) \tag{4.37}$$

由于连接界面之间的摩擦行为，通过固定连接件的左端，在右端施加周期剪切载荷可以得到恢复力与位移构成的滞回曲线。根据有限元模型所获得的滞回曲线，通过选择适当的模型参数（$\upsilon = 0.183$，$k_X = 1 \times 10^8 \text{N/m}$，$k_{XI} = 3 \times 10^7 \text{N/m}$，$F_{pre} = 34.5 \text{kN}$），可以用本节所建立的螺栓连接理论模型对滞回曲线进行模拟，结果如图 4.33（a）所示。所获得的滞回曲线结果在文献[221]、有限元与理论模型三者之间表现出了良好的一致性，从而证明本模型可以模拟螺栓连接的迟滞非线性特性。

图 4.33（b）是通过固定下连接件，对上连接件施加周期拉压载荷所获得的恢

复力与位移构成的拉压曲线。根据有限元模型所获得的曲线结果，通过选择适当的模型参数（$k_T = 3.7 \times 10^8$N/m，$k_C = 9.2 \times 10^9$N/m），可以用本节所建立的螺栓连接理论模型对拉压曲线进行模拟。可以看到理论与有限元结果之间吻合。通过以上比较可以推断本节建立的螺栓连接模型具有良好的合理性和准确性。

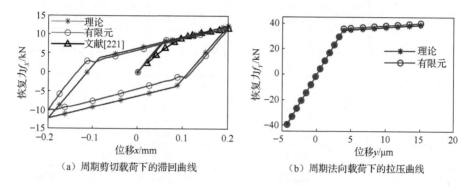

（a）周期剪切载荷下的滞回曲线　　　　（b）周期法向载荷下的拉压曲线

图 4.33　理论与有限元结果对比

### 4.3.2.2　圆柱壳模型验证

为了验证本节所建立模型的正确性，假设螺栓的预紧力足够大，连接界面始终处于黏滞状态，则螺栓连接将不会表现出非线性特征，其约束力为一组线性力，可以将每个螺栓等效为四个无质量线性弹簧。所有螺栓产生的附加势能表达式为

$$U_s = \frac{1}{2} \sum_{s=1}^{N_b} \left\{ \left[ k_u u_s^2 + k_v v_s^2 + k_w w_s^2 + k_\theta \left( \frac{\partial w_s}{L \partial \xi} \right)^2 \right]_{\xi=0} \right. \tag{4.38}$$
$$\left. + \left[ k_u u_s^2 + k_v v_s^2 + k_w w_s^2 + k_\theta \left( \frac{\partial w_s}{L \partial \xi} \right)^2 \right]_{\xi=1} \right\}$$

将圆柱壳的动能、应变能以及边界产生的附加势能代入拉格朗日方程，得到圆柱壳的自由振动微分方程为

$$M\ddot{q} + C\dot{q} + (K + K_{\text{bolt}})q = 0 \tag{4.39}$$

假设螺栓满足均匀分布，圆柱壳的几何与材料参数如下：$\rho = 7900$kg/m$^3$、$\mu = 0.3$、$E = 2.16 \times 10^{11}$Pa、$R = 0.2$m、$R/L = 0.2$、$h/R = 0.003$。通过将螺栓等效弹簧的刚度设置为足够大（取 $10^{14}$N/m）模拟夹紧边界。定义无量纲频率参数 $\Omega = \omega R \sqrt{\rho(1-\mu^2)/E}$，与文献中前 6 阶无量纲频率参数对比，结果如表 4.24 所示。本节所得的结果与文献表现出了很好的一致性，最大误差为 2.282%，在误差允许范围内，表明本节所建立圆柱壳模型的准确性。

**表 4.24　两端均匀多点支承的圆柱壳无量纲频率参数对比**

| $N_b$ | 阶次 | 无量纲频率参数（本节模型） | 无量纲频率参数（文献[23]） | 误差/% |
|---|---|---|---|---|
| 16 | 1 | 0.03411 | 0.03393 | 0.5305 |
| | 2 | 0.03568 | 0.03563 | 0.1403 |
| | 3 | 0.04293 | 0.04248 | 1.0593 |
| | 4 | 0.04369 | 0.04369 | 0 |
| | 5 | 0.05478 | 0.05478 | 0 |
| | 6 | 0.05646 | 0.05642 | 0.0709 |
| 48 | 1 | 0.03736 | 0.03719 | 0.4571 |
| | 2 | 0.03757 | 0.03750 | 0.1867 |
| | 3 | 0.04476 | 0.04473 | 0.0671 |
| | 4 | 0.04779 | 0.04736 | 0.9079 |
| | 5 | 0.05604 | 0.05604 | 0 |
| | 6 | 0.06121 | 0.06093 | 0.4595 |

### 4.3.3　数值计算与结果分析

为了进一步分析螺栓连接对圆柱壳动力学特性的影响，基于本节所建的模型和方法进行了几个算例分析。对一些参数包括预紧力、激励幅值、摩擦系数和螺栓个数进行了数值计算和讨论。为了便于计算和分析，在以下的分析中将采用相同的几何和材料参数：$R$=0.2m、$h$=0.002m、$L$=0.1m、$E$=2.1×10$^{11}$Pa、$\rho$=7800kg/m$^3$、$\mu$=0.3。对于螺栓连接模型中的参数取值，由于本节仅做规律性研究，因此不需要其准确结果，参考对螺栓连接梁结构的参数辨识结果，对模型中各参数作出以下假设：$k_T$=10$^6$N/m、$k_C$=10$^7$N/m、$k_v$=10$^7$N/m、$k_w$=10$^7$N/m、$k_{vl}$=10$^6$N/m、$k_{wl}$=10$^6$N/m。径向简谐激励施加在点 $P_e(0.3\pi,0.6L)$ 处，响应位置设置在点 $P_r(0.3\pi,0.5L)$ 处，第一个螺栓的坐标为 $P_1(0,0)$。

#### 4.3.3.1　螺栓预紧力对圆柱壳振动特性的影响

预紧力 $F_{pre}$ 从 1kN 增加到 5kN 的幅频响应曲线和频谱瀑布图如图 4.34 所示。相关参数设置为：激励幅值 $F$=400N，摩擦系数 $\upsilon$=0.3，螺栓数量 $N_b$=16。图 4.34（a）～（e）为不同预紧力下径向位移响应的频谱瀑布图，可以看到出现了倍频成分（2×、3×、4×）。当预紧力为 1kN 时，倍频（尤其是 2×和 3×）更加明显。随着预紧力增大，倍频成分 2×、3×和 4×逐渐减弱。在图 4.34（f）所示为不同预紧力对应的幅频响应曲线，可以看到随着预紧力的增大峰值频率与共振幅值明显地增大。

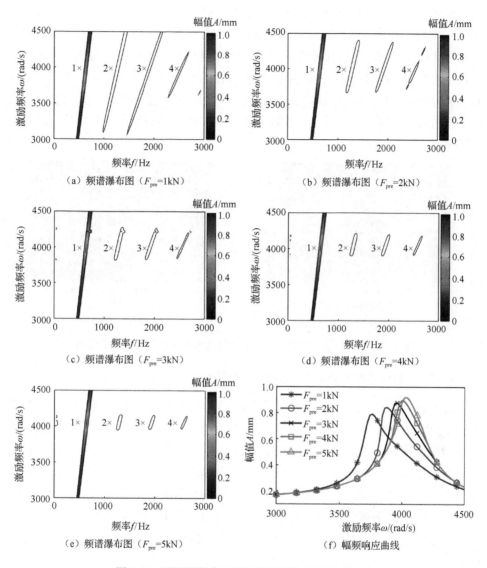

图 4.34　不同预紧力下螺栓连接圆柱壳的振动响应

　　倍频（2×、3×、4×）的出现与峰值频率和共振幅值的变化表明在螺栓连接圆柱壳的响应结果中出现了非线性现象。在本节中，壳体的动力学模型是基于线性Sanders[11]壳理论推导的，非线性仅存在于螺栓连接的力学模型中。因此，可以推断螺栓连接的非线性引起了壳体的非线性行为。螺栓连接的非线性是由连接界面接触状态的改变引起的，因此对螺栓连接处接触状态的分析是有必要的。为了便于分析，以作用于点 $P_1(0,0)$ 和 $P_{15}(15\pi/8,0)$ 处的螺栓为例，计算得到如图 4.35 中所示的螺栓在一个周期内的接触状态变化示意图。为了便于对接触状态进行分析，激励频率选取在共振峰附近（选择 $\omega$=4000rad/s）。可以看到，当预紧力从 1kN 增加到 5kN 时，分离和滑移的范围逐渐减小，而黏滞状态的范围则逐渐增大。滑移状态的减弱会引起螺栓连接刚度效应的增强和阻尼效应的减弱。而分离会导致刚度效应的减弱，随着分离状态的减弱连接部位的局部刚度效应增强。因此，在以上预紧力变化过程中刚度效应增强，阻尼降低。同时，接触状态的变化使得螺栓连接的约束力出现非线性现象，因而出现了图 4.34 中的倍频成分与幅频曲线的变化情况。

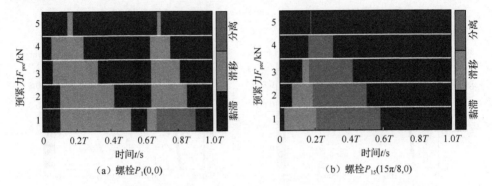

（a）螺栓$P_1$(0,0)  （b）螺栓$P_{15}$(15π/8,0)

图 4.35  不同预紧力下界面之间的接触状态在一个周期内的变化图

### 4.3.3.2  激励幅值对圆柱壳振动特性的影响

为了进一步分析螺栓连接对圆柱壳的影响，设置激励幅值从 100N 逐渐变化到 500N，得到相应的幅频响应曲线和频谱瀑布，如图 4.36 所示。将其他模型参数设置为：$F_{pre}$=3kN、$v$=0.3、$N_b$=16。图 4.36（a）～（e）显示了径向位移的频谱瀑布图，从图中可以看到当激励幅值为 300～500N 时，出现了较为明显的倍频现象（2×、3×、4×）。然而，当激励幅值降低到 100N 时，倍频消失。图 4.36（f）是激励幅值从 100N 增加到 500N 对应的幅频响应曲线，可以看到随着激励幅值的增大，共振幅值相应增大，而峰值频率逐渐降低，表现出了非线性变化特征。

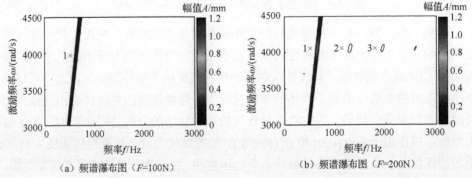

（a）频谱瀑布图（F=100N）  （b）频谱瀑布图（F=200N）

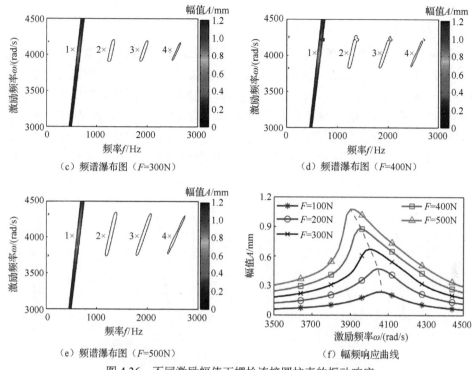

（c）频谱瀑布图（$F$=300N)　　　　（d）频谱瀑布图（$F$=400N)

（e）频谱瀑布图（$F$=500N)　　　　（f）幅频响应曲线

图 4.36　不同激励幅值下螺栓连接圆柱壳的振动响应

图 4.37 给出了不同激励幅值下任意两个螺栓 $P_1(0,0)$ 和 $P_{15}(15\pi/8,0)$ 在一个周期内的接触状态变化示意图。为了便于分析接触状态，假设激励频率在共振峰附近（此处选择 $\omega$=4000rad/s）。从图 4.37 中可以观察到，随着激励幅值的增加，黏滞的范围逐渐减小，同时滑移和分离的范围逐渐增大。根据所建立的螺栓连接模型，滑移和分离的出现会使螺栓约束力由最初的线性约束力变为非线性力，同时根据前文所述，滑移区的增大甚至是分离的出现都会导致刚度效应降低，因而导致倍频成分的出现和峰值频率的降低。而共振峰值的增大主要是由激励幅值的增大导致的。

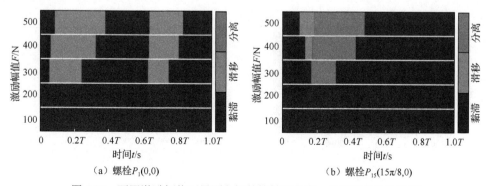

（a）螺栓 $P_1(0,0)$　　　　　　（b）螺栓 $P_{15}(15\pi/8,0)$

图 4.37　不同激励幅值下界面之间的接触状态在一个周期内的变化图

### 4.3.3.3　界面摩擦系数对圆柱壳振动特性的影响

图 4.38 是连接界面摩擦系数从 0.1 变化到 0.5 过程中对应的螺栓连接壳的频谱瀑布图和幅频响应曲线。其他的相关的参数如下设置：$F_{pre}$=3kN、$F$=400N、$N_b$=16。从图 4.38（a）～（e）中可以看到，在螺栓连接圆柱壳的振动响应结果中出现了倍频成分，随着摩擦系数逐渐增大，倍频成分 2×、3×和 4×逐渐减弱。通过图 4.38（f）所示的幅频响应结果可以看到，在以上变化过程中共振幅值有逐渐增大的趋势。同时，在摩擦系数较小时峰值频率稍微降低，但是整体变化趋势较小。

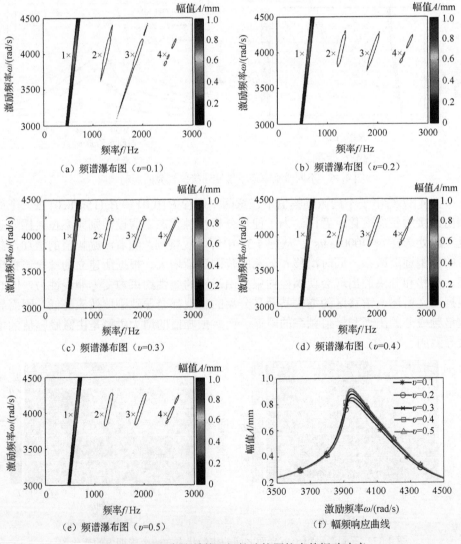

图 4.38　不同摩擦系数下螺栓连接圆柱壳的振动响应

以螺栓 $P_1(0,0)$ 和 $P_{15}(15\pi/8,0)$ 为例并且假设激励频率在共振峰附近（$\omega$=4000rad/s），得到图 4.39 所示的螺栓接触状态示意图。可以看到当摩擦系数为 $v$=0.1 时，滑移状态的范围比较大。当摩擦系数由 0.1 逐渐变化到 0.5，黏滞状态的范围逐渐增大，滑移逐渐消失，同时在 $P_{15}$ 中分离区的范围也随之增大。在以上过程中随着滑移范围的减小螺栓连接的阻尼效应逐渐降低，从而引起共振幅值的增加。同时，振动响应的增大也引起了图 4.39（b）中分离的逐渐增强。

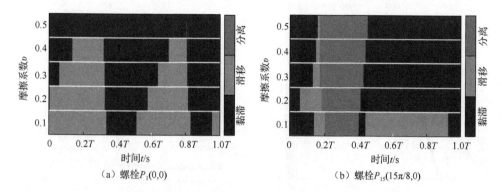

（a）螺栓$P_1(0,0)$          （b）螺栓$P_{15}(15\pi/8,0)$

图 4.39   不同摩擦系数下界面之间的接触状态在一个周期内的变化图

### 4.3.3.4   螺栓个数对圆柱壳振动特性的影响

本节主要分析螺栓数量对螺栓连接圆柱壳幅频特性的影响。假设预紧力为 3kN，激励幅值 $F$=400N，摩擦系数设置为 $v$=0.3，螺栓数量 $N_b$ 从 10 均匀增加到 34。幅频响应和频谱结果如图 4.40 所示。从计算结果中可以发现，螺栓数量对峰值频率和共振幅值有明显的影响。在图 4.40（a）～（e）中可以观察到存在倍频现象（2×、3×、4×等）。随着螺栓数量 $N_b$ 的增加，倍频逐渐减弱甚至消失。图 4.40（f）为不同螺栓数量下的幅频响应曲线，可以看到随着螺栓数量的增加，第 1 阶共振幅值逐渐降低，同时第 1 阶共振峰对应的频率在上升。

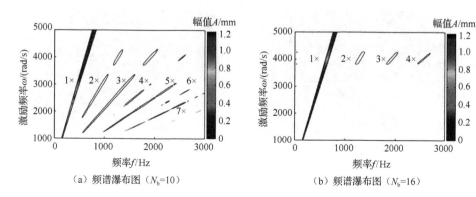

（a）频谱瀑布图（$N_b$=10）          （b）频谱瀑布图（$N_b$=16）

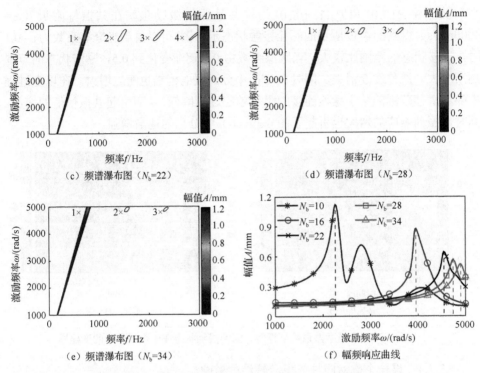

（c）频谱瀑布图（$N_b$=22）　　　　　　（d）频谱瀑布图（$N_b$=28）

（e）频谱瀑布图（$N_b$=34）　　　　　　（f）幅频响应曲线

图4.40　不同螺栓数量下螺栓连接圆柱壳的振动响应

　　图4.41是处于第一个和第二个位置的螺栓的接触状态示意图。将激励频率设置为线性约束边界对应的圆柱壳的第1阶固有频率。可以看到随着螺栓数量的增加，滑移和分离状态的范围减小并且最终变为完全黏滞的状态。由于滑移和分离，螺栓约束力出现非线性变化，因而出现了倍频现象。幅频曲线的变化现象来源于阻尼和刚度效应的变化，然而其变化是所有螺栓综合作用的结果，即与每个螺栓的接触状态有关，也会受到螺栓数量的影响，因此对其变化机理的分析仍需要做更进一步的研究。

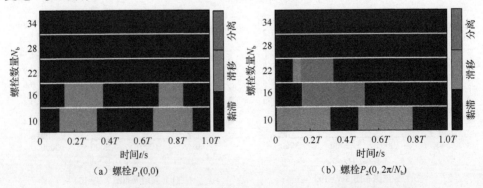

（a）螺栓$P_1(0,0)$　　　　　　　　　（b）螺栓$P_2(0,2\pi/N_b)$

图4.41　不同螺栓数量下界面之间的接触状态在一个周期内的变化图

#### 4.3.3.5　连接界面接触状态讨论

从以上分析中可以看到在螺栓连接圆柱壳的振动响应中表现出一定的非线性特征，由于圆柱壳模型是采用线性理论建立的，可以推断这些非线性特征是螺栓的非线性行为激发出来的，例如连接界面之间的干摩擦甚至间歇分离现象。

从螺栓连接界面的接触状态示意图（图 4.35、图 4.37、图 4.39、图 4.41）可以观察到在某些螺栓的接触界面之间出现了分离状态，可推断此时存在较强的轴向位移，界面之间的法向压力 $F_{ns}$ 减小为 0。图 4.42 显示了螺栓 $P_1(0,0)$ 处圆柱壳的轴向振动位移和螺栓约束力的情况，其中预紧力设置为 1kN，激励幅值为 $F=400$N，摩擦系数取值为 $v=0.3$，螺栓数量设置为 $N_b=16$。从图 4.42（a）中可以观察到在圆柱壳上施加的径向简谐激励载荷激发出了圆柱壳轴向的振动位移。相应的螺栓轴向约束力如图 4.42（b）所示，可以观察到轴向约束力为非对称的形式。因此，连接界面之间的分离状态会引起显著的非线性变化，对其考虑是有必要的。

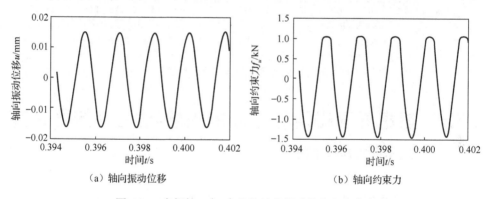

　　　　（a）轴向振动位移　　　　　　　　　　　（b）轴向约束力

图 4.42　在螺栓 $P_1(0,0)$ 处的轴向振动位移和约束力

连接界面之间的干摩擦是刚度变化的重要原因，也是局部阻尼产生的主要来源。图 4.43（a）～（d）为所有螺栓（$P_1 \sim P_{16}$）在一个稳态周期内的连接界面约束力轨迹图。假设螺栓预紧力为 4kN，激励幅值为 400N，摩擦系数为 0.3，螺栓数量为 16。从图 4.43 中可以观察到有多个螺栓处存在滑移运动。但是不同位置螺栓的接触状态也不同，滑移和分离状态仅仅出现在了某些螺栓处（在此为 $P_1 \sim P_8$），其他的螺栓仍保持为黏滞。同时，不同位置螺栓的约束力轨迹是不同的，约束力的波动范围不同。以上现象的存在与连接界面上不同螺栓作用处的圆柱壳振动响应的差异有关，圆柱壳边界上沿周向不同位置处产生的轴向与切向相对位移不同，其接触状态和摩擦力的极值也会随着产生变化。

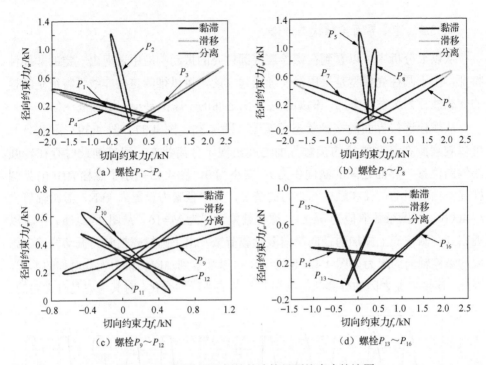

图 4.43　不同位置处螺栓的连接界面约束力轨迹图

# ■ 4.4　考虑界面微滑移运动的螺栓-法兰连接圆柱壳结构振动特性

　　螺栓连接改变了装配结构的连续性，在局部存在界面摩擦、非线性连接刚度等多种复杂的非线性现象，对螺栓连接圆柱壳的动力学特性会产生影响。法兰是螺栓连接结构的重要组成部分，其结构也必将影响连接部位力学特性及整体结构振动特性。本节对螺栓-法兰连接圆柱壳的动力学模型进行了数值求解分析。模型中考虑了连接界面上接触压力的环形空间分布特征与界面法向压力的变化。为了保证模型的准确性，给模型添加了法兰结构的存在引起的附加动能与势能。同时，考虑了螺栓法兰对圆柱壳产生的力矩作用，分析了法兰几何尺寸、预紧力和激励幅值对壳体振动特性的影响。

## 4.4.1　螺栓-法兰连接圆柱壳结构动力学模型的建立

　　本节建立螺栓-法兰连接圆柱壳的动力学模型并对其振动特性进行数值求解

分析。首先，根据以往的建模研究，考虑连接界面之间的微滑移运动与螺栓连接拉压刚度不同的非线性特征建立螺栓连接的本构模型。模型考虑了连接界面上接触压力的环形空间分布特征与界面法向压力的变化。在本节的动力学建模过程中，考虑了法兰结构的存在引起的附加动能与势能。同时，考虑了螺栓作用于法兰上且存在偏心而对圆柱壳产生的力矩作用。然后，基于 Sanders[11]壳理论，采用切比雪夫多项式作为位移容许函数，通过拉格朗日方程得到了螺栓-法兰连接圆柱壳的动力学方程。

### 4.4.1.1　连接界面建模

考虑螺栓连接界面之间的接触摩擦以及不同的抗拉、抗压刚度，忽略螺栓实际形状并假设接触区域内所有接触点的相对位移一致，将每个螺栓等效为作用在法兰上一对节点间的一组非线性约束力 $f_{us}$、$f_{ws}$、$f_{vs}$ 和 $M_{\beta s}$，分别对作用点的轴向位移 $u_s$、径向位移 $w_s$、切向位移 $v_s$ 和转角自由度 $\beta_s$ 进行约束。

图 4.44 所示为螺栓连接界面约束力模型。螺栓连接的非线性力学行为是由两个被连接件之间的相对运动形成的，因此为了便于分析，假设圆柱壳通过螺栓安装在一个固定平面上，仅考虑圆柱壳边界的运动。同时，图 4.44 中的螺栓连接界面约束力模型建立在与圆柱壳相同的坐标系内。$P_s$ 表示圆柱壳上螺栓作用处的一点，$S_0$ 为固定平面，$k_u$ 是轴向连接刚度，$k_\beta$ 是扭转连接刚度，$F_f^w$ 和 $F_f^v$ 是径向和切向约束力分量，用改进的 Iwan（伊万）微滑移模型来表示，$F_{ns}$ 是连接界面之间的法向压力。

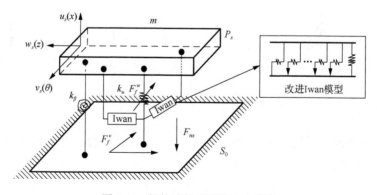

图 4.44　螺栓连接界面约束力模型

　　首先，根据前面章节的研究，用图 4.45 中所示的分段线性模型建立螺栓连接界面法向的约束力 $f_{us}$，其表达式：

$$f_{us} = \begin{cases} k_C u_s, & k_C u_s < F_{pre} \\ k_C u_0 + k_T (u_s - u_0), & k_C u_s \geqslant F_{pre} \end{cases} \qquad (4.40)$$

式中，$k_C$、$k_T$、$F_{pre}$ 和 $u_0$ 分别为螺栓连接的抗压刚度、抗拉刚度、预紧力和拉压刚度改变时对应的临近法向位移，在本节中暂不考虑法兰本身的变形，因此 $u_0 = F_{pre}/k_C$。

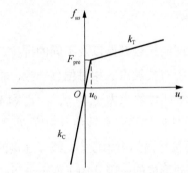

图 4.45　螺栓连接轴向约束力分段线性模型

　　作用于法兰中心处的轴向约束力对圆柱壳中曲面的力矩为

$$M_{us} = ef_{us} \qquad (4.41)$$

式中，$e$ 为法兰的形心与壳中曲面的偏心距离。

　　不考虑螺栓的转角约束力矩的非线性，用一个扭转弹簧模拟转角约束：

$$M_{\beta s} = k_\beta \left( \frac{\partial w_s}{\partial x} \right) \qquad (4.42)$$

　　由于预紧力的存在，连接界面之间存在法向压力 $F_{ns}$，当圆柱壳产生沿界面法向的运动时，连接面之间的法向压力将会发生变化，其表达式如下：

$$F_{ns} = \begin{cases} F_{pre} - f_{us}, & f_{us} < F_{pre} \\ 0, & f_{us} \geqslant F_{pre} \end{cases} \qquad (4.43)$$

当 $F_{ns} > 0$ 时连接界面处于接触状态，存在局部微滑移运动与整体宏滑移运动。当 $F_{ns} = 0$ 时连接界面发生间歇性分离。

　　本节讨论用一种改进的 Iwan 微滑移模型分别对螺栓的径向和法向约束力进行建模。该模型由多个 Jenkins 单元以及一个线性弹簧通过并联构成，可以模拟接触界面之间的微滑移以及宏滑移特征，同时该模型还包含了接触界面发生宏观滑移或分离时的剩余剪切刚度。其中，每个 Jenkins 单元由一个线性弹簧与一个库仑滑块串联构成，连接刚度为 $k/n$，每个库伦滑块的临界滑移力为 $F_i^*/n$，其中 $k$ 为所有 Jenkins 单元保持黏滞时总的剪切刚度，$n$ 是 Jenkins 单元总的数量，并且假设 $n \to \infty$，$f_i^*$ 代表临界滑移力，用概率密度函数 $\varphi\left(f^*\right)$ 表示，$w$ 为接触界面的切向相对位移，$F(w)$ 为接触界面之间的切向恢复力。该模型在初始加载时，恢复力的表达式如下：

$$F_0\left(w\right) = \int_0^{kw} f^* \varphi\left(f^*\right) \mathrm{d}f^* + kw \int_{kx}^{\infty} \varphi\left(f^*\right) \mathrm{d}f^* \tag{4.44}$$

式中，第一部分为处于滑移状态 Jenkins 单元的恢复力；第二部分为处于黏滞状态 Jenkins 单元的恢复力；$\varphi\left(f^*\right)$ 为描述 Jenkins 单元临界滑移力 $f^*$ 分布特征的概率密度函数。

　　通过考虑在接触界面上接触压力呈环形分布，在垂直于接触面的截面上接触压力非均匀变化，并且假设了其曲线表达式，推导出一个新的考虑界面上接触压力空间分布特征的密度函数，其表达式如下：

$$\varphi\left(f^*, \beta\right) = \begin{cases} \dfrac{f^*\left(4a - 4b + 3\pi b\right)^2 \left[b + (a - b)\sqrt{1 - \left[\dfrac{\left(4a - 4b + 3\pi b\right) f^*}{6 \upsilon \beta N_0 \left(a + b\right)}\right]^2}\right]}{18 \mu^2 \upsilon^2 N_0^2 \left(a + b\right)^3 \sqrt{1 - \left[\dfrac{\left(4a - 4b + 3\pi b\right) f^*}{6 \upsilon \beta N_0 \left(a + b\right)}\right]^2}}, \\ \qquad 0 \leqslant f^* \leqslant \dfrac{6 \upsilon \beta N_0 \left(a + b\right)}{4a - 4b + 3\pi b} \\ 0, \quad f^* > \dfrac{6 \upsilon \beta N_0 \left(a + b\right)}{4a - 4b + 3\pi b} \end{cases} \tag{4.45}$$

式中，$N_0$ 是接触界面之间的初始法向压力，在本节中 $N_0 = F_{\mathrm{pre}}$；$\beta(t) = F_{ns}(t)/F_{\mathrm{pre}}$ 用来表示法向压力的时变特征；$a$ 和 $b$ 为接触压力的分布范围。

　　初始加载恢复力的分段表达式如下：

$$F_0\left(x\right) = \begin{cases} \dfrac{bC_1}{C_3^3}\left[\dfrac{\theta_C}{2} - \dfrac{\sin\left(2\theta_C\right)}{4}\right] + \dfrac{C_1 C_2 \left(kx\right)^3}{3} \\ + \dfrac{C_1 kx}{C_3^2}\left\{b\sqrt{1 - \left(C_3 kx\right)^2} + \dfrac{C_2}{2}\left[1 - \left(C_3 kx\right)^2\right]\right\}, \quad 0 < x \leqslant \dfrac{6 \upsilon \beta N_0 \left(a + b\right)}{k\left(4a - 4b + 3\pi b\right)} \\ \upsilon \beta N_0, \quad x > \dfrac{6 \upsilon \beta N_0 \left(a + b\right)}{k\left(4a - 4b + 3\pi b\right)} \end{cases}$$

$$\tag{4.46}$$

各参数含义如下：

$$C_1 = \frac{(4a - 4b + 3\pi b)^2}{18v^2\beta^2 N_0^2(a+b)^3}, \quad C_2 = a - b, \quad C_3 = \frac{4a - 4b + 3\pi b}{6v\beta N_0(a+b)}, \quad \theta_C = \arcsin(C_3 kx)$$

$$(4.47)$$

根据变法向压力条件下的修正 Masing（马辛）准则得到改进 Iwan 模型的表达式如下：

$$F_f = \begin{cases} F_0(x_0) - (1 + \beta_0/\beta)F_0\left(\dfrac{x_0 - x}{1 + \beta_0/\beta}\right) + \alpha kx, & \dot{x} < 0，卸载过程 \\[4mm] -F_0(-x_1) + (1 + \beta_1/\beta)F_0\left(\dfrac{x - x_1}{1 + \beta_1/\beta}\right) + \alpha kx, & \dot{x} \geqslant 0，加载过程 \end{cases}$$

$$(4.48)$$

式中，$x_0$、$\beta_0$、$x_1$ 和 $\beta_1$ 分别为从加载到卸载以及从卸载到加载过程中速度方向改变时的临界值；$\alpha$ 是为了表示整体滑移时的剩余刚度而并联的弹簧的刚度系数。

根据以上的改进 Iwan 微滑移模型建立在法兰连接界面上第 $s$ 个螺栓产生的沿圆柱壳径向和切向螺栓产生的约束力分量如下：

$$f_{ws} = \begin{cases} F_0(w_{s0}) - (1 + \beta_{s0}/\beta_s)F_0\left(\dfrac{w_{s0} - w_s}{1 + \beta_{s0}/\beta_s}\right) + \alpha k_w w_s, & \dot{w}_s < 0,\ F_{ns} > 0，反向接触运动 \\[4mm] \alpha k_w w_s, & F_{ns} = 0，界面分离 \\[4mm] -F_0(-w_{s1}) + (1 + \beta_{s1}/\beta_s)F_0\left(\dfrac{w_s - w_{s1}}{1 + \beta_{s1}/\beta_s}\right) + \alpha k_w w_s, & \dot{w}_s > 0,\ F_{ns} > 0，正向接触运动 \end{cases}$$

$$(4.49)$$

$$f_{vs} = \begin{cases} F_0(v_{s0}) - (1 + \beta_{s0}/\beta_s)F_0\left(\dfrac{v_{s0} - v_s}{1 + \beta_{s0}/\beta_s}\right) + \alpha k_v v_s, & \dot{v}_s < 0,\ F_{ns} > 0，反向接触运动 \\[4mm] \alpha k_v v_s, & F_{ns} = 0，界面分离 \\[4mm] -F_0(-v_{s1}) + (1 + \beta_{s1}/\beta_s)F_0\left(\dfrac{v_s - v_{s1}}{1 + \beta_{s1}/\beta_s}\right) + \alpha k_v v_s, & \dot{v}_s > 0,\ F_{ns} > 0，正向接触运动 \end{cases}$$

$$(4.50)$$

根据以上表达式得到作用于法兰中心的切向约束力对圆柱壳中曲面的力矩为

$$M_{vs} = e f_{vs}$$

$$(4.51)$$

### 4.4.1.2    动力学模型建立

图 4.46（a）所示为本节研究的一个螺栓-法兰连接圆柱壳的示意图，圆柱壳的一端为无任何约束的自由边界，另一端通过螺栓-法兰连接结构与其他部件进行

装配，其中螺栓均匀布置。该圆柱壳的简化模型如图 4.46（b）所示，将其简化为一个带有附加法兰结构的圆柱壳。为了简化分析过程，忽略法兰结构上的螺栓安装孔等具体特征，并且假设螺栓直接作用于法兰的形心。圆柱壳的长度为 $L$，厚度为 $h$，中曲面半径为 $R$，在壳体中曲面上建立正交曲线坐标系 $O\text{-}x\theta z$，其中 $x$、$\theta$ 和 $z$ 分别指向壳体的轴向、周向和径向，中曲面上任意一点 $P_0$ 沿这三个方向的位移分量分别用 $u$、$v$ 和 $w$ 表示。假设螺栓 $P_s$ 作用在法兰形心处，在与圆柱壳相同的坐标系中螺栓处的位移沿 $x$、$\theta$ 和 $z$ 方向的分量分别为 $u_s$、$v_s$ 和 $w_s$。圆柱壳结构材料密度为 $\rho$，弹性模量为 $E$，泊松比为 $\mu$，剪切模量为 $G = E / \left[ 2(1+\mu) \right]$。法兰的厚度尺寸为 $b_f$，高度为 $d_f$，法兰形心与壳中曲面的距离为 $e$。

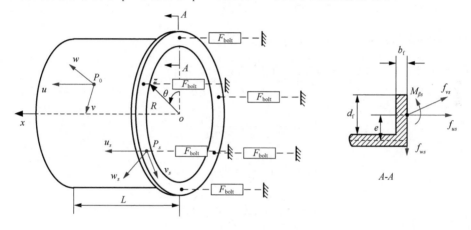

（a）螺栓-法兰连接圆柱壳示意图　　　　（b）螺栓-法兰连接圆柱壳简化模型

图 4.46　螺栓-法兰连接圆柱壳

参考以往对环肋圆柱壳中环形肋条的处理方式，本节将法兰作为附加在圆柱壳体上的离散单元，从能量的角度考虑其对圆柱壳产生的影响。由于法兰的轴向尺寸远大于截面上的厚度与高度尺寸，因此考虑法兰绕 $x$ 轴和 $z$ 轴的转动动能。同时，考虑法兰的形心与壳体中曲面间的偏心距离的影响，由此推导出法兰的能量表达式。

根据几何关系确定法兰截面形心与中曲面上对应位置位移的关系如下：

$$\begin{cases} u_f = u - e \dfrac{\partial w}{L \partial \xi} \\[2mm] v_f = v \left( 1 + \dfrac{e}{R} \right) - e \dfrac{\partial w}{R \partial \theta} \\[2mm] w_f = w \\[2mm] \beta_f = \dfrac{\partial w}{L \partial \xi} \end{cases} \qquad (4.52)$$

基于伯努利-欧拉理论得到法兰的应变能表达式如下：

$$U_{\varepsilon f} = \int_0^{2\pi} \left( \frac{EI_z}{2} \chi_1^2 + \frac{EI_x}{2} \chi_2^2 + \frac{EA_f}{2} \varepsilon_s^2 + \frac{GJ_f}{2} \Phi^2 \right) R_f \mathrm{d}\theta \qquad (4.53)$$

式中，括号内各项从左到右分别为面外绕 $z$ 轴的弯曲振动、面内绕 $x$ 轴的径向弯曲振动、面内沿切向的拉伸振动、面外绕 $\theta$ 轴的扭转运动对应的应变能；$R_f = R + e$ 是法兰截面形心的半径；$J_f$ 是扭转常数，其计算表达式为

$$J_f = b_f^3 d_f \left( \frac{1}{3} - \frac{64}{\pi^5} \frac{b_f}{d_f} \sum_{p=1,3,5,\cdots}^{\infty} \frac{1}{p^5} \tanh \frac{p\pi d_f}{2b_f} \right) \qquad (4.54)$$

另外，式（4.53）中 $\chi_1$、$\chi_2$、$\varepsilon_s$ 和 $\Phi$ 的表达式为

$$\chi_1 = -\frac{1}{R_f} \left( -\frac{\partial w_f}{L \partial \xi} + \frac{\partial^2 u_f}{\partial \theta^2} \right)$$

$$\chi_2 = \frac{1}{R_f^2} \left( -w_f - \frac{\partial^2 w_f}{\partial \theta^2} \right)$$

$$\varepsilon_s = \frac{1}{R_f} \left( \frac{\partial v_f}{\partial \theta} - w_f \right) \qquad (4.55)$$

$$\Phi = \frac{1}{R_f} \left( \frac{\partial^2 w_f}{L \partial \xi \partial \theta} + w_f \right)$$

法兰的应变能表示如下：

$$\begin{aligned}
U_{\varepsilon f} = \int_0^{2\pi} \Bigg\{ & \frac{EI_z}{2R_f} \left( -\frac{\partial w}{L \partial \xi} + \frac{\partial^2 u}{\partial \theta^2} - e \frac{\partial^3 w}{L \partial \xi \partial \theta^2} \right)^2 \\
& + \frac{EI_x}{2R_f^3} \left( w + \frac{\partial^2 w}{\partial \theta^2} \right)^2 + \frac{EA_f}{2R_f} \left[ \left( 1 + \frac{e}{R} \right) \frac{\partial v}{\partial \theta} - \frac{e}{R} \frac{\partial^2 w}{\partial \theta^2} + w \right]^2 \\
& + \frac{GJ_f}{2R_f} \left( \frac{\partial^2 w}{L \partial \xi \partial \theta} + \frac{1}{R_f} \frac{\partial u}{\partial \theta} - \frac{e}{LR_f} \frac{\partial^2 w}{\partial \xi \partial \theta} \right)^2 \Bigg\} \mathrm{d}\theta
\end{aligned} \qquad (4.56)$$

法兰动能的表达式为

$$T_f = \frac{1}{2} \rho \int_0^{2\pi} \left\{ A_f \left[ \left( \frac{\partial u_f}{\partial t} \right)^2 + \left( \frac{\partial v_f}{\partial t} \right)^2 + \left( \frac{\partial w_f}{\partial t} \right)^2 \right] + I_P \left( \frac{\partial^2 w_f}{L \partial \xi \partial t} \right)^2 \right\} R_f \mathrm{d}\theta \qquad (4.57)$$

式中，$A_f = b_f \times d_f$ 为法兰的截面面积；$I_x = b_f d_f^3 / 12$、$I_z = b_f^3 d_f / 12$ 和 $I_p = I_x + I_z$ 分

别为法兰绕 $x$ 轴和 $z$ 轴的横截面惯性矩以及截面极惯性矩；$e=(h+d_{\mathrm{f}})/2$ 为形心偏心距。

利用拉格朗日方程建立螺栓-法兰连接圆柱壳振动微分方程：

$$\boldsymbol{M\ddot{q}}+\boldsymbol{C\dot{q}}+\boldsymbol{Kq}=\boldsymbol{F_{\mathrm{e}}}-\boldsymbol{F_{\mathrm{c}}} \tag{4.58}$$

式中，$\boldsymbol{M}$、$\boldsymbol{C}$、$\boldsymbol{K}$、$\boldsymbol{F_{\mathrm{e}}}$ 和 $\boldsymbol{F_{\mathrm{c}}}$ 分别为质量矩阵、阻尼矩阵、刚度矩阵、外激励载荷向量和螺栓约束力向量。

### 4.4.2　模型验证

忽略螺栓的非线性特征以及由于偏心而对圆柱壳产生的力矩作用，将其假设为一组作用于圆柱壳中曲面上的线性约束力，用一组等效无质量线性弹簧来表示。由此得到的螺栓连接边界的附加势能表达式可以参考 4.3.2 节。

通过拉格朗日方程得到忽略螺栓非线性的螺栓-法兰连接圆柱壳在自由振动时的振动微分方程为

$$\boldsymbol{M\ddot{q}}+\boldsymbol{C\dot{q}}+\left(\boldsymbol{K}+\boldsymbol{K}_{\mathrm{bolt}}\right)\boldsymbol{q}=\boldsymbol{O} \tag{4.59}$$

螺栓连接圆柱壳参数如下：$L=0.4709\mathrm{m}$、$R=0.1037\mathrm{m}$、$h=0.00119\mathrm{m}$、$b_{\mathrm{f}}=0.00218\mathrm{m}$、$d_{\mathrm{f}}$ 分别为 $0.00291\mathrm{m}$ 和 $0.00582\mathrm{m}$、$E=2.06\times10^{11}\mathrm{Pa}$、$\rho=7850\mathrm{kg/m^3}$、$\mu=0.3$。为了完成模型对验证，假设在圆柱壳上均匀附加的法兰个数 $N_{\mathrm{f}}=14$，边界条件为简支，法兰均匀布置，并且两端没有分布。模态 $m=1$，$n=2\sim5$ 时的固有频率与文献对比结果如表 4.25 所示。

**表 4.25　两端均匀多点支承的圆柱壳固有频率对比**　　　单位：Hz

| $d_{\mathrm{f}}$/m | $n$ | 本节 | 文献[57] | 与文献[57]结果的误差/% | 文献[222] | 与文献[222]结果的误差/% |
| --- | --- | --- | --- | --- | --- | --- |
| 0.00291 | 2 | 4405 | 4409 | 0.09 | 4470 | 1.45 |
| | 3 | 3645 | 3674 | 0.79 | 3655 | 0.27 |
| | 4 | 5936 | 6000 | 1.07 | 5950 | 0.24 |
| | 5 | 9501 | 9604 | 1.07 | 9510 | 0.09 |
| 0.00582 | 2 | 4451 | 4481 | 0.67 | 4450 | 0.02 |
| | 3 | 6353 | 6492 | 2.14 | 6235 | 1.89 |
| | 4 | 11887 | 12149 | 2.16 | 11790 | 0.82 |
| | 5 | 19254 | 19694 | 2.23 | 19020 | 1.23 |

在表 4.25 中，文献[57]使用的是波传播法，文献[222]使用的是与本节相同的能量法。可以看到本节所计算的频率与文献中基本吻合，由于采用了不同的方法，

与文献[57]的误差相对于文献[222]稍大，最大为 2.23%。在误差允许范围内可以证明本节所建立法兰壳模型的正确性。

## 4.4.3　数值计算与结果分析

根据前文所建立的模型，螺栓连接的非线性是导致圆柱壳出现非线性特征的主要因素，也是本节考察的对象。为了定性分析边界螺栓连接对圆柱壳振动特性的影响，通过数值积分方法对振动响应进行了求解分析。首先由于本节在建模过程中考虑了法兰的存在，因此分析了法兰的几何参数对圆柱壳自由振动时固有特性的影响。然后，讨论了对连接特性存在重要影响的螺栓预紧力以及激励幅值对振动响应的影响。在以下各节中所分析的圆柱壳具有统一的几何与材料参数：$R=0.2\text{m}$、$h=0.002\text{m}$、$L=0.1\text{m}$、$E=2.1\times10^{11}\text{Pa}$、$\rho=7800\text{kg/m}^3$、$\mu=0.3$。螺栓本构模型中的参数可以通过实验调整识别，本节仅定性分析螺栓-法兰连接对圆柱壳的影响，无须获得准确的模型参数，因此将其直接假设如下：$k_{\text{T}}=1\times10^7\text{N/m}$、$k_{\text{C}}=9\times10^7\text{N/m}$、$k_v=1\times10^8\text{N/m}$、$k_w=1\times10^8\text{N/m}$、$\alpha=0.16$、$k_\beta=1\times10^8\text{N}\cdot\text{m/rad}$，螺栓数量设置为 16 个，第一个螺栓的位置为 $P_1(0,0)$。在壳体上 $P_{\text{e}}(0.3\pi,0.6L)$ 处施加径向谐波激励载荷，响应结果的计算位置在 $P_{\text{r}}(0.3\pi,0.5L)$。

### 4.4.3.1　法兰几何参数对圆柱壳振动特性的影响

本节考虑了法兰，在建模过程中增加了一部分由于法兰导致的动能与势能，并在动力学方程的质量与刚度矩阵中增加了相应的分量，因此对于圆柱壳的固有特性会产生一定的影响。为了分析增加法兰结构后圆柱壳的频率变化情况，本节中不考虑螺栓的存在，计算了两端自由的边界条件下法兰-圆柱壳结构自由振动时的固有频率，所计算的振动模态为周向波数 $n=6$，轴向半波数 $m=1$。

图 4.47 中所示为法兰-圆柱壳的固有频率随着法兰截面宽度 $b_{\text{f}}$ 与高度 $d_{\text{f}}$ 变化的曲线，其中法兰截面宽度 $b_{\text{f}}$ 的变化范围为 0～5mm，高度 $d_{\text{f}}$ 的变化范围为 0～20mm。可以看到当 $b_{\text{f}}=d_{\text{f}}=0$ 时，频率最低，此时相当于没有法兰的存在。当法兰截面宽度和高度尺寸逐渐增加时，频率都会随之上升。当法兰的宽度一定，厚度从 0 增加到 20mm 时，固有频率增加的速度会逐渐降低，曲线斜率逐渐减小。在法兰高度尺寸较小时，随着厚度的均匀增加，频率增加的速度也会逐渐减小。当高度尺寸较大时，随着法兰的出现频率会首先经历一个突然增加的过程，然后随着厚度逐渐变大，频率值会缓慢上升。根据前文的建模过程，法兰会同时引起质量与刚度效应，频率的上升说明对刚度效应的影响更加显著。通过本节的结果说明法兰对圆柱壳的固有频率存在较大的影响，为了更加准确地研究螺栓连接圆柱壳的动力学特性，需要考虑法兰结构的存在。

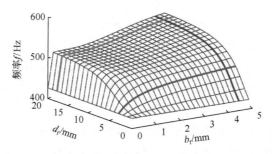

图 4.47   不同法兰几何尺寸下法兰-圆柱壳的固有频率

### 4.4.3.2   预紧力对圆柱壳振动特性的影响

螺栓的预紧力对连接界面微滑移模型中 Jenkins 单元的临界滑移力会产生直接影响，并且同时会影响连接部位拉压刚度转换时对应的临界轴向位移，因此预紧力对于螺栓连接的非线性特性有着重要的影响。为了分析预紧力对螺栓连接圆柱壳的影响规律，本节对不同螺栓预紧力下圆柱壳的振动响应进行了数值计算与分析，其中螺栓的预紧力分别设置为 1～6kN，其他参数假设为：激励幅值 $F$=400N，界面摩擦系数 $v$=0.3，法兰截面尺寸为 $b_\mathrm{f}$ =3mm、$d_\mathrm{f}$ =24mm。图 4.48 所示为不同预紧力下螺栓连接圆柱壳的幅频响应曲线，从图 4.48 中可以看到随着预紧力的逐渐增大，幅频曲线中峰值频率相应地增大，在预紧力从 1kN 增大到 3kN 的过程中共振幅值逐渐增大，3kN 到 6kN 的变化过程中共振幅值趋于稳定。这说明在预紧力较小时螺栓连接圆柱壳具有更加明显的非线性特征。

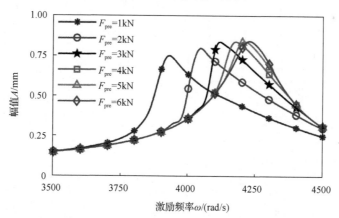

图 4.48   不同预紧力下螺栓连接圆柱壳的幅频响应曲线

在预紧力设置较小时，界面的临界滑移力与初始法向压力都较低，更容易发生滑移与分离等非线性现象。为进一步分析预紧力对圆柱壳振动特性的影响，以图 4.48 中各条幅频曲线的峰值频率作为激励频率，得到图 4.49 所示的不同预紧力下峰值频率处的频谱图。可以看到在螺栓连接圆柱壳的频谱结果中存在 2×、3×、

4×频等多种频率成分。说明此时在螺栓连接圆柱壳系统中存在非线性现象。图 4.50
是以 $\theta_s = 15\pi/8$ 的螺栓为例，计算得到的连接界面上沿径向产生的摩擦力时域波形
图与接触状态图。通过接触状态图可以看到在一个迟滞周期中出现了微滑移、整
体滑移和分离等多种接触状态，其中以微滑移和分离状态最为明显。通过时域波
形图可以看到摩擦力在每个周期中都不是简谐力，而是不对称的非线性力。在分
离状态出现后摩擦力的幅值会突然减小，接近于零。根据所建立的模型，当分离
状态出现后，螺栓的约束刚度会减小，随着预紧力逐渐减小，分离状态逐渐增强，
刚度随之减小，导致幅频结果中峰值频率逐渐减小。

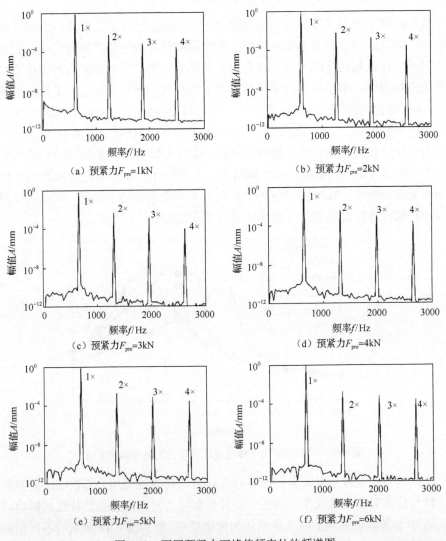

图 4.49　不同预紧力下峰值频率处的频谱图

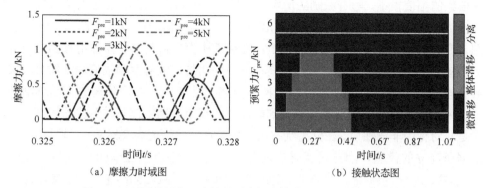

（a）摩擦力时域图　　　　　　　　（b）接触状态图

图 4.50　不同预紧力下连接界面之间摩擦力时域图与接触状态图

### 4.4.3.3　激励幅值对圆柱壳振动特性的影响

激励幅值与各个频率下响应幅值的大小有直接关系，同时激励幅值也影响着螺栓连接界面之间的相对位移，由此对连接界面之间的接触状态产生影响。因此本节中分析激励幅值的变化对螺栓-法兰连接圆柱壳幅频响应曲线的影响。在本节中，假设激励幅值的大小为 100～600N，其他参数如下：预紧力 $F_{pre}$ =3kN，界面摩擦系数 $v$ =0.3，法兰截面尺寸为 $b_f$ =3mm、$d_f$ =24mm。图 4.51 所示为不同激励幅值下螺栓连接圆柱壳的幅频响应结果，可以观察到随着激励幅值的增大，幅频响应曲线的幅值相应地增大。同时，最大峰值对应的频率出现了逐渐减小的趋势，响应曲线不再是对称曲线，显示出了一定的软式非线性现象。

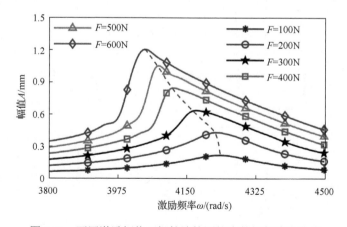

图 4.51　不同激励幅值下螺栓连接圆柱壳的幅频响应曲线

为了进一步分析激励幅值对圆柱壳振动特性的影响机理，以图 4.51 中各条幅频曲线的峰值频率作为激励频率，得到图 4.52 中所示的不同激励幅值下峰值频率处的频谱图。可以看到峰值频率处存在多个频率成分。当激励幅值较小（为 100N）

时倍频的幅值很小，随着激励的增大，倍频的幅值增大。图 4.53 是以 $\theta_s=15\pi/8$ 的螺栓为例，计算得到的连接界面上沿径向产生的摩擦力时域波形图与接触状态图。通过接触状态图可以看到在一个迟滞周期中存在微滑移、整体滑移和分离等多种接触状态，其中以微滑移和分离状态最为明显。随着激励幅值逐渐增大，接触状态由完全微滑移逐渐变为微滑移与分离交替变化，并且分离的范围逐渐增大。通过摩擦力时域波形图可以看到摩擦力在每个周期中都不是对称的简谐力，而是非对称的非线性力。在分离状态出现后摩擦力的幅值会突然减小，接近于零。根据所建立的模型，当分离状态出现后，螺栓的约束刚度会减小，随着预紧力的逐渐减小，分离状态逐渐增强，刚度随之减小，导致幅频结果中峰值频率逐渐减小。

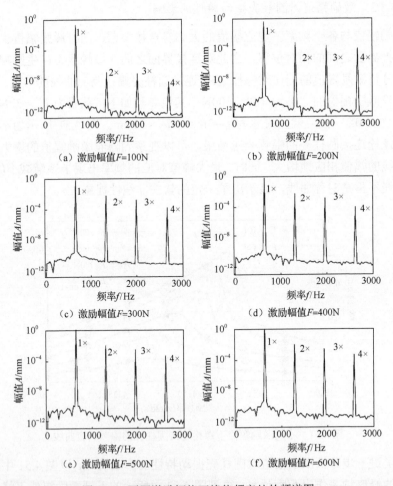

图 4.52　不同激励幅值下峰值频率处的频谱图

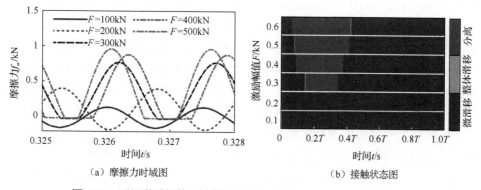

（a）摩擦力时域图　　　　　　　　　（b）接触状态图

图 4.53　不同激励幅值下连接界面之间摩擦力时域图与接触状态图

# ■ 4.5　本章小结

　　本章研究了螺栓连接圆柱壳结构的动力学特性问题。基于简化螺栓连接线性模型，建立非连续线性连接圆柱壳结构和非连续线性连接双圆柱壳耦合结构动力学模型，分析两类模型的固有特性规律；基于简化螺栓连接非线性模型，建立螺栓连接圆柱壳结构和螺栓-法兰连接圆柱壳结构非线性动力学模型，分析不同激励条件和连接条件下的动力学响应特征和连接界面力学特性。

　　（1）采用人工弹簧技术模拟螺栓连接的简化线性约束效应，建立了螺栓连接圆柱壳结构自由振动动力学模型。通过对固有频率和振型的研究，讨论了螺栓数量和连接刚度对圆柱壳结构调谐系统模态特性的影响；考虑螺栓分布和约束刚度等失谐形式，以统计理论为基础，采用蒙特卡罗仿真方法，研究了随机螺栓分布误差和随机约束刚度误差对失谐系统固有频率及振型的影响。结果表明：对于调谐系统，圆柱壳结构固有频率随着螺栓数量增加而增加，最终收敛成为稳定值。收敛速度与连接刚度相关，刚度越大，收敛速度越快。与扭转连接刚度相比，在一定刚度值范围内，轴向、径向和切向连接刚度对固有频率的影响更显著。连接刚度对圆柱壳结构振型及其顺序同样影响很大。对于失谐系统，螺栓分布误差和螺栓约束刚度误差等误差模式不仅影响圆柱壳结构的频率大小，而且影响振型形状。当发生随机失谐时，圆柱壳约束条件的对称性被破坏，导致重复频率和振型分裂为两个不同的频率和振型。在本节算例中，考虑螺栓分布位置、连接刚度随机失谐情况，圆柱壳结构固有频率分布服从近似正态分布。因此，合理的对称分布、装配工序和螺栓选择将有助于降低圆柱壳结构模态特性的复杂性。

　　（2）依据航空发动机机匣的螺栓连接力学特性和薄壁结构几何特征，将其简化为螺栓连接双圆柱壳耦合结构，并将其作为研究对象，采用拉格朗日方程方法，推导了螺栓连接双圆柱壳耦合系统的频率方程。重点分析了螺栓数量、螺栓连接刚度、双圆柱壳长度比及双圆柱壳厚度比对系统固有频率与振型的影响。结果表明：螺栓数量较少时，其固有频率大小和模态阶次也会发生明显变化，且引起结构对称模态与反对称模态的差异性。对于弹性连接，当螺栓数量较大且不断增加时，固有频率不断升高，随后趋于稳定。径向和切向连接刚度对固有频率的影响较为明显，其中径向连接刚度尤甚，轴向连接刚度对固有频率的影响较小，扭转连接刚度对固有频率的影响不明显，且存在着不随刚度变化的频率。非对称双圆柱壳耦合结构的连接刚度对固有频率的敏感范围比对称结构的敏感范围更广，且不存在不随刚度变化的频率。两圆柱壳段的长度比变化时，系统固有频率和振型均发生改变。对于模型Ⅰ，系统频率随着长度增大而减小；对于模型Ⅱ，系统频率在长度比为 1 时对称分布。当连接刚度较小时，两类模型频率曲线间会发生频率转向和振型转换，随着刚度增大，频率转向变化为频率相交和振型排序的变换。两个圆柱壳子结构的厚度比变化时，系统固有频率和振型均发生改变。当连接刚度较小时，在厚度比为 1 附近发生频率转向和振型转换，随着刚度增大，频率转向变化为频率相交和振型排序变换。因此，两圆柱壳段的长度比和厚度比对系统振动特性有重要影响，这意味着在进行结构设计时应慎重考虑复杂的实际需要。

（3）基于简化螺栓连接非线性模型，建立螺栓连接圆柱壳结构非线性振动方程，对其振动特性以及连接界面接触状态进行了研究，分析了预紧力、激励幅值、摩擦系数和螺栓个数的影响。结果表明：螺栓连接会引起刚度与阻尼效应，从而导致幅频特性的变化，并且会导致多种倍频成分的出现。随着预紧力和螺栓数量的增加以及激励幅值的减小，峰值频率逐渐增大。预紧力、激励幅值、摩擦系数的增加以及螺栓数量的减少将导致共振幅值的增加。连接界面之间存在三种不同的接触状态，包括黏滞、滑移和分离。随着预紧力、摩擦系数、螺栓数量的增大和激励幅值的减小，滑移和分离的范围将逐渐减小，而黏滞的范围将逐渐增大。连接界面之间的干摩擦运动以及间歇性分离激起了壳体的非线性现象。施加在壳体上的径向简谐激励载荷会引起壳体的轴向位移，从而改变界面间法向压力的大小，进一步可能导致界面分离。沿圆柱壳周向不同位置振动响应的差异导致不同位置螺栓的接触状态和切向约束力的波动范围不同。同时，轴向力还会引起摩擦力的不对称变化。

（4）考虑了螺栓连接界面上接触压力的环形空间分布特征与界面法向压力的变化，建立螺栓-法兰连接圆柱壳结构的动力学模型，分析了法兰几何尺寸对圆柱壳固有频率的影响，研究了预紧力、激励幅值对圆柱壳结构振动响应的影响。结果表明：法兰几何尺寸对于圆柱壳结构的固有频率会产生影响，随着法兰截面宽度和高度尺寸逐渐增大，圆柱壳结构固有频率逐渐增大。随着预紧力逐渐增大，圆柱壳幅频特性响应曲线对应共振频率相应地增大，共振幅值逐渐增大并逐渐趋向于稳定。在共振频率处振动响应特征呈多倍频率现象，在预紧力较小时连接界面存在分离状态，随着预紧力的增大分离状态逐渐减弱至消失。随着激励幅值的增大，圆柱壳幅频特性响应曲线的振动幅值相应地增大，但共振频率逐渐减小。激励幅值较大时，幅频特性响应曲线显示出软式非线性现象。当激励幅值较大时，在峰值处存在多倍频率成分，连接界面间有间歇性分离现象，随着激励幅值减小，倍频成分消失，分离状态消失。

# 第 5 章

# 圆板-圆柱壳耦合结构的振动特性

## ■ 5.1 刚性轮盘-圆柱壳耦合结构自由振动特性

鼓盘式转子具有良好的抗弯刚性和强大的承受大离心载荷的能力，因而得到广泛的应用。在航空发动机的转子系统中，圆柱壳和圆板分别是转子系统中鼓筒和轮盘的常见结构形式。

### 5.1.1 轮盘-鼓筒-转轴耦合系统动力学模型的建立

#### 5.1.1.1 坐标系建立

图 5.1 给出了轮盘-鼓筒-转轴耦合系统理论模型。鼓筒和轮盘通过焊接、铆接或者螺栓紧固等方式连接。假设轮盘是刚性的，质量为 $m_{disk}$，鼓筒为弹性薄壁结构，轮盘和鼓筒之间的连接假设为弹性连接，并利用弹簧来模拟轮盘和转轴之间的连接条件，这里只考虑其刚度，支承刚度为 $k_s$，不考虑轴的质量。鼓筒的厚度为 $h$，长度为 $L$，半径为 $R$，质量密度为 $\rho$，泊松比为 $\mu$，弹性模量为 $E$，材料为各向同性。为了描述轮盘的运动和鼓筒的局部弹性变形、鼓筒上各点的空间位置以及由旋转引起的位置变化，需要建立如图 5.2 所示的坐标系。① $O\text{-}xyz$ 是惯性坐标系；② $O_1\text{-}x_1y_1z_1$ 用来表示轮盘的运动，$O_1$ 位于轮盘的几何中心，坐标轴与惯性坐标系平行；③ $O_2\text{-}x_2y_2z_2$ 用来表示鼓筒的平移运动，即鼓筒与轮盘之间的相对运动，它固定在鼓筒两端的几何中心；④ $O_3\text{-}x_3y_3z_3$ 固定在鼓筒一端的几何中心，$\varphi = \Omega t$，$\Omega$ 为转速；⑤ $O_4\text{-}x_4y_4z_4$ 固定在鼓筒一端的几何中心，$z_4$ 轴与 $z_3$ 轴夹角为 $\theta$；⑥ $O_5\text{-}x_5y_5z_5$ 固定在鼓筒的中曲面上，三个坐标轴与 $O_4\text{-}x_4y_4z_4$ 对应的转轴平行。

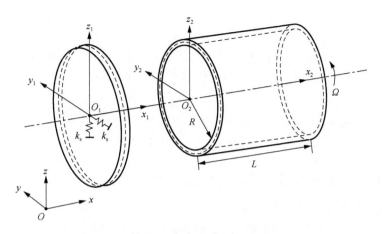

图 5.1　轮盘-鼓筒-转轴耦合系统理论模型

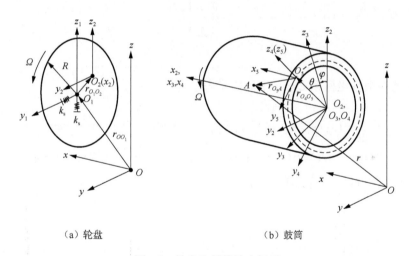

（a）轮盘　　　　　　　　　　（b）鼓筒

图 5.2　轮盘和鼓筒的坐标系

每个坐标系的单位向量之间的关系如下：

$$
\begin{pmatrix} \boldsymbol{i}_1 \\ \boldsymbol{j}_1 \\ \boldsymbol{k}_1 \end{pmatrix} = \boldsymbol{A}_1 \begin{pmatrix} \boldsymbol{i} \\ \boldsymbol{j} \\ \boldsymbol{k} \end{pmatrix}, \quad
\begin{pmatrix} \boldsymbol{i}_2 \\ \boldsymbol{j}_2 \\ \boldsymbol{k}_2 \end{pmatrix} = \boldsymbol{A}_2 \begin{pmatrix} \boldsymbol{i}_1 \\ \boldsymbol{j}_1 \\ \boldsymbol{k}_1 \end{pmatrix}, \quad
\begin{pmatrix} \boldsymbol{i}_3 \\ \boldsymbol{j}_3 \\ \boldsymbol{k}_3 \end{pmatrix} = \boldsymbol{A}_3 \begin{pmatrix} \boldsymbol{i}_2 \\ \boldsymbol{j}_2 \\ \boldsymbol{k}_2 \end{pmatrix}, \quad
\begin{pmatrix} \boldsymbol{i}_4 \\ \boldsymbol{j}_4 \\ \boldsymbol{k}_4 \end{pmatrix} = \boldsymbol{A}_4 \begin{pmatrix} \boldsymbol{i}_3 \\ \boldsymbol{j}_3 \\ \boldsymbol{k}_3 \end{pmatrix}, \quad
\begin{pmatrix} \boldsymbol{i}_5 \\ \boldsymbol{j}_5 \\ \boldsymbol{k}_5 \end{pmatrix} = \boldsymbol{A}_5 \begin{pmatrix} \boldsymbol{i}_4 \\ \boldsymbol{j}_4 \\ \boldsymbol{k}_4 \end{pmatrix}
$$

（5.1）

式中，

$$
\boldsymbol{A}_1 = \begin{bmatrix} 1 & 0 & 0 \\ 0 & 1 & 0 \\ 0 & 0 & 1 \end{bmatrix}, \ \boldsymbol{A}_2 = \begin{bmatrix} 1 & 0 & 0 \\ 0 & 1 & 0 \\ 0 & 0 & 1 \end{bmatrix}, \ \boldsymbol{A}_3 = \begin{bmatrix} 1 & 0 & 0 \\ 0 & \cos\varphi & -\sin\varphi \\ 0 & \sin\varphi & \cos\varphi \end{bmatrix}
$$

$$
\boldsymbol{A}_4 = \begin{bmatrix} 1 & 0 & 0 \\ 0 & \cos\theta & -\sin\theta \\ 0 & \sin\theta & \cos\theta \end{bmatrix}, \ \boldsymbol{A}_5 = \begin{bmatrix} 1 & 0 & 0 \\ 0 & 1 & 0 \\ 0 & 0 & 1 \end{bmatrix}
\tag{5.2}
$$

### 5.1.1.2　轮盘-鼓筒-转轴耦合系统的应变和动能

鼓筒中间表面上任意点 $A$ 在轴向（$x_5$）、周向（$y_5$）和径向（$z_5$）上的位移可分别表示为 $u$、$v$ 和 $w$。惯性坐标系 $O\text{-}xyz$ 中点 $A$ 的位置向量可以表示为

$$
\boldsymbol{r} = \begin{pmatrix} x_d & y_d & z_d \end{pmatrix} \begin{pmatrix} \boldsymbol{i} \\ \boldsymbol{j} \\ \boldsymbol{k} \end{pmatrix} + \begin{pmatrix} x_R & y_R & z_R \end{pmatrix} \begin{pmatrix} \boldsymbol{i}_1 \\ \boldsymbol{j}_1 \\ \boldsymbol{k}_1 \end{pmatrix} + \begin{pmatrix} 0 & 0 & R \end{pmatrix} \begin{pmatrix} \boldsymbol{i}_4 \\ \boldsymbol{j}_4 \\ \boldsymbol{k}_4 \end{pmatrix} + \begin{pmatrix} x_A + u & v & w \end{pmatrix} \begin{pmatrix} \boldsymbol{i}_5 \\ \boldsymbol{j}_5 \\ \boldsymbol{k}_5 \end{pmatrix}
\tag{5.3}
$$

点 $A$ 在惯性坐标系 $O\text{-}xyz$ 中的向量表示为

$$
\begin{aligned}
\boldsymbol{v} = \frac{\mathrm{d}\boldsymbol{r}}{\mathrm{d}t} &= \left( \dot{x}_d + \dot{x}_R + \dot{u} \right)\boldsymbol{i} + \Big[ \dot{y}_d + \dot{y}_R + \left( \dot{v} + \Omega w + \Omega R \right)\cos(\theta + \varphi) \\
&\quad + \left( \dot{w} - \Omega v \right)\sin(\theta + \varphi) \Big]\boldsymbol{j} + \Big[ \dot{z}_d + \dot{z}_R - \left( \Omega w + \dot{v} + \Omega R \right)\sin(\theta + \varphi) \\
&\quad + \left( \dot{w} - \Omega v \right)\cos(\theta + \varphi) \Big]\boldsymbol{k}
\end{aligned}
\tag{5.4}
$$

鼓筒的动能为

$$
\begin{aligned}
T_{\text{drum}} &= \frac{1}{2}\rho h \iint_S (\boldsymbol{v}\cdot\boldsymbol{v}) R\,\mathrm{d}x\,\mathrm{d}\theta \\
&= \frac{\rho h L R}{2} \int_0^1 \int_0^{2\pi} \Big( \dot{x}_d^2 + \dot{x}_R^2 + 2\dot{x}_d\dot{x}_R + 2\dot{x}_d\dot{u} + 2\dot{x}_R\dot{u} + \dot{y}_d^2 \\
&\quad + \dot{z}_d^2 + \dot{y}_R^2 + \dot{z}_R^2 + 2\dot{y}_d\dot{y}_R + 2\dot{z}_d\dot{z}_R + \dot{u}^2 + \dot{v}^2 + \dot{w}^2 + \Omega^2 v^2 \\
&\quad + \Omega^2 w^2 + 2\Omega w\dot{v} - 2\dot{w}v\Omega + \Omega^2 R^2 + 2\dot{v}\Omega R + 2\Omega^2 wR \Big)\mathrm{d}\xi\,\mathrm{d}\theta \\
&\quad + \rho h L R \cos\varphi \int_0^1 \int_0^{2\pi} \Big\{ \big[ (\dot{y}_d + \dot{y}_R)(\dot{v} + \Omega w + \Omega R) + (\dot{z}_d + \dot{z}_R)(\dot{w} - \Omega v) \big]\cos\theta \\
&\quad + \big[ (\dot{y}_d + \dot{y}_R)(\dot{w} - \Omega v) - (\dot{z}_d + \dot{z}_R)(\dot{v} + \Omega w + \Omega R) \big]\sin\theta \Big\}\mathrm{d}\xi\,\mathrm{d}\theta \\
&\quad + \rho h L R \sin\varphi \int_0^1 \int_0^{2\pi} \Big\{ \big[ (\dot{y}_d + \dot{y}_R)(\dot{w} - \Omega v) - (\dot{z}_d + \dot{z}_R)(\dot{v} + \Omega w + \Omega R) \big]\cos\theta \\
&\quad - \big[ (\dot{y}_d + \dot{y}_R)(\dot{v} + \Omega w + \Omega R) + (\dot{z}_d + \dot{z}_R)(\dot{w} - \Omega v) \big]\sin\theta \Big\}\mathrm{d}\xi\,\mathrm{d}\theta
\end{aligned}
\tag{5.5}
$$

基于 Sanders[11] 壳理论，圆柱壳的势能 $U_{drum}^{\varepsilon}$ 和由旋转产生的势能 $U_{drum}^{\Omega}$ 可以表示为

$$
\begin{aligned}
U_{drum}^{\varepsilon} = & \frac{Eh}{2(1-\mu^2)}\int_0^1\int_0^{2\pi}\left[\left(\frac{\partial u}{L\partial \xi}\right)^2 + \frac{2\mu}{R}\frac{\partial u}{L\partial \xi}\left(\frac{\partial v}{\partial \theta}+w\right) + \frac{1}{R^2}\left(\frac{\partial v}{\partial \theta}+w\right)^2\right. \\
& \left. + \frac{1-\mu}{2}\left(\frac{1}{R}\frac{\partial u}{\partial \theta}+\frac{\partial v}{L\partial \xi}\right)^2\right]RL\,\mathrm{d}\xi\,\mathrm{d}\theta \\
& + \frac{Eh^3}{24(1-\mu^2)}\int_0^1\int_0^{2\pi}\left[\left(\frac{\partial^2 w}{L^2\partial \xi^2}\right)^2 + \frac{2\mu}{R^2}\frac{\partial^2 w}{L^2\partial \xi^2}\left(\frac{\partial^2 w}{\partial \theta^2}-\frac{\partial v}{\partial \theta}\right) + \frac{1}{R^4}\left(\frac{\partial v}{\partial \theta}-\frac{\partial^2 w}{\partial \theta^2}\right)^2\right. \\
& \left. + \frac{1-\mu}{2R^2}\left(\frac{1}{2R}\frac{\partial u}{\partial \theta}-\frac{3}{2L}\frac{\partial v}{L\partial \xi}+\frac{2\partial^2 w}{L\partial \xi\partial \theta}\right)^2\right]RL\,\mathrm{d}\xi\,\mathrm{d}\theta
\end{aligned}
$$

$$\tag{5.6}$$

$$
U_{drum}^{\Omega} = \frac{L}{2}\int_0^{2\pi}\int_0^1 N_\theta^0\left[\frac{1}{R^2}\left(\frac{\partial u}{\partial \theta}\right)^2 + \frac{1}{R^2}\left(\frac{\partial v}{\partial \theta}+w\right)^2 + \frac{1}{R^2}\left(-\frac{\partial w}{\partial \theta}+v\right)^2\right]R\mathrm{d}\xi\mathrm{d}\theta \tag{5.7}
$$

$r_d = x_d\boldsymbol{i} + y_d\boldsymbol{j} + z_d\boldsymbol{k}$ 是惯性坐标系中轮盘质心的位置向量。轮盘的动能和支承弹簧的弹性势能如下：

$$
T_{disk} = \frac{1}{2}m_{disk}\left(\dot{x}_d^2 + \dot{y}_d^2 + \dot{z}_d^2\right) + \frac{1}{2}J\dot{\theta}^2 \tag{5.8}
$$

$$
U_{disk} = \frac{1}{2}k_x x_d^2 + \frac{1}{2}k_s\left(y_d^2 + z_d^2\right) + \frac{1}{2}k_\theta\theta^2 \tag{5.9}
$$

连接的弹性势能可以写成

$$
\begin{aligned}
U_{coupled} = & \frac{R}{2}\int_0^{2\pi}\left\{k_u\left(u-x_R\right)^2 + k_v\left(v-R\theta\right)^2 + k_w\left[w+y_R\sin(\varphi+\theta)+z_R\cos(\varphi+\theta)\right]^2\right. \\
& \left.\left. + k_\theta\left(\frac{\partial w}{L\partial \xi}\right)^2\right\}\right|_{\xi=0}\mathrm{d}\theta
\end{aligned}
$$

$$\tag{5.10}$$

因此，轮盘-鼓筒-转轴耦合系统的总动能和总势能可以写成

$$
T_{total} = T_{drum} + T_{disk} \tag{5.11}
$$

$$
U_{total} = U_{drum}^{\varepsilon} + U_{drum}^{\Omega} + U_{disk} + U_{coupled} \tag{5.12}
$$

### 5.1.1.3 轮盘-鼓筒-转轴耦合系统的动力学方程

对于任意周向模态数 $n$，任意点 $A$ 的轴向、周向和径向位移的表达式可为

$$\begin{cases} u(\xi,\theta,t)=U_m(\xi)\cos(n\theta+\omega t) \\ v(\xi,\theta,t)=V_m(\xi)\sin(n\theta+\omega t) \\ w(\xi,\theta,t)=W_m(\xi)\cos(n\theta+\omega t) \end{cases} \qquad (5.13)$$

将离散化的轮盘-鼓筒-转轴耦合系统的动能和势能代入拉格朗日方程，得到质量矩阵、陀螺矩阵和刚度矩阵。轮盘-鼓筒-转轴耦合系统的自由振动方程可以写成

$$M\ddot{q}+G\dot{q}+Kq=0 \qquad (5.14)$$

式中，$M$、$G$ 和 $K$ 分别为质量矩阵、陀螺矩阵和刚度矩阵；$q$ 为广义向量。矩阵和向量的所有详细表达式见附录 B。在求解振动方程过程中，可通过 $\tilde{\omega}=\omega R\sqrt{\rho(1-\mu^2)/E}$ 求得系统无量纲频率参数。

## 5.1.2 模型验证

为了验证上述建立的轮盘-鼓筒-转轴耦合系统模型的准确性和可靠性，将轮盘-鼓筒-转轴耦合系统的固有频率与文献[92]和 ANSYS 中的结果进行了比较。相关参数取值如下：$L=0.15\text{m}$，$R=0.3\text{m}$，$h=0.002\text{m}$，$E=7\times10^{10}\text{Pa}$，$\mu=0.3$，$\rho=2600\text{kg/m}^3$，$m_{\text{disk}}=35\text{kg}$，$k_s=7\times10^6\text{N/m}$，以及 $k_x$、$k_u$、$k_v$、$k_w$ 和 $k_\theta$ 设置为无穷大的值。根据提出的模型，在 ANSYS 中建立了三维有限元模型，如图 5.3 所示。在有限元模型中，采用 SHELL 63 单元对鼓筒进行建模，采用质点法对刚性轮盘进行建模。用弹簧模拟径向耦合刚度，用 COMBIN 14 单元表示，其他方向夹紧。现有的有限元模型包含 1983 个单元和 11982 个节点。表 5.1 中列出了文献[92]和 ANSYS 的计算结果以及本节方法的计算结果，可见计算结果一致性良好。这些都说明本节建立的轮盘-鼓筒-转轴耦合系统模型是可行的。

图 5.3 ANSYS 中弹性支承鼓盘结构的有限元模型

表 5.1　固有频率比较　　　　　　　　　　单位：Hz

| n | 不同方法得到的固有频率 | | |
|---|---|---|---|
| | 文献[92] | 本节方法 | ANSYS |
| — | 69.73 | 70.44 | 71.18 |
| 6 | 716.77 | 716.49 | 716.61 |
| 7 | 634.24 | 634.00 | 634.40 |
| 8 | 605.08 | 604.91 | 605.60 |
| 9 | 623.18 | 623.06 | 624.07 |
| 10 | 679.83 | 679.74 | 681.09 |

### 5.1.3　轮盘-鼓筒-转轴耦合系统固有特性分析

轮盘-鼓筒-转轴耦合系统广泛用于航空发动机转子系统中。由于轮盘和鼓筒之间的耦合关系，轮盘-鼓筒-转轴耦合系统的振动特性不同于单个鼓筒或轮盘的振动特性。因此，分析轮盘-鼓筒-转轴耦合系统的固有特性具有重要意义。本节分析静态下耦合刚度（$\lambda_w = \lg k_w$）和支承刚度（$\lambda_s = \lg k_s$）对耦合系统模态特性的影响。通过本节方法获得的耦合系统的特征向量被用于获取三维振型，有助于实现和解释耦合现象。系统的参数如表 5.2 所示。

表 5.2　轮盘-鼓筒-转轴耦合系统的参数

| 参数 | 取值 | 参数 | 取值 |
|---|---|---|---|
| 鼓筒长度 $L$/m | 0.15 | 鼓筒的半径 $R$/m | 0.3 |
| 鼓筒厚度 $h$/m | 0.002 | 鼓筒的密度 $\rho$/（kg/m³） | 2600 |
| 弹性模量 $E$/GPa | 70 | 轮盘的质量 $m_{disk}$/kg | 35 |
| 泊松比 $\mu$ | 0.3 | — | — |

#### 5.1.3.1　支承刚度对系统耦合振动的影响

在本节的动力学模型中，用支承刚度模拟刚性轮盘和转轴之间的连接，故而支承刚度对系统的固有特性至关重要。因此，本节分析支承刚度（$\lambda_s = \lg k_s$）对轮盘-鼓筒-转轴耦合系统的无量纲频率参数和振型的影响。图 5.4 和图 5.5 给出了在 $n=1$ 和 $n=2$ 情况下，系统的无量纲频率参数随支承刚度 $\lambda_s$ 的变化。在计算过程中，耦合刚度 $\lambda_w = 8$。结果发现，频率曲线成对出现。对曲线进行编号，如图 5.4 和图 5.5 所示。需要指出的是，当 $n=2$ 时，由于轮盘和鼓筒模态的对称性，每一对频率曲线相互重合。但是当 $n=1$ 时，由于耦合效应，每对曲线都有一点差异，分别表示为 B1、C1、D1、E1、F1 和 G1。如图 5.4 所示，在 A1、B1、C1、E1、F1 和 G1 的位置存在频率转向现象，这意味着轮盘和鼓筒的模态是耦合的。在 D1 的位置存在交叉现象。然而，在图 5.5 中，仅在 A2 处发现频率转向现象，而在 B2、C2、D2 和 E2 处发现交叉现象，这意味着耦合效应仅在 A1 处发生。这些现象的详细表述如下：A1 和 A2 中的频率转向现象主要是由轮盘振动和鼓筒平移运动的耦合效应引起的。以 A1 为例，当支承刚度较小时，例如 $\lambda_s=7$，曲线 1、2 的频率耦合模态主要由轮盘振动和曲线 3、4 的频率耦合模态决定。此时振型由鼓筒的平移运动主导，振型形状如图 5.6（a）、（b）所示。随着支承刚度增大到接近 8.8，曲线 3、4 中的频率仅增大了一点。但是，曲线 1、2 中的频率却在不断增大。当支承刚度接近 8.8 时，这些曲线变得非常接近，这意味着附近有相似的频率和振型形状，如图 5.6（c）和（d）所示。随着刚度的进一步增大，发生了频率转向现象。鼓筒的平移运动主导曲线 1、2 中频率的耦合模态，而耦合结构系统的平移运动主导曲线 3、4 中频率的耦合模态，如图 5.6（e）和（f）所示。此外，鼓筒在 A1 之前的平移运动频率比在 A1 之后的平移运动频率大一些。在图 5.5 中的 A2 处，曲线 1~4 可以发现类似的现象。但是，通过比较 $n=1$ 和 $n=2$，发现了两个明显的差异。首先，在 $n=1$ 时频率转向现象发生在支承刚度接近 $\lambda_s=8.8$ 处，而 $n=2$ 时发生在 $\lambda_s=9.6$ 附近。其次，$n=1$ 时鼓筒平移运动的模态频率小于 $n=2$ 时的频率。

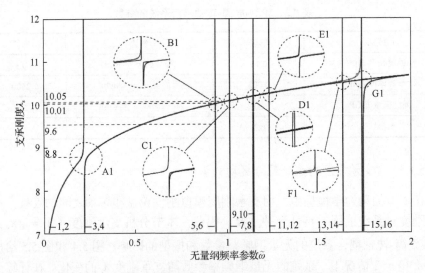

图 5.4　$n=1$ 时支承刚度 $\lambda_s$ 对系统的无量纲频率参数的影响

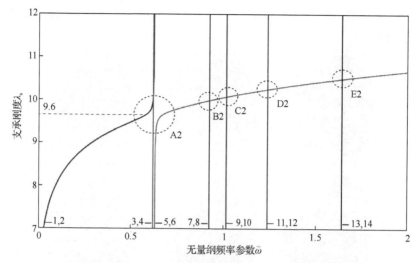

图 5.5　$n=2$ 时支承刚度 $\lambda_s$ 对系统的无量纲频率参数的影响

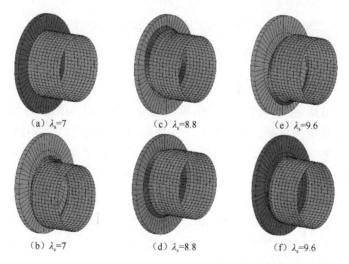

（a）$\lambda_s=7$　　　　　（c）$\lambda_s=8.8$　　　　　（e）$\lambda_s=9.6$

（b）$\lambda_s=7$　　　　　（d）$\lambda_s=8.8$　　　　　（f）$\lambda_s=9.6$

图 5.6　$n=1$ 时不同支承刚度 $\lambda_s$ 的耦合系统的振型

（a）、（c）、（e）对应图 5.4 中曲线 1,2；（b）、（d）、（f）对应图 5.4 中曲线 3,4

在 B1 处也会出现频率转向现象，这主要是由 $n=1$ 时轮盘振动和鼓筒变形引起的。当支承刚度增大到 9.6 时，曲线 3、4 的频率耦合模态由鼓筒的平移运动主导，而曲线 5、6 的频率耦合模态由鼓筒的变形主导。如图 5.7（a）和（b）所示。当支承刚度增大到 10.01 时，曲线 3～6 的频率和振型相似，如图 5.7（c）和（d）所示。随着支承刚度的进一步增大，出现转向现象。曲线 3、4 的频率耦合模态将由鼓筒的变形主导，曲线 5、6 中的频率耦合模态由鼓筒的平移运动主导，如

图 5.7（e）和（f）所示，C1、E1、F1 和 G1 处的频率转向现象也可以通过上述方法类似解释。

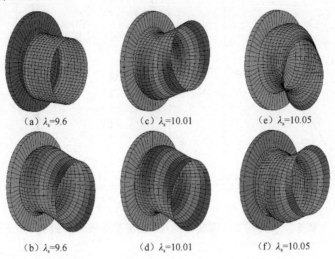

（a）$\lambda_s$=9.6    （c）$\lambda_s$=10.01    （e）$\lambda_s$=10.05

（b）$\lambda_s$=9.6    （d）$\lambda_s$=10.01    （f）$\lambda_s$=10.05

图 5.7    $n$=1 时不同支承刚度 $\lambda_s$ 的耦合系统的振型

（a）、（c）、（e）对应图 5.4 中曲线 3,4；（b）、（d）、（f）对应图 5.4 中曲线 5,6

### 5.1.3.2    连接刚度对系统耦合振动的影响

如 5.1.1 节所述，连接弹簧用于模拟轮盘和鼓筒之间的耦合连接，故而耦合刚度是系统模型的重要参数。本节分析径向的耦合刚度对轮盘-鼓筒-转轴耦合系统的频率参数和振型的影响。图 5.8 和图 5.9 给出了在 $n$=1 和 $n$=2 情况下不同耦合刚度的系统的无量纲频率参数的变化。在计算中，支承刚度 $\lambda_s$=7。图中频率曲线成对出现，并按图示编号。如图 5.8 所示，在 A1 处存在频率转向现象，在 B1 处存在交叉现象，并且随着耦合刚度的增大，频率的其他曲线没有交点。在图 5.9 中，在 A2 处也发现转向现象，在 B2、C2、D2、E2 和 F2 处发现交叉现象，这意味着耦合效应仅在 A1 处发生。

与图 5.4 和图 5.5 类似，图 5.8 和图 5.9 中 A1 和 A2 的频率转向现象主要是由轮盘振动和鼓筒平移运动的耦合效应引起的。以 A1 为例，当耦合刚度较小时，曲线 1、2 的频率耦合模态由鼓筒的平移运动主导，而轮盘的振动则主导曲线 3、4 的振型，如图 5.10（a）和（b）所示。随着耦合刚度从 $\lambda_w$=4 增大到 $\lambda_w$=5.4，曲线 3、4 的频率仅增大了一点。但是，曲线 1、2 的频率连续增大到曲线 3、4 的值。当耦合刚度接近 $\lambda_w$=5.4 时，这四个曲线接近，这意味着相似的频率和振型，如图 5.10（c）和（d）所示。随着耦合刚度的进一步增大，会发生频率转向现象。曲线 1、2 的频率耦合模态成为轮盘振动的主导模态，曲线 3、4 的频率耦合模态

成为鼓筒的平移运动的主导模态，如图 5.10（e）和（f）所示。在图 5.9 中的 A2
处可以看到类似的现象。但是，明显的区别是，随着耦合刚度从 4 增大到 10，$n=1$
时曲线 1、2 的频率增加到稳定值，并且 $n=2$ 时的频率单调增大。图 5.10（g）和
（h）是 $\lambda_w=10$ 的振型形状。

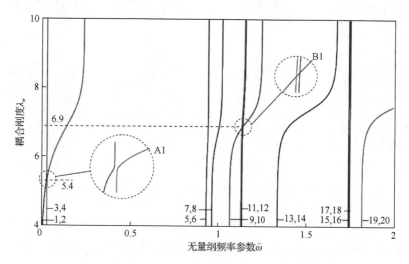

图 5.8　$n=1$ 时耦合刚度 $\lambda_w$ 对系统的无量纲频率参数的影响

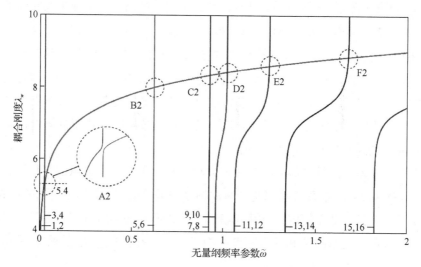

图 5.9　$n=2$ 时耦合刚度 $\lambda_w$ 对系统的无量纲频率参数的影响

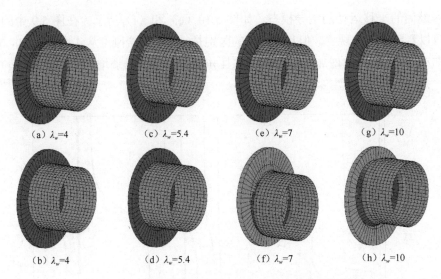

$$(a)\ \lambda_w=4 \qquad (c)\ \lambda_w=5.4 \qquad (e)\ \lambda_w=7 \qquad (g)\ \lambda_w=10$$

$$(b)\ \lambda_w=4 \qquad (d)\ \lambda_w=5.4 \qquad (f)\ \lambda_w=7 \qquad (h)\ \lambda_w=10$$

图 5.10　$n=1$ 时不同耦合刚度 $\lambda_w$ 的耦合系统的振型

(a)、(c)、(e)、(g) 对应图 5.8 中曲线 1,2；(b)、(d)、(f)、(h) 对应图 5.8 中曲线 3,4

在非旋转条件下，轮盘-鼓筒-转轴耦合系统中有两种耦合作用。首先，轮盘的振动和鼓筒的平移运动（即相对于轮盘的运动）与 $n=1$ 和 $n=2$ 有关。例如，频率转向现象不仅出现在图 5.4 中的 A1 位置（在 $n=1$ 时绘制），而且还出现在图 5.5 中的 A2 位置（在 $n=2$ 时绘制）。其次，在 $n=1$ 时，鼓筒的局部变形与轮盘的振动有关，而 $n=2$ 时并没有发现类似现象。例如，频率转向现象出现在图 5.4 中的 B1、C1 和 E1 的位置，但没有出现在图 5.5 中的 B2、C2 和 E2 的位置。这些结果也可以从振动方程的角度进行解释：结合振动方程式（B.1）和式（B.3），$M_{dR}$ 是轮盘振动与鼓筒平移运动之间的耦合矩阵。它是一个非零的矩阵，这意味着无论 $n$ 是多少，轮盘的振动都与鼓筒的平移运动有关。在质量矩阵和刚度矩阵中，$M_{dD}$、$M_{RD}$ 和 $K_{RD}$ 是轮盘振动与鼓筒的局部变形之间的耦合矩阵。当 $n\neq1$ 时，这三个矩阵均为零矩阵，并且鼓筒的局部变形方程与轮盘的振动和鼓筒的平移运动都不相关。这意味着鼓筒的局部变形与轮盘的振动和鼓筒的平移运动都不相关。但是，当 $n=1$ 时，它们是非零矩阵，并且轮盘和鼓筒之间存在耦合效应，并且受轮盘质量、鼓筒质量、支承刚度和耦合刚度影响。因此，在模拟轮盘-鼓筒-转轴系统的耦合特性时，应注意 $n=1$ 的情况。

### 5.1.3.3　支承刚度和连接刚度对旋转条件下系统耦合振动的影响

轮盘-鼓筒-转轴耦合系统往往在高速旋转工况下运行。转速是一项关于系统固有特性的重要参数。因此，在这一节中，将通过坎贝尔图研究转速对轮盘-鼓筒-转轴耦合系统固有频率的影响。并给出几个具有不同耦合刚度和支承刚度的特殊工况示例。

图 5.11 和图 5.12 给出了在 $n=1$ 时前四个模态的无量纲频率参数随转速的变化。图 5.11 和图 5.12 中的曲线成对出现，对图中曲线进行编号。曲线 1、2 代表轮盘振动主导的耦合模态；曲线 3、4 代表鼓筒的平移运动主导的耦合模态；曲线 5、6 代表鼓筒变形主导的耦合模态，鼓筒模态数为 $(m=2, n=1)$；曲线 7、8 代表鼓筒的模态 $(m=3, n=1)$ 主导的耦合模态。如图 5.11 和图 5.12 所示，所有模态都会产生前行波（forward traveling wave, FW）和后行波（backward travelling wave, BW），尤其是轮盘振动和鼓筒平移运动的模态，如曲线 1~4。所有模态的频率都随着转速的变化而变化，但是后行波数值始终大于前行波。比较图 5.11 和图 5.12，可以清楚地看到，随着支承刚度的增大，轮盘振动模态的曲线 1、2 的频率也增大。当连接刚度增大时，鼓筒的平移运动频率会明显增大。

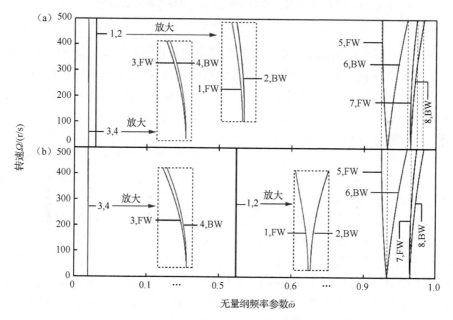

图 5.11　$n=1$ 时转速对系统的无量纲频率参数的影响

（a）$\lambda_s=7$，$\lambda_w=5$；（b）$\lambda_s=9.5$，$\lambda_w=5$

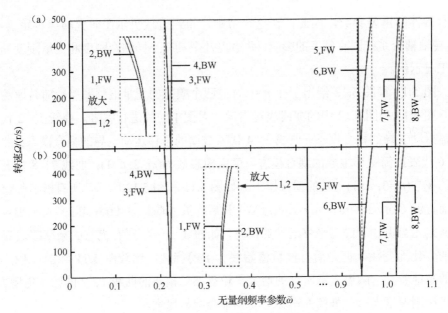

图 5.12　$n=1$ 时转速对系统的无量纲频率参数的影响

（a）$\lambda_s = 7$，$\lambda_w = 8$；（b）$\lambda_s = 9.5$，$\lambda_w = 8$

图 5.13 和图 5.14 给出了 $n=2$ 时前四个模态的无量纲频率参数随转速的变化情况。在图 5.13 和图 5.14 中，频率曲线成对出现。曲线 1、2 代表轮盘振动主导的耦合模态；曲线 3、4 代表鼓筒的平移运动主导的耦合模态；曲线 5、6 代表鼓筒变形$(m=1, n=2)$主导的耦合模态；曲线 7、8 代表鼓筒的变形$(m=2, n=2)$主导的耦合模态。可以发现，曲线 1～4 中的频率随着转速变化而保持恒定，而且前后行波仅在鼓筒主导模态下产生。比较图 5.13 和图 5.14，随着支承刚度的增大，曲线 1、2 的频率明显增大，曲线 3、4 的频率也有较小的增量。当耦合刚度增大时，鼓筒的平移运动频率会明显增大，轮盘的频率会略有下降。但是，在$(m=1, n=2)$和$(m=2, n=2)$情况下，鼓筒的变形频率不会随支承刚度和连接刚度的变化而变化。

众所周知，圆柱壳结构的前行波和后行波是由科里奥利力和离心作用引起的。如图 5.11 和图 5.12 所示，在 $n=1$ 时，系统的所有模态都产生前行波和后行波，但是如图 5.13 和图 5.14 所示，在 $n=2$ 时，仅鼓筒模态发现了前行波和后行波。这些现象也可以从振动方程的角度解释：陀螺矩阵中 $G_{\mathrm{dD}}$ 和 $G_{\mathrm{RD}}$ 的子矩阵是轮盘变形、鼓筒平移运动和鼓筒变形之间耦合的方程。当 $n=1$ 时，$G_{\mathrm{dD}}$ 和 $G_{\mathrm{RD}}$ 是非零矩阵，这意味着轮盘振动与鼓筒的平移运动和鼓筒的变形相关，并且受转速的影响。因此，非零矩阵导致由轮盘的振动与鼓筒的平移运动主导的模态产生前后行波的差异。因此，对于旋转态轮盘-鼓筒-转轴耦合系统，必须考虑 $n=1$ 时的耦合效应影响。相反，当 $n \neq 1$ 时，$G_{\mathrm{dD}}$ 和 $G_{\mathrm{RD}}$ 为零矩阵，系统质量矩阵和刚度矩阵中包含耦合矩阵。也就是说，鼓筒变形的方程与轮盘的振动和鼓筒的平移运动无关，也不受转速的影响。这就解释了为什么在图 5.13 和图 5.14 中会发现鼓筒变形与轮盘振动之间没有耦合效应。

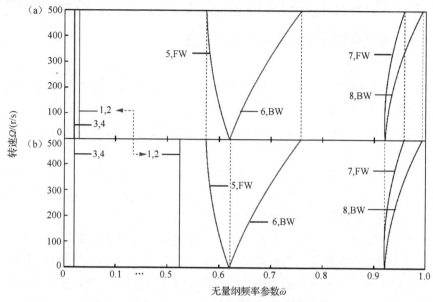

图 5.13　$n=2$ 时转速对系统的无量纲频率参数的影响

（a）$\lambda_s=7$，$\lambda_w=5$；（b）$\lambda_s=9.5$，$\lambda_w=5$

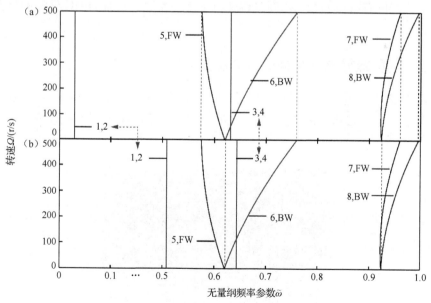

图 5.14　在周波数 $n=2$、$\lambda_w=8$ 的情况下转速对系统的无量纲频率参数的影响

（a）$\lambda_s=7$；（b）$\lambda_s=9.5$

# 5.2 基于几何非线性理论旋转态刚性轮盘-圆柱壳耦合结构振动响应特性

鼓筒作为航空发动机转子中的常见结构，经常要承受巨大的惯性力、气体力和复杂的振动负载。如果设计不合理，可能会在工作时发生剧烈振动导致零件损坏，进而影响发动机正常工作。因此对轮盘-鼓筒耦合结构进行振动特性的研究是保证其合理设计和稳定工作的关键。

鉴于轮盘的工作状态及自身的物理特性，本节对轮盘进行刚性处理，视轮盘为刚性轮盘。由于鼓筒表面篦齿的尺寸较鼓筒尺寸小很多，为方便研究，在此忽略篦齿的影响，将鼓筒考虑为典型的圆柱壳结构。

阅读文献发现，以往的研究多是针对静止圆柱壳或者是在简支边界条件下进行。忽略了边界条件和转动所引起的科里奥利力及离心力对系统特性的影响。本节创新性地以弹性支撑下旋转态轮盘-鼓筒耦合结构为研究对象，基于 Donnell[10] 非线性壳理论，建立旋转态轮盘-鼓筒系统振动微分方程。考虑了鼓筒离心力、科里奥利力以及周向初应力的影响，研究了支承刚度、转速、轮盘和鼓筒间的耦合效应对系统固有特性的影响，同时也分析了不同参数对系统的非线性幅频特性的影响。

## 5.2.1 轮盘-鼓筒耦合结构动力学模型的建立

轮盘-鼓筒-转轴-叶片实际结构如图 5.15 所示。可以看出鼓筒和叶片分别连接在轮盘上，而轮盘和转轴连接。在以往的文献中对轮盘-转轴的结构研究较多，对

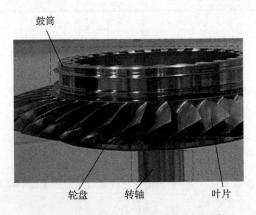

图 5.15　轮盘-鼓筒-转轴-叶片实际结构

于轮盘-转轴-叶片的系统也有研究，而对于轮盘-鼓筒-转轴耦合系统的研究却鲜有文献涉及，特别是考虑鼓筒非线性变形理论的研究文献。这里考虑具有几何大变形的鼓筒，且假设其一端固定于弹支刚性轮盘上，另一端自由状态来模拟远端弹性边界，轮盘-鼓筒耦合系统模型如图 5.16 所示。鼓筒随转子系统以角速度 $\Omega$ 一起转动，$O\text{-}xyz$ 为惯性坐标系，$O_1\text{-}x_1y_1z_1$ 为固定在轮盘中心的坐标系，$P\text{-}uvw$ 为鼓筒表面的正交坐标系。

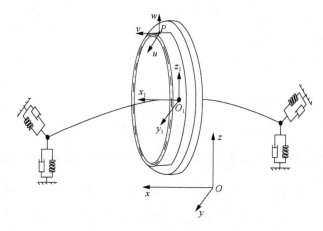

图 5.16　轮盘-鼓筒耦合系统模型

为便于描述轮盘-鼓筒-转轴-叶片实际结构，根据图 5.16 中轮盘的运动与鼓筒的振动，建立如图 5.17 所示的四种坐标系（图中尺寸有所放大），分别定义为：①$O\text{-}xyz$ 为惯性坐标系；②$O_1\text{-}x_1y_1z_1$ 为鼓筒中心坐标系，原点 $O_1$ 位于轮盘与鼓筒相交圆的几何中心，且三个坐标轴的方向与坐标系 $O\text{-}xyz$ 方向相同；③$O_2\text{-}x_2y_2z_2$ 为鼓筒的随体坐标系，随鼓筒以角速度 $\Omega$ 转动，圆点 $O_2$ 与 $O_1$ 重合，且 $x_2$ 轴与 $x_1$ 轴重合；④$O_3\text{-}x_3y_3z_3$ 为中曲面的曲线坐标系，分别以 $i_3$、$j_3$ 和 $k_3$ 表示 $x$、$\theta$ 和 $z$ 方向的单位向量。$u$、$v$ 和 $w$ 表示鼓筒中曲面在三个坐标方向发生的位移，$\overline{O_1A} = \overline{O_1O_2} + \overline{O_2O_3} + \overline{O_3O} + \overline{OA}$。

为便于动力学方程的建立，作如下假设。

（1）轮盘为刚性轮盘，轮盘与鼓筒的连接处采用固支边界条件。

（2）支承轮盘-鼓筒耦合系统的转轴和轴承符合线弹性理论。

（3）以弹簧阻尼系统来模拟转轴对轮盘的支承。

（4）鼓筒厚度与鼓筒中曲面之比很小，属于薄壁构件。

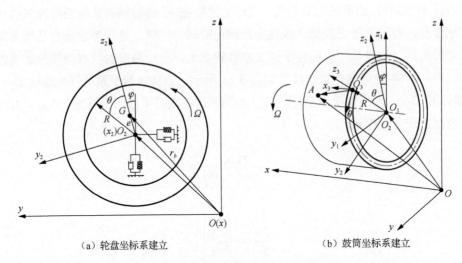

（a）轮盘坐标系建立　　　　　　　　（b）鼓筒坐标系建立

图 5.17　轮盘-鼓筒耦合系统坐标示意图

依据前面所建立的坐标系及假设，各坐标系单位向量间的转换矩阵为

$$A_1 = \begin{bmatrix} 1 & 0 & 0 \\ 0 & 1 & 0 \\ 0 & 0 & 1 \end{bmatrix}, A_2 = \begin{bmatrix} 1 & 0 & 0 \\ 0 & \cos\varphi & -\sin\varphi \\ 0 & \sin\varphi & \cos\varphi \end{bmatrix}, A_3 = \begin{bmatrix} 1 & 0 & 0 \\ 0 & \cos\theta & -\sin\theta \\ 0 & \sin\theta & \cos\theta \end{bmatrix} \quad (5.15)$$

由式（5.15）可以对各坐标系进行转化，转化关系如下：

$$\begin{pmatrix} \boldsymbol{i} \\ \boldsymbol{j} \\ \boldsymbol{k} \end{pmatrix} = A_1^{-1} \begin{pmatrix} \boldsymbol{i}_1 \\ \boldsymbol{j}_1 \\ \boldsymbol{k}_1 \end{pmatrix}, \begin{pmatrix} \boldsymbol{i}_1 \\ \boldsymbol{j}_1 \\ \boldsymbol{k}_1 \end{pmatrix} = A_2^{-1} \begin{pmatrix} \boldsymbol{i}_2 \\ \boldsymbol{j}_2 \\ \boldsymbol{k}_2 \end{pmatrix}, \begin{pmatrix} \boldsymbol{i}_2 \\ \boldsymbol{j}_2 \\ \boldsymbol{k}_2 \end{pmatrix} = A_3^{-1} \begin{pmatrix} \boldsymbol{i}_3 \\ \boldsymbol{j}_3 \\ \boldsymbol{k}_3 \end{pmatrix} \quad (5.16)$$

轮盘-鼓筒耦合系统位于转轴两支点中央，形成跨中转子模型。采用 $y$、$z$ 方向的弹簧模拟轴的支承，支承刚度为 $k_s$。轮盘重心 $G$ 与几何转动中心不重合，偏心距为 $e$。鼓筒长度为 $L$，厚度为 $h$，中曲面半径为 $R$，鼓筒密度为 $\rho$，弹性模量为 $E$，泊松比为 $\mu$。鼓筒材料假设为各向同性的。

### 5.2.1.1　轮盘-鼓筒耦合结构的能量方程

由图 5.17（b）可知鼓筒曲面上任意一点 $A$ 在惯性坐标系中的位置为

$$\boldsymbol{r}_A = \boldsymbol{r}_{O_1O_2} + \boldsymbol{r}_{O_2O_3} + \boldsymbol{r}_{A\theta} + \boldsymbol{r}_{Ax} + \boldsymbol{r}_A \quad (5.17)$$

点 $A$ 在惯性坐标系下对时间 $t$ 求绝对导数，并且在求导过程中代入各坐标转换的

关系式（5.16）即可得点 $A$ 的速度为

$$\boldsymbol{v}_A = \frac{\mathrm{d}\boldsymbol{r}}{\mathrm{d}t} = \dot{x}\boldsymbol{i} + \dot{y}\boldsymbol{j} + \dot{z}\boldsymbol{k} - \Omega R\sin\theta\,\boldsymbol{k}_2 + \Omega R\cos\theta\,\boldsymbol{j}_2 + \dot{u}\boldsymbol{i}_3 + \dot{v}\boldsymbol{j}_3 + \dot{w}\boldsymbol{k}_3 - \Omega v\boldsymbol{k}_3 + \Omega w\boldsymbol{j}_3 \tag{5.18}$$

将式（5.16）代入式（5.18）中得到惯性坐标系下的鼓筒速度表达式：

$$\boldsymbol{v}_A = (\dot{x}+\dot{u})\boldsymbol{i} + \left[\dot{y}+(\Omega R+\dot{v}+\Omega w)\cos(\theta+\varphi)+(\dot{w}-\Omega v)\sin(\theta+\varphi)\right]\boldsymbol{j}$$
$$+\left[\dot{z}-(\Omega R+\dot{v}+\Omega w)\sin(\theta+\varphi)+(\dot{w}-\Omega v)\cos(\theta+\varphi)\right]\boldsymbol{k} \tag{5.19}$$

可得鼓筒的动能为

$$T_{\mathrm{m}} = \frac{1}{2}\rho H\iint_S (\boldsymbol{v}_A \cdot \boldsymbol{v}_A)R\mathrm{d}x\mathrm{d}\theta \tag{5.20}$$

令 $\xi = x/L$，可得鼓筒动能为

$$T_{\mathrm{m}} = \frac{1}{2}\rho hLR\int_0^1\int_0^{2\pi}\Big\{\dot{u}^2+\dot{v}^2+\dot{w}^2+\Omega^2\left(v^2+w^2\right)+2\Omega\left(\dot{v}w-v\dot{w}\right)+\dot{x}^2+\dot{y}^2+\dot{z}^2+2\dot{x}\dot{u}$$
$$+\Omega^2 R^2+2\Omega R\dot{v}+2\Omega^2 Rw+2\sin(\theta+\varphi)\left[\dot{y}(\dot{w}-\Omega v)-\dot{z}(\Omega R+\dot{v}+\Omega w)\right]$$
$$+2\cos(\theta+\varphi)\left[\dot{y}(\Omega R+\dot{v}+\Omega w)+\dot{z}(\dot{w}-\Omega v)\right]\Big\}\mathrm{d}\theta\mathrm{d}\xi$$

$$\tag{5.21}$$

当鼓筒受力发生变形时，鼓筒内部产生应变和应力，具有一定的变形势能。根据薄壳理论假设，鼓筒的势能为

$$U_{\varepsilon} = \frac{1}{2}LR\int_0^1\int_0^{2\pi}\int_{-h/2}^{h/2}\left(\sigma_x\varepsilon_x+\sigma_\theta\varepsilon_\theta+\sigma_{x\theta}\varepsilon_{x\theta}\right)\mathrm{d}\xi\left(1+z/R\right)\mathrm{d}\theta\mathrm{d}z \tag{5.22}$$

由于鼓筒厚度远远小于鼓筒半径，所以令 $z/R=0$，则鼓筒的势能变为

$$U_{\varepsilon} = \frac{1}{2}LR\int_0^{2\pi}\int_0^1\left\{K\left[\left(\varepsilon_x^0\right)^2+\left(\varepsilon_\theta^0\right)^2+2\mu\varepsilon_x^0\varepsilon_\theta^0+\frac{1-\mu}{2}\left(\varepsilon_{x\theta}^0\right)^2\right]\right.$$
$$\left.+D\left(\kappa_x^2+\kappa_\theta^2+2\mu\kappa_x\kappa_\theta+\frac{1-\mu}{2}\kappa_{x\theta}^2\right)\right\}\mathrm{d}\xi\mathrm{d}\theta \tag{5.23}$$

式中，$K = \dfrac{EH}{1-\mu^2}$ 代表鼓筒的薄膜刚度；$D = \dfrac{EH^3}{12\left(1-\mu^2\right)}$ 代表鼓筒的弯曲刚度。

对于转动鼓筒，考虑离心力作用产生的初始周向应力做功为

$$U_\theta = \frac{L}{2}\int_0^{2\pi}\int_0^1 N_\theta\left[\frac{1}{R^2}\left(\frac{\partial u}{\partial\theta}\right)^2+\frac{1}{R^2}\left(\frac{\partial v}{\partial\theta}+w\right)^2+\frac{1}{R^2}\left(-\frac{\partial w}{\partial\theta}+v\right)^2\right]R\mathrm{d}\xi\mathrm{d}\theta \tag{5.24}$$

式中，$N_\theta = \rho h\Omega^2 R^2$ 为离心惯性力产生的周向初应力。

根据图 5.17（a）中对轮盘坐标的描述建立轮盘动力学方程，可得轮盘的重心在惯性坐标系中位置向量为

$$r_\mathrm{k} = \left(y + e\sin\varphi\right)\boldsymbol{j} + \left(z + e\cos\varphi\right)\boldsymbol{k} \tag{5.25}$$

对其求导可得轮盘的速度向量为

$$v_\mathrm{k} = \left(\dot{y} + \varOmega e\cos\varphi\right)\boldsymbol{j} + \left(\dot{z} - \varOmega e\sin\varphi\right)\boldsymbol{k} \tag{5.26}$$

因此，轮盘的动能及弹簧的弹性势能分别为

$$T_\mathrm{k} = \frac{1}{2}m_\mathrm{disk}\left[\left(\dot{y} + \varOmega e\cos\varphi\right)^2 + \left(\dot{z} - \varOmega e\sin\varphi\right)^2\right] + \frac{1}{2}J\varOmega^2 \tag{5.27}$$

$$E_\mathrm{s} = \frac{1}{2}k_\mathrm{s}\left(y^2 + z^2\right) \tag{5.28}$$

式中，$J$ 为轮盘相对于质心的转动惯量；$k_\mathrm{s}$ 为支承刚度。

综上，对推导的鼓筒与轮盘的动力学方程可以得出轮盘-鼓筒耦合结构的势能为 $U = U_\varepsilon + U_\theta + E_\mathrm{s}$，轮盘-鼓筒耦合结构的动能为 $T = T_\mathrm{m} + T_\mathrm{k}$。

### 5.2.1.2 轮盘-鼓筒结构动力学方程的离散化

利用广义坐标表示鼓筒中曲面位移 $u$、$v$ 和 $w$，并利用里茨-伽辽金法对微分方程进行离散化，最后将总动能和总势能代入拉格朗日方程（5.29），其中 $T$ 为系统动能，$U$ 为系统势能，$F$ 为外力向量。

$$\frac{\mathrm{d}}{\mathrm{d}t}\left(\frac{\partial T}{\partial \dot{r}}\right) - \frac{\partial T}{\partial r} + \frac{\partial U}{\partial r} = \boldsymbol{F} \tag{5.29}$$

假设鼓筒的受力形式为两种情况。一种是鼓筒某一点处受到径向简谐激励，在考虑鼓筒的非线性后，分析简谐激励对鼓筒非线性特性的影响情况。当鼓筒受到径向简谐激励时，力的表达形式为

$$\boldsymbol{F}_{w0}(t) = \boldsymbol{F}_0\cos\left(\omega t\right)\delta\left(x - x_0\right)\delta\left(\theta + \varOmega t\right) \tag{5.30}$$

鼓筒受到的另一种激励为更接近工程实际的气动载荷，并考虑鼓筒的非线性特性。研究气动载荷对鼓筒非线性特性的影响情况。假设气动载荷表达式为

$$F_{w1}(t) = \boldsymbol{F}_1\cos\left(k\omega t\right)\delta\left(x - x_0\right)\delta\left(\theta + \varOmega t\right) \tag{5.31}$$

式中，$k$ 为叶片数量。

将系统动能、势能和力的表达式代入拉格朗日方程（5.29），可得

$$\begin{cases} \dfrac{\mathrm{d}}{\mathrm{d}t}\left(\dfrac{\partial T}{\partial \dot{y}}\right) - \dfrac{\partial T}{\partial y} + \dfrac{\partial U}{\partial y} = F_1 \\[2mm] \dfrac{\mathrm{d}}{\mathrm{d}t}\left(\dfrac{\partial T}{\partial \dot{z}}\right) - \dfrac{\partial T}{\partial z} + \dfrac{\partial U}{\partial z} = F_2 \\[2mm] \dfrac{\mathrm{d}}{\mathrm{d}t}\left(\dfrac{\partial T}{\partial \dot{\boldsymbol{q}}_u}\right) - \dfrac{\partial T}{\partial \boldsymbol{q}_u} + \dfrac{\partial U}{\partial \boldsymbol{q}_u} = \boldsymbol{Q}_u \\[2mm] \dfrac{\mathrm{d}}{\mathrm{d}t}\left(\dfrac{\partial T}{\partial \dot{\boldsymbol{q}}_v}\right) - \dfrac{\partial T}{\partial \boldsymbol{q}_v} + \dfrac{\partial U}{\partial \boldsymbol{q}_v} = \boldsymbol{Q}_v \\[2mm] \dfrac{\mathrm{d}}{\mathrm{d}t}\left(\dfrac{\partial T}{\partial \dot{\boldsymbol{q}}_w}\right) - \dfrac{\partial T}{\partial \boldsymbol{q}_w} + \dfrac{\partial U}{\partial \boldsymbol{q}_w} = \boldsymbol{Q}_w + \boldsymbol{F}_w \end{cases} \tag{5.32}$$

式中，$F_1$、$F_2$ 为轮盘所受的不平衡力及考虑鼓筒边界变形后轮盘与鼓筒连接处的力；$\boldsymbol{Q}_u$、$\boldsymbol{Q}_v$、$\boldsymbol{Q}_w$ 为非线性壳理论所得的鼓筒非线性项，此处将其视为外力；$\boldsymbol{F}_w$ 为鼓筒受到的径向外载荷。对轮盘-鼓筒系统的质量矩阵、刚度矩阵和阻尼矩阵进行组集可得旋转态轮盘-鼓筒耦合结构振动微分方程：

$$\boldsymbol{M}\ddot{\boldsymbol{q}} + (\boldsymbol{C} + \boldsymbol{G})\dot{\boldsymbol{q}} + \boldsymbol{K}\boldsymbol{q} = \boldsymbol{F}$$

旋转态轮盘-鼓筒耦合结构组集后的矩阵如图 5.18 所示。图 5.18（a）为耦合结构的质量矩阵，图 5.18（b）为耦合结构的阻尼矩阵，图 5.18（c）为耦合结构的陀螺矩阵，图 5.18（d）为耦合结构的刚度矩阵。

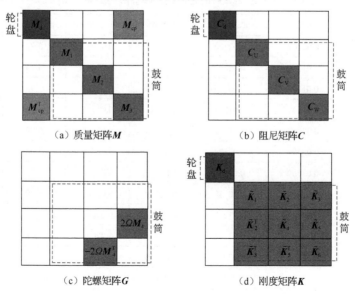

图 5.18　轮盘-鼓筒耦合结构微分方程矩阵组集

轮盘-鼓筒耦合结构运动微分方程中，轮盘与鼓筒具体的质量矩阵、刚度矩阵以及非线性项具体表达式见附录 C。

## 5.2.2 模型验证

研究转动旋转态-鼓筒耦合系统，鼓筒边界条件为固支-自由，主要研究对象为鼓筒，为验证方法的有效性和理论推导的正确性，针对以固支-自由为边界条件的转动鼓筒，根据下式计算鼓筒的固有特性：

$$
\begin{bmatrix} \boldsymbol{M}_1 & & \\ & \boldsymbol{M}_2 & \\ & & \boldsymbol{M}_3 \end{bmatrix}\begin{bmatrix} \ddot{\boldsymbol{q}}_u \\ \ddot{\boldsymbol{q}}_v \\ \ddot{\boldsymbol{q}}_w \end{bmatrix} + \begin{bmatrix} & & \\ & & 2\Omega\boldsymbol{M}_4 \\ & -2\Omega\boldsymbol{M}_4^{\mathrm{T}} & \end{bmatrix}\begin{bmatrix} \dot{\boldsymbol{q}}_u \\ \dot{\boldsymbol{q}}_v \\ \dot{\boldsymbol{q}}_w \end{bmatrix}
$$
$$
+ \begin{bmatrix} \boldsymbol{K}_1+\boldsymbol{H}_1 & \boldsymbol{K}_2 & \boldsymbol{K}_3 \\ \boldsymbol{K}_2^{\mathrm{T}} & -\Omega^2\boldsymbol{M}_2+\boldsymbol{K}_4+\boldsymbol{H}_2 & \boldsymbol{K}_5+\boldsymbol{H}_3 \\ \boldsymbol{K}_3^{\mathrm{T}} & \boldsymbol{K}_5^{\mathrm{T}}+\boldsymbol{H}_3^{\mathrm{T}} & \boldsymbol{K}_6+\boldsymbol{H}_4 \end{bmatrix}\begin{bmatrix} \boldsymbol{q}_u \\ \boldsymbol{q}_v \\ \boldsymbol{q}_w \end{bmatrix} = \begin{bmatrix} \boldsymbol{0} \\ \boldsymbol{0} \\ \boldsymbol{0} \end{bmatrix} \quad (5.33)
$$

将计算结果与以往文献得到的结果进行对比，分别与应用傅里叶级数展开的文献[223]和应用波传播法的文献[64]进行对比，根据 $\Omega_{mn}=\omega_{mn}R\sqrt{\rho\left(1-\mu^2\right)/E}$ 将频率化为无量纲频率参数并与文献进行数据对比及图形对比。数据对比如表 5.3 和表 5.4 所示，可以看出得到的结果与文献结果具有良好的一致性。

表 5.3　悬臂鼓筒算得的无量纲频率参数与文献[223]对比

| $\Omega^*$ | $n$ | 文献[223] $\omega_b^*$ | 文献[223] $\omega_f^*$ | 本节 $\omega_b^*$ | 本节 $\omega_f^*$ | $\omega_b^*$ 误差/% | $\omega_f^*$ 误差/% |
|---|---|---|---|---|---|---|---|
| 0.003 | 1 | 0.02767 | 0.02176 | 0.02658 | 0.02070 | 3.94 | 4.87 |
| | 2 | 0.01172 | 0.00692 | 0.01120 | 0.00641 | 4.44 | 7.37 |
| | 3 | 0.01146 | 0.00785 | 0.01129 | 0.00769 | 1.48 | 2.04 |
| | 4 | 0.01541 | 0.01258 | 0.01547 | 0.01265 | 0.39 | 0.56 |
| | 5 | 0.02083 | 0.01852 | 0.02103 | 0.01872 | 0.96 | 1.08 |
| | 6 | 0.02738 | 0.02544 | 0.02767 | 0.02573 | 1.06 | 1.14 |
| 0.006 | 1 | 0.03060 | 0.01879 | 0.02953 | 0.01776 | 3.50 | 5.48 |
| | 2 | 0.01669 | 0.00710 | 0.01559 | 0.00601 | 6.59 | 15.35 |
| | 3 | 0.02004 | 0.01283 | 0.01927 | 0.01208 | 3.84 | 5.85 |
| | 4 | 0.02640 | 0.02075 | 0.02593 | 0.02029 | 1.78 | 2.22 |
| | 5 | 0.03373 | 0.02911 | 0.03346 | 0.02884 | 0.80 | 0.93 |
| | 6 | 0.04186 | 0.03796 | 0.04173 | 0.03784 | 0.31 | 0.32 |

注：$L/R=10$，$H/R=0.002$，$\mu=0.3$

表 5.4　悬臂鼓筒算得的无量纲频率参数与文献[64]对比

| $\Omega^*$ | $n$ | 文献[64] $\omega_b^*$ | 文献[64] $\omega_f^*$ | 本节 $\omega_b^*$ | 本节 $\omega_f^*$ | $\omega_b^*$ 误差/% | $\omega_f^*$ 误差/% |
|---|---|---|---|---|---|---|---|
| 0.003 | 1 | 0.02689 | 0.02095 | 0.02658 | 0.02070 | 1.15 | 1.19 |
| | 2 | 0.01165 | 0.00685 | 0.01120 | 0.00641 | 3.86 | 6.42 |
| | 3 | 0.01145 | 0.00785 | 0.01129 | 0.00769 | 1.40 | 2.04 |
| | 4 | 0.01540 | 0.01258 | 0.01547 | 0.01265 | 0.45 | 0.56 |
| | 5 | 0.02134 | 0.01903 | 0.02103 | 0.01872 | 1.45 | 1.63 |
| | 6 | 0.02829 | 0.02634 | 0.02767 | 0.02573 | 2.19 | 2.32 |
| 0.006 | 1 | 0.02984 | 0.01797 | 0.02953 | 0.01776 | 1.04 | 1.17 |
| | 2 | 0.01665 | 0.00705 | 0.01559 | 0.00601 | 6.37 | 14.75 |
| | 3 | 0.02003 | 0.01283 | 0.01927 | 0.01208 | 3.79 | 5.85 |
| | 4 | 0.02736 | 0.02171 | 0.02593 | 0.02029 | 5.23 | 6.54 |
| | 5 | 0.03517 | 0.03055 | 0.03346 | 0.02884 | 4.86 | 5.60 |
| | 6 | 0.04355 | 0.03965 | 0.04173 | 0.03784 | 4.18 | 4.56 |

注：$L/R=10$，$H/R=0.002$，$\mu=0.3$

　　鼓筒受到转动所引起的科里奥利力作用，鼓筒发生的振动不再是驻波形式的振动，而是由驻波变成了前后行波的叠加。因此需要分别对鼓筒前行波及后行波进行振动分析。将本节得到的鼓筒行波振动进行无量纲处理后，得到无量纲频率参数 $\omega^*$ 和无量纲转速 $\Omega^*$，再将计算结果与文献[64]进行对比，用以验证和分析频率的变化规律。这里针对周向波数为 $n=1$ 和 $n=3$ 两种情况与文献[64]进行对比分析，对比结果如图 5.19 和图 5.20 所示。其中图 5.19（a）为周向波数 $n=1$ 时的对比曲线。图 5.19（b）和图 5.20 为周向波数 $n=3$ 时的对比结果。

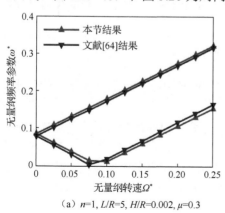

（a）$n=1$，$L/R=5$，$H/R=0.002$，$\mu=0.3$

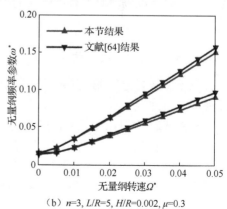

（b）$n=3$，$L/R=5$，$H/R=0.002$，$\mu=0.3$

图 5.19　鼓筒无量纲频率参数与无量纲转速关系图（一）

周向波数 $n=1$ 时，可以看出无量纲后行波频率随无量纲转速增加而增大且呈单调增加趋势，无量纲前行波频率随无量纲转速增加先减小后增大。

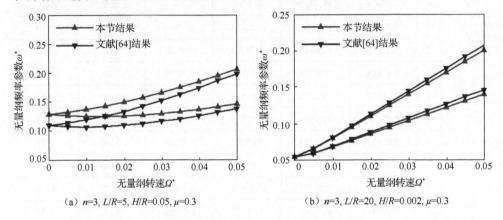

（a）$n=3$，$L/R=5$，$H/R=0.05$，$\mu=0.3$    （b）$n=3$，$L/R=20$，$H/R=0.002$，$\mu=0.3$

图 5.20    鼓筒无量纲频率参数与无量纲转速关系图（二）

对比图 5.19（b）与图 5.20（a）可以发现，具有大厚径比的转动圆柱壳的前行波与后行波无量纲频率参数均比具有小厚径比的圆柱壳的无量纲频率参数大。对比图 5.19（b）与图 5.20（b）可以发现，长径比对转动圆柱壳的无量纲频率参数影响较小。

### 5.2.3    轮盘-鼓筒耦合结构固有特性分析

对旋转态轮盘-鼓筒耦合系统进行特性分析，研究转速和支承刚度对鼓筒行波频率的影响，有助于了解行波频率特性随转速和支承刚度的变化情况以及敏感性。而且转动鼓筒有别于静止鼓筒，转动产生科里奥利力，受其影响鼓筒上的振动形式由驻波变为前行波与后行波的叠加，因此对旋转态轮盘-鼓筒耦合系统进行特性分析，可以更准确地研究转动鼓筒的行波特性。这部分研究忽略鼓筒几何大变形的影响。

#### 5.2.3.1    支承刚度和转速对系统固有特性的影响

对于旋转态轮盘-鼓筒耦合结构，鼓筒的行波频率随支承刚度和转速的变化曲线如图 5.21 所示。

从图 5.21 中可以明显看出轮盘支承刚度对系统中鼓筒行波频率的影响，随轮盘支承刚度的增大，系统中鼓筒行波频率呈现出明显的增大趋势。支承刚度在 $10^9$N/m 到 $10^{11}$N/m 这一范围时，鼓筒前行波和后行波频率增长速度最快。处在其他范围时，频率值几乎不发生变化。随转速的增大，鼓筒前后行波也表现出不同的趋势。由于系统中鼓筒行波频率随转速的变化情况受支承刚度影响，后面会对比不同支承刚度情况下转速对鼓筒前行波和后行波的影响。

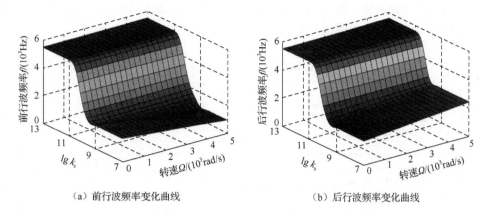

（a）前行波频率变化曲线　　　　　　　　（b）后行波频率变化曲线

图 5.21　鼓筒行波频率随支承刚度和转速变化曲线

首先研究支承刚度对系统中鼓筒行波频率的具体影响。图 5.22 描述的是支承刚度在 $10^6 \sim 10^{14}$N/m 轮盘-鼓筒耦合结构中鼓筒前后行波频率随支承刚度的变化曲线。从图 5.22 中可以看出，鼓筒前后行波频率随支承刚度的增大先平稳，然后逐渐增大，最后稳定在一定数值。当转速为 0 时，前后行波重合。而且从图 5.22（a）中可以看出前行波频率对支承刚度的敏感区间随转速增大而稍稍提前，但是从图 5.22（b）中可以看出后行波频率随着转速的增大对支承刚度的敏感区间有所延后，如图中虚线所示敏感区间初始点对应的坐标数值，但并不明显。

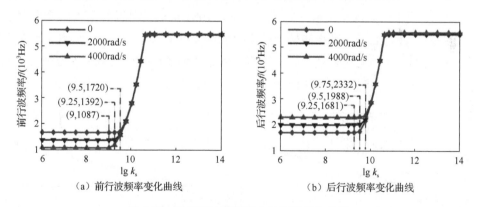

（a）前行波频率变化曲线　　　　　　　　（b）后行波频率变化曲线

图 5.22　鼓筒行波频率随支承刚度变化曲线

### 5.2.3.2　一定支承刚度下转速对系统固有特性的影响

图 5.23 所示为不同支承刚度下轮盘-鼓筒耦合结构鼓筒前后行波频率随转速的变化曲线。从图 5.23（a）可以看出，当支承刚度较小时，耦合系统中鼓筒前行波频率随转速增大而减小，图 5.23（b）中后行波频随转速增大而增大。定转速下，随着支承刚度的逐渐增大，前行波与后行波都呈现增大趋势，但从图中无法看出

前行波与后行波数值上的明显区别。所以需要在较大支承刚度时，详细对比前后行波频率随转速的变化情况。

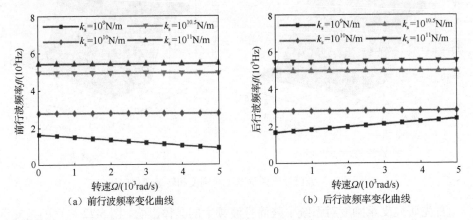

（a）前行波频率变化曲线　　　　　　（b）后行波频率变化曲线

图 5.23　轮盘-鼓筒耦合结构鼓筒行波频率随转速变化曲线

图 5.24（a）所示为支承刚度为 $10^9$N/m 时，仅考虑鼓筒前后行波变化情况与考虑轮盘-鼓筒耦合结构中鼓筒前后行波变化情况的对比。从图 5.24（a）中可以看出轮盘-鼓筒耦合结构中鼓筒的前后行波频率都稍大于单个鼓筒的前后行波频率，这是由于轮盘-鼓筒系统中轮盘与鼓筒间存在耦合。从图中可以看出，在这一支承刚度下，二者曲线变化趋势相同，数值也相差不大。当增大支承刚度到敏感区间后，如图 5.24（b）所示，支承刚度为 $4\times10^9$N/m 时，可以看出轮盘-鼓筒耦合结构的前行波与后行波频率随转速的变化曲线与仅考虑鼓筒时前行波与后行波频率曲线的不同开始明显表现出来，进而可以更加细致地分析支承刚度取敏感区间中的不同数值时，轮盘-鼓筒耦合结构中鼓筒行波频率随转速的变化情况。

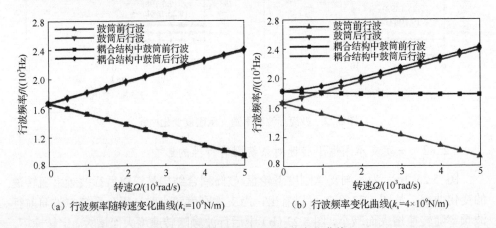

（a）行波频率随转速变化曲线（$k_s=10^9$N/m）　　（b）行波频率变化曲线（$k_s=4\times10^9$N/m）

图 5.24　鼓筒行波频率随转速变化曲线

当支承刚度在敏感区间时，轮盘-鼓筒耦合结构中鼓筒的行波频率随转速变化的曲线呈现出多种不同趋势，如图 5.24 及图 5.25 所示，支承刚度分别为 $10^9$N/m、$4×10^9$N/m、$10^{10}$N/m、$5×10^{10}$N/m。从图 5.24 及图 5.25（a）中可以看出，支承刚度逐渐增大时，鼓筒后行波频率随转速增大呈现出增大的趋势，前行波频率随转速的增大而逐渐减小，但是减小的趋势越来越不明显。当支承刚度继续增大，如图 5.25（b）所示，支承刚度为 $5×10^{10}$N/m 时，鼓筒前后行波频率随转速增大都呈现增大的趋势。

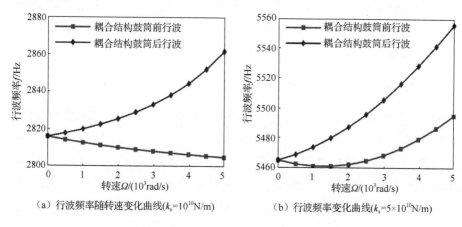

（a）行波频率随转速变化曲线（$k_s=10^{10}$N/m）　　（b）行波频率变化曲线（$k_s=5×10^{10}$N/m）

图 5.25　耦合结构鼓筒行波频率随转速变化曲线

为进行后面的轮盘-鼓筒耦合系统响应分析及幅频特性分析，对系统中鼓筒固有特性随周向波数及在($m=1,n=4$)模态下随转速的变化情况进行分析，从而与后面响应分析及幅频特性分析形成前后验证。图 5.26（a）所示为鼓筒前后行波频率随周向波数的变化情况。可以看出随着周向波数的增加，前后行波频率均呈现出先减小后增大的变化趋势。当 $n=3$ 时，鼓筒前后行波频率均达到最小值。当($m=1, n=4$)时，动坐标系下前后行波频率随转速变化曲线如图 5.26（b）所示。当转速为 0

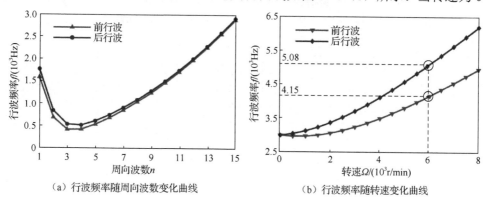

（a）行波频率随周向波数变化曲线　　（b）行波频率随转速变化曲线

图 5.26　鼓筒行波频率变化曲线

时，鼓筒只有一个频率，随着转速增大，频率值变成不同的前行波频率与后行波频率，前行波频率随着转速的增大先稍稍减小，然后增大。后行波频率随着转速的增大而增大。

## 5.2.4 轮盘-鼓筒耦合结构振动响应分析

前面分析了轮盘-鼓筒耦合系统的固有特性，接下来研究轮盘不平衡力和外载荷作用下的鼓筒响应，分析线性理论和非线性理论响应的不同情况。本部分研究选取模型的鼓筒长度 $L$=0.3m，鼓筒中曲面半径 $R$=0.15m，厚度 $h$=0.001m，鼓筒密度 $\rho$=7850kg/m$^3$，弹性模量 $E$=2.06×10$^{11}$Pa，泊松比 $\mu$=0.3。

### 5.2.4.1 不平衡力作用下鼓筒的振动响应

采用非线性壳理论的鼓筒与轮盘组成耦合系统。弹性支承下轮盘中心响应时间历程如图 5.27（a）所示，稳态响应时间历程如图 5.27（b）所示，轮盘中心做轨迹为圆的涡动如图 5.27（c）所示，稳态响应频谱如图 5.27（d）所示。可以看出在不平衡力的作用下，轮盘经过短暂的瞬态响应随即达到稳态振动，稳态振动主要表现为和不平衡力一致的简谐振动，轮盘中心涡动轨迹表现为一稳定的圆环。

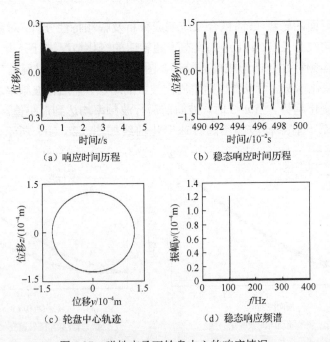

　　（a）响应时间历程　　　　　　　（b）稳态响应时间历程

　　（c）轮盘中心轨迹　　　　　　　（d）稳态响应频谱

图 5.27　弹性支承下轮盘中心的响应情况

根据前面推导的公式可得，当 $n>1$ 时，轮盘与鼓筒的耦合矩阵 $\boldsymbol{M}_{cp}$ 中各项为零。只有当 $n=1$ 时，耦合矩阵不为零矩阵。因此非线性鼓筒在周向波数 $n=1$ 时与轮盘发生惯性耦合作用。鼓筒的振动响应如图 5.28 所示，四幅图分别为鼓筒不同位置的振动响应结果。可以看出由轮盘的不平衡力引发的鼓筒振动逐渐衰减，最终达到稳态值。因此，轮盘的不平衡力对采用非线性壳理论的鼓筒作用后的响应结果为衰减振动，最终振动稳定为一定数值，鼓筒发生稳态变形。

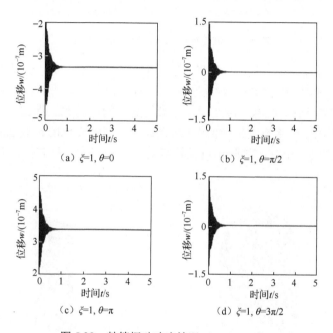

图 5.28  鼓筒振动响应情况（$m=1$, $n=1$）

当周向波数 $n\neq1$ 时，轮盘与鼓筒不再发生耦合。图 5.29 为当周向波数 $n=4$ 时，不平衡力对鼓筒作用后不同位置的响应情况。从图 5.29 中可以看出，不平衡力未使鼓筒发生振动。

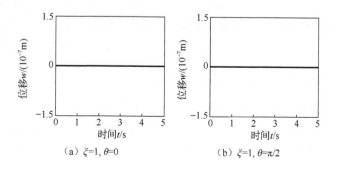

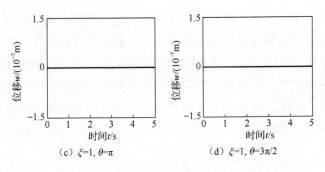

（c）ξ=1, θ=π                （d）ξ=1, θ=3π/2

图 5.29    鼓筒振动响应情况（m=1, n=4）

由上述两种情况下的响应可以知道，当周向波数 n=1 时，轮盘与鼓筒发生耦合作用，不平衡力使鼓筒发生稳态变形，而且鼓筒的振动幅值较鼓筒的不平衡涡动幅值小很多。当周向波数 n≠1 时，轮盘与鼓筒间不再发生耦合。不平衡力对鼓筒没有任何作用，鼓筒不发生任何振动。因此对于线性支承的轮盘-鼓筒耦合系统，只有不平衡激励作用时，鼓筒相对于轮盘的振动响应为一稳态值，其变形情况如图 5.30 所示。

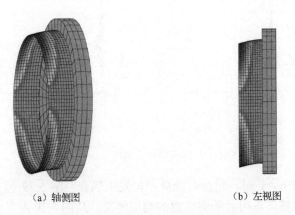

（a）轴侧图                （b）左视图

图 5.30    鼓筒周向波数 n=1 时的稳态形变

但由于鼓筒所处的工作环境载荷复杂，不仅存在惯性力，还有气动力和其他激励，为详细描述鼓筒工作状态下的响应情况，在其他激励作用下的振动响应研究也十分必要。

### 5.2.4.2    简谐激励作用下鼓筒的振动响应

鼓筒受到如式（5.30）形式的径向简谐激励作用，激励幅值为 1000N，激励位置为鼓筒 ξ=0.9、θ=π/2 处。激励频率为静坐标系下鼓筒前行波的共振频率。图 5.31 为对鼓筒采用线性壳理论所得的振动响应结果。图 5.31（a）为鼓筒稳态响应，可以看出鼓筒振动幅值与鼓筒厚度数值相近。图 5.31（b）为稳态响应频谱图，可以看出稳态响应包含两种频率成分，分别为前行波与后行波所对应的频率，而且前行波幅值很大，鼓筒发生前行波共振。图 5.31（c）为鼓筒的速度-位移相图。

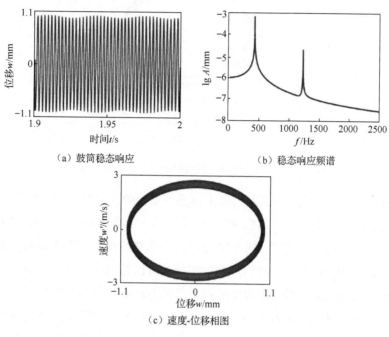

（a）鼓筒稳态响应　　　　　　　　　　（b）稳态响应频谱

（c）速度-位移相图

图 5.31　采用线性壳理论的鼓筒前行波稳态响应

图 5.32 为对鼓筒采用非线性壳理论后所得的振动响应情况。激励形式与线性圆柱壳所受激励一致。图 5.32（a）为鼓筒的稳态响应，可以看出稳态响应幅值比图 5.31（a）稍小。图 5.32（b）为稳态响应的频谱图，可以看出除了图 5.31（b）中的两个行波频率成分外多出一个频率成分。图 5.32（c）为鼓筒的速度-位移相图，图中给出了鼓筒的振动位移与速度的对应曲线。

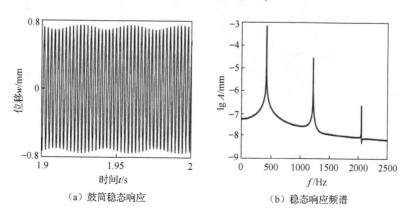

（a）鼓筒稳态响应　　　　　　　　　　（b）稳态响应频谱

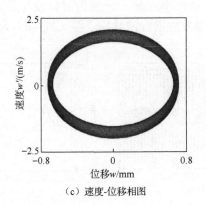

（c）速度-位移相图

图 5.32　采用非线性壳理论的鼓筒前行波稳态响应

　　将式（5.30）中激励频率取为静坐标系下后行波共振频率后，作用在鼓筒表面。鼓筒振动响应结果如图 5.33 和图 5.34 所示，二者的不同在于图 5.33 为鼓筒采用线性壳理论所得的结果。图 5.34 为鼓筒采用非线性壳理论所得的结果。对比图 5.33（a）与图 5.34（a）鼓筒稳态响应情况可以看出，二者振动幅值都与鼓筒厚度相近，而且采用非线性壳理论所得的鼓筒振动幅值稍小于采用线性壳理论所得的鼓筒振动幅值。对比图 5.33（b）与图 5.34（b）可以发现，采用线性壳理论所得的鼓筒结果中仅包含两个频率成分，分别为前行波与后行波，且后行波发生共振。但是采用非线性壳理论所得的鼓筒稳态响应频谱图不仅包含前后行波响应频率，还有更为复杂的频率成分。对比图 5.33（c）与图 5.34（c）速度-位移相图后也可以看出二者幅值上的区别。

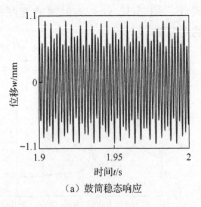

（a）鼓筒稳态响应

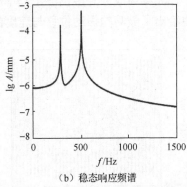

（b）稳态响应频谱

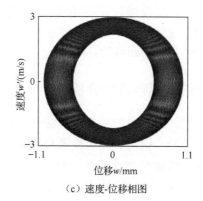

（c）速度-位移相图

图 5.33　采用线性壳理论的鼓筒后行波稳态响应

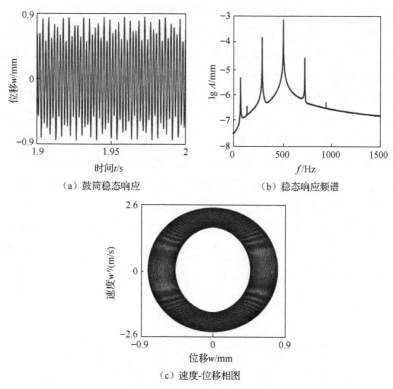

（a）鼓筒稳态响应　　（b）稳态响应频谱

（c）速度-位移相图

图 5.34　采用非线性壳理论的鼓筒后行波稳态响应

通过上述计算结果可知，鼓筒的前后行波共振时的稳态响应幅值与鼓筒厚度数量级相当时，采用线性壳理论所得的结果与采用非线性壳理论所得的结果在振动幅值与稳态频率成分上存在很大差异。在这种情况下，采用线性壳理论所得的结果已不能反映鼓筒振动响应的真实情况。因此，需要采用非线性壳理论来计算、分析鼓筒的振动响应特性。但是仅通过观察时域响应曲线和稳态响应频谱图无法观察出鼓筒非线性具体的变化形式。需要通过更多、更合适的方式来呈现和研究非线性壳理论对鼓筒振动的具体影响规律。

## 5.2.5　轮盘-鼓筒耦合结构幅频特性分析

由前面的响应分析可知，对于鼓筒的振动响应分析，应用非线性壳理论与线性壳理论所得结果有很大差异，但是具体对幅值和频率的影响情况无法从响应图中得出规律性结论。因此，需要采用非线性壳理论对旋转态轮盘-鼓筒耦合结构进行幅频特性分析，以考察它的非线性特性。鼓筒的参数与5.1.3节相同。

### 5.2.5.1　简谐激励作用下的幅频特性分析

对比非线性壳理论与线性壳理论所得的鼓筒振动响应情况可以看出，当鼓筒发生行波共振时，振幅与鼓筒厚度数量级相当，采用非线性壳理论更加接近真实振动情况。首先，研究在一定转速下鼓筒受到径向简谐激励作用时的幅频响应情况。这里设定转速为$\Omega$=6000r/min，模态选取($m$=1, $n$=4)，其他均采用默认参数。图5.35为简谐激励作用下鼓筒行波幅频曲线。从图中可以看出应用线性壳理论得到的鼓筒幅频曲线峰值对应的频率即为前面特性分析所得的静坐标系下前行波共振频率，验证了前面特性研究所得出的结果。从图5.35（a）中可以看出，采用非线性壳理论时的鼓筒前行波幅频曲线最大峰值稍大于采用线性壳理论鼓筒前行波共振幅值，且对应的频率也大于采用线性壳理论鼓筒的前行波共振频率。前行波非线性幅频曲线向右偏斜，表现出一定的硬式非线性特性。图5.35（b）为后行波的幅频曲线，对比鼓筒分别采用线性壳理论与非线性壳理论所得的结果，得到相同的对比结果。无论采用哪种理论，鼓筒前行波的幅值都稍大于后行波的幅值。

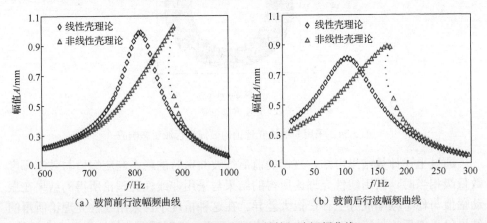

（a）鼓筒前行波幅频曲线　　　　　（b）鼓筒后行波幅频曲线

图5.35　简谐激励作用下鼓筒行波幅频曲线

### 5.2.5.2　气动激励作用下的幅频特性分析

在航空发动机实际工作过程中，高转速下的鼓盘式转子零件承受复杂的振动负载，而负载的频率变化通常与转速有一定关系。为了贴近工程实际，本节激励采用式（5.31）的激励形式，激励幅值为 1000N，鼓筒模态选取（$m=1$, $n=4$），其他物理参数为默认参数，研究鼓筒在气动激励下的非线性振动响应问题。

分析鼓筒受到气动激励后的幅频曲线，图 5.36（a）为采用线性壳理论鼓筒与采用非线性壳理论鼓筒的前行波幅频对比曲线。可以看出，当鼓筒受到气动激励时，采用非线性壳理论的鼓筒幅频曲线依然表现出硬式非线性特性。但采用非线性壳理论鼓筒的幅值比采用线性壳理论鼓筒的行波幅值小。对于鼓筒后行波，从图 5.36（b）中可以看出，采用非线性壳理论鼓筒的幅频曲线峰值小于采用线性壳理论鼓筒的幅值。而且采用非线性壳理论鼓筒振动幅频曲线峰值对应的频率大于采用线性壳理论鼓筒后行波共振频率，依然表现出硬式非线性特性，但没有出现多值现象。

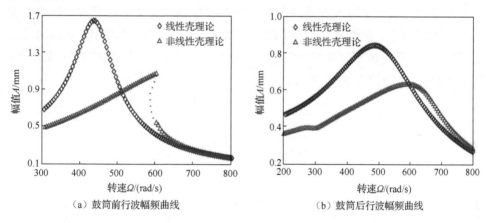

（a）鼓筒前行波幅频曲线　　　　（b）鼓筒后行波幅频曲线

图 5.36　气动激励下鼓筒行波幅值-转速曲线

### 5.2.5.3　激励幅值对幅频特性的影响

当激励幅值增大时采用线性壳理论的鼓筒的前行波幅频曲线如图 5.37（a）所示。随着激励幅值的增大，幅频曲线峰值逐渐增大，对应的前行波共振频率没有发生变化，是由于鼓筒的几何参数没有发生变化。采用非线性壳理论的鼓筒随着激励幅值变化的前行波幅频曲线如图 5.37（b）所示，当激励幅值增大时，鼓筒非线性现象越来越明显，表现出硬式非线性特性，前行波幅频曲线峰值对应的频率也越来越大。起初非线性幅频曲线峰值大于线性幅频曲线峰值，随着激励幅值的增大，线性响应幅频曲线的峰值大于非线性幅频曲线的峰值。

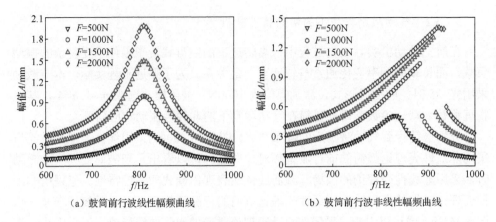

（a）鼓筒前行波线性幅频曲线　　　　　　（b）鼓筒前行波非线性幅频曲线

图 5.37　激励幅值影响鼓筒前行波幅频曲线对比

随着激励幅值的增大，采用线性壳理论的鼓筒的后行波幅频曲线如图 5.38（a）所示，随着激励幅值的增大，鼓筒振动幅值逐渐增大，对应的后行波共振频率没有发生变化。采用非线性壳理论的鼓筒随着激励幅值变化的后行波幅频曲线如图 5.38（b）所示，当激励幅值增大时，鼓筒非线性现象越来越明显，表现出硬式非线性特性，后行波幅频曲线峰值对应的频率也越来越大。起初非线性幅值更大，随着激励幅值的增大，线性响应的幅值大于非线性响应的幅值。

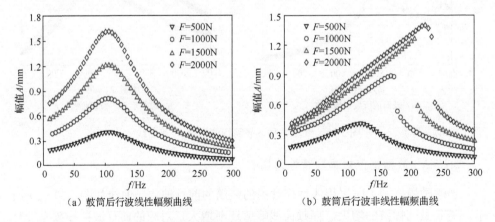

（a）鼓筒后行波线性幅频曲线　　　　　　（b）鼓筒后行波非线性幅频曲线

图 5.38　激励幅值影响鼓筒后行波幅频曲线对比

### 5.2.5.4　支承刚度对幅频特性的影响

为分析支承刚度对鼓筒非线性特性的影响情况，在不同支承刚度下分别对 $(m=1,n=4)$ 模态鼓筒的幅频曲线及 $(m=1,n=1)$ 和 $(m=1,n=4)$ 组合模态下鼓筒的幅频曲线进行具体的研究。当采用单一模态 $(m=1,n=4)$ 时前后行波幅频曲线如图 5.39

所示，结果发现不同支承刚度下鼓筒的幅频曲线重合，说明在这一模态下支承刚度对鼓筒的非线性特性没有影响。

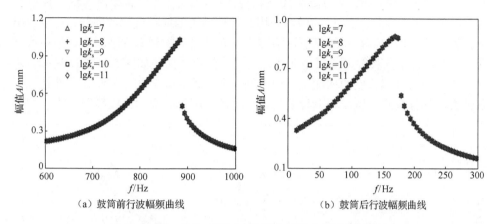

（a）鼓筒前行波幅频曲线　　　　　（b）鼓筒后行波幅频曲线

图 5.39　单一模态下不同支承刚度鼓筒非线性幅频曲线

但是当采用$(m=1,n=1)$和$(m=1,n=4)$组合模态时鼓筒前后行波幅频曲线如图 5.40 所示，这样考虑了轮盘与鼓筒间的耦合作用。从图 5.40 中可以发现，不同支承刚度下鼓筒的幅频特性也发生了变化。随着支承刚度的增大，幅频曲线的峰值先减小后增大。当支承刚度增大到一定值后，鼓筒的非线性幅频曲线的最大值及对应的频率开始变得稳定而不再发生变化。

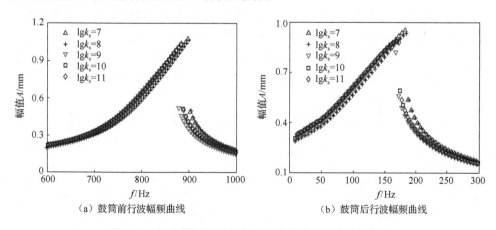

（a）鼓筒前行波幅频曲线　　　　　（b）鼓筒后行波幅频曲线

图 5.40　组合模态下不同支承刚度鼓筒非线性幅频曲线

#### 5.2.5.5　鼓筒几何参数对幅频特性的影响

鼓筒作为航空发动机转子部件的连接件，其尺寸必然会随着转子尺寸的变化而产生不同的长度和厚度组合形式。因此鼓筒的长度和厚度对鼓筒非线性特性的影响应该加以考虑。

### 1. 鼓筒长度对鼓筒非线性特性的影响

此处研究鼓筒长度对鼓筒非线性特性的影响，鼓筒其他参数为默认模型参数。图 5.41（a）为不同长度的鼓筒采用线性壳理论的前行波幅频曲线，可以看出随鼓筒长度的增加幅频曲线峰值逐渐减小，而且对应的频率逐渐减小，最终稳定在某一数值。不同长度鼓筒采用非线性壳理论的幅频曲线如图 5.41（b）所示。可以看出，随着鼓筒长度的增加呈现出的硬式非线性逐渐减弱，最终非线性特性全部消失，并且响应幅值和频率与采用线性壳理论所得的幅频曲线趋于一致。

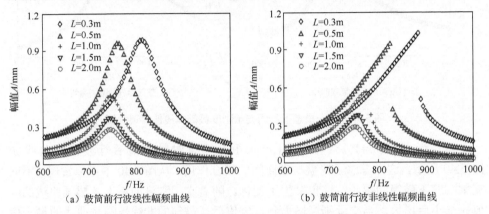

（a）鼓筒前行波线性幅频曲线　　　　　（b）鼓筒前行波非线性幅频曲线

图 5.41　不同长度的鼓筒前行波幅频曲线

图 5.42（a）为不同长度的鼓筒采用线性壳理论的后行波幅值曲线。随着鼓筒长度的增加，幅值逐渐减小，共振频率逐渐降低，最终稳定在某一数值。图 5.42（b）为不同长度的鼓筒采用非线性壳理论的幅频曲线。可以看出，随着鼓筒长度的增加，鼓筒硬式非线性逐渐减弱，最终与采用线性壳理论的鼓筒所得的幅频曲线趋于一致。

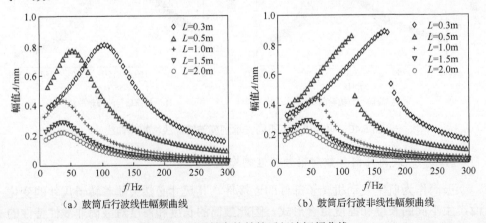

（a）鼓筒后行波线性幅频曲线　　　　　（b）鼓筒后行波非线性幅频曲线

图 5.42　不同长度的鼓筒后行波幅频曲线

## 2. 鼓筒厚度对鼓筒非线性特性的影响

接下来研究鼓筒厚度对鼓筒非线性特性的影响情况，鼓筒其他参数仍为默认的模型参数。对不同厚度的鼓筒应用线性壳理论的前行波幅频曲线如图 5.43（a）所示，对比后可以发现，随着鼓筒厚度的增加，响应幅值逐渐减小，对应的前行波共振频率逐渐增大。图 5.43（b）为不同厚度的鼓筒采用非线性壳理论的前行波幅频曲线。随着厚度的增加，鼓筒的非线性特性逐渐减弱。最大幅值逐渐减小。所对应的前行波共振频率在有明显的非线性时随鼓筒厚度增加而减小。但当非线性特性变弱后，共振频率随鼓筒厚度增加而逐渐增大，与线性壳理论所得的鼓筒幅频曲线逐渐趋近。这主要是由于厚度的增加，振动幅值较鼓筒厚度小，非线性现象不再明显。

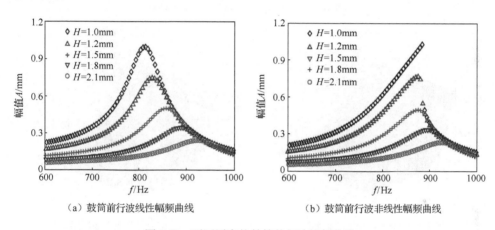

(a) 鼓筒前行波线性幅频曲线　　　　　　(b) 鼓筒前行波非线性幅频曲线

图 5.43　不同厚度的鼓筒前行波幅频曲线

对不同厚度的鼓筒采用线性壳理论的后行波幅频曲线如图 5.44（a）所示，对比后可以发现，随着鼓筒厚度的增加，响应幅值逐渐减小，对应的后行波共振频率逐渐增大。图 5.44（b）为对不同厚度的鼓筒采用非线性壳理论的后行波幅频曲线。随着厚度的增加，鼓筒的非线性特性逐渐减弱，最大幅值逐渐减小。而且当非线性现象明显时，随鼓筒厚度增加，对应的后行波共振频率减小。当非线性现象不明显时，所对应的后行波共振频率随鼓筒厚度增加而逐渐增大。

为解释上述几何参数对鼓筒非线性特性的影响规律，开展鼓筒的几何参数对频率的影响分析，结果如图 5.45 所示。从图中可以看出行波频率随长径比 $L/R$ 的变化情况。随着长度的增加，前后行波频率逐渐减小后逐渐平稳。当长径比达到一定数值时，前后行波频率不再发生变化。这也解释了在图 5.41（a）和图 5.42（a）中不同长度鼓筒幅频曲线峰值对应的频率变化情况。

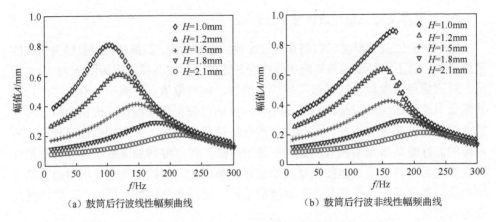

（a）鼓筒后行波线性幅频曲线    （b）鼓筒后行波非线性幅频曲线

图 5.44　不同厚度的鼓筒后行波幅频曲线

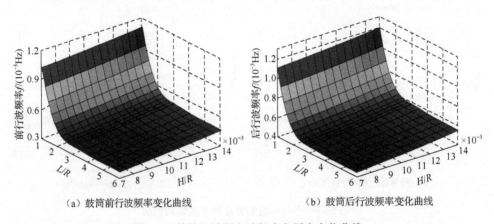

（a）鼓筒前行波频率变化曲线    （b）鼓筒后行波频率变化曲线

图 5.45　鼓筒行波频率随长度和厚度变化曲线

　　根据图 5.45 中厚径比 $H/R$ 对鼓筒行波频率的影响情况，可以看出随着鼓筒厚度的增加，前后行波频率均逐渐增大，这解释了图 5.43（a）、图 5.44（a）中不同厚度鼓筒幅频曲线峰值对应的频率变化情况。

# ■ 5.3　柔性轮盘-圆柱壳耦合结构自由振动特性

　　针对圆柱壳或者薄壁圆板型结构振动问题的研究已有大量工作，但对不同模态间的柔性板壳耦合特性并没有做详细的论述。工程中薄壁板壳结构的耦合问题是一个热点问题。本节旨在探索螺栓连接旋转柔性轮盘-鼓筒耦合结构自由振动特性演变规律。首先，对薄壁轮盘和薄壁鼓筒结构进行动力学建模。其次，通过人工弹簧技术建立弹性边界方程，考虑轮盘和鼓筒之间具有非连续性的螺栓连接条件，建立轮盘-鼓筒系统动力学方程。最后，通过算例，对旋转态或非旋转态轮盘-鼓筒耦合结构自由振动进行研究，分析螺栓数量、转速、连接刚度对静、动轮盘-鼓筒耦合结构频率特性和振型特征的影响。

### 5.3.1　螺栓连接轮盘-鼓筒耦合结构动力学模型的建立

图 5.46 为某型航空发动机风扇转子系统连接结构简图。可以清楚地看到，该结构由一级轮盘和鼓筒结构通过螺栓连接而成。本节以轮盘-鼓筒耦合结构为研究对象。通过对轮盘-鼓筒耦合结构的简化处理，可将轮盘视为薄壁圆环板结构，将鼓筒视为薄壁圆柱壳结构。根据薄壁板壳理论，此两类结构均可用其中曲面位移来描绘结构上相应点位移。

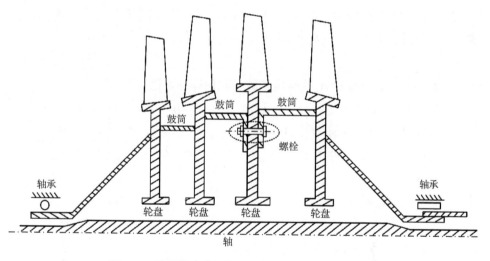

图 5.46　某型航空发动机风扇转子系统连接结构简图

#### 5.3.1.1　坐标系建立

建立如图 5.47 所示的柔性轮盘-鼓筒系统简化模型及坐标系。假设轮盘没有整体空间移动，建立惯性坐标系 $O\text{-}xyz$。$O_1\text{-}x_1y_1z_1$：用以表示轮盘旋转，坐标原点在盘中心点。$O_2\text{-}x_2y_2z_2$：用以表示轮盘上点位置，坐标原点在盘中心点。$O_3\text{-}x_3y_3z_3$：坐标原点在鼓筒边界截面中心，坐标轴与 $O\text{-}xyz$ 方向轴平行。在本节的研究过程中，由于不考虑轮盘和鼓筒之间的整体移动，而薄壁板壳振动均可以通过其中面位移进行表示，因此，可以通过假设 $O$ 与 $O_3$ 重合进行坐标系简化。$O_4\text{-}x_4y_4z_4$：用以表示鼓筒旋转，坐标轴与 $O_1\text{-}x_1y_1z_1$ 方向轴平行。$O_5\text{-}x_5y_5z_5$：用以表示鼓筒上任意点位置。

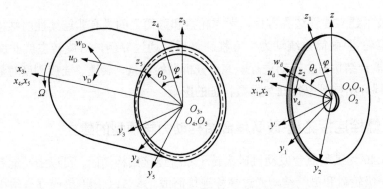

图 5.47　柔性轮盘-鼓筒系统简化模型及坐标系

坐标系间的转换关系式为

$$\begin{pmatrix} \boldsymbol{i}_1 \\ \boldsymbol{j}_1 \\ \boldsymbol{k}_1 \end{pmatrix} = \boldsymbol{A}_1 \begin{pmatrix} \boldsymbol{i} \\ \boldsymbol{j} \\ \boldsymbol{k} \end{pmatrix}, \ \begin{pmatrix} \boldsymbol{i}_2 \\ \boldsymbol{j}_2 \\ \boldsymbol{k}_2 \end{pmatrix} = \boldsymbol{A}_2 \begin{pmatrix} \boldsymbol{i}_1 \\ \boldsymbol{j}_1 \\ \boldsymbol{k}_1 \end{pmatrix}, \ \begin{pmatrix} \boldsymbol{i}_3 \\ \boldsymbol{j}_3 \\ \boldsymbol{k}_3 \end{pmatrix} = \boldsymbol{A}_3 \begin{pmatrix} \boldsymbol{i}_2 \\ \boldsymbol{j}_2 \\ \boldsymbol{k}_2 \end{pmatrix}, \ \begin{pmatrix} \boldsymbol{i}_4 \\ \boldsymbol{j}_4 \\ \boldsymbol{k}_4 \end{pmatrix} = \boldsymbol{A}_4 \begin{pmatrix} \boldsymbol{i}_3 \\ \boldsymbol{j}_3 \\ \boldsymbol{k}_3 \end{pmatrix}, \ \begin{pmatrix} \boldsymbol{i}_5 \\ \boldsymbol{j}_5 \\ \boldsymbol{k}_5 \end{pmatrix} = \boldsymbol{A}_5 \begin{pmatrix} \boldsymbol{i}_4 \\ \boldsymbol{j}_4 \\ \boldsymbol{k}_4 \end{pmatrix}$$

（5.34）

式中，$\boldsymbol{A}_1$、$\boldsymbol{A}_2$、$\boldsymbol{A}_3$、$\boldsymbol{A}_4$ 和 $\boldsymbol{A}_5$ 为转换矩阵，它们详细表达式为

$$\boldsymbol{A}_1 = \begin{bmatrix} 1 & 0 & 0 \\ 0 & \cos\varphi & -\sin\varphi \\ 0 & \sin\varphi & \cos\varphi \end{bmatrix}, \ \boldsymbol{A}_2 = \begin{bmatrix} 1 & 0 & 0 \\ 0 & \cos\theta_d & -\sin\theta_d \\ 0 & \sin\theta_d & \cos\theta_d \end{bmatrix}, \ \boldsymbol{A}_3 = \begin{bmatrix} 1 & 0 & 0 \\ 0 & 1 & 0 \\ 0 & 0 & 1 \end{bmatrix}$$

$$\boldsymbol{A}_4 = \begin{bmatrix} 1 & 0 & 0 \\ 0 & \cos\varphi & -\sin\varphi \\ 0 & \sin\varphi & \cos\varphi \end{bmatrix}, \ \boldsymbol{A}_5 = \begin{bmatrix} 1 & 0 & 0 \\ 0 & \cos\theta_D & -\sin\theta_D \\ 0 & \sin\theta_D & \cos\theta_D \end{bmatrix}$$

其中，$\varphi = \Omega t$，$\Omega$ 是旋转转速，$t$ 是旋转时间。

### 5.3.1.2　旋转柔性轮盘的能量方程

如图 5.47 所示，轮盘的弹性变形被简单地定义为相对于移动的局部参考系的运动。假设旋转轮盘内径边界和外径边界均为弹性边界。假设轮盘内径为 $a$，外径为 $b$，厚度为 $h_d$。根据薄板理论，轮盘的横向振动和面内振动不耦合。因此，可单独考虑其动能关系式。在横向振动方面，考虑转速的影响：

$$T_d^u = \frac{1}{2} \rho_d h_d \int_0^{2\pi} \int_a^b \left[ \dot{u}_d^2 + 2\Omega \dot{u}_d \frac{\partial u_d}{\partial \theta} + \Omega^2 \left( \frac{\partial u}{\partial \theta} \right)^2 \right] r\,\mathrm{d}r\,\mathrm{d}\theta \tag{5.35}$$

考虑轮盘面内振动，轮盘上任意点 $P$ 距离原点 $O$ 的位置向量为

$$\boldsymbol{r}_{OP} = \boldsymbol{r}_{OO_1} + \boldsymbol{r}_{O_1O_2} + \boldsymbol{r}_{O_2P} + \boldsymbol{r}_P \tag{5.36}$$

式中，

$$\boldsymbol{r}_{OO_1} = \boldsymbol{0}, \ \boldsymbol{r}_{O_1O_2} = \boldsymbol{0}, \ \boldsymbol{r}_{O_2P} = \begin{pmatrix} 0 & 0 & r \end{pmatrix}\begin{pmatrix} \boldsymbol{i}_3 \\ \boldsymbol{j}_3 \\ \boldsymbol{k}_3 \end{pmatrix}, \ \boldsymbol{r}_P = \begin{pmatrix} 0 & v_\mathrm{d} & w_\mathrm{d} \end{pmatrix}\begin{pmatrix} \boldsymbol{i}_3 \\ \boldsymbol{j}_3 \\ \boldsymbol{k}_3 \end{pmatrix}$$

其中，$u_\mathrm{d}$、$v_\mathrm{d}$ 和 $w_\mathrm{d}$ 分别为轮盘轴向、切向和径向局部振动位移。

通过式（5.34）的坐标转换关系，式（5.36）可以表示为

$$\boldsymbol{r}_{OP} = \left[ v_\mathrm{d}\cos(\varphi+\theta_\mathrm{d}) + r\sin(\varphi+\theta_\mathrm{d}) + w_\mathrm{d}\sin(\varphi+\theta_\mathrm{d}) \right]\boldsymbol{j} \\ + \left[ w_\mathrm{d}\cos(\varphi+\theta_\mathrm{d}) + r\cos(\varphi+\theta_\mathrm{d}) - v_\mathrm{d}\sin(\varphi+\theta_\mathrm{d}) \right]\boldsymbol{k} \tag{5.37}$$

轮盘上任意点 $P$ 的振动速度向量可通过位移向量对时间求导获得：

$$\boldsymbol{v}_\mathrm{d} = \frac{\partial \boldsymbol{r}_{OP}}{\partial t} = \left[ (\dot{v}_\mathrm{d} + \Omega r + \Omega w_\mathrm{d})\cos(\varphi+\theta_\mathrm{d}) + (\dot{w}_\mathrm{d} - v_\mathrm{d}\Omega)\sin(\varphi+\theta_\mathrm{d}) \right]\boldsymbol{j} \\ + \left[ (\dot{v}_\mathrm{d} + \Omega r + \Omega w_\mathrm{d})\sin(\varphi+\theta_\mathrm{d}) + (\dot{w}_\mathrm{d} - v_\mathrm{d}\Omega)\cos(\varphi+\theta_\mathrm{d}) \right]\boldsymbol{k} \tag{5.38}$$

旋转柔性轮盘面内动能表达为

$$T_\mathrm{d}^{vw} = \frac{1}{2}\rho_\mathrm{d} h_\mathrm{d} \int_0^{2\pi}\int_a^b \left( \dot{v}_\mathrm{d}^2 + \dot{w}_\mathrm{d}^2 + \Omega^2 w_\mathrm{d}^2 + \Omega^2 v_\mathrm{d}^2 + 2\Omega\dot{v}_\mathrm{d} w_\mathrm{d} \right. \\ \left. - 2\Omega\dot{w}_\mathrm{d} v_\mathrm{d} + 2\dot{v}_\mathrm{d}\Omega r + \Omega^2 r^2 + 2\Omega^2 w_\mathrm{d} r \right) r\,\mathrm{d}r\,\mathrm{d}\theta_\mathrm{d} \tag{5.39}$$

因此，轮盘的总动能为

$$T_\mathrm{d} = T_\mathrm{d}^u + T_\mathrm{d}^{vw} \tag{5.40}$$

轮盘应变势能详细表达式为

$$U_\mathrm{d}^\varepsilon = \frac{K_\mathrm{d}}{2}\int_0^{2\pi}\int_a^b \left\{ \left(\frac{\partial w_\mathrm{d}}{\partial r}\right)^2 + \left(\frac{\partial v_\mathrm{d}}{r\partial\theta}\right)^2 + \left(\frac{w_\mathrm{d}}{r}\right)^2 + 2\frac{\partial v_\mathrm{d}}{r\partial\theta}\frac{w_\mathrm{d}}{r} + 2\mu\frac{\partial w_\mathrm{d}}{\partial r}\frac{\partial v_\mathrm{d}}{r\partial\theta} + 2\mu\frac{\partial w_\mathrm{d}}{\partial r}\frac{w_\mathrm{d}}{r} \right.$$

$$+ \frac{1-\mu}{2}\left[ \left(\frac{\partial w_\mathrm{d}}{r\partial\theta}\right)^2 + \left(\frac{\partial v_\mathrm{d}}{\partial r}\right)^2 + \left(\frac{v_\mathrm{d}}{r}\right)^2 + 2\frac{\partial w_\mathrm{d}}{r\partial\theta}\frac{\partial v_\mathrm{d}}{\partial r} - 2\frac{\partial w_\mathrm{d}}{r\partial\theta}\frac{v_\mathrm{d}}{r} - 2\frac{\partial v_\mathrm{d}}{\partial r}\frac{v_\mathrm{d}}{r} \right] \bigg\} r\,\mathrm{d}r\,\mathrm{d}\theta$$

$$+ \frac{D_\mathrm{d}}{2}\int_0^{2\pi}\int_a^b \left\{ \left(-\frac{\partial^2 u_\mathrm{d}}{\partial r^2}\right)^2 + \left(\frac{1}{r}\frac{\partial u_\mathrm{d}}{\partial r}\right)^2 + \left(\frac{1}{r^2}\frac{\partial^2 u_\mathrm{d}}{\partial\theta^2}\right)^2 \right.$$

$$+ 2\frac{1}{r}\frac{\partial u_\mathrm{d}}{\partial r}\frac{1}{r^2}\frac{\partial^2 u_\mathrm{d}}{\partial\theta^2} + 2\mu\left(\frac{\partial^2 u_\mathrm{d}}{\partial r^2}\frac{1}{r}\frac{\partial u_\mathrm{d}}{\partial r}\right) + 2\mu\left(\frac{\partial^2 u_\mathrm{d}}{\partial r^2}\frac{1}{r^2}\frac{\partial^2 u_\mathrm{d}}{\partial\theta^2}\right)$$

$$+ 2(1-\mu)\left[ \left(\frac{1}{r}\frac{\partial^2 u_\mathrm{d}}{\partial r\partial\theta}\right)^2 + \left(\frac{1}{r^2}\frac{\partial u_\mathrm{d}}{\partial\theta}\right)^2 - \frac{2}{r^3}\frac{\partial^2 u_\mathrm{d}}{\partial r\partial\theta}\frac{\partial u_\mathrm{d}}{\partial\theta} \right] \bigg\} r\,\mathrm{d}r\,\mathrm{d}\theta$$

$$\tag{5.41}$$

式中，$K_d = \dfrac{E_d h_d}{1 - \mu_d^2}$；$D_d = \dfrac{E_d h_d^3}{12\left(1 - \mu_d^2\right)}$。

在工作过程中，轮盘以一定的转速运动，离心力导致的轴对称法向应力引起的旋转轮盘的应变能可表示为

$$U_d^{\Omega} = \frac{1}{2} \int_0^{2\pi} \int_a^b \left[ \sigma_r \left( \frac{\partial u_d}{\partial r} \right)^2 + \sigma_\theta \left( \frac{1}{r} \frac{\partial u_d}{\partial \theta} \right)^2 \right] r \mathrm{d}r \mathrm{d}\theta \qquad (5.42)$$

式中，$\sigma_r$ 和 $\sigma_\theta$ 是径向和周向旋转引起的初始应力，具体表达式如下：

$$\sigma_r = \frac{\rho_d h_d \Omega^2}{8} \left[ \left(1 + \mu_d\right)\left(a^2 + b^2 \beta\right) - \left(3 + \mu_d\right)r^2 + \left(1 - \mu_d\right)\beta \frac{a^2 b^2}{r^2} \right]$$

$$\sigma_\theta = \frac{\rho_d h_d \Omega^2}{8} \left[ \left(1 + \mu_d\right)\left(a^2 + b^2 \beta\right) - \left(1 + 3\mu_d\right)r^2 - \left(1 - \mu_d\right)\beta \frac{a^2 b^2}{r^2} \right]$$

$$\beta = \frac{-\left(1 + \mu_d\right)a^2 + \left(3 + \mu_d\right)b^2}{\left(1 - \mu_d\right)a^2 + \left(1 + \mu_d\right)b^2}$$

### 5.3.1.3　旋转柔性鼓筒的能量方程

根据薄壳理论，每个点的运动可以通过鼓筒中曲面上点的运动来表示。$u_D$、$v_D$ 和 $w_D$ 分别表示鼓筒在轴向（$x_5$）、切向（$y_5$）和径向（$z_5$）上的变形。鼓筒的厚度为 $H_D$，长度为 $L_D$，中曲面半径为 $R_D$。假设鼓筒的材料是各向同性的，质量密度为 $\rho_D$，泊松比为 $\mu_D$，弹性模量为 $E_D$，转速为 $\Omega$。因此，鼓筒上任意一点 $Q$ 相对于原点的向量可以表示为

$$r_{OQ} = r_{OO_3} + r_{O_3O_4} + r_{O_4O_5} + r_{O_5Q} \qquad (5.43)$$

式中，

$$r_{OO_3} = \begin{pmatrix} x_D & 0 & 0 \end{pmatrix} \begin{pmatrix} i \\ j \\ k \end{pmatrix}, \ r_{O_3O_4} = \mathbf{0}, \ r_{O_4O_5} = \mathbf{0}, \ r_{O_5Q} = \begin{pmatrix} x_Q + u_D & v_D & R + w_D \end{pmatrix} \begin{pmatrix} i_5 \\ j_5 \\ k_5 \end{pmatrix} \qquad (5.44)$$

其中，$x_D$ 为鼓筒几何中心相对于坐标系 $O\text{-}xyz$ 的轴向位移，由于本节不考虑轮盘和鼓筒之间的刚体运动，因此，对确定的耦合系统而言，$x_D$ 是一个常数。

点 $Q$ 处的振动速度向量可通过位移向量对时间求导获得：

$$\begin{aligned} v_Q = \dot{u}_D i &+ \left[ \left( \dot{v}_D + \Omega w_D + \Omega R_D \right) \cos\left(\theta + \varphi\right) + \left( \dot{w}_D - \Omega v_D \right) \sin\left(\theta + \varphi\right) \right] j \\ &+ \left[ \left( \dot{w}_D - v_D \Omega \right) \cos\left(\theta + \varphi\right) - \left( \dot{v}_D + \Omega w_D + \Omega R_D \right) \sin\left(\theta + \varphi\right) \right] k \end{aligned} \qquad (5.45)$$

旋转鼓筒动能表达式为

$$T_{\text{drum}} = \frac{\rho_D h_D L_D R_D}{2} \int_0^1 \int_0^{2\pi} \Big( \dot{u}_D^2 + \dot{v}_D^2 + \dot{w}_D^2 + \Omega^2 v_D^2 + \Omega^2 w_D^2 + 2\Omega w_D \dot{v}_D$$
$$- 2\Omega \dot{w}_D v_D + \Omega^2 R_D^2 + 2\Omega R_D \dot{v}_D + 2\Omega^2 R_D w_D \Big) \mathrm{d}\xi \mathrm{d}\theta \tag{5.46}$$

根据 Sanders[11]壳理论，鼓筒的应变能可写为

$$U_D^\varepsilon = \frac{E_D h_D}{2(1-\mu_D^2)} \int_0^1 \int_0^{2\pi} \Bigg[ \left( \frac{\partial u_D}{L_D \partial \xi} \right)^2 + \frac{2\mu_D}{R_D} \frac{\partial u_D}{L_D \partial \xi} \left( \frac{\partial v_D}{\partial \theta} + w_D \right) + \frac{1}{R_D^2} \left( \frac{\partial v_D}{\partial \theta} + w_D \right)^2$$
$$+ \frac{1-\mu_D}{2} \left( \frac{1}{R_D} \frac{\partial u_D}{\partial \theta} + \frac{\partial v_D}{L_D \partial \xi} \right)^2 \Bigg] R_D L_D \, \mathrm{d}\xi \mathrm{d}\theta$$
$$+ \frac{E_D h_D^3}{24(1-\mu_D^2)} \int_0^1 \int_0^{2\pi} \Bigg[ \left( \frac{\partial^2 w_D}{L_D^2 \partial \xi^2} \right)^2 + \frac{2\mu_D}{R_D^2} \frac{\partial^2 w_D}{L_D^2 \partial \xi^2} \left( \frac{\partial^2 w_D}{\partial \theta^2} - \frac{\partial v_D}{\partial \theta} \right)$$
$$+ \frac{1}{R_D^4} \left( \frac{\partial v_D}{\partial \theta} - \frac{\partial^2 w_D}{\partial \theta^2} \right)^2 + \frac{1-\mu_D}{2R_D^2} \left( \frac{1}{2R_D} \frac{\partial u_D}{\partial \theta_D} - \frac{3}{2} \frac{\partial v_D}{L \partial \xi} + \frac{2\partial^2 w_D}{L_D \partial \xi \partial \theta} \right)^2 \Bigg] R_D L_D \, \mathrm{d}\xi \mathrm{d}\theta \tag{5.47}$$

由转速引起的应变能表示为

$$U_D^\Omega = \frac{1}{2} \int_0^1 \int_0^{2\pi} N_\theta^0 \Bigg\{ \left( \frac{1}{R_D} \frac{\partial u_D}{\partial \theta} \right)^2 + \left[ \frac{1}{R_D} \left( \frac{\partial v_D}{\partial \theta} + w_D \right) \right]^2 + \left[ \frac{1}{R_D} \left( -\frac{\partial w_D}{\partial \theta} + v_D \right) \right]^2 \Bigg\} R_D L_D \, \mathrm{d}\xi \mathrm{d}\theta \tag{5.48}$$

式中，$N_\theta^0$ 为离心力，且 $N_\theta^0 = \rho_D h_D \Omega^2 R_D^2$。

### 5.3.1.4　边界条件和连接条件

在本节模型建立过程中，轮盘-鼓筒耦合结构的边界约束条件均设为弹性约束。这里应用人工弹簧技术对弹性边界进行模拟。鼓筒的边界条件的势能可写为

$$U_D^s = \frac{1}{2} \int_0^{2\pi} \left( k_{D1} u_D^2 + k_{D2} v_D^2 + k_{D3} w_D^2 + k_{D4} \left( \frac{\partial w_D}{L_D \partial \xi} \right)^2 \right) \Bigg|_{\xi=1} R_D \, \mathrm{d}\theta \tag{5.49}$$

式中，$k_{D1}$、$k_{D2}$、$k_{D3}$ 和 $k_{D4}$ 分别为轴向、周向、径向和扭转方向上单位长度的约束刚度。

轮盘的内径边界和外径边界总势能可写为

$$
\begin{aligned}
U_{\mathrm{d}}^{\mathrm{s}} = \frac{1}{2}\int_0^{2\pi} a & \left( k_{\mathrm{d}1}^u u_{\mathrm{d}}^2 + k_{\mathrm{d}1}^v v_{\mathrm{d}}^2 + k_{\mathrm{d}1}^w w_{\mathrm{d}}^2 + k_{\mathrm{d}1}^\theta \left( \frac{\partial u_{\mathrm{d}}}{\partial r} \right)^2 \right)\Bigg|_{r=a} \\
& + b \left( k_{\mathrm{d}2}^u u_{\mathrm{d}}^2 + k_{\mathrm{d}2}^v v_{\mathrm{d}}^2 + k_{\mathrm{d}2}^w w_{\mathrm{d}}^2 + k_{\mathrm{d}2}^\theta \left( \frac{\partial u_{\mathrm{d}}}{\partial r} \right)^2 \right)\Bigg|_{r=b} \mathrm{d}\theta
\end{aligned}
\tag{5.50}
$$

式中，$k_{\mathrm{d}1}^u$、$k_{\mathrm{d}1}^v$、$k_{\mathrm{d}1}^w$ 和 $k_{\mathrm{d}1}^\theta$ 分别是轮盘内径边界上轴向、周向、径向和扭转方向上单位长度的约束刚度；$k_{\mathrm{d}2}^u$、$k_{\mathrm{d}2}^v$、$k_{\mathrm{d}2}^w$ 和 $k_{\mathrm{d}2}^\theta$ 分别是轮盘外径边界上轴向、周向、径向和扭转方向上单位长度的约束刚度。

在实际工程中，轮盘和鼓筒之间往往通过螺栓连接在一起，因此两者之间的连接条件不一定是连续且均匀统一的。螺栓的连接效果致使螺栓安装处的连接刚度往往要比未安装处大，连接刚度与安装方式和工作环境有关，导致轮盘和鼓筒的连接条件在连接界面上具有非连续性和刚度可变性。本节中为了充分描述螺栓连接条件的不连续性和弹性连接的特点，通过离散的点连接来对螺栓连接条件进行模拟。假设螺栓数量为 $N_{\mathrm{b}}$，分别编号为 $1, 2, \cdots, S, \cdots, N_{\mathrm{b}}$。本节中，螺栓连接力将被简化为线性弹簧连接力，可以通过在轴向、切向、径向和扭转方向线性弹簧或扭簧来进行连接效果模拟。四个方向上的连接力可以分别表示为

$$
F_u = k_u \left( u_{\mathrm{D}} - u_{\mathrm{d}} \right), \ F_v = k_v \left( v_{\mathrm{D}} - v_{\mathrm{d}} \right), \ F_w = k_w \left( w_{\mathrm{D}} - w_{\mathrm{d}} \right), \ M_\theta = k_\theta \left( \frac{\partial w_{\mathrm{D}}}{L_{\mathrm{D}} \partial \xi} + \frac{\partial u_{\mathrm{d}}}{\partial r} \right)
\tag{5.51}
$$

因此，螺栓连接结合部所蕴含的弹性势能可表示为

$$
U_{\mathrm{bolt}} = \frac{1}{2} \sum_{S=1}^{N_{\mathrm{b}}} \left( k_u \left( u_{\mathrm{D}} - u_{\mathrm{d}} \right)^2 + k_v \left( v_{\mathrm{D}} - v_{\mathrm{d}} \right)^2 + k_w \left( w_{\mathrm{D}} - w_{\mathrm{d}} \right)^2 + k_\theta \left( \frac{\partial w_{\mathrm{D}}}{L_{\mathrm{D}} \partial \xi} + \frac{\partial u_{\mathrm{d}}}{\partial r} \right)^2 \right)\Bigg|_{r=R, \xi=0, \theta=\theta_S}
\tag{5.52}
$$

式中，$k_u$、$k_v$、$k_w$ 和 $k_\theta$ 分别为轴向、周向、径向和扭转方向上的连接刚度。

### 5.3.1.5　旋转柔性轮盘-鼓筒耦合结构自由振动微分方程

轮盘-鼓筒耦合系统的总动能和总势能分别为

$$
T = T_{\mathrm{D}} + T_{\mathrm{d}}
\tag{5.53}
$$

$$
U = U_{\mathrm{D}}^\varepsilon + U_{\mathrm{d}}^\varepsilon + U_{\mathrm{D}}^{\mathrm{s}} + U_{\mathrm{d}}^{\mathrm{s}} + U_{\mathrm{D}}^\Omega + U_{\mathrm{d}}^\Omega + U_{\mathrm{bolt}}
\tag{5.54}
$$

将式（5.53）、式（5.54）代入拉格朗日方程中，得

$$\frac{\mathrm{d}}{\mathrm{d}t}\left(\frac{\partial T}{\partial \dot{X}_i}\right) - \frac{\partial T}{\partial X_i} + \frac{\partial U}{\partial X_i} = 0 \qquad (5.55)$$

通过推导，可以得到轮盘-鼓筒耦合结构自由振动微分方程为

$$M\ddot{X} + G\dot{X} + KX = 0 \qquad (5.56)$$

式中，$M$ 为质量矩阵；$G$ 为陀螺矩阵；$K$ 为刚度矩阵，矩阵详细表达式见附录 D。

根据式（5.56），可得到系统的频率方程为

$$\left|-\omega^2 M - \omega G + K\right| = 0 \qquad (5.57)$$

式中，$\omega$ 是耦合结构固有频率。

## 5.3.2　模型验证

下面将通过仿真算例来验证本节方法的有效性和正确性，将本节方法计算结果与文献结果或有限元计算结果进行对比。

虽然本节研究对象是螺栓连接轮盘-鼓筒耦合结构，其连接条件线性处理后属于非连续连接条件。但是，对于连续的线性连接条件或者位移调谐连接条件，本节方法同样适用。具体操作方法是，将螺栓数量设置为无穷大（取较大数），同时通过控制各个方向连接刚度来模拟不同连接条件。为使验证工作准确，本节验证工作采用的模型相关参数与文献[100]保持一致：$E_D$=206GPa、$\rho_D$=7850kg/m$^3$、$\mu_D$=0.3、$R_D$=104.5mm、$L_D$=500mm、$H_D$=3mm、$E_d$=206GPa、$\rho_d$=7850kg/m$^3$、$\mu_d$=0.3、$a$=30mm、$b$=104.5mm、$h_d$=3mm。对非旋转态下耦合结构固有频率进行计算，并将计算结果与文献[93]和文献[100]中结果进行了对比，如表 5.5 所示。从表中可以看出，本节方法的计算结果与文献结果吻合得非常好，说明了方法的有效性和正确性。

表 5.5　无量纲频率参数对比验证

| 阶次 | 无量纲频率参数 | | |
| --- | --- | --- | --- |
| | 文献[93] | 文献[100] | 本节 |
| 1 | 0.0891 | 0.0890 | 0.0891 |
| 2 | 0.1108 | 0.1105 | 0.1108 |
| 3 | 0.1296 | 0.1295 | 0.1295 |
| 4 | 0.1715 | 0.1711 | 0.1713 |
| 5 | 0.1796 | 0.1790 | 0.1794 |
| 6 | 0.2003 | 0.2003 | 0.2003 |

为进一步验证本节方法的正确性，对非连续连接条件的轮盘-鼓筒耦合结构进行了固有频率计算，并与 ANSYS 计算结果进行比较，采用的结构参数如表 5.6 所示。

**表 5.6 轮盘-鼓筒耦合结构参数**

| 参数 | 数值 | 参数 | 数值 |
|---|---|---|---|
| 鼓筒厚度 $h_D$ /m | 0.002 | 轮盘厚度 $h_d$ /m | 0.010 |
| 鼓筒长度 $L_D$ /m | 0.100 | 轮盘内径 $a$/m | 0.02 |
| 鼓筒中曲面半径 $R$/m | 0.20 | 轮盘外径 $b$/m | 0.22 |
| 鼓筒材料密度 $\rho_D$ /（kg/m³） | 7850 | 轮盘材料密度 $\rho_d$ /（kg/m³） | 7850 |
| 鼓筒弹性模量 $E$/GPa | 206 | 泊松比 $\mu$ | 0.3 |

轮盘和鼓筒之间采用 16 个点连接，这些点均匀分布在连接界面上。在以下算例中，令轮盘内径的边界条件为固定约束，可利用极大刚度值进行模拟。取对应刚度值为 $k_{d1}^a=10^{14}$N/m²、$k_{d2}^a=10^{14}$N/m²、$k_{d3}^a=10^{14}$N/m²、$k_{d4}^a=10^{14}$N/rad；轮盘外径的边界条件为自由约束，取相应刚度值为 $k_{d1}^b=0$、$k_{d2}^b=0$、$k_{d3}^b=0$、$k_{d4}^b=0$。若鼓筒远离轮盘段的边界条件为自由边界，则构成固支-自由-自由（C-F-F）边界；若鼓筒远离轮盘段的边界条件为弹性约束，则组成固支-自由-弹支（C-F-E）边界，可取相应刚度值 $k_{D1}=10^8$N/m²、$k_{D2}=10^8$N/m²、$k_{D3}=10^8$N/m²、$k_{D4}=10^8$N/rad。在 ANSYS 中建立非连续连接轮盘-鼓筒耦合结构有限元模型，如图 5.48 所示。在有限元模型中，采用 SHELL 63 单元对轮盘和鼓筒进行建模，应用 CONBINE 14 单元进行弹性连接和弹支边界的模拟，共 1392 个节点、1504 个单元。从表 5.7 中结果对比可知，无论是固有频率还是振型，本节方法的计算结果与 ANSYS 仿真结果都吻合得非常好，也说明了本节方法的有效性和正确性。

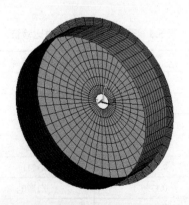

图 5.48 轮盘-鼓筒耦合结构有限元模型

表 5.7　圆柱壳结构理论计算与有限元仿真的频率和振型结果

| 阶次 | 计算值/Hz | 有限元仿真值/Hz | 误差/% | 振型 | 有限元振型 |
|------|-----------|-----------------|--------|------|------------|
| 1 | 599.71 | 602.76 | 0.50 | | |
| 2 | 654.14 | 656.46 | 0.35 | | |
| 3 | 775.89 | 777.33 | 0.18 | | |
| 4 | 957.46 | 956.34 | 0.12 | | |
| 5 | 1262.1 | 1290.0 | 2.16 | | |
| 6 | 1328.6 | 1300.5 | 2.16 | | |
| 7 | 1344.8 | 1369.1 | 1.77 | | |
| 8 | 1397.2 | 1391.6 | 0.40 | | |

| 阶次 | 计算值/Hz | 有限元仿真值/Hz | 误差/% | 振型 | 有限元振型 |
|---|---|---|---|---|---|
| 9 | 1384.1 | 1401.6 | 1.25 | | |
| 10 | 1454.9 | 1439.5 | 1.07 | | |
| 11 | 1522.9 | 1510.2 | 0.84 | | |
| 12 | 1701.6 | 1705.4 | 0.22 | | |
| 13 | 1729.1 | 1731.0 | 0.11 | | |
| 14 | 1771.9 | 1758.2 | 0.78 | | |

### 5.3.3　数值计算与结果分析

5.3.2 节对提出的模型和方法的有效性和正确性进行了验证，本节将在此基础上，研究螺栓数量、连接刚度条件以及转速对轮盘-鼓筒耦合结构固有频率、振型及耦合特性的影响。在参数影响分析过程中，若没有特殊说明，结构参数默认如表 5.6 所示。

#### 5.3.3.1　螺栓数量对螺栓连接轮盘-鼓筒耦合结构固有特性的影响

从 5.3.1 节建模过程中可知，轮盘和鼓筒之间的螺栓连接结构具有非连续连接特点，而非接触部位无耦合连接与一般均匀弹性连接会有所差别。因此，螺栓数量将直接影响轮盘和鼓筒的耦合效果，以及轮盘-鼓筒耦合结构固有特性。表 5.8 列出了螺栓数量分别为 4、8、16、32 和 64 时，以及一般均匀弹性连接工况下耦合结构前 10 阶振型与固有频率。从表中数据对比可以看出，螺栓数量影响耦合结构的振型、固有频率及模态顺序。首先，从频率值上来看，各阶固有频率随着螺栓数量的增多而增多，且在螺栓数量较少时，固有频率在数值上变化特别明显。当螺栓数量增多，频率值变化渐缓。当螺栓数量足够多时，与一般均匀弹性连接结构具有高度的相似性。其次，从振型形状来看，在多螺栓连接工况下，振型具有规则性和一般性。但是当螺栓数量较少时，由于接触对相对较少，轮盘和鼓筒都表现出了振型的特殊性，尤其是低阶的鼓筒振型，在确定周向模态数的基础上，局部的变形尤其明显。最后，从模态顺序上来看，在多螺栓连接工况下，如 32 螺栓和 64 螺栓，振型顺序有良好的一致性，而在少螺栓连接工况下，振型顺序会发生明显的变化。因此，在设计过程中，根据产品工况及设计要求，合理选择螺栓数量，使得在工况下结构振动有可预测性，才能有效地预防可能发生的共振、局部振动等现象。

表 5.8　不同螺栓数量时的非旋转态轮盘-鼓筒耦合结构振型和固有频率

| 阶次 | 不同螺栓数量时的振型和固有频率 | | | | | 一般均匀弹性连接时的振型和固有频率 |
| --- | --- | --- | --- | --- | --- | --- |
| | $N_b=4$ | $N_b=8$ | $N_b=16$ | $N_b=32$ | $N_b=64$ | |
| 1 | | | | | | |
| | 285Hz | 577Hz | 607Hz | 610Hz | 613Hz | 615Hz |
| 2 | | | | | | |
| | 371Hz | 604Hz | 668Hz | 673Hz | 679Hz | 784Hz |
| 3 | | | | | | |
| | 441Hz | 735Hz | 780Hz | 781Hz | 783Hz | 784Hz |

| 阶次 | 不同螺栓数量时的振型和固有频率 | | | | | 一般均匀弹性连接时的振型和固有频率 |
|---|---|---|---|---|---|---|
| | $N_b=4$ | $N_b=8$ | $N_b=16$ | $N_b=32$ | $N_b=64$ | |
| 4 | 514Hz | 774Hz | 997Hz | 1013Hz | 1035Hz | 1051Hz |
| 5 | 557Hz | 936Hz | 1266Hz | 1267Hz | 1267Hz | 1267Hz |
| 6 | 600Hz | 970Hz | 1389Hz | 1390Hz | 1390Hz | 1390Hz |
| 7 | 622Hz | 989Hz | 1443Hz | 1461Hz | 1483Hz | 1496Hz |
| 8 | 658Hz | 1073Hz | 1619Hz | 1643Hz | 1666Hz | 1672Hz |
| 9 | 666Hz | 1113Hz | 1623Hz | 1670Hz | 1703Hz | 1713Hz |

续表

| 阶次 | 不同螺栓数量时的振型和固有频率 | | | | | 一般均匀弹性连接时的振型和固有频率 |
|---|---|---|---|---|---|---|
| | $N_b=4$ | $N_b=8$ | $N_b=16$ | $N_b=32$ | $N_b=64$ | |
| 10 | | | | | | |
| | 779Hz | 1116Hz | 1628Hz | 1676Hz | 1717Hz | 1730Hz |

### 5.3.3.2　转速对螺栓连接轮盘-鼓筒耦合结构固有特性的影响

从前面螺栓数量对轮盘-鼓筒耦合结构的振动特性的影响分析中可以发现，低阶模态的主要对应周向波数 $n$ 为 0、1、2 和 3。因此在本节以及接下来的分析中，数值计算中 $n$ 的取值以此为主，加以高阶波数。

在实际工程中，轮盘-鼓筒耦合结构通常是在一个高转速运行状态下工作，因此，转速是影响轮盘-鼓筒耦合系统固有特性的一个重要因素。图 5.49（a）给出了特定连接参数下轮盘-鼓筒耦合结构的坎贝尔图，图 5.49（b）为 $\Omega=0$ 时前 12 阶模态的振型，并为方便说明，将各模态简称为 MD1、MD2 等。如图 5.49 所示，从频率曲线数量上来看，由于离心力和科里奥利力的影响，随着转速的增大，各阶模态频率形成两条频率曲线，分别为前行波频率曲线（实线）和后行波频率曲

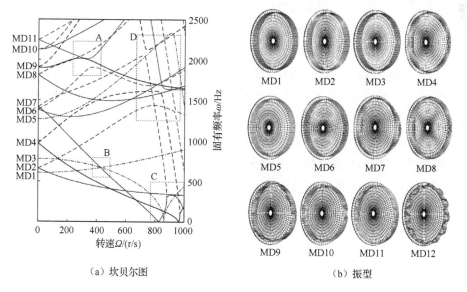

（a）坎贝尔图　　　　　　　　（b）振型

图 5.49　轮盘-鼓筒耦合结构坎贝尔图及转速 $\Omega=0$ 时振型

线（虚线），在数值上后行波频率比前行波频率大。值得注意的是，MD1、MD3和 MD5 仍然是一条曲线，这是由于这两阶频率对应的周向波数为 $n=0$，其模态表现为驻波形式，因此没有行波特征。

从频率曲线的变化规律上看，在低转速时，前行波频率随着转速的增大而减小，后行波频率随着转速的增大而增大。但随着转速的升高，频率曲线不再单调变化，如 MD2 前行波频率随着转速的增大单调减小，而 MD2 后行波频率随着转速的增大先增大后减小。从频率曲线间的相互关系上看，随着转速的变化，各阶频率曲线之间发生了频率转向、频率重合以及频率分叉现象，且高转速比低转速工况表现明显，高阶频率比低阶频率表现明显，例如图中 A、B、C、D 四个区域。频率转向、频率重合以及频率分叉现象本质是轮盘-鼓筒结构的耦合模态间的振动耦合和振型转换。接下来就这些现象进行分别讨论。

区域 A 属于高频率低转速区间，MD6 的后行波频率曲线与 MD11 的前行波频率曲线之间发生频率转向现象，局部频率曲线及对应的模态振型如图 5.50（a）所示。可以发现，在点 $A_a$ 对应的振型中主要是体现鼓筒变形，这意味着该处轮盘-鼓筒耦合结构振型由鼓筒主导，且周向主导模态为 $n=1$；同理，在点 $A_b$，轮盘-鼓筒耦合结构振型由轮盘主导。随着转速的升高，在频率曲线相互靠近的过程中，频率与振型都发生了变化，点 $A_c$ 和点 $A_d$ 对应的轮盘-鼓筒耦合结构的振型不仅体现了明显的鼓筒变形，同时也显示出了轮盘的变形。而随着转速继续增大，频率曲线开始分离，点 $A_e$ 对应的振型主要由轮盘的变形主导，而点 $A_f$ 对应的振型变成了由鼓筒的变形主导。综上所述，在频率曲线靠近和分离的过程中，完成了频率转向和振型转换的过程。而在曲线靠近的区域，子结构之间出现强烈的模态耦合效应。为更好地解释频率转向现象，通过对图 5.50（a）中两条频率曲线上各点之间模态置信准则（modal assurance criterion, MAC）值的分析加以说明，见图 5.51（a）。可以看出，点 $A_a$ 和点 $A_b$、点 $A_d$、点 $A_f$ 之间的相关性逐渐增强，这表明 $A_a$ 和 $A_f$ 之间有良好的模态相关性。同样点 $A_b$ 和点 $A_e$ 之间也存在着较好的相关性。可见，在频率转向点前后，频率曲线对应的模态信息发生了明显的变化。结合振型，可以更好地解释轮盘-鼓筒耦合系统在转速变化过程中的模态耦合效应是导致频率转向和振型转换的原因，是轮盘主导模态和鼓筒主导模态在转速变化中相互作用的结果。

区域 B 属于低频率低转速区间，MD1 频率曲线与 MD3 频率曲线之间发生频率转向现象。局部频率曲线及对应的振型如图 5.50（b）所示，频率曲线间的 MAC 值如图 5.51（b）所示，与区域 A 中现象类似，这里不再赘述。

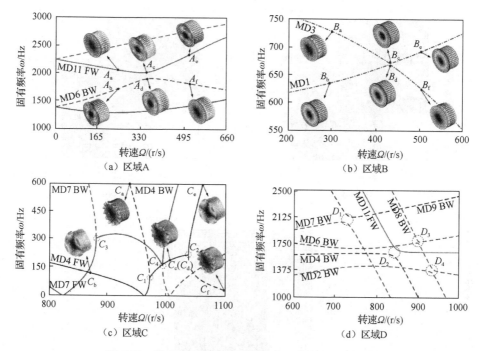

图 5.50　模态频率曲线间频率转向、重合和分叉现象

区域 C 属于低频率高转速区间，MD4 的前后行波频率曲线之间和 MD7 的前后行波频率曲线之间均发现曲线的重合以及分叉的现象。以 MD4 为例，当转速从 800Hz 开始上升后，MD4 前行波频率曲线先下降后上升，其对应的振型主导模态有轮盘周向波数 $n=2$ 模态，MD4 后行波频率曲线逐渐下降，且主导模态为轮盘高阶周向波数模态。随着转速增加到 $C_1$ 时，两条曲线相互靠近直至重合，在 $C_1$ 和 $C_2$ 之间，两条曲线一直保持重合，其振型保持一致，为两种模态的耦合模态。当转速继续升高，曲线在 $C_2$ 再次分叉为两条曲线，一条曲线升高，其对应的振型主导模态变为轮盘周向波数 $n=2$ 模态，另一条曲线下降，主导模态变为轮盘高阶周向波数模态。图 5.51（c）中，$C_c$ 和 $C_d$ 之间的 MAC 值大于图中的其他 MAC 值，这意味着合并曲线中的相关性很高。同样结合振型的变化可以得到推论，在转速变化过程中，MD1 和 MD3 由于模态之间相互耦合，导致发生频率重合、振型一致及振型转换现象。

区域 D 属于高频率高转速区间，从图 5.50（d）中可以看出频率曲线在 D1、D2、D3 和 D4 均发生了频率转向和振型转换现象，与区域 A 和区域 B 类似，这里也不再赘述。另外，同一频率曲线可能与多阶频率曲线发生频率转向等现象。例如，MD6 后行波频率曲线在区域 A 与 MD11 前行波频率曲线发生频率转向，随着转速升高，在区域 C 与 MD8 后行波频率曲线再次发生频率转向。

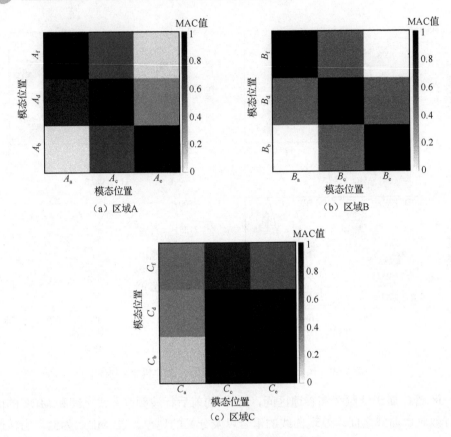

图 5.51　频率曲线间的各阶 MAC 值

综上所述，轮盘-鼓筒耦合结构的同一阶模态频率在不同的转速下会表现出不同的振型，正确理解其频率转向和振型转换问题对工程中模态测试、故障诊断等有重要的意义。

### 5.3.3.3　连接刚度对螺栓连接轮盘-鼓筒耦合结构固有特性的影响

在实际工程中，连接刚度是影响耦合结构振动特性的重要参数，因此备受研究者的关注。以下分析连接刚度对耦合结构固有特性的影响。从图 5.49 中显示的轮盘-鼓筒耦合结构的频率和振型上看，轮盘和鼓筒之间存在着强烈的耦合效应，而这些耦合效应是连接条件引起的，且受连接刚度的影响。因此，为研究各方向上连接刚度对耦合结构固有特性的影响，在改变某一方向连接刚度的同时，其他三个方向上连接刚度保持不变。图 5.52 描述了在转速为零时耦合结构前 10 阶（对应图 5.49 中前 10 阶）固有频率随轴向连接刚度［图 5.52（a）］、切向连接刚度［图 5.52（b）］、径向连接刚度［图 5.52（c）］和扭转连接刚度［图 5.52（d）］的变化情况。

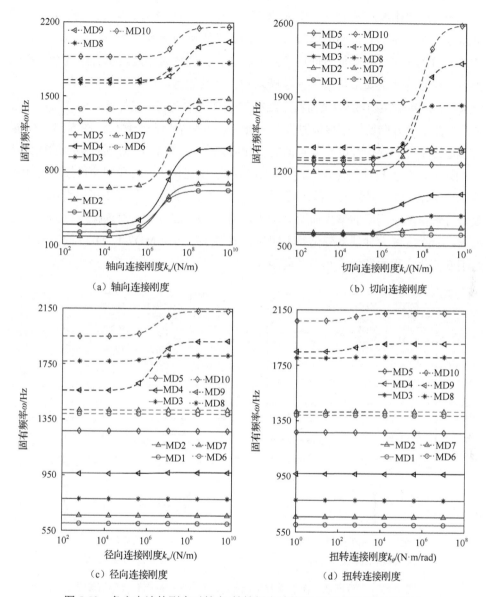

图 5.52　各方向连接刚度对轮盘-鼓筒耦合结构前 10 阶固有频率的影响

如图 5.52 所示，耦合结构频率随着连接刚度的增大而单调增大。在变化过程中，固有频率对连接刚度有一个敏感区间，在刚度敏感区间内，固有频率发生非常明显的变化，但当刚度远离敏感区间，取值较大或者较小时，各阶固有频率变化不明显，均趋于稳定。并且，连接刚度对高阶固有频率的影响都比较明显，但对低阶固有频率影响有些不同。通过各方向连接刚度对低阶固有频率影响比较来看：轴向连接刚度对轮盘主导模态频率影响较大，如 MD1、MD2、MD4 等；切向连接刚度对 MD3 模态影响较大；径向连接刚度对鼓筒主导模态影响较大，如 MD9、MD10 等；与其他方向连接刚度相比，扭转连接刚度对耦合结构频率影响较小，在高阶处主要影响鼓筒主导模态频率且其敏感区间发生左移。从上面的分析来看，连接刚度对轮盘-鼓筒耦合结构的固有频率有明显的影响。而在实际工程中，往往多个方向连接刚度同时发生变化。接下来给出两个例子。图 5.53（a）描述的是四个方向连接刚度相等且同时变化时，耦合结构前 10 阶固有频率的变化情况。图 5.53（b）描述的是仅有两个方向连接刚度变化（径向和切向连接刚度相等且同时变化）时，耦合结构前 10 阶固有频率的变化情况。从图中可以看出，大多数固有频率随着刚度的增大而明显增大，但 MD5 固有频率对连接刚度的敏感性较弱，当刚度增大时频率变化并不明显。值得注意的是 MD7 和 MD9 固有频率在随刚度变化过程中发生了频率转向现象。

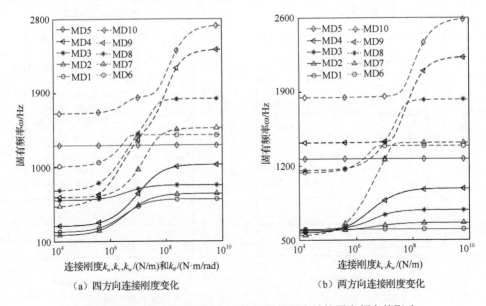

（a）四方向连接刚度变化　　　　　　（b）两方向连接刚度变化

图 5.53　多方向连接刚度变化对轮盘-鼓筒耦合结构固有频率的影响

接下来讨论螺栓连接刚度对轮盘-鼓筒耦合结构行波频率的影响，以 MD2 模态为例，如图 5.54 所示。在图 5.54（a）中，前行波频率随着连接刚度的增大而单调增大。在图 5.54（b）中，当转速较小时，随着连接刚度的增大，后行波频率单调增大。但是，当转速较大时，后行波频率在一定的刚度范围内会有一个减小区间，这也是前面的坎贝尔图中讨论的频率转向现象引起的。

从图 5.54 可以看出，通过连接刚度可以改变频率转向频率点。图 5.55 给出了

三种不同 $K_{\log}$（$K_{\log}$ =7.5、$K_{\log}$ =8 和 $K_{\log}$ =8.5）情况下，区域 A 的频率转向现象和区域 D 的频率重合现象。可以发现，随着刚度的增大，频率转向点及频率重合点均向右移动，不同的是转向点对应的固有频率增大，而重合点对应的固有频率减小。

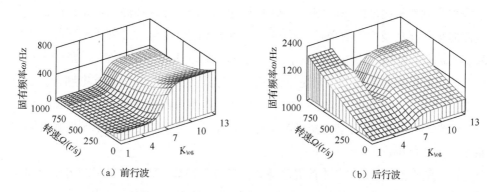

（a）前行波　　　　　　　　　　　　　　（b）后行波

图 5.54　轮盘-鼓筒耦合结构行波频率随连接刚度的变化情况

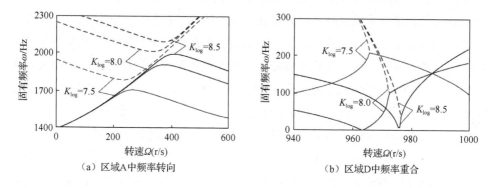

（a）区域A中频率转向　　　　　　　　　　（b）区域D中频率重合

图 5.55　连接刚度对频率转向和频率重合现象的影响

## ■ 5.4　本章小结

本章研究了线性连接条件下圆板-圆柱壳耦合结构振动特性问题。首先，建立刚性轮盘-圆柱壳耦合振动方程，分析了支承刚度和连接刚度对耦合结构固有频率和振型的影响规律。其次，基于 Donnell[10]非线性壳理论，建立刚性轮盘-鼓筒-转轴耦合系统动力学模型，研究了弹性支承下轮盘和鼓筒间的耦合效应对刚性轮盘-鼓筒耦合结构频率特性的影响，阐明了径向简谐激励和气动激励两种载荷条件下鼓筒的非线性振动特性。最后，建立了柔性轮盘-鼓筒耦合结构动力学模型，讨论了螺栓数量、转速和连接刚度对螺栓连接轮盘-鼓筒耦合结构固有特性的影响，揭示了轮盘-鼓筒耦合特征规律。

（1）利用人工弹簧技术模拟了弹性支承条件和连接条件，建立了刚性轮盘-鼓筒-转轴耦合系统动力学模型，研究了支承刚度、连接刚度对静态和旋转态耦合结构固有频率和振型的影响规律。结果表明，当 $n=1$ 时，在静态，轮盘的振动与鼓筒的平移运动及变形有关。在连接刚度和支承刚度变化的过程中发现频率转向和交叉现象，并通过振型图描述了这些现象。当 $n\neq1$ 时，在静态，轮盘的振动和鼓筒的平移运动是耦合的，但是这两种模态与鼓筒的变形并没有发生耦合。当转速发生变化时，由于耦合效应，在 $n=1$ 时系统的所有模态都会产生前行波和后行波，但当 $n\neq1$ 时，仅有鼓筒变形产生行波。此外，连接刚度和支承刚度显著影响系统的固有频率。

（2）基于 Donnell[10] 非线性壳理论，在考虑鼓筒离心力、科里奥利力以及周向初应力基础上，建立旋转态弹性支承刚性轮盘-鼓筒耦合结构振动微分方程，分析了轮盘和鼓筒间的耦合效应对旋转态轮盘-鼓筒耦合结构固有频率特性的影响。在径向简谐激励和气动激励两种外载荷条件下，研究了各参数变化时鼓筒非线性响应情况。结果表明：①转速和支承刚度对轮盘-鼓筒耦合结构固有特性有非常显著的影响，当转速一定时，前后行波随支承刚度变化都有一段敏感区间，随着转速增加，前行波对支承刚度的敏感区间会提前，后行波对支承刚度的敏感区间延后。当支承刚度小于敏感区间时，随着转速的增加，鼓筒前行波频率减小，后行波频率降低。当支承刚度处于敏感区间时，前行波频率随转速增加由减小趋势变为增大趋势。②当周向波数为 $n=1$ 时，由于轮盘和鼓筒之间存在耦合项，轮盘的不平衡力引起鼓筒稳态变形。而当周向波数 $n>1$ 时，由于耦合项消失，轮盘的不平衡力对鼓筒振动响应没有影响。③在考虑气动激励的情况下，前行波的硬式非线性特性较后行波明显，且硬式非线性随激励幅值的增大愈加显著。由于轮盘和鼓筒的耦合作用，盘的支承刚度对前行波和后行波非线性特性也有一定的影响，但影响并不是很大。鼓筒长径比和厚径比越小，系统的硬式非线性特性表现得越显著。因此，对于具有短壳和薄壁特点的旋转鼓筒，建议在设计阶段采用非线性理论来进行计算与分析。

（3）根据螺栓连接特征，建立了简化的非连续线性连接模型，并引入轮盘-鼓筒耦合结构中，建立柔性轮盘-鼓筒耦合结构动力学模型，根据调整边界约束刚度、连接刚度和螺栓数量进行模拟和求解不同支承条件、连接条件下耦合结构频率特性，从而分析连接条件参数、转速及结构几何参数对轮盘-鼓筒耦合结构模态特性的影响。结果表明：①螺栓数量对轮盘-鼓筒耦合结构固有特性有重要的影响，不仅影响着耦合结构固有频率，而且影响振型形状和阶次排序，尤其是对低阶频率，以及对旋转态行波频率影响更加明显。②转速是轮盘-鼓筒耦合结构振动特性重要的影响因素。随着转速的增大，系统产生行波频率特征，从坎贝尔图分析来看，在行波频率曲线之间存在复杂的模态耦合、频率转向、频率重合和分叉等现象，其本质是耦合模态间的振动耦合和振型转换。③各方向连接刚度对轮盘-鼓筒耦合结构高阶频率影响明显。其中，轴向连接刚度对轮盘主导模态频率影响较大；切向连接和径向连接刚度对鼓筒主导模态影响较大；与其他方向连接刚度相比，扭转方向连接刚度对耦合结构频率影响较小。

# 第 6 章

# 层合圆柱壳结构的振动特性

## ■ 6.1 非连续边界复合材料层合圆柱壳结构自由振动分析

较早的对复合材料层合圆柱壳的研究多集中在经典边界和层合方案对层合圆柱壳固有频率的影响。之后学者提出使用人工弹簧对层合圆柱壳进行弹性边界的研究。随着研究的进一步发展，相对于传统的经典边界、均匀整周分布的弹性边界，考虑到工程中出现的更加复杂的边界条件，本节提出两种非连续边界条件下的复合材料层合圆柱壳模型并进行自由振动分析，重点研究边界约束弹簧刚度、约束点数量、约束范围和铺层角对层合圆柱壳固有特性的影响。

### 6.1.1 动力学模型

如图 6.1 所示，建立非连续弹性边界的复合材料层合圆柱壳模型。假定层合圆柱壳长度为 $L$，厚度为 $H$，半径为 $R$，在 $x$、$\theta$、$z$ 方向上，中间面上任意点的位移由 $u$、$v$ 和 $w$ 表示，并定义了无量纲长度 $\xi$ 代替轴向坐标 $x$，$\xi=x/L$。铺层角如图 6.1（b）中的 $\beta$ 所示，第 $p$ 层表面到中曲面的距离由 $h_p$ 表示。

#### 6.1.1.1 模型描述

图 6.1（c）和（d）分别给出了弧度约束和点约束层合圆柱壳的示意图。壳边界的任一点由三组拉压弹簧和一组扭转弹簧来模拟。对于具有弧度约束的复合材料层合圆柱壳，在壳两端的连续区域施加单位每弧长刚度为 $k_u^0$、$k_v^0$、$k_w^0$、$k_\theta^0$、$k_u^1$、$k_v^1$、$k_w^1$、$k_\theta^1$ 的人工弹簧。定义 $\theta_1$ 为弧度约束的起始坐标，$\theta_2$ 为结束坐标，并定义 NS 为弧度约束的段数。对于点约束层合圆柱壳，在边界均匀分布的点处施加刚度为 $k_u^{\prime 0}$、$k_v^{\prime 0}$、$k_w^{\prime 0}$、$k_\theta^{\prime 0}$、$k_u^{\prime 1}$、$k_v^{\prime 1}$、$k_w^{\prime 1}$、$k_\theta^{\prime 1}$ 的人工弹簧，并定义 NA 为均匀分布点的个数，假设圆周上约束点为 1000 个时可看作整周约束。

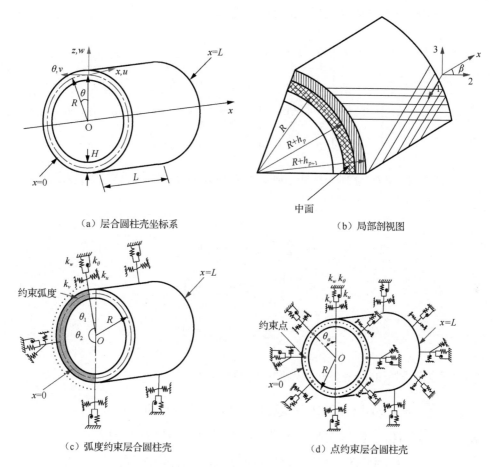

（a）层合圆柱壳坐标系　　　　　　　　（b）局部剖视图

（c）弧度约束层合圆柱壳　　　　　　　（d）点约束层合圆柱壳

图 6.1　非连续弹性边界复合材料层合圆柱壳结构示意图

### 6.1.1.2　能量方程

在复合材料层合圆柱壳中第 $p$ 层上任一点的应变表达式为

$$\begin{pmatrix} \varepsilon_x \\ \varepsilon_\theta \\ \gamma_{x\theta} \end{pmatrix} = \begin{pmatrix} \varepsilon_x \\ \varepsilon_\theta \\ \gamma_{x\theta} \end{pmatrix}_{(0)} + z \begin{pmatrix} \kappa_x \\ \kappa_\theta \\ \kappa_{x\theta} \end{pmatrix} \tag{6.1}$$

式中，下标（0）代表中曲面；任一点与中曲面的距离为 $z$。可以通过 Donnell[10] 壳理论获得中曲面的应变与位移的表达式以及曲率与位移的表达式。

层合圆柱壳的转换刚度矩阵 $\boldsymbol{S}$ 可以定义为

$$S=\begin{bmatrix} A_{11} & A_{12} & 0 & B_{11} & B_{12} & 0 \\ A_{12} & A_{22} & 0 & B_{12} & B_{22} & 0 \\ 0 & 0 & A_{66} & 0 & 0 & B_{66} \\ B_{11} & B_{12} & 0 & D_{11} & D_{12} & 0 \\ B_{12} & B_{22} & 0 & D_{12} & D_{22} & 0 \\ 0 & 0 & B_{66} & 0 & 0 & D_{66} \end{bmatrix} \tag{6.2}$$

式中，$A_{ij}$、$B_{ij}$ 和 $D_{ij}$ 分别为拉伸矩阵、耦合矩阵和弯曲矩阵元素，可以通过下式得出：

$$\begin{aligned} A_{ij} &= \sum_{p=1}^{P} \bar{Q}_{ij}^{p} \left( h_{p+1} - h_{p} \right) \\ B_{ij} &= \frac{1}{2} \sum_{p=1}^{P} \bar{Q}_{ij}^{p} \left( h_{p+1}^{2} - h_{p}^{2} \right) \\ D_{ij} &= \frac{1}{3} \sum_{p=1}^{P} \bar{Q}_{ij}^{p} \left( h_{p+1}^{3} - h_{p}^{3} \right) \end{aligned} \tag{6.3}$$

其中，$p$ 为不同层的层号。转换刚度矩阵 $\bar{\boldsymbol{Q}}$ 表示为

$$\begin{aligned} \bar{Q}_{11} &= Q_{11} \cos^4 \beta + 2\left( Q_{12} + 2Q_{66} \right) \sin^2 \beta \cos^2 \beta + Q_{22} \sin^4 \beta \\ \bar{Q}_{12} &= \left( Q_{11} + Q_{22} - 4Q_{66} \right) \sin^2 \beta \cos^2 \beta + Q_{12} \left( \sin^4 \beta + \cos^4 \beta \right) \\ \bar{Q}_{22} &= Q_{11} \sin^4 \beta + 2\left( Q_{12} + 2Q_{66} \right) \sin^2 \beta \cos^2 \beta + Q_{22} \cos^4 \beta \\ \bar{Q}_{16} &= \left( Q_{11} - Q_{12} - 2Q_{66} \right) \sin \beta \cos^3 \beta + \left( Q_{12} - Q_{22} + 2Q_{66} \right) \sin^3 \beta \cos \beta \\ \bar{Q}_{26} &= \left( Q_{11} - Q_{12} - 2Q_{66} \right) \sin^3 \beta \cos \beta + \left( Q_{12} - Q_{22} + 2Q_{66} \right) \sin \beta \cos^3 \beta \\ \bar{Q}_{66} &= \left( Q_{11} + Q_{22} - 2Q_{12} - 2Q_{66} \right) \sin^2 \beta \cos^2 \beta + Q_{66} \left( \sin^4 \beta + \cos^4 \beta \right) \end{aligned} \tag{6.4}$$

式中，$Q_{11}$、$Q_{12}$、$Q_{22}$ 和 $Q_{66}$ 为正交各向异性材料的弹性系数。

### 6.1.1.3　振动微分方程

振动系统的拉格朗日方程为

$$\frac{\mathrm{d}}{\mathrm{d}t} \left( \frac{\partial T}{\partial \dot{\boldsymbol{q}}} \right) - \frac{\partial T}{\partial \boldsymbol{q}} + \frac{\partial \left( U_{\varepsilon} + U_{\mathrm{spr}} \right)}{\partial \boldsymbol{q}} = \boldsymbol{0} \tag{6.5}$$

式中，$\boldsymbol{q}$ 为广义坐标向量。

将复合材料层合圆柱壳的动能、势能以及储存在边界弹簧中的势能代入拉格朗日方程（6.5）中，可以得到非连续弹性边界复合材料层合圆柱壳的自由振动微分方程：

$$\dot{M}\ddot{q}+\left(\dot{K}_{\mathrm{spr}}+\dot{K}\right)q=0 \tag{6.6}$$

式中，$M$、$K$ 和 $K_{\mathrm{spr}}$ 分别为质量矩阵、势能刚度矩阵和边界刚度矩阵，其具体表达式见附录 E。为了与文献对比，引入无量纲频率参数 $\omega^*$：

$$\omega^*=\omega_{m,n}R\sqrt{\rho/E_2} \tag{6.7}$$

式中，$\omega_{m,n}$ 是模态为$(m, n)$的固有频率。

## 6.1.2　模型验证

为了验证当前结果的收敛性和准确性，在本部分给出了一些数值结果，并与经典文献的结果进行了比较。当约束弧度为 $2\pi$ 或约束点 NA 为 1000 时，具有非连续弹性边界条件的复合材料层合圆柱壳的边界可看作连续的整周约束。以三层正交铺设圆柱壳为例，表 6.1 列出了层合圆柱壳参数，表 6.2 为对应不同类型经典边界条件的弹簧刚度，表 6.3 给出了具有 S-S 和 C-C 边界的三层复合材料层合圆柱壳无量纲频率参数。可以看出，本方法与文献中经典边界的层合圆柱壳固有频率的误差较小，验证了本模型精度较高，可推广到任意弹簧刚度条件下层合圆柱壳固有特性的计算。

表 6.1　层合圆柱壳参数

| 参数 | 数值 |
|---|---|
| $E_{22}$ | 7.6GPa |
| $E_{11}/E_{22}$ | 2.5 |
| $G_{12}$ | 4.1GPa |
| $\mu_{12}$ | 0.26 |
| $\rho$ | 1643kg/m$^3$ |
| 外层厚度 | $H/3$ |
| 中间层厚度 | $H/3$ |
| 内层厚度 | $H/3$ |

表 6.2　对应不同类型经典边界条件的弹簧刚度

| 边界条件 | 弧度约束层合圆柱壳弹簧刚度 | | | | 点约束层合圆柱壳弹簧刚度 | | | |
|---|---|---|---|---|---|---|---|---|
| | $k_u$ / (N/m²) | $k_v$ / (N/m²) | $k_w$ / (N/m²) | $k_\theta$ / (N/rad) | $k'_u$ / (N/m²) | $k'_v$ / (N/m²) | $k'_w$ / (N/m²) | $k'_\theta$ /(N·m/rad) |
| 自由 | 0 | 0 | 0 | 0 | 0 | 0 | 0 | 0 |
| 简支 | 0 | $10^{12}$ | $10^{12}$ | 0 | 0 | $10^9$ | $10^9$ | 0 |
| 固支 | $10^{12}$ | $10^{12}$ | $10^{12}$ | $10^{12}$ | $10^9$ | $10^9$ | $10^9$ | $10^9$ |

接下来讨论采用切比雪夫多项式和拉格朗日方程组合的形式求解层合圆柱壳频率参数的收敛性。这里考虑[0°/90°/0°]层合圆柱壳长径比 $L/R$=1，厚径比 $H/R$=0.002，$n$=1～6，引入误差公式

$$Error = \frac{\left| \omega^*_{NT} - \omega^*_{exact} \right|}{\omega^*_{exact}} \times 100\%$$ （6.8）

式中，$\omega^*_{NT}$ 是截断阶数为 NT 时对应的无量纲频率参数；$\omega^*_{exact}$ 表示频率参数的准确值。随着截断阶数增大，频率参数逐渐接近准确值，但实际结果是截断阶数增大到一定值后几乎不会对频率参数的精度造成影响，所以这里取截断阶数=30 时计算的频率参数为精确值 $\omega^*_{exact}$。

表 6.3　S-S 和 C-C 边界三层复合材料层合圆柱壳无量纲频率参数（$H/R$=0.002，截断阶数=8）

| 边界 | $L/R$ | 约束方式 | 无量纲频率参数 | | | | | |
|---|---|---|---|---|---|---|---|---|
| | | | $n$=1 | $n$=2 | $n$=3 | $n$=4 | $n$=5 | $n$=6 |
| S-S | 1 | 弧度 | 1.061278 | 0.804046 | 0.598324 | 0.450139 | 0.345250 | 0.270751 |
| | | 点 | 1.061278 | 0.804046 | 0.598324 | 0.450138 | 0.345248 | 0.270748 |
| | | 文献[125] | 1.061285 | 0.804058 | 0.598340 | 0.450163 | 0.345288 | 0·270814 |
| | 5 | 弧度 | 0.248633 | 0.107202 | 0.055086 | 0.033790 | 0.025793 | 0.025876 |
| | | 点 | 0.248634 | 0.107203 | 0.055086 | 0.033790 | 0.025793 | 0.025876 |
| | | 文献[125] | 0.248635 | 0.107214 | 0.055140 | 0.033591 | 0.026129 | 0·026362 |
| C-C | 1 | 弧度 | 1.062250 | 0.813825 | 0.629735 | 0.501192 | 0.409572 | 0.342179 |
| | | 点 | 1.062250 | 0.813825 | 0.629735 | 0.501192 | 0.409572 | 0.342179 |
| | | 文献[32] | 1.062242 | 0.813717 | 0.629498 | 0.500846 | 0.409156 | 0.341724 |
| | 5 | 弧度 | 0.304315 | 0.168338 | 0.100154 | 0.064945 | 0.046466 | 0.038279 |
| | | 点 | 0.304315 | 0.168338 | 0.100154 | 0.064945 | 0.046466 | 0.038279 |
| | | 文献[32] | 0.303609 | 0.167527 | 0.099667 | 0.064699 | 0.046345 | 0.038222 |

图 6.2 结果显示随着截断阶数的增加，计算结果明显趋近准确值。当截断阶数>8 误差小于 0.2%，计算误差变化相对较小，可以认为结果具有良好的收敛性，故在本节进行无量纲频率参数计算时取截断阶数=8。

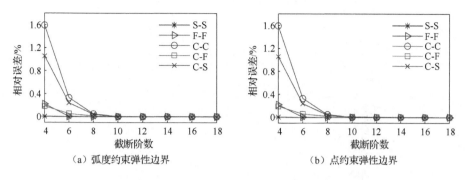

（a）弧度约束弹性边界　　　　　　（b）点约束弹性边界

图 6.2　无量纲频率参数的相对误差随截断阶数的变化

## 6.1.3　数值计算与结果分析

完成动力学模型验证之后，研究弧度约束和点约束层合圆柱壳的自由振动问题。本节选取层合圆柱壳的几何参数如下：长径比 $L/R=1$，厚径比 $H/R=0.005$，周向波数 $n=1\sim6$。本节中，壳的一端为整周固定约束 $k_u^0 = k_v^0 = k_w^0 = 10^{12}\ \mathrm{N/m^2}$，$k_\theta^0 = 10^{12}\ \mathrm{N/rad}$。对于实际工程中可能出现的弧形焊接等形式，本节建立弧度约束边界条件进行模拟，并选取弧度约束的段数为 NS=1。先研究弧度约束范围、弹簧刚度和铺层角对弧度约束层合圆柱壳频率参数和振型的影响，接着研究约束点个数、弹簧刚度、铺层角对点约束层合圆柱壳的频率参数和振型的影响。关于点约束层合圆柱壳固有频率的研究为工程中的螺栓连接、铆接等提供了理论依据。

### 6.1.3.1　弧度约束范围对弧度约束层合圆柱壳固有特性的影响

下面分析弧度约束范围对弧度约束层合圆柱壳的频率参数和振型的影响，其中壳在一端为整周的固支约束，而另一端为弧度约束的固支边界。图 6.3 中绘制了随着弧度约束范围的增大圆柱壳前 3 阶固有频率的变化情况。从图中可以看出，约束范围小于 π 时，随着弧度范围增大，层压壳的固有频率增大，在约束范围大于 π 之后频率保持不变，边界会收敛到均匀约束的固支边界。在不同的约束范围下，层合圆柱壳的振型变化如图 6.4 和图 6.5 所示。当约束范围较小时，壳的振型位移仅在约束区域中很小。当约束范围大于 π 时，边界的整个圆周具有较小的阵型。从图 6.5（b）可以看出，层合圆柱壳在约束区域中具有较小的幅值，导致整个圆周振型的幅度变小。

图 6.3～图 6.5 中的现象可以解释为，随着弧度约束范围的增大，计算人工弹簧弹性势能的公式中的积分范围增大且被积函数为正，边界刚度逐渐接近整周约束的刚度。当约束范围很大时，边界上的约束可以近似为整周约束，因此频率几乎保持不变，且模态的幅度几乎为零。

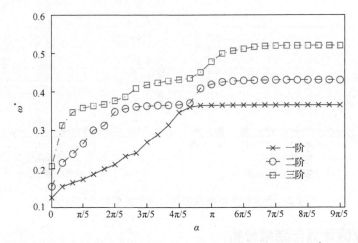

图 6.3 弧度约束范围对弧度约束层合圆柱壳无量纲频率参数 $\omega^*$ 的影响

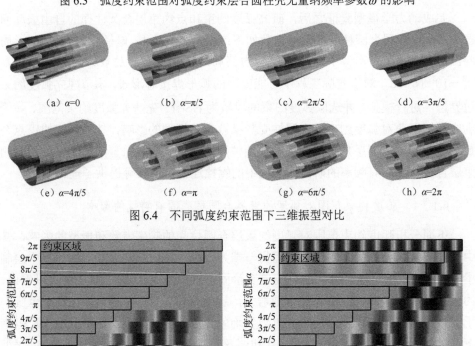

（a）α=0　　（b）α=π/5　　（c）α=2π/5　　（d）α=3π/5

（e）α=4π/5　　（f）α=π　　（g）α=6π/5　　（h）α=2π

图 6.4 不同弧度约束范围下三维振型对比

（a）相对振型　　　　　　（b）绝对振型

图 6.5 不同弧度约束范围下约束端振型对比

### 6.1.3.2 弹簧刚度对弧度约束层合圆柱壳固有特性的影响

在图 6.6 中，分析了边界弹簧刚度对弧度约束层合圆柱壳的无量纲频率参数的影响。一端边界为整周固支约束（$k_u^1 = k_v^1 = k_w^1 = 10^{12}\,\text{N/m}^2$，$k_\theta^1 = 10^{12}\,\text{N/rad}$），另一端边界为两组变刚度的约束弹簧，$k_i^0 = 10^0 \sim 10^{12}\,\text{N/m}^2$（N/rad），$k_j^0 = 10^0 \sim 10^{12}\,\text{N/m}^2$（N/rad）（$i, j = u, \theta, v, w$）。在图 6.6（a）中，随着轴向、周向、径向和扭转方向的刚度的增大，频率参数首先保持不变，然后在敏感区间内迅速增大，最后保持不变。一个方向弹簧刚度不同，另一方向弹簧刚度对频率的影响也会不同。例如，当 $k_w$ 小于 $10^4\,\text{N/m}^2$ 时，$k_v$ 从 $10^0\,\text{N/m}^2$ 增大到 $10^{12}\,\text{N/m}^2$，频率参数从 0.13 增加到 0.31。然而，当 $k_w$ 大于 $10^4\,\text{N/m}^2$ 时，$k_v$ 对频率参数的影响变小。特别是当 $k_w$ 大于 $10^7\,\text{N/m}^2$ 时，$k_v$ 从 $10^0\,\text{N/m}^2$ 增加到 $10^{12}\,\text{N/m}^2$，频率参数从 0.28 增加到 0.31。图 6.6（b）和（c）分别计算了约束范围 $\alpha$ 为 $\pi$ 和 $\pi/2$ 时的情况，可以看出刚度对频率的影响与图 6.6（a）相似。在分析弹簧刚度对频率的影响时，应同时考虑多个方向的刚度。当约束范围较小时，曲线变得不稳定，敏感区间变大，在工程中应避免这类情况。弹簧刚度不仅对层合圆柱壳的固有频率有较大的影响，同时也对振型产生较大影响。当约束范围为 0 到 $\pi/2$ 时，弹簧刚度对层合圆柱壳振型的影响见图 6.7 和图 6.8，壳的一端为整周固支约束，另一端为弹性约束（$k_w = 10^5 \sim 10^8\,\text{N/m}^2$，其他方向弹簧刚度为 0）。当 $k_w < 10^5\,\text{N/m}^2$ 时，边界近似自由，振型受边界影响较小；当 $k_w$ 处于敏感区间时，随着弹簧刚度的增大，约束范围内的模态幅值逐渐减小；当 $k_w$ 大于 $10^8\,\text{N/m}^2$ 时，约束为固支约束，振幅接近于零。

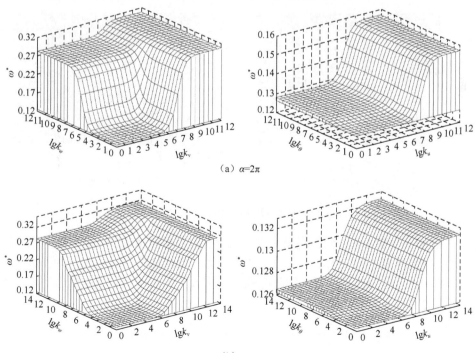

（a）$\alpha = 2\pi$

（b）$\alpha = \pi$

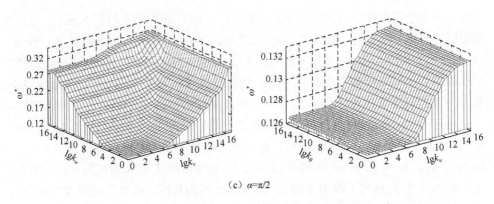

(c) $\alpha=\pi/2$

图 6.6　边界弹簧刚度对弧度约束层合圆柱壳无量纲频率参数 $\omega^{*}$ 的影响

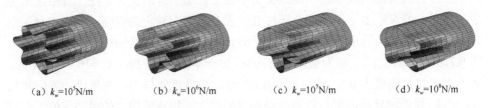

(a) $k_w=10^5$N/m　　(b) $k_w=10^6$N/m　　(c) $k_w=10^7$N/m　　(d) $k_w=10^8$N/m

图 6.7　边界弹簧刚度对三维振型的影响（约束范围 0 到 $\pi/2$）

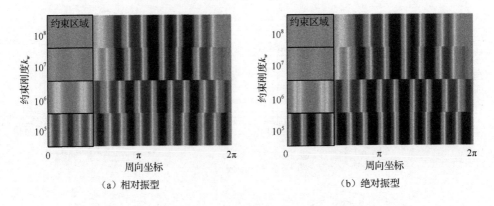

(a) 相对振型　　　　　　　　　　　(b) 绝对振型

图 6.8　边界弹簧刚度对约束端振型的影响（约束范围 0 到 $\pi/2$）

　　从图 6.6～图 6.8 看到的现象可以看出，在边界弹簧势能中，随着弹簧刚度的增大，弹簧刚度矩阵增大。刚度较小时，边界接近自由边界，因此对频率影响较小。在敏感范围内，弹簧刚度矩阵随刚度的增大而迅速增大。当刚度值大于敏感区间，边界可视为固支边界。

### 6.1.3.3　铺层角对弧度约束层合圆柱壳固有特性的影响

　　与以往的研究更加侧重固定边界和固定铺层角下的层合圆柱壳不同，本节讨论具有连续变化弹簧刚度和铺层角的弧度约束的三层层合圆柱壳的自由振动。在图 6.9 中讨论了边界弹簧刚度和铺层角对层合圆柱壳无量纲频率参数的影响。一端边界是整个圆周约束的固定约束 $k_u^1 = k_v^1 = k_w^1 = 10^{12}\,\mathrm{N}/\mathrm{m}^2$，$k_\theta^1 = 10^{12}\,\mathrm{N}/\mathrm{rad}$，另一端为一组变刚度的弧度约束 $k_i^0 = 10^0 \sim 10^{12}\,\mathrm{N}/\mathrm{m}^2\,(\mathrm{N}/\mathrm{rad})$ $(i = u, \theta, v, w)$，中间层铺层角 $\beta$ 从 0 连续变化到 $\pi$，其中内层和外层的铺层角不变。

在图 6.9（a）～（c）中，当弹簧刚度较小时，随着中间层铺层角从 0 增加到 $\pi$，频率参数先减小，在 $\theta = \pi/2$ 处达到最小值，然后又增大。当弹簧刚度较大时，随着铺层角从 0 增加到 $\pi/2$，频率参数先增大，在 $\theta = \pi/6$ 处达到最大，之后又减小，在 $\theta = \pi/2$ 处达到最小值。与从 0 到 $\pi/2$ 的铺层角相比，从 $\pi$ 到 $\pi/2$ 的铺层角也有相同的趋势。在图 6.9（d）中，频率参数先减小后增大，曲线关于 $\pi/2$ 对称。当中间层的铺层角 $\beta$ 从 0 变化到 $\pi$，转换刚度矩阵 $\bar{\boldsymbol{Q}}$ 是关于 $\beta$ 的正弦和余弦函数，所以频率呈现出周期性变化。

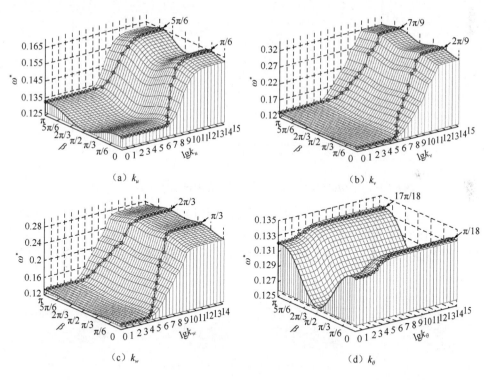

图 6.9　边界弹簧刚度和铺层角对[0/$\theta$/0]层合、一端固支、一端弹性约束层合圆柱壳无量纲频率参数 $\omega^*$ 的影响（约束范围 0 到 $\pi$）

不同方向的弹簧刚度对不同层合角层合圆柱壳的频率参数有不同的影响。在工程设计中，通过调整边界弹簧的刚度和铺设角度，可以获得所需的固有频率。

### 6.1.3.4 约束点个数对点约束层合圆柱壳固有特性的影响

图 6.10～图 6.12 分析了约束点个数对点约束层合圆柱壳的频率参数和振型的影响，其中一端为整周固支约束，另一端为变约束点个数的固支边界。图 6.10 为变化约束点个数的层合圆柱壳前 3 阶无量纲频率参数。图中，当点数小于 14 时，壳的频率参数随着点的数量的增加而增大。当点数大于 14 时，层合圆柱壳的频率参数随着点数的增加而保持稳定，即随着点数的增加，边界收敛到均匀约束的固支边界。图 6.11 和图 6.12 给出了层合圆柱壳在不同点约束个数下的振型变化。可以看出，当约束点数量较少时，层合圆柱壳的振型在约束点处的振幅为 0。当点数增加到 6 个以上时，层合圆柱壳体在整个圆周上的振动幅度很小。

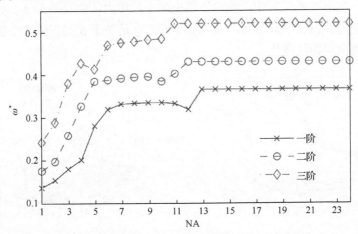

图 6.10　点约束个数对点约束层合圆柱壳无量纲频率参数 $\omega^*$ 的影响

通过以上分析，可以认为当约束点个数大于 14 时，边界近似为整周固支约束。图 6.10、图 6.11 和图 6.12 中的现象，可以从点约束时的弹性势能来解释。随着约束点个数的增加，$U_{\text{spring}}^{\text{points}}$ 逐渐增大，并逐渐逼近整周约束的值，故频率最后保持不变。

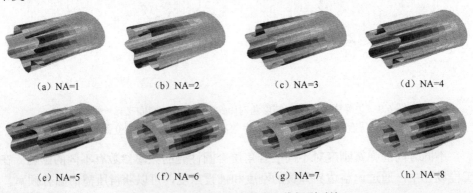

（a）NA=1　　　（b）NA=2　　　（c）NA=3　　　（d）NA=4

（e）NA=5　　　（f）NA=6　　　（g）NA=7　　　（h）NA=8

图 6.11　不同点约束个数下三维振型对比

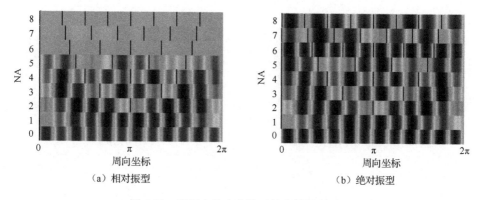

（a）相对振型　　　　　　　　　（b）绝对振型

图 6.12　不同点约束个数下约束端振型对比

### 6.1.3.5　弹簧刚度对点约束层合圆柱壳固有特性的影响

图 6.13～图 6.15 分析了边界弹簧刚度对点约束层合圆柱壳的频率参数和振型的影响，其中一端边界为固支（ $k_u^{r1}=k_v^{r1}=k_w^{r1}=10^9\,\mathrm{N/m}$、$k_\theta^{r1}=10^9\,\mathrm{N\cdot m/rad}$），而另一端边界为两个方向弹簧刚度连续变化的弹支约束，其中约束点个数分别为 1000、16 和 8。在图中，随着弹簧刚度的增大，频率参数在刚度较小时几乎保持不变，当刚度在敏感区间内变化时，频率参数迅速增大，最后随着弹簧刚度的增大频率参数几乎保持不变。以图 6.13（a）为例，当径向弹簧刚度小于 $10^0\mathrm{N/m}$ 时，层合圆柱壳的固有频率随周向弹簧刚度的增大而从 0.12 增大到 0.31；当径向弹簧刚度大于 $10^5\mathrm{N/m}$ 时，层合圆柱壳的固有频率从 0.28 增加到 0.31。可以看出，在一个方向，弹簧刚度对固有频率的影响受另一个方向弹簧刚度的影响。在图 6.13（b）和（c）中，分别对 NA=16 和 8 的固有频率进行了研究。在不同约束点个数下，敏感区间也不同。刚度对点约束层合圆柱壳无量纲频率参数的影响与图 6.15 所示效果一致。

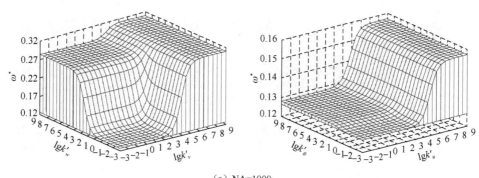

（a）NA=1000

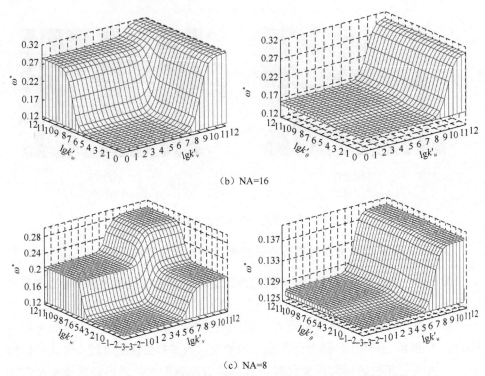

（b）NA=16

（c）NA=8

图 6.13　边界弹簧刚度对点约束层合圆柱壳无量纲频率参数 $\omega^*$ 的影响
（ $k_u^0 = k_v^0 = k_w^0 = 10^{12}\,\text{N/m}$ 、 $k_\theta^0 = 10^{12}\,\text{N}\cdot\text{m/rad}$ ）

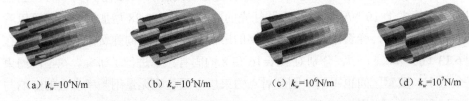

（a） $k_w = 10^4 \text{N/m}$　　（b） $k_w = 10^5 \text{N/m}$　　（c） $k_w = 10^6 \text{N/m}$　　（d） $k_w = 10^7 \text{N/m}$

图 6.14　不同边界弹簧刚度下三维振型对比（NA=8）

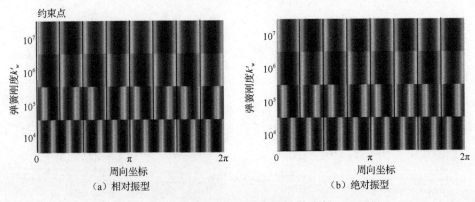

（a）相对振型　　　　　　　　　　　　　（b）绝对振型

图 6.15　不同边界弹簧刚度下约束端振型对比（NA=8）

　　由图 6.14 和图 6.15 可知，当刚度从 $10^5$N/m 增加到 $10^6$N/m 时，层合圆柱壳 1 阶频率的周向波数 $n$ 由 6 变为 4，从而引起了无量纲频率参数的突变。边界弹簧刚度对点约束层合圆柱壳频率参数的影响与图 6.13 所示结果一致，此处不再讨论。

### 6.1.3.6　铺层角对点约束层合圆柱壳固有特性的影响

　　在实际工程中，铺层角是层合圆柱壳中一个非常重要的设计参数，因此研究铺层角对层合圆柱壳固有频率的影响是十分必要的。图 6.16 分析了铺层角和弹簧刚度对点约束层合圆柱壳固有频率的影响，分析了三层[0/$\theta$/0]（$\theta$=0~$\pi$）层合圆柱壳固有频率，其中壳的一端边界为整周固支约束（$k_u^{r1} = k_v^{r1} = k_w^{r1} = 10^9$N/m，$k_\theta^{r1} = 10^9$N/rad），而另一端为连续变化刚度弹簧约束 [$k_i^{r0} = 10^{-3}$~$10^9$N/m（N/rad）（$i=u$、$v$、$w$、$\theta$)]。在图 6.16 中，当弹簧刚度较小时，随着中间层的铺层角从 0 增加到 $\pi$，无量纲频率参数先减小后增大，在 $\pi$/2 处获得最小值，且无量纲频率参数变化曲线关于 $\pi$/2 呈现对称分布的规律。当弹簧刚度较大时，随着中间层铺层角从 0 增加到 $\pi$/2，层合圆柱壳的无量纲频率参数先增大，在 $\pi$/6、2$\pi$/9、$\pi$/3 和 $\pi$/18 附近获得最大值，然后减小，在 $\pi$/2 处达到最小值；从 $\pi$ 到 $\pi$/2，无量纲频率参数变化也先增大后减小，在 5$\pi$/6、7$\pi$/9、2$\pi$/3 和 17$\pi$/18 时达到最大值。根据上述分析，铺层角度对无量纲频率参数的影响较大。因此，在工程设计过程中，通过改变中间层的铺设角度，可以得到所需的频率参数。

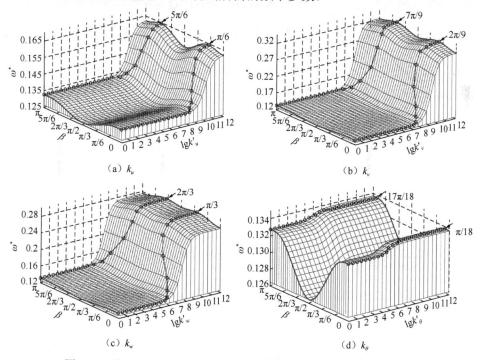

图 6.16　边界弹簧刚度和铺层角对[0/$\theta$/0]层合、一端固支、一端弹性约束层合圆柱壳无量纲频率参数 $\omega^*$ 的影响（NA=16）

## ■6.2　弹性边界旋转态层合圆柱壳结构非线性振动特性分析

旋转机械中存在大量的圆柱壳结构，因此，为了能够更好地贴近工程实际，本节的研究创新性地引入转速的影响。基于 Donnell[10]的非线性壳理论来推导圆柱壳的振动微分方程，选取正交多项式作为推导弹性边界下复合材料层合圆柱壳结构的容许位移函数，与经典文献进行对比，验证本节的方法。同时，关注在非经典边界条件下，转速、几何参数和铺设方案对复合材料层合圆柱壳的几何非线性振动响应的影响。

### 6.2.1　动力学模型

建立旋转态复合材料层合圆柱壳的动力学模型，将旋转态复合材料层合圆柱壳的动能、总势能代入拉格朗日方程，对得到的质量矩阵、阻尼矩阵及刚度矩阵进行组集，得到弹性边界下旋转态复合材料层合圆柱壳结构的运动微分方程：

$$M_L q + (G_L + C_L) q + (K_L + K_{spr} + M_G + H + K_N^{(2)} + K_N^{(3)}) q = F \tag{6.9}$$

式中，$C_L$ 为阻尼矩阵，且 $C_L = \alpha M_L + \beta(K_L + K_{spr})$；$K_L$ 为层合圆柱壳结构的刚度矩阵；$K_{spr}$ 为边界弹簧刚度矩阵；$M_L$ 为质量矩阵；$G_L$ 为陀螺矩阵；$M_G$ 和 $H$ 为层合圆柱壳的初始应变矩阵；$K_N^{(2)}$ 和 $K_N^{(3)}$ 是由二次项和三次项组集而成的非线性矩阵；$F$ 为层合圆柱壳所受的简谐外激励，有

$$F = f \cos(\omega_{EX} t) \left[ W_0(\xi) \sin \omega t + W_n(\xi) \cos(n\theta) \sin \omega t \right]_{x=L_L/2, \theta=0°} \tag{6.10}$$

其中，$f$ 为外激励的最大值；$\omega_{EX}$ 为外激励频率；$t$ 为时间；$x=L_L/2$ 和 $\theta=0°$ 表示外激励的激励位置。

### 6.2.2　模型验证

采取通过与文献中的线性结果进行比较的方法，来验证旋转态复合材料层合圆柱壳动力学模型的准确性。选取几何参数：长径比 $L_L/R_L=1$，厚径比 $H_L/R_L=0.002$，三层的对称铺设方案为[0°/90°/0°]。在 F-F、C-C 和 S-S 边界条件下，计算出无量纲频率参数。表 6.4 中给出了最小轴向波数（即 $m=1$）和最小的六个周向波数（即 $n=1\sim6$）的无量纲频率参数（即 $\omega^* = \omega L_L^2 \sqrt{\rho/E_{22}}$）的值。

观察表 6.4 可以发现，无论转速是 0.1r/s 或 1r/s，当正交多项式的项数等于 5 时，旋转态复合材料层合圆柱壳的无量纲频率参数计算结果几乎和文献[125]的结果相同，我们认为此时本方法计算已经收敛。因此，本节认为当多项式的项数 NT=5 时，计算已经准确，可以满足研究要求。所以在 6.2.3 节中的研究中，正交多项式的项数均选择 5。

表 6.4　复合材料层合圆柱壳的无量纲频率参数对比

| $\Omega/\text{(r/s)}$ | $n$ | 文献[125] | | 本节 | | | |
| | | | | NT=5 | | NT=6 | |
| | | $\omega_b^*$ | $\omega_f^*$ | $\omega_b^*$ | $\omega_f^*$ | $\omega_b^*$ | $\omega_f^*$ |
| 0.1 | 1 | 1.061430 | 1.061141 | 1.061328 | 1.061074 | 1.061065 | 1.060908 |
| | 2 | 0.804218 | 0.803898 | 0.805276 | 0.804058 | 0.804046 | 0.803067 |
| | 3 | 0.598485 | 0.598197 | 0.598394 | 0.598364 | 0.598344 | 0.598295 |
| | 4 | 0.450289 | 0.450040 | 0.450703 | 0.450157 | 0.450147 | 0.449838 |
| | 5 | 0.345398 | 0.345184 | 0.345319 | 0.345245 | 0.345260 | 0.345129 |
| 1 | 1 | 1.062729 | 1.059837 | 1.061429 | 1.061117 | 1.061512 | 1.061175 |
| | 2 | 0.805670 | 0.802468 | 0.804254 | 0.803926 | 0.804141 | 0.803767 |
| | 3 | 0.599829 | 0.596946 | 0.598474 | 0.598182 | 0.598421 | 0.598085 |
| | 4 | 0.451532 | 0.449046 | 0.450289 | 0.450021 | 0.450244 | 0.449987 |
| | 5 | 0.346629 | 0.344494 | 0.345420 | 0.345202 | 0.345357 | 0.345140 |

注：下标 b 表示后行波，f 表示前行波

## 6.2.3　数值计算与结果分析

在本节的研究中，引入转速的影响，分别分析在弹性边界下转速、几何参数和铺设方案对层合圆柱壳非线性振动响应的影响。

在接下来所有的层合圆柱壳幅频响应曲线图中，层合圆柱壳的受迫振动响应幅值均相对于圆柱壳的厚度做了无量纲化，即 $A/H_L$。其中，$A$ 是圆柱壳在外激励下的振动响应幅值，随外激励的频率 $\omega_{EX}$ 的变化而变化；外激励频率相对于圆柱壳的固有频率做了无量纲化，即 $\omega_{EX}/\omega_{1,6}$，其中 $\omega_{1,6}$ 表示当 m=1、n=6 时，层合圆柱壳的固有频率。

### 6.2.3.1　转速对层合圆柱壳非线性振动响应的影响

建立旋转态复合材料层合圆柱壳，其长径比 $L_L/R_L$ =1，厚径比 $H_L/R_L$ =0.002，

对称铺设方案[0°/90°/0°]。层合圆柱壳的边界支承条件是：情况 A（$k_u^1 = k_\theta^1 = 0$，$k_v^1 = k_w^1 = 10^{12}\,\text{N/m}^2$，$k_u^0 = k_\theta^0 = 0$，$k_v^0 = k_w^0 = 10^{12}\,\text{N/m}^2$）。将层合圆柱壳的转速 $\Omega$ 从 100rad/s 增大到 1000rad/s。

图 6.17 为转速从 100rad/s 增大到 1000rad/s 旋转态复合材料层合圆柱壳的幅频响应曲线，其中图 6.17（a）为层合圆柱壳的前行波处，图 6.17（b）为层合圆柱壳的后行波处。观察图 6.17 可以发现，层合圆柱壳的幅频响应曲线在低转速时发生向左倾斜，这表明在固有频率（$m=1$ 和 $n=6$）处呈现软式非线性现象。随着转速的增大，层合圆柱壳的响应曲线的峰值变得更接近 $\omega_{\text{EX}}/\omega_{(1,6)} = 1$，其曲线更接近于线性响应。同时，层合圆柱壳的振动幅值随着转速的增大而降低。因此，可以得出转速对旋转态复合材料层合圆柱壳的非线性动力学特性有着显著的影响，在低转速下，层合圆柱壳的影响呈现软式非线性的现象，而在高转速下，几何非线性的影响会变弱，会呈现线性响应特征；同时，转速的升高还会使圆柱壳的响应振幅降低。

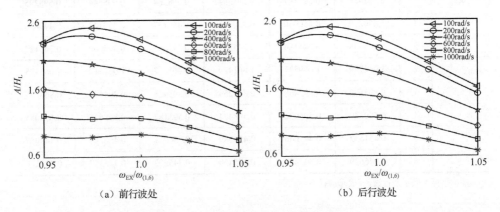

（a）前行波处　　　　　　　　　（b）后行波处

图 6.17　转速对幅频响应曲线的影响

$M_G$ 和 $G_L$ 中均包含 $\Omega$。当 $\Omega$ 的值增大时，会导致 $M_G$ 和 $G_L$ 增大，产生离心刚化效应，从而使非线性矩阵 $K_N^{(2)}$ 和 $K_N^{(3)}$ 中的影响发生改变，也会导致旋转态复合材料层合圆柱壳的非线性动力学特性发生改变，使软式非线性的现象逐渐减弱至消失，随着转速的提高，复合圆柱壳的响应最终表现为线性现象。

### 6.2.3.2　长径比对层合圆柱壳非线性振动响应的影响

几何参数是影响圆柱壳的几何非线性的重要因素。然而，在讨论其影响时，很少有文献涉及在转速下的变化情况，但是很多圆柱壳结构均在高转速工况下运行。因此，有必要针对在高转速下几何参数对复合材料层合圆柱壳振动响应的影响规律进行分析，包括长径比和厚径比的影响。下面讨论长径比的影响。

　　图 6.18 为旋转态复合材料层合圆柱壳的振动幅频响应曲线,其中图 6.18(a)为复合圆柱壳的前行波频率处,图 6.18(b)为层合圆柱壳的后行波频率处。从图中观察可以发现,当长径比从 0.5 增大到 16 时,层合圆柱壳的幅频响应曲线均呈现软式非线性的现象。如图 6.18 所示,当长径比增大时,圆柱壳的幅频响应曲线的最大峰值一直位于值 $\omega_{EX}/\omega_{(1,6)}=1$ 的左侧,这表明其表现为软式非线性现象,其振动响应幅值则一直降低;同时,可以发现随着长径比的增大,层合圆柱壳的响应曲线峰值并没有多大改变,一直位于 $\omega_{EX}/\omega_{(1,6)}=0.97$ 左右。由此可以得出,长径比对于高转速下旋转态复合材料层合圆柱壳的非线性响应特性影响较小,只是随着长径比的增大,层合圆柱壳的振动响应幅值降低。

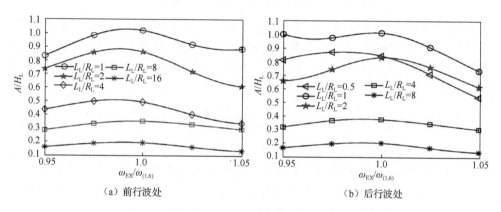

图 6.18　长径比对层合圆柱壳幅频响应曲线的影响

### 6.2.3.3　厚径比对层合圆柱壳非线性振动响应的影响

　　在本节讨论厚径比的影响。图 6.19 为旋转态复合材料层合圆柱壳在不同厚径比下的幅频响应曲线,其中图 6.19(a)为层合圆柱壳的前行波频率处,图 6.19(b)为层合圆柱壳的后行波频率处。观察图 6.19 可以发现,层合圆柱壳的响应曲线呈现软式非线性现象。当复合圆柱壳的厚径比从 0.001 增大到 0.032 时,圆柱壳的幅频响应曲线的最大峰值一直位于值 $\omega_{EX}/\omega_{(1,6)}=1$ 的左侧,这表明其表现为软式非线性现象,其振动响应幅值则一直降低,当厚径比在 0.001~0.002,降低非常明显;同时,可以发现随着厚径比的增大,层合圆柱壳的响应曲线峰值并没有多大改变,一直位于 $\omega_{EX}/\omega_{(1,6)}=0.97$ 左右。由此可以得出,厚径比对于高转速下旋转态复合材料层合圆柱壳的非线性响应特性影响较小,只是随着厚径比的增大,层合圆柱的振动响应幅值降低,在 $H/R=0.001~0.002$ 降低非常明显。

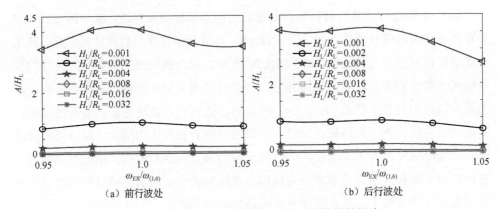

（a）前行波处　　　　　　　　　　（b）后行波处

图 6.19　厚径比对层合圆柱壳幅频响应曲线的影响

当 $H/R$ 的值增大或减小时，会导致非线性矩阵中的一些项改变，进而改变非线性矩阵 $\boldsymbol{K}_{\mathrm{N}}^{(2)}$ 和 $\boldsymbol{K}_{\mathrm{N}}^{(3)}$。但是在高转速下，由于 $\boldsymbol{M}_{\mathrm{G}}$ 包含系数是转速的二次项 $\Omega^2$，离心刚化效应十分明显，所以 $\boldsymbol{K}_{\mathrm{N}}^{(2)}$ 和 $\boldsymbol{K}_{\mathrm{N}}^{(3)}$ 的变化对式（6.9）的非线性振动影响很小。

#### 6.2.3.4　铺设方案对层合圆柱壳非线性振动响应的影响

旋转态复合材料层合圆柱壳相对于各向同性壳的重要优点之一是层合，而已有的文献很少涉及在高转速下分析铺层方式对圆柱壳非线性振动特性的影响。因此，本节选择铺设方案作为变量来研究圆柱壳的非线性振动响应，采用的方式是改变中间层的纤维取向角（即[0°/β/0°]）。

图 6.20 为旋转态复合材料层合圆柱壳在不同铺层方案下的幅频响应曲线，其中图 6.20（a）为层合圆柱壳的前行波频率处，图 6.20（b）为层合圆柱壳的后行波频率处。从图中观察可以发现，圆柱壳的响应曲线表现为明显的软式非线性现象。当层合圆柱壳的中间层纤维取向角从 30°增大到 150°时，层合圆柱壳的响应

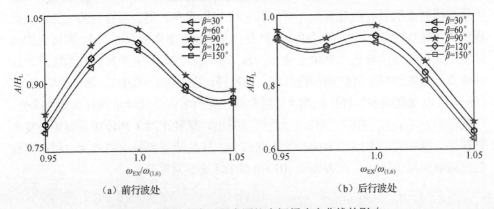

（a）前行波处　　　　　　　　　　（b）后行波处

图 6.20　铺设方案对层合圆柱壳幅频响应曲线的影响

曲线几乎无变化，随着纤维取向角的增大，硬式非线性现象的峰值一直处于值 $\omega_{EX}/\omega_{(1,6)}$ =0.79 左右；同时，层合圆柱壳的振动响应幅值也几乎无变化。因此可以得出，铺设方案对旋转态复合材料层合圆柱壳的非线性振动特性几乎没有影响。

# 6.3　局部层合结构圆柱壳的动力学特性分析

在一些机械装备中，可以通过局部喷涂的方式来改变其动力学性能。在此背景下，本节将圆柱壳分开考虑，一部分仍视为各向同性单层结构，另一部分则视为层合结构。而且随着圆柱壳的长径比增大，复合材料层合圆柱壳的几何非线性振动特性已不明显，因此本节为了减少工作量和提高效率，仅研究局部层合结构圆柱壳的线性振动特性，即固有特性分析。

在本节中，基于 Donnell[10] 的线性壳理论来推导圆柱壳的振动微分方程，采用计算界面的力和力矩来考虑两部分圆柱壳的匹配条件，用两端弹簧支承来模拟弹性边界条件，选取正交多项式作为推导弹性边界下局部层合结构圆柱壳的振型函数，与有限元软件 ANSYS 结果进行固有频率对比，验证本节所建立模型的正确性。同时，关注预设的匹配刚度、各向同性单层部分所占长度比、局部层合结构中内外两层厚度对圆柱壳固有特性的影响。

## 6.3.1　动力学模型

图 6.21（a）为局部层合结构圆柱壳的动力学模型。其中，圆柱壳的总长度为 $L$，中曲面的半径为 $R$，厚度为 $H$，圆柱壳的纤维刚度偏轴方向角为 $\beta$。在圆柱壳的中曲面建立固定坐标系，并且圆柱壳在 $x$、$\theta$ 和 $z$ 三个方向上的振动位移分别用 $u$、$v$ 和 $w$ 表示。如图 6.21（b）所示，左侧为各向同性单层圆柱壳，右侧为复合材料层合圆柱壳，$L_S$ 为各向同性单层圆柱壳的长度，$L_L$ 为复合材料层合圆柱壳的长度，$R_S$ 为各向同性单层圆柱壳的半径，$R_L$ 为复合材料层合圆柱壳的半径，$H_S$ 为各向同性单层圆柱壳的厚度，$H_L$ 为复合材料层合圆柱壳的厚度，圆柱壳的振动位移被表达成 $u_\delta$、$v_\delta$ 和 $w_\delta$（$\delta$=S、L），即轴向、周向和径向位移，其中，下标 S 和 L 分别表示各向同性单层结构部分和复合材料层合结构部分。同时，在圆柱壳的左右两端布置弹簧来模拟任意的边界条件。

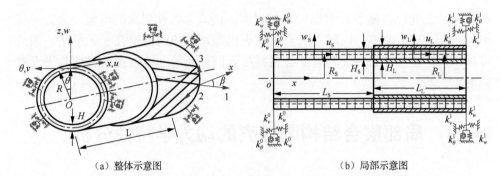

（a）整体示意图　　　　　　　　　（b）局部示意图

图 6.21　局部层合结构圆柱壳的结构示意图

本节的基础原理是构建界面势能，这方面已有相关文献研究成果，经过调查和研究之后，本节选取已有广泛应用的变分原理，用于计算界面势能。其可以写为

$$U_C = \int \left( \varsigma_u N_x^{(L)} \Theta_{u,SL} + \varsigma_v \overline{N}_{x\theta}^{(L)} \varsigma_u \Theta_{v,SL} + \varsigma_w \overline{Q}_x^{(L)} \Theta_{w,SL} - \varsigma_r M_x^{(L)} \Theta_{\theta,SL} \right) \mathrm{d}l$$
$$-\frac{1}{2} \int \left( \varsigma_u \tilde{k}_u \Theta_{u,SL}^2 + \varsigma_v \tilde{k}_v \Theta_{v,SL}^2 + \varsigma_w \tilde{k}_w \Theta_{w,SL}^2 + \varsigma_r \tilde{k}_\theta \Theta_{\theta,SL}^2 \right) \mathrm{d}l \tag{6.11}$$

式中，第一个积分表达式是通过变分原理求解出的，目的是将界面约束和边界约束离散化，分开求解。第二个积分表达式是利用最小二乘法获得的，其作用主要是两个：确保该分解方法的数值稳定性和可以模拟层合圆柱壳的非经典边界条件。在式（6.11）中，积分的上下限由圆柱壳的界面和边界几何形状决定，$\Theta_{u,SL}$、$\Theta_{v,SL}$、$\Theta_{w,SL}$ 和 $\Theta_{\theta,SL}$ 为界面和边界条件的匹配连续方程，其定义为 $\Theta_{u,SL} = u_L - u_S$，$\Theta_{v,SL} = v_L - v_S$，$\Theta_{w,SL} = w_L - w_S$，$\Theta_{\theta,SL} = \partial w_L/\partial x - \partial w_S/\partial x$。$\tilde{k}_u$、$\tilde{k}_v$、$\tilde{k}_w$ 和 $\tilde{k}_\theta$ 为预设的匹配刚度。对于两端固定连接的组合圆柱壳，$\varsigma_u = \varsigma_v = \varsigma_w = \varsigma_r = 1$。

$N_x^{(L)}$ 和 $M_x^{(L)}$ 是层合圆柱壳连接界面的力和力矩，$\overline{N}_{x\theta}^{(L)}$ 和 $\overline{Q}_x^{(L)}$ 分别是层合圆柱壳的周向与径向的 Kevlin（凯尔文）-Kirchhoff（基尔霍夫）剪切力，如图 6.22 所示。

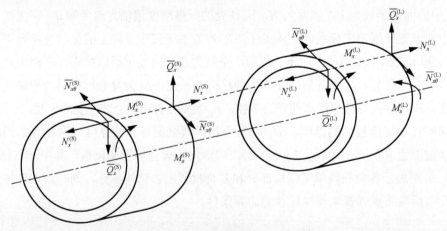

图 6.22　层合圆柱壳的力与弯矩图

图 6.22 中各力和力矩的具体表达式如下：

$$N_x^{(\mathrm{L})} = A_{11}\frac{\partial u_{\mathrm{L}}^{(\mathrm{J})}}{\partial x} + \frac{A_{16}}{R_{\mathrm{L}}}\frac{\partial u_{\mathrm{L}}^{(\mathrm{J})}}{\partial \theta} + \left(A_{16}+\frac{B_{16}}{R_{\mathrm{L}}}\right)\frac{\partial v_{\mathrm{L}}^{(\mathrm{J})}}{\partial x} + \left(\frac{A_{12}}{R_{\mathrm{L}}}+\frac{B_{12}}{R_{\mathrm{L}}^2}\right)\frac{\partial v_{\mathrm{L}}^{(\mathrm{J})}}{\partial \theta}$$
$$+ \frac{A_{12}}{R_{\mathrm{L}}}w_{\mathrm{L}}^{(\mathrm{J})} - B_{11}\frac{\partial^2 w_{\mathrm{L}}^{(\mathrm{J})}}{\partial x^2} - \frac{B_{12}}{R_{\mathrm{L}}^2}\frac{\partial^2 w_{\mathrm{L}}^{(\mathrm{J})}}{\partial \theta^2} - \frac{2B_{16}}{R_{\mathrm{L}}}\frac{\partial^2 w_{\mathrm{L}}^{(\mathrm{J})}}{\partial x\partial \theta} \tag{6.12}$$

$$\overline{N}_{x\theta}^{(\mathrm{L})} = \left(A_{16}+\frac{B_{16}}{R_{\mathrm{L}}}\right)\frac{\partial u_{\mathrm{L}}^{(\mathrm{J})}}{\partial x} + \left(\frac{A_{26}}{R_{\mathrm{L}}}+\frac{B_{26}}{R_{\mathrm{L}}^2}\right)\frac{\partial u_{\mathrm{L}}^{(\mathrm{J})}}{\partial \theta} + \left(A_{66}+\frac{2B_{66}}{R_{\mathrm{L}}}+\frac{D_{66}}{R_{\mathrm{L}}^2}\right)\frac{\partial v_{\mathrm{L}}^{(\mathrm{J})}}{\partial x}$$
$$+ \left(\frac{A_{26}}{R_{\mathrm{L}}}+\frac{2B_{26}}{R_{\mathrm{L}}^2}+\frac{D_{26}}{R_{\mathrm{L}}^3}\right)\frac{\partial v_{\mathrm{L}}^{(\mathrm{J})}}{\partial \theta} + \left(\frac{A_{26}}{R_{\mathrm{L}}}+\frac{B_{26}}{R_{\mathrm{L}}^2}\right)w_{\mathrm{L}}^{(\mathrm{J})} - \left(B_{16}+\frac{D_{16}}{R_{\mathrm{L}}}\right)\frac{\partial^2 w_{\mathrm{L}}^{(\mathrm{J})}}{\partial x^2} \tag{6.13}$$
$$- \left(\frac{B_{26}}{R_{\mathrm{L}}^2}+\frac{D_{26}}{R_{\mathrm{L}}^3}\right)\frac{\partial^2 w_{\mathrm{L}}^{(\mathrm{J})}}{\partial \theta^2} - 2\left(\frac{B_{26}}{R_{\mathrm{L}}}+\frac{D_{26}}{R_{\mathrm{L}}^2}\right)\frac{\partial^2 w_{\mathrm{L}}^{(\mathrm{J})}}{\partial x\partial \theta}$$

$$\overline{Q}_x^{(\mathrm{L})} = B_{11}\frac{\partial^2 u_{\mathrm{L}}^{(\mathrm{J})}}{\partial x^2} + \frac{2B_{66}}{R^2}\frac{\partial^2 u_{\mathrm{L}}^{(\mathrm{J})}}{\partial \theta^2} + \frac{3B_{16}}{R_{\mathrm{L}}}\frac{\partial^2 u_{\mathrm{L}}^{(\mathrm{J})}}{\partial x\partial \theta} + \left(B_{16}+\frac{D_{16}}{R_{\mathrm{L}}}\right)\frac{\partial^2 v_{\mathrm{L}}^{(\mathrm{J})}}{\partial x^2}$$
$$+ \left(\frac{2B_{26}}{R_{\mathrm{L}}^2}+\frac{2D_{26}}{R_{\mathrm{L}}^3}\right)\frac{\partial^2 v_{\mathrm{L}}^{(\mathrm{J})}}{\partial \theta^2} + \left(\frac{B_{12}}{R_{\mathrm{L}}}+\frac{D_{12}}{R_{\mathrm{L}}^2}+\frac{2B_{66}}{R_{\mathrm{L}}}+\frac{2D_{66}}{R_{\mathrm{L}}^2}\right)\frac{\partial^2 v_{\mathrm{L}}^{(\mathrm{J})}}{\partial x\partial \theta}$$
$$+ \frac{B_{12}}{R_{\mathrm{L}}}\frac{\partial w_{\mathrm{L}}^{(\mathrm{J})}}{\partial x} - D_{11}\frac{\partial^3 w_{\mathrm{L}}^{(\mathrm{J})}}{\partial x^3} + \frac{2B_{26}}{R_{\mathrm{L}}^2}\frac{\partial w_{\mathrm{L}}^{(\mathrm{J})}}{\partial \theta} - \frac{2D_{26}}{R_{\mathrm{L}}^3}\frac{\partial^3 w_{\mathrm{L}}^{(\mathrm{J})}}{\partial \theta^3} - \frac{4D_{16}}{R_{\mathrm{L}}}\frac{\partial^3 w_{\mathrm{L}}^{(\mathrm{J})}}{\partial x^2\partial \theta} \tag{6.14}$$
$$- \left(\frac{D_{12}}{R_{\mathrm{L}}^2}+\frac{4D_{66}}{R_{\mathrm{L}}^2}\right)\frac{\partial^3 w_{\mathrm{L}}^{(\mathrm{J})}}{\partial x\partial \theta^2}$$

$$M_x^{(\mathrm{L})} = B_{11}\frac{\partial u_{\mathrm{L}}^{(\mathrm{J})}}{\partial x} + \frac{B_{13}}{R_{\mathrm{L}}}\frac{\partial u_{\mathrm{L}}^{(\mathrm{J})}}{\partial \theta}$$
$$+ \left(B_{13}+\frac{D_{13}}{R_{\mathrm{L}}}\right)\frac{\partial v_{\mathrm{L}}^{(\mathrm{J})}}{\partial x} + \left(\frac{B_{12}}{R_{\mathrm{L}}}+\frac{D_{12}}{R_{\mathrm{L}}^2}\right)\frac{\partial v_{\mathrm{L}}^{(\mathrm{J})}}{\partial \theta} \tag{6.15}$$
$$+ \frac{B_{12}}{R_{\mathrm{L}}}w_{\mathrm{L}}^{(\mathrm{J})} - D_{11}\frac{\partial^2 w_{\mathrm{L}}^{(\mathrm{J})}}{\partial x^2} - \frac{D_{12}}{R_{\mathrm{L}}^2}\frac{\partial^2 w_{\mathrm{L}}^{(\mathrm{J})}}{\partial \theta^2} - \frac{2D_{16}}{R_{\mathrm{L}}}\frac{\partial^2 w_{\mathrm{L}}^{(\mathrm{J})}}{\partial x\partial \theta}$$

局部层合结构圆柱壳动能 $T$ 的表达式如下：

$$T = T_{\mathrm{S}} + T_{\mathrm{L}} = \dot{\boldsymbol{q}}^{\mathrm{T}}\boldsymbol{M}\dot{\boldsymbol{q}} \tag{6.16}$$

局部层合结构圆柱壳势能 $U_\varepsilon$ 的表达式如下：

$$U_\varepsilon = U_{\mathrm{S}} + U_{\mathrm{L}} + U_{\mathrm{C}} + U_{\mathrm{spr}} = \frac{1}{2}\boldsymbol{q}^{\mathrm{T}}\left(\boldsymbol{K}+\boldsymbol{K}_{\mathrm{BK}}+\boldsymbol{K}_{\mathrm{CK}}-\boldsymbol{K}_{\mathrm{C\lambda}}\right)\boldsymbol{q} \tag{6.17}$$

对得到的质量矩阵和刚度矩阵进行组集，得到在弹性边界下局部层合结构圆柱壳的运动微分方程：

$$M\ddot{q} + \left(K + K_{\mathrm{BK}} + K_{\mathrm{CK}} - K_{\mathrm{C}\lambda}\right)q = 0 \tag{6.18}$$

式中，$K$ 为局部层合结构圆柱壳的结构刚度矩阵；$K_{\mathrm{BK}}$ 为边界弹簧刚度矩阵；$M$ 为质量矩阵；$K_{\mathrm{CK}}$ 为连接刚度矩阵；$K_{\mathrm{C}\lambda}$ 为匹配刚度矩阵。其中，

$$M = \begin{bmatrix} M_{\mathrm{S}} & 0 \\ 0 & M_{\mathrm{L}} \end{bmatrix}, \quad K = \begin{bmatrix} K_{\mathrm{S}} & 0 \\ 0 & K_{\mathrm{L}} \end{bmatrix}, \quad K_{\mathrm{BK}} = \begin{bmatrix} K_{\mathrm{BKS}} & 0 \\ 0 & K_{\mathrm{BKL}} \end{bmatrix} \tag{6.19}$$

$$K_{\mathrm{CK}} = \begin{bmatrix} K_{\mathrm{CKS}} & K_{\mathrm{CKSL}}^{\mathrm{T}} \\ K_{\mathrm{CKSL}} & K_{\mathrm{CKL}} \end{bmatrix}, \quad K_{\mathrm{C}\lambda} = \begin{bmatrix} 0 & K_{\mathrm{C}\lambda\mathrm{SL}}^{\mathrm{T}} \\ K_{\mathrm{C}\lambda\mathrm{SL}} & K_{\mathrm{C}\lambda\mathrm{L}} \end{bmatrix}, \quad q = \begin{bmatrix} q_{\mathrm{S}} & q_{\mathrm{L}} \end{bmatrix}^{\mathrm{T}} \tag{6.20}$$

### 6.3.2　模型验证

采取通过与有限元软件 ANSYS 的频率结果进行比较的方法，来验证局部层合结构圆柱壳动力学模型的准确性。左端各向同性单层结构的几何参数为：长径比 $L_{\mathrm{S}}/R_{\mathrm{S}}=1$，厚径比 $H_{\mathrm{S}}/R_{\mathrm{S}}=0.02$，$R_{\mathrm{S}}=0.1\mathrm{m}$。材料参数为：弹性模量 $E^{(\mathrm{S})}=7.6\mathrm{GPa}$，泊松比 $\mu^{(\mathrm{S})}=0.26$，密度 $\rho_{\mathrm{S}}=1643\mathrm{kg/m^3}$。右端层合结构，选取几何参数为：长径比 $L_{\mathrm{L}}/R_{\mathrm{L}}=1$，厚径比 $H_{\mathrm{L}}/R_{\mathrm{L}}=0.04$，三层的对称铺设方案为[0°/90°/0°]，且每层厚度相同，$R_{\mathrm{L}}=0.1\mathrm{m}$。材料参数为：弹性模量 $E_{22}^{(\mathrm{L})}=7.6\mathrm{GPa}$，泊松比 $\mu_{12}^{(\mathrm{L})}=0.26$，剪切模量 $G_{12}^{(\mathrm{L})}=4.1\mathrm{GPa}$，密度 $\rho_{\mathrm{L}}=1643\mathrm{kg/m^3}$。假设各向同性单层结构部分和层合结构部分中曲面半径相同，即 $R_{\mathrm{S}}=R_{\mathrm{L}}$，且位移一致。

同时，选取表 6.2 中合适的刚度值，分别模拟了 C-C 和 S-S 的边界支承条件。预设的匹配刚度依据参考文献[23]选择 $E_{22}^{(\mathrm{L})}\times10^4$，即 $\tilde{k}_u = \tilde{k}_v = \tilde{k}_w = \tilde{k}_\theta = 7.6\times10^4\mathrm{GPa}$。在有限元软件 ANSYS 中建立动力学模型，采用 SHELL 281 单元，如图 6.23 所示，将结果与本节提出的方法进行比较，并选择正交多项式作为变量，分析计算收敛性，结果如表 6.5 和表 6.6 所示。

图 6.23　局部层合结构圆柱壳有限元模型图

观察表 6.5 和表 6.6 可以发现，无论是两端简支还是两端固支，当正交多项式的项数大于 7 时，局部层合结构圆柱壳的频率几乎没有变化，我们认为此时本节提出的方法计算已经收敛。同时，与有限元软件 ANSYS 求得频率（$m=1$、$n=1\sim$6）结果进行了误差比较，即 Error $= |\omega_{Present} - \omega_{ANSYS}|/\omega_{ANSYS} \times 100\%$，当正交多项式的项数大于 6 之后，误差非常小，已可忽略，满足进一步分析的要求。因此，本节认为当多项式的项数 NT=7，计算已经准确，可以满足研究要求。所以正交多项式的项数均选择 7。

表 6.5 两端固支下局部层合结构圆柱壳频率验证

| L/R | n | 频率（ANSYS）/Hz | 频率（本节）/Hz | | | | | 误差（NT=7）/% |
|---|---|---|---|---|---|---|---|---|
| | | | NT=5 | NT=6 | NT=7 | NT=8 | NT=10 | |
| 2 | 1 | 2367.58 | 2371.76 | 2368.62 | 2367.48 | 2367.43 | 2367.45 | 0 |
| | 2 | 1544.83 | 1555.52 | 1547.28 | 1545.71 | 1545.59 | 1545.57 | 0.06 |
| | 3 | 1123.64 | 1136.29 | 1127.55 | 1125.72 | 1125.50 | 1125.42 | 0.19 |
| | 4 | 980.31 | 991.58 | 986.03 | 983.69 | 983.71 | 983.43 | 0.34 |
| | 5 | 1046.17 | 1056.38 | 1054.40 | 1050.29 | 1050.22 | 1050.23 | 0.39 |
| | 6 | 1205.68 | 1217.15 | 1216.46 | 1209.60 | 1209.44 | 1209.64 | 0.33 |

表 6.6 两端简支下局部层合结构圆柱壳频率验证

| L/R | n | 频率（ANSYS）/Hz | 频率（本节）/Hz | | | | | 误差（NT=7）/% |
|---|---|---|---|---|---|---|---|---|
| | | | NT=5 | NT=6 | NT=7 | NT=8 | NT=10 | |
| 2 | 1 | 1789.88 | 1789.70 | 1789.62 | 1789.60 | 1789.60 | 1789.60 | 0.02 |
| | 2 | 1200.22 | 1201.26 | 1201.05 | 1200.96 | 1200.95 | 1200.95 | 0.06 |
| | 3 | 793.93 | 797.13 | 796.88 | 796.78 | 796.76 | 796.77 | 0.35 |
| | 4 | 746.35 | 751.11 | 750.96 | 750.94 | 750.94 | 750.94 | 0.61 |
| | 5 | 907.20 | 913.30 | 912.20 | 911.90 | 911.84 | 911.81 | 0.51 |
| | 6 | 1099.27 | 1107.53 | 1104.17 | 1103.11 | 1102.68 | 1102.88 | 0.33 |

## 6.3.3 数值计算与结果分析

前面讨论了所建立的局部层合结构圆柱壳的收敛性和准确性。在接下来的研究中，分别分析预设的匹配刚度、各向同性单层结构部分所占长度比、局部层合结构中内外两层厚度对局部层合结构圆柱壳固有特性的影响。在本节中，局部层合结构圆柱壳的材料参数和几何参数与 6.3.3.2 节中一致，左端各向同性单层结构部分的几何参数为：长径比 $L_S/R_S$ =1，厚径比 $H_S/R_S$ =0.02，$R_S$ =0.1m。材料参数为：弹性模量 $E^{(S)}$ =7.6GPa，泊松比 $\mu^{(S)}$ =0.26，密度 $\rho_S$ =1643kg/m³。右端层合结构部分，选取几何参数为：长径比 $L_L/R_L$ =1，厚径比 $H_L/R_L$ =0.04，三层的对称铺设方案为[0°/90°/0°]，且每层厚度相同，$R_L$ =0.1m。材料参数为：弹性模量 $E_{22}^{(L)}$ =7.6GPa，泊松比 $\mu_{12}^{(L)}$ =0.26，剪切模量 $G_{12}^{(L)}$ =4.1GPa，密度 $\rho_L$ =1643kg/m³。边界条件分别为情况 B（$k_u^1 = k_v^1 = k_w^1 = k_\theta^1 = 10^{12}\,\mathrm{N/m^2}$、$k_\theta^1 = 10^{12}\,\mathrm{N/rad}$，$k_u^0 = k_v^0 = k_w^0 = 10^{12}\,\mathrm{N/m^2}$、$k_\theta^0 = 10^{12}\,\mathrm{N/rad}$）和情况 C（$k_u^1 = k_\theta^1 = 0$，$k_v^1 = k_w^1 = 10^{12}\,\mathrm{N/m^2}$，$k_u^0 = k_\theta^0 = 0$，$k_v^0 = k_w^0 = 10^{12}\,\mathrm{N/m^2}$）。

### 6.3.3.1　预设的匹配刚度的影响

已有的文献中，在讨论预设的匹配刚度的影响时，常把层合结构部分的内外两层设置为和中间层相同的材料参数。但在实际工程应用中，内外两层作为附加层，其材料参数有可能与中间层的材料参数不同，甚至差异很大，那么文献中提出的预设的匹配刚度取值范围就不一定准确。因此，本节分析在内外两层材料参数与中间一层的材料参数相同，以及内外两层的材料参数为中间层的材料参数×10³ 和×10⁻³ 时，预设的匹配刚度对局部复合圆柱壳固有特性的影响，并选取有限元软件 ANSYS 的结果作为判断基准。

**1.　内外两层的材料参数与中间层的材料参数相同**

图 6.24 为误差分析图，采用 6.1.2 节中的误差计算方法，分析当内外两层的材料参数与中间层的材料参数相同时，预设的匹配刚度对局部复合圆柱壳固有特性的影响，并假设四个方向上的预设匹配刚度是相同的，即 $k_\lambda = \tilde{k}_u = \tilde{k}_v = \tilde{k}_w = \tilde{k}_\theta$。

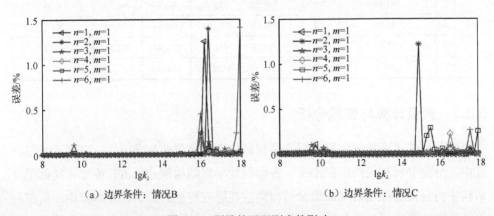

（a）边界条件：情况B　　　　　　　　（b）边界条件：情况C

图 6.24　预设的匹配刚度的影响

观察图 6.24 可以发现，局部层合结构圆柱壳的预设匹配刚度在 $10^8 \sim$ $10^{15}\text{N/mm}^2$ 范围内时，误差大部分接近 0，只是当其值为 $10^{10}$ 左右时，在某些周向波数下，误差会出现突然不稳定的情况，例如，在情况 B 的边界条件下，$n=6$ 时，误差会增大到 0.2%左右。同时，在不同的周向波数 $n$ 下，圆柱壳的预设匹配刚度取值范围是不同的，例如，在情况 C 的边界条件下，$n=2$ 的预设匹配刚度取值范围比 $n=1$ 要窄很多，才能保持误差接近 0。对比图 6.24（a）和（b），可以发现边界支持条件会影响预设的匹配刚度取值范围。在情况 B 的边界条件下，所提出的求解方法在刚度系数为 $10^{16}\text{N/mm}^2$ 之后，误差开始增大；在情况 C 的边界条件下，在刚度系数为 $10^{15}\text{N/mm}^2$ 之后，误差开始增大。

因此，在内外两层的材料参数与中间层的材料参数相同时，考虑到不同边界支承的影响，建议局部层合结构圆柱壳的预设匹配刚度选择在 $10^{12} \sim 10^{14}\text{N/mm}^2$ 范围内。

2. 内外两层的材料参数为中间层的材料参数×$10^3$

图 6.25 为误差分析图，采用 6.1.2 节中的误差计算方法，分析当内外两层的材料参数为中间层的材料参数×$10^3$ 时，预设的匹配刚度对局部层合结构圆柱壳固有特性的影响，并假设四个方向上的预设匹配刚度是相同的，即 $k_\lambda = \tilde{k}_u = \tilde{k}_v = \tilde{k}_w = \tilde{k}_\theta$。

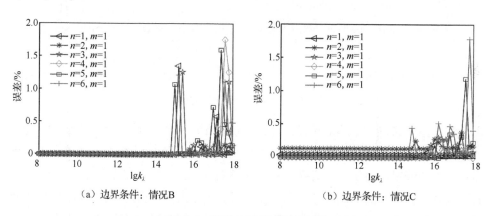

（a）边界条件：情况B　　　　　（b）边界条件：情况C

图 6.25　预设的匹配刚度的影响

观察图 6.25 可以发现，预设的匹配刚度在 $10^8 \sim 10^{14}\text{N/mm}^2$ 范围内时，误差大部分接近 0，只是在情况 C 的边界条件下，$n=2$ 时的误差要大于其他周向波数，误差在 0.2%左右。同时，在不同的周向波数 $n$ 下，圆柱壳的预设匹配刚度取值范围是不同的，例如，在情况 B 的边界条件下，$n=6$ 的预设匹配刚度取值范围比 $n=2$ 要窄很多。对比图 6.25（a）和（b），可以发现边界支持条件并不像 6.3.3.1 节中那样会影响预设的匹配刚度取值范围。在情况 B 的边界条件下，所提出的求解方法

在刚度系数为 $10^{15}\text{N/mm}^2$ 之后，误差开始增大；在情况 C 的边界条件下，同样在刚度系数为 $10^{15}\text{N/mm}^2$ 之后，误差开始增大。

因此，当内外两层的材料参数为中间层的材料参数×$10^3$ 时，不同边界支承的影响很微小，建议在进行局部层合结构圆柱壳的动力学特性分析时预设的匹配刚度选择在 $10^8 \sim 10^{14}\text{N/mm}^2$ 范围内。

3. 内外两层的材料参数为中间层的材料参数×$10^{-3}$

图 6.26 为误差分析图，采用 6.1.2 节中的误差计算方法，分析当上下两层的材料参数为中间层的材料参数×$10^{-3}$ 时，预设的匹配刚度对局部层合结构圆柱壳固有特性的影响，并假设四个方向上的预设匹配刚度是相同的，即 $k_\lambda = \tilde{k}_u = \tilde{k}_v = \tilde{k}_w = \tilde{k}_\theta$。

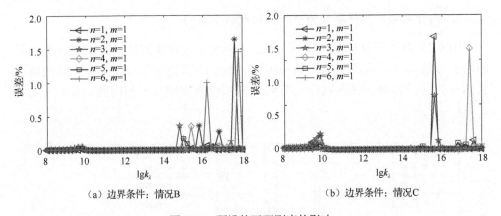

(a) 边界条件：情况B　　　　　　　(b) 边界条件：情况C

图 6.26　预设的匹配刚度的影响

观察图 6.26 可以发现，预设的匹配刚度在 $10^8 \sim 10^{14}\text{N/mm}^2$ 范围内时，误差大部分接近 0，但当其值为 $10^{10}\text{N/mm}^2$ 左右时，在某些周向波数下，误差会出现突然不稳定的情况，例如，在情况 C 的边界条件下，$n=3$ 时，误差会增大到 0.2%左右。同时，在不同的周向波数 $n$ 下，局部层合结构圆柱壳的预设匹配刚度取值范围是不同的，例如，在情况 B 的边界条件下，$n=3$ 的预设匹配刚度取值范围比 $n=6$ 要窄很多。对比图 6.26（a）和（b），可以发现边界支持条件会影响预设的匹配刚度取值范围。在情况 B 的边界条件下，所提出的求解方法在刚度系数为 $10^{14}\text{N/mm}^2$ 之后，误差开始增大；在情况 C 的边界条件下，同样在刚度系数为 $10^{15}\text{N/mm}^2$ 之后，误差开始增大。因此，当内外两层的材料参数为中间层的材料参数×$10^{-3}$ 时，考虑到不同边界支承的影响，建议在进行圆柱壳的动力学特性分析时预设的匹配刚度选择在 $10^{11} \sim 10^{14}\text{N/mm}^2$ 范围内。

因此，通过上面的分析可以得出结论，考虑到内外两层材料参数和边界支承条件的影响，局部层合结构圆柱壳的预设匹配刚度最佳取值范围为 $10^{12}\sim10^{14}\mathrm{N/mm^2}$。

### 6.3.3.2　各向同性单层结构部分所占长度比的影响

根据 6.3.3.1 节的分析，可知局部层合结构圆柱壳预设的匹配刚度在 $10^{12}\sim10^{14}\mathrm{N/mm^2}$ 范围内比较合适。因此，我们选择局部层合结构圆柱壳的预设匹配刚度为 $10^{13}\mathrm{N/mm^2}$，并设置内外两层的材料参数与中间层的材料参数相同。

图 6.27 为各向同性单层部分所占长度比（$L_\mathrm{s}/L$）对局部层合结构圆柱壳固有特性的影响。从图 6.27 中观察可以发现，随着各向同性单层部分所占长度比的增加，局部层合结构圆柱壳的固有频率发生了变化（$n=1\sim6$、$m=1$）。同时，在不同的周向波数下，变化趋势是不同的。例如，在情况 B 的边界条件下，$n=1,2,3$、$m=1$ 时，局部层合结构圆柱壳的固有频率先减小后增大再减小，$n=4,5,6$、$m=1$ 时，局部层合结构圆柱壳的固有频率则一直减小。在情况 C 的边界条件下，$n=1$、$m=1$ 时，圆柱壳的固有频率先减小后增大，$n=2,3$、$m=1$ 时，圆柱壳的固有频率先减小后增大再减小，$n=4,5,6$、$m=1$ 时，圆柱壳的固有频率则一直减小。同时，对比图 6.27（a）和（b）可以得知，边界支承条件会改变各向同性单层部分所占长度比的影响。例如，当 $n=1$、$m=1$ 时，在情况 B 的边界条件下，局部层合结构圆柱壳的固有频率先减小后增大再减小，而在情况 C 的边界条件下，圆柱壳的固有频率先减小后增大。而且，可以发现，各向同性单层部分所占长度比的改变对 $n=6$、$m=1$ 时的圆柱壳的固有频率影响最大。同时，基于所提出的方法，结合 MATLAB 软件，分析了各向同性单层部分所占长度比对圆柱壳振型的影响，如图 6.28 和图 6.29 所示。

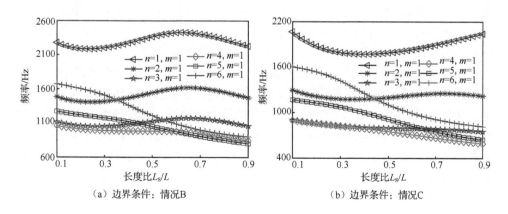

（a）边界条件：情况B　　　　　　（b）边界条件：情况C

图 6.27　长度比的影响

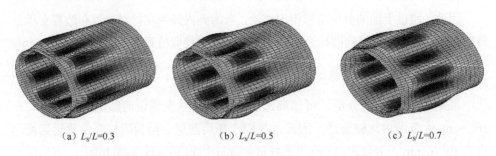

    (a) $L_S/L$=0.3            (b) $L_S/L$=0.5            (c) $L_S/L$=0.7

图 6.28 边界条件为情况 B（$n$=6、$m$=1）

    (a) $L_S/L$=0.3            (b) $L_S/L$=0.5            (c) $L_S/L$=0.7

图 6.29 边界条件为情况 C（$n$=6、$m$=1）

可以发现，振型主要体现为各向同性单层部分，且在长度比为 0.5 时，发生波动的地方最小。因此，我们可以得出结论，各向同性单层部分所占长度比对局部层合结构圆柱壳的固有特性是有影响的，并且随着边界支承条件和周向波数的改变而不同，同时在 $n$=6、$m$=1 时影响最大。

### 6.3.3.3 局部层合结构中内外两层厚度的影响

通过 6.3.3.2 节的分析，可以得知各向同性单层部分所占长度比对局部层合结构圆柱壳的固有特性是有影响的，在接下来的分析中，我们取各向同性单层部分所占长度为局部层合结构圆柱壳长度的一半，即 $L_S/L$=0.5，并假设局部层合结构部分中内外两层的厚度相同且作为变量，中间层的厚度不变。

图 6.30 为内外两层的厚度对局部层合结构圆柱壳的固有特性的影响。观察图 6.30 可以发现，随着内外两层厚度的增加，局部层合结构圆柱壳的固有频率发生了变化（$n$=1~6、$m$=1）。同时，在不同的周向波数下，变化趋势是不同的。例如，在情况 C 的边界条件下，$n$=1、$m$=1 时，局部层合结构圆柱壳的固有频率随着内外两层厚度的增加而减小，$n$=2、$m$=1 时，局部层合结构圆柱壳的固有频率随着内外两层厚度的增加而先增大后减小，$n$=3~6、$m$=1 时，局部层合结构圆柱壳的固有频率则一直增大。

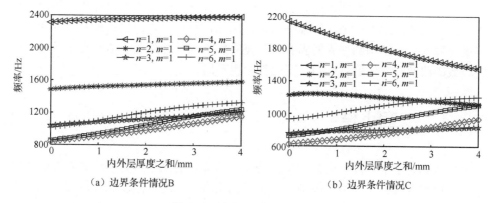

（a）边界条件情况B　　　　　　　　（b）边界条件情况C

图 6.30　内外两层厚度的影响

同时，对比图 6.30（a）和（b），可以得知，边界支承条件会改变局部层合结构部分中内外两层厚度的影响。例如，当 $n=1$、$m=1$ 时，在情况 B 的边界条件下，局部层合结构圆柱壳的固有频率一直增大，而在情况 C 的边界条件下，局部层合结构圆柱壳的固有频率则是一直减小。而且，可以发现，不同的边界条件下内外两层的厚度对圆柱壳的固有频率的影响不一样，在情况 B 的边界条件下，$n=4\sim6$、$m=1$ 时，对圆柱壳的影响最大，在情况 C 的边界条件下，$n=1$、$m=1$ 时，对圆柱壳的固有频率影响最大。同时，基于所提出的方法，结合 MATLAB 软件，分析了内外两层厚度对圆柱壳振型的影响，如图 6.31 和图 6.32 所示。

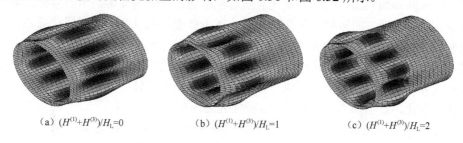

（a）$(H^{(1)}+H^{(3)})/H_L=0$　　（b）$(H^{(1)}+H^{(3)})/H_L=1$　　（c）$(H^{(1)}+H^{(3)})/H_L=2$

图 6.31　边界条件为情况 B（$n=6$、$m=1$）

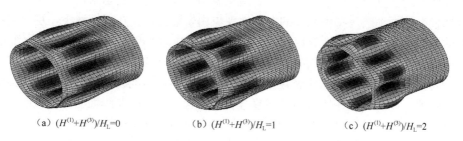

（a）$(H^{(1)}+H^{(3)})/H_L=0$　　（b）$(H^{(1)}+H^{(3)})/H_L=1$　　（c）$(H^{(1)}+H^{(3)})/H_L=2$

图 6.32　边界条件为情况 C（$n=6$、$m=1$）

可以发现，振型主要体现为各向同性单层部分，随着所占内外两层厚度的增大，发生波动的地方变小，但幅度增大。因此，我们可以得出结论，内外两层的厚度对局部层合结构圆柱壳的固有特性是有影响的，并且随着边界支承条件和周向波数的改变而变化趋势不同，变化程度也不同。

## ■ 6.4  本章小结

本章研究了层合圆柱壳振动特性问题。首先，建立了具有非连续弹性边界的复合材料层合圆柱壳动力学模型，讨论了约束方式、连接刚度和铺层角对圆柱壳固有特性的影响规律。其次，建立了具有非连续弹性边界的复合材料层合圆柱壳非线性动力学模型，分析了转速、长径比、厚径比和铺设方案对旋转台复合材料层合圆柱壳的频响特性的影响。最后，研究了弹性边界条件下局部层合结构圆柱壳的固有特性和旋转态复合材料层合圆柱壳的几何非线性强迫振动响应。

（1）建立了具有非连续弹性边界的复合材料层合圆柱壳动力学模型，分析了约束范围、约束点个数、弹簧刚度、铺层角等参数对非连续弹性边界层合圆柱壳自由振动的影响规律。结果表明，随着边界弹簧刚度从 $10^{-3}$ 增大到 $10^{12}$，层合圆柱壳的无量纲频率参数先是保持不变，然后在刚度敏感区间迅速增大，最后趋于稳定值。不同的边界约束范围下刚度敏感区间不一致。与扭转弹簧刚度变化相比，轴向、径向和周向弹簧刚度的变化对固有频率的影响更为显著。不同方向弹簧刚度变化对固有频率的影响是相互作用的。对于弧度约束以及点约束层合圆柱壳，随着约束弧度范围的增加或约束点个数的增加，层合圆柱壳的固有频率先增大后稳定，其振型也趋向于整周约束下的振型。对于三层对称分布的层合圆柱壳，在保持内外两层铺层角不变的前提下，固有频率随中间层铺层角的变化而呈现出周期性的变化，且当 $\beta$ 为 $\pi/2$ 时，层合圆柱壳的固有频率最小。

（2）建立了在弹性边界条件下旋转态复合材料层合圆柱壳非线性动力学模型，分析了旋转态下不同转速、长径比、厚径比和铺设方案对复合材料层合圆柱壳几何非线性强迫振动响应的影响。结果表明，弹性边界支承条件下，旋转态复合圆柱壳的振动响应特性呈现的非线性现象由转速决定。在低转速下，层合圆柱壳的影响呈现软式非线性的现象，随着转速的升高，软式非线性现象减弱至消失，趋向线性响应，且层合圆柱壳的振动响应振幅随之降低。在高转速下，长径比对于旋转态复合材料层合圆柱壳共振频率的影响很小，但能改变层合圆柱壳的振动响应幅值。同时，厚径比对旋转态复合材料层合圆柱壳的非线性响应特性的影响也很微小，但厚径比对于层合圆柱壳的振动响应幅值有变化的敏感区间。

（3）建立了弹性边界条件下局部层合圆柱壳结构动力学模型，分析了预设的匹配刚度、各向同性单层部分所占长度比、局部层合结构中内外两层厚度对局部层合圆柱壳结构的影响。结果表明，预设匹配刚度对局部层合结构圆柱壳的固有特性是有影响的，而且预设匹配刚度受到边界支承条件和材料参数的影响，随着边界支承刚度的增加而取值范围增大，同时，在内外两层的材料参数和中间层的材料参数相同时，取值范围最大。针对各向同性单层与层合圆柱壳组合结构，局部层合结构圆柱壳的固有特性受各向同性单层部分所占长度比的影响，且固有频率的变化趋势会受到边界支承条件和周向波数的影响。结合算例来看，当 $n=6$、$m=1$ 时，各向同性单层部分所占长度比对局部层合结构圆柱壳的固有频率的变化范围影响最大。类似地，局部层合结构中内外两层的厚度对局部层合结构圆柱壳的固有特性影响明显，且随着边界支承条件和周向波数的改变，局部层合结构圆柱壳的固有频率的变化趋势不同，变化范围也不同。

# 第7章

# 层合圆柱壳结构的振动响应与控制

## ■ 7.1 弹性边界静态层合圆柱壳结构非线性振动特性分析

以往对非线性振动问题的研究大多集中在经典边界条件或弹性边界条件下的线性振动,对于具有复杂边界条件的复合材料层合圆柱壳的非线性强迫振动,几乎没有相关性研究。本节的研究引入线性弹簧组来模拟弹性边界件,分析复合材料层合圆柱壳的几何非线性振动特性。

### 7.1.1 动力学模型建立

建立复合材料层合圆柱壳的动力学模型如 6.1 节。在复合材料层合圆柱壳结构中,假设圆柱壳的周向波数为 $n$,圆柱壳中曲面上任意一点在所对应的轴向、周向和径向上的振动位移表达式可写为轴向振型、周向振型和时间项相乘的形式,将圆柱壳的轴向位移 $u$、周向位移 $v$ 及径向位移 $w$ 分别进行伽辽金离散化,可以获得静态复合材料层合圆柱壳三层总动能和总势能的表达式。

静态复合材料层合圆柱壳结构的运动微分方程:

$$M_{\mathrm{L}}\ddot{q} + C_{\mathrm{L}}\dot{q} + \left(K_{\mathrm{L}} + K_{\mathrm{spr}} + K_{\mathrm{N}}^{(2)} + K_{\mathrm{N}}^{(3)}\right)q = F \qquad (7.1)$$

式中,$F$ 是层合圆柱壳所受的简谐外激励,有

$$F = f\cos(\omega_{\mathrm{EX}}t)\left[W_0(\xi)\sin\omega t + W_n(\xi)\cos(n\theta)\sin\omega t\right]_{x=L_{\mathrm{L}}/2,\,\theta=0^\circ} \qquad (7.2)$$

其中,$f$ 为外激励的最大值;$\omega_{\mathrm{EX}}$ 为外激励频率;$t$ 为时间;$x=L_{\mathrm{L}}/2$ 和 $\theta=0^\circ$ 表示外激励的激励位置。

## 7.1.2 动力学模型验证、化简和收敛性分析

为了验证所建立静态复合材料层合圆柱壳动力学模型的准确性，本节列举了几个数值结果来进行正确性对比和收敛性分析。

### 7.1.2.1 模型验证

本节采取通过与文献中的线性结果进行比较的方法，来验证静态复合材料层合圆柱壳动力学模型的准确性。复合材料层合圆柱壳的参数如表 7.1 所示，选取几何参数：长径比 $L/R=1, 5$，厚径比 $H/R=0.002$，三层的对称铺设方案为$[0°/90°/0°]$。在 F-F、C-C 和 S-S 边界条件下，无量纲频率参数为计算出来用于对比。

表 7.2 给出了最小轴向波数（即 $m=1$）和最小的六个周向波数（即 $n=1\sim6$）情况下，复合材料层合圆柱壳的无量纲频率参数（即 $\omega^*=\omega L_L{}^2\sqrt{\rho/E_{22}}$）与文献[32]的对比结果。可以发现，获得的无量纲频率参数与文献[32]中的数据吻合良好，验证了建立的静态复合材料层合圆柱壳动力学模型的正确性。

**表 7.1 复合材料层合圆柱壳的参数**

| 参数 | 数值 |
|---|---|
| $E_{22}$ | 7.6GPa |
| $E_{11}/E_{22}$ | 2.5 |
| $G_{12}$ | 4.1GPa |
| $\mu_{12}$ | 0.26 |
| $P$ | 1643kg/m³ |
| 内层厚度 | $H_L/3$ |
| 中间层厚度 | $H_L/3$ |
| 外层厚度 | $H_L/3$ |

**表 7.2 复合材料层合圆柱壳的无量纲频率参数与文献[32]对比**

| 边界条件 | $L/R$ | 对比对象 | 无量纲频率参数 $n=1$ | $n=2$ | $n=3$ | $n=4$ | $n=5$ | $n=6$ |
|---|---|---|---|---|---|---|---|---|
| F-F | 1 | 文献[32] | 1.115140 | 1.077907 | 0.932638 | 0.782492 | 0.646864 | 0.533173 |
| | | 本节 | 1.115144 | 1.077929 | 0.932671 | 0.782543 | 0.646941 | 0.533285 |
| | 5 | 文献[32] | 0.483868 | 0.228810 | 0.121383 | 0.073510 | 0.050455 | 0.040423 |
| | | 本节 | 0.483875 | 0.228828 | 0.121461 | 0.073752 | 0.051021 | 0.041452 |
| C-C | 1 | 文献[32] | 1.062242 | 0.813717 | 0.629498 | 0.500846 | 0.409156 | 0.341724 |
| | | 本节 | 1.062489 | 0.814926 | 0.631637 | 0.503671 | 0.412387 | 0.345115 |
| | 5 | 文献[32] | 0.303609 | 0.167527 | 0.099667 | 0.064699 | 0.046345 | 0.038222 |
| | | 本节 | 0.306786 | 0.170549 | 0.101326 | 0.065711 | 0.047317 | 0.039481 |

续表

| 边界条件 | | | 无量纲频率参数 | | | | | |
|---|---|---|---|---|---|---|---|---|
| | $L/R$ | 对比对象 | $n=1$ | $n=2$ | $n=3$ | $n=4$ | $n=5$ | $n=6$ |
| S-S | 1 | 文献[32] | 1.061284 | 0.804054 | 0.598331 | 0.450144 | 0.345253 | 0.270754 |
| | | 本节 | 1.061279 | 0.804052 | 0.598341 | 0.450179 | 0.345332 | 0.270904 |
| | 5 | 文献[32] | 0.248635 | 0.107203 | 0.055087 | 0.033790 | 0.025794 | 0.025877 |
| | | 本节 | 0.248637 | 0.107205 | 0.055088 | 0.033790 | 0.025791 | 0.025873 |

### 7.1.2.2 非线性项简化计算

如果静态复合材料层合圆柱壳的动力学模型三层均考虑几何非线性，计算量将变得十分复杂。因此，为了简化计算，选择适当的中间层厚度所占层合圆柱壳总厚度的比值，以中间层的几何非线性来取代所有层的几何非线性，这样就会大大减少计算时间。在本节中，改变中间层的厚度比以与三层的非线性行为进行比较，而其他两层的厚度相同。

圆柱壳的模型参数选择表 7.1 中的参数，选择几何参数：长径比 $L_L/R_L$ =2，厚径比 $H_L/R_L$ =0.01，对称铺设方案为 [0°/90°/0°]。 $k_0^u = k_0^v = k_0^w = 10^{12}$ N/m、 $k_0^\theta = 10^{12}$ N·m/rad 和 $k_1^u = k_1^v = k_1^w = k_1^\theta = 0$ 模拟一端自由支承边界、另一端固定支承边界，作为静态复合材料层合圆柱壳在本节要研究的边界条件。

在接下来所有的复合圆柱壳幅频响应曲线图中，层合圆柱壳的受迫振动响应幅值均相对于圆柱壳的厚度做了无量纲化，即 $A/H_L$，外激励频率相对于圆柱壳的固有频率做了无量纲化，即 $\omega_{EX}/\omega_{1,6}$。

图 7.1 给出了中间层厚度占比对幅频响应曲线的影响，所使用的尺寸如下： $H^{(2)}/H_L$ =1/3 为情况 Ⅰ 和 Ⅱ； $H^{(2)}/H_L$ =1/2 为情况 Ⅲ 和 Ⅳ； $H^{(2)}/H_L$ =18/20 为情况 Ⅴ 和 Ⅵ。空心标记表明只有复合圆柱壳的中间层考虑了几何非线性，实心标记表明层合圆柱壳的三层均考虑几何非线性。从图中可以看出，圆柱壳的幅频响应曲线的峰值位于值 $\omega_{EX}/\omega_{(1,6)}$ =1 的左侧，这表示圆柱壳的响应呈现软式非线性现象。此外，图中的有些幅频响应曲线出现跳动现象，如虚线区域，这说明此时软化非线性的行为更强。同时，观察曲线变化趋势可以发现，随着中间层所占厚度比的增加，空心标记和实心标记逐渐重合。当中间层所占厚度比为 0.9（即 $H^{(2)}/H_L$ =18/20）时，空心标记和实心标记基本一致，这意味着仅考虑中间层的几何非线性，忽略内外两层的几何非线性，便可以和所有三层均考虑几何非线性的响应一致。基于这个结论，在接下来的研究中采取了非线性项简化计算的方式，选取静态复合材料层合圆柱壳的中间层所占厚度比为 0.9，仅考虑中间层的几何非线性去研究。

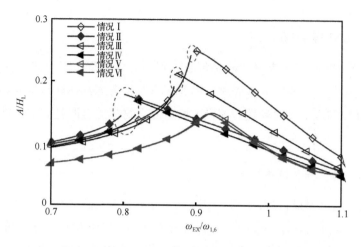

图 7.1　中间层厚度占比对幅频响应曲线的影响

### 7.1.2.3　收敛性分析

为了进行收敛性分析，讨论了项数 NT 对静态复合材料层合圆柱壳的非线性振动响应特性的影响。复合圆柱壳的模型参数见表 7.1，几何参数为：长径比 $L_L/R_L$ =1,5，厚径比 $H_L/R_L$ =0.01，对称铺设方案为[0°/90°/0°]。 $k_0^v = k_0^w = k_1^v = k_1^w = 10^{12}$ N/m 和 $k_0^u = k_1^u = k_1^\theta = k_0^\theta = 0$ 被选作复合圆柱壳的边界条件。

图 7.2 为正交多项式项数对幅频响应曲线的影响。观察可以发现，其呈现软式非线性现象。同时可以得出，无论复合圆柱壳的长径比是 1 还是 5，当正交多项式的项数大于 5 时，圆柱壳的幅频率曲线几乎没有变化。因此，当多项式的项数 NT=5，计算已经收敛，可以满足研究要求。

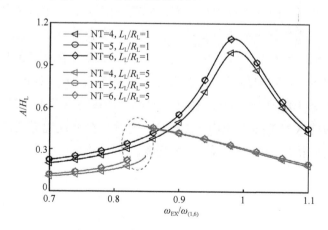

图 7.2　正交多项式项数对幅频响应曲线的影响

### 7.1.3　数值计算与结果分析

7.1.2 节中的研究结果表明静态复合材料层合圆柱壳的几何非线性是需要被研究的，尤其是当圆柱壳为薄壳时。因此，本节将考虑几何非线性的影响，分别分析边界弹簧刚度、几何参数和铺设方案对复合材料层合圆柱壳非线性振动响应的影响。

#### 7.1.3.1　边界弹簧刚度的影响

依据表 7.1 中材料参数在本节中建立了静态复合材料层合圆柱壳，其长径比 $L_L/R_L$ =2，厚径比 $H_L/R_L$ =0.01，对称铺设方案为[0°/90°/0°]。圆柱壳的边界支承条件是：在圆柱壳的一端将平移弹簧和旋转弹簧的刚度值取为 $10^9$ N/m 和 $10^9$ N/rad；同时，在圆柱壳的另一端，仅改变其中一个方向上的刚度值（$10^0$ N/m、$10^2$ N/m、$10^4$ N/m、$10^6$ N/m、$10^8$ N/m 和 $10^{12}$ N/m 或是 $10^0$ N/rad、$10^2$ N/rad、$10^4$ N/rad、$10^6$ N/rad、$10^8$ N/rad 和 $10^{12}$ N/rad），其他三个方向的刚度值均取 0。

如图 7.3（a）～（d）所示，为每个方向上的弹簧刚度从 $10^0$ 增大到 $10^{12}$ 静态复合材料层合圆柱壳的幅频响应曲线的变化。观察图 7.3（a）～（d）可以发现，幅频响应曲线明显地向左倾斜，这表明在固有频率($m$=1, $n$=6)处呈现软式非线性现象。同时，随着每个方向弹簧刚度的增大，圆柱壳的幅频响应曲线变化幅度是不同的。在周向和径向 [即图 7.3（b），图 7.3（c）]，圆柱壳的幅频响应曲线变化比较剧烈；在轴向和扭转方向 [即图 7.3（a），图 7.3（d）]，圆柱壳的幅频响应曲线呈现微小的变化。因此可以得出，周向和径向的刚度对静态复合材料层合圆柱壳的非线性响应特性有显著的影响，轴向的刚度影响较小，旋转方向上的刚度影响最为微弱。在本节的分析中发现了圆柱壳非线性响应的在四个方向上的刚度值的敏感区间。轴向弹簧刚度的敏感区间是[$10^7$, $10^9$]（N/m），周向弹簧刚度的敏感区间是[$10^6$, $10^8$]（N/m），径向弹簧刚度的敏感区间是[$10^4$, $10^8$]（N/m），扭转方向的敏感区间是[$10^2$, $10^3$]（N/rad）。同时，在弹性边界支承条件下，圆柱壳的振动响应特性表现为软式非线性现象。

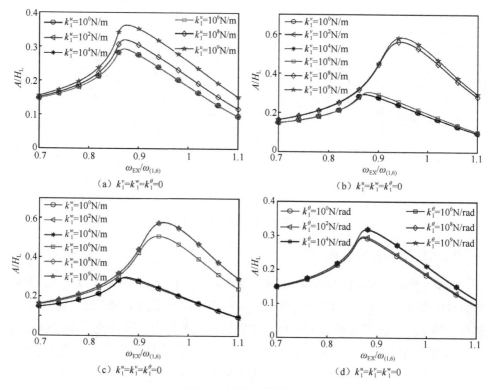

图 7.3　边界条件的影响

### 7.1.3.2　长径比的影响

几何参数是影响圆柱壳的几何非线性的重要因素。本节主要讨论长径比对幅频响应曲线的影响。图 7.4（a）为 $L_L/R_L \leqslant 1.4$ 时，圆柱壳的幅频响应曲线；图 7.4（b）为 $L_L/R_L \geqslant 1$ 时，圆柱壳的幅频响应曲线。从图中观察可以发现，当长径比从 0.4 增大到 32 时，圆柱壳的幅频响应曲线均呈现软式非线性的现象，同时也发生了剧烈的变化，在当圆柱壳的长径比为某些值时，曲线出现了跳跃的现象。当长径比较小时，圆柱壳的幅频响应曲线的软式非线性行为更强。如图 7.4（a）所示，圆柱壳的幅频响应曲线的最大峰位于 $\omega_{EX}/\omega_{(1,6)} = 1$ 的左侧，这表明其开始出现软式非线性现象。从图 7.4（b）可以发现，当长径比在一定范围内（即 $L_L/R_L = 0.6 \sim 1$）时，圆柱壳的幅频响应曲线有明显的软式非线性现象。然而，对于长径比增大到一定值时（即 $L_L/R_L > 4$），圆柱壳的幅频响应曲线不再表现为软式非线性现象，而是呈现线性响应现象。由此可以得出，长径比对于静态复合材料层合圆柱壳的非线性响应特性是有影响的，而且有着影响的敏感区间，为 $L_L/R_L = 0.6 \sim 4$，在这区间内影响十分显著。因此，长径比对于静态复合材料层合圆柱壳的非线性响应特性是有影响的，而且影响着敏感区间。

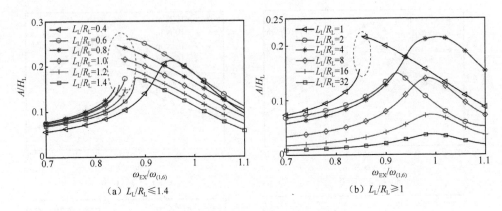

（a）$L_L/R_L \leqslant 1.4$　　　　　　　（b）$L_L/R_L \geqslant 1$

图 7.4　长径比对幅频响应曲线的影响

### 7.1.3.3　厚径比的影响

本节主要讨论厚径比对幅频响应曲线的影响。从图 7.5 中观察可以发现，圆柱壳的响应曲线呈现软式非线性现象。当圆柱壳的厚径比从 0.006 增大到 0.014，圆柱壳的响应曲线发生明显的变化，随着厚径比的增大，圆柱壳的响应曲线的软式非线性现象在[0.006, 0.01]范围内迅速变弱，且非线性响应变成线性响应。当厚径比为 0.006 时，圆柱壳的响应曲线出现了跳动现象。同时，观察可以发现，圆柱壳的厚径比在超过 0.008 之后，对非线性特性的影响并不明显；而且，对于较大的厚径比，圆柱壳的响应曲线的峰值变得更接近值 $\omega_{EX}/\omega_{(1,6)}=1$ 处，其曲线更接近于线性响应。因此可以得出，厚径比对静态复合材料层合圆柱壳的非线性响应特性有一定影响，尤其是当圆柱壳的厚径比值小于 0.014（即圆柱壳为薄壳）时。

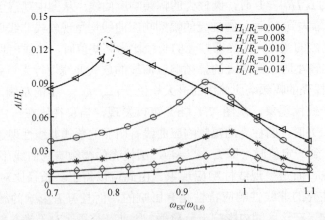

图 7.5　厚径比对幅频响应曲线的影响

#### 7.1.3.4 铺设方案的影响

静态复合材料层合圆柱壳相对于各向同性壳的重要的优点之一是层合，本节选择铺设方案作为变量来研究圆柱壳的非线性振动响应，采用的方式是改变中间层的纤维取向角（即[0°/$\beta$/0°]）。

如图 7.6 所示为铺设方案对幅频响应曲线的影响。从图中观察可以发现，圆柱壳的响应曲线表现为明显的软式非线性现象。当复合圆柱壳的中间层纤维取向角从 15° 增大到 165° 时，复合圆柱壳的响应曲线发生明显变化，随着纤维取向角的增大，软式非线性现象的峰值先是变得更接近值 $\omega_{EX}/\omega_{(1,6)}=1$，然后再次远离值 $\omega_{EX}/\omega_{(1,6)}=1$。有趣的是，当中间层纤维取向角互补时，复合圆柱壳的幅频响应曲线重合。同时，当中间层的纤维取向角为 90° 时，复合圆柱壳的响应曲线的软化非线性现象最弱，而且峰值最低。因此可以得出，铺设方案对静态复合材料层合圆柱壳的非线性振动特性有一定影响，而且铺设方案为[0°/90°/0°]时，复合圆柱壳的非线性振动响应幅值最小。

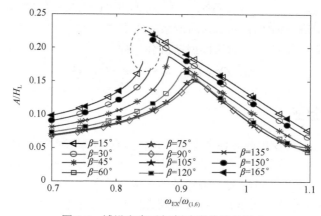

图 7.6 铺设方案对幅频响应曲线的影响

## ■ 7.2 非连续弹性边界复合材料层合圆柱壳结构非线性振动特性分析

随着对复合材料层合圆柱壳研究的深入，大幅振动引起的几何非线性问题引起了学者的关注。相对于经典边界，非连续弹性边界可以更好地模拟工程中出现的复杂边界。基于此，本节对非连续弹性边界复合材料层合圆柱壳的几何非线性振动进行了研究。以一组切比雪夫多项式为位移容许函数，利用拉格朗日方程求得在径向简谐激励作用下的非线性振动微分方程，并使用数值方法求得非线性幅频响应。之后，系统地讨论了弹簧刚度和约束范围对点约束和弧度约束复合材料圆柱壳非线性强迫振动的影响。

### 7.2.1　理论推导

建立如 6.1 节中的复合材料层合圆柱壳模型，在考虑有阻尼耗散能 $D$ 的情况下，振动系统的拉格朗日方程为

$$\frac{\mathrm{d}}{\mathrm{d}t}\left(\frac{\partial T}{\partial \dot{q}}\right)-\frac{\partial T}{\partial q}+\frac{\partial D}{\partial \dot{q}}+\frac{\partial\left(U_{\varepsilon}+U_{\mathrm{spr}}\right)}{\partial q}=F(t) \tag{7.3}$$

式中，$F(t)$ 为层合圆柱壳承受的外激励向量；$q$ 为层合圆柱壳的广义坐标向量。

$$q=\begin{pmatrix}q_u & q_v & q_w\end{pmatrix}^{\mathrm{T}}, \quad F(t)=\begin{pmatrix}f_x & f_y & f_z\end{pmatrix}^{\mathrm{T}} \tag{7.4}$$

作用于复合材料层合圆柱壳$(x,\theta)$的径向单点简谐激励的表达式为

$$\begin{cases}f_x(x,\theta,t)=\mathbf{0}\\f_y(x,\theta,t)=\mathbf{0}\\f_z(x,\theta,t)=\bar{W}_{(\xi_0,\theta_0)}f_0\cos\omega_{\mathrm{EX}}t\end{cases} \tag{7.5}$$

式中，$f_0$ 为简谐激励幅值；$\omega_{\mathrm{EX}}$ 为简谐激励频率。

可以得到层合圆柱壳的非线性振动微分方程：

$$M\ddot{q}+C\dot{q}+\left(K_{\mathrm{spr}}+K\right)q=F(t)-Q' \tag{7.6}$$

### 7.2.2　模型验证

为了证明当前方法的收敛性和准确性，将固有频率与有限元软件 ANSYS 中获得的频率进行比较。在图 7.7 所示的模型中使用了 SHELL 181，并使用 COMBIN 14 单元模拟了点约束和圆弧约束的边界条件。将边界条件设定为整周约束边界，在表 7.3 和表 7.4 中给出了前 6 阶固有频率的比较。可以看出，本节所提出的方法计算的固有频率与 ANSYS 计算的固有频率相似。基于此，验证了本模型的正确性，并将其推广到任意弹簧刚度条件下层合圆柱壳振动特性的计算。

（a）弧度约束弹性边界　　　　　　　（b）点约束弹性边界

图 7.7　ANSYS 中非连续边界层合圆柱壳的有限元模型

表 7.3　弧度约束层合圆柱壳固有频率对比

（$H/R$=0.002, $L/R$=1, $R$=0.5, NT=8, $N$=15, $k_u^1=k_v^1=k_w^1=k_\theta^1=0$ ）

| 阶数 | 固有频率 | | | | | |
| --- | --- | --- | --- | --- | --- | --- |
| | $k_u'^0=k_v'^0=k_w'^0=10^3\,\text{N/m}^2$ 、 $k_\theta'^0=10^3\,\text{N/rad}$ | | $k_u'^0=k_v'^0=k_w'^0=10^6\,\text{N/m}^2$ 、 $k_\theta'^0=10^6\,\text{N/rad}$ | | $k_u'^0=k_v'^0=k_w'^0=10^9\,\text{N/m}^2$ 、 $k_\theta'^0=10^9\,\text{N/rad}$ | |
| | 本节 | ANSYS | 本节 | ANSYS | 本节 | ANSYS |
| 1 | 8.7 | 8.4 | 36.2 | 34.7 | 51.1 | 51.2 |
| 2 | 9.6 | 9.3 | 37.0 | 35.4 | 52.5 | 52.6 |
| 3 | 12.0 | 11.8 | 39.2 | 38.4 | 54.1 | 54.2 |
| 4 | 12.3 | 12.0 | 43.2 | 41.5 | 57.2 | 57.3 |
| 5 | 16.4 | 16.1 | 44.9 | 44.3 | 62.2 | 62.7 |
| 6 | 21.4 | 21.2 | 52.3 | 52.0 | 64.3 | 64.4 |

表 7.4　点约束层合圆柱壳固有频率对比

（$H/R$=0.002, $L/R$=1, $R$=0.5, NT=8, $N$=15, $k_u^1=k_v^1=k_w^1=k_\theta^1=0$ ）

| 阶数 | 固有频率 | | | | | |
| --- | --- | --- | --- | --- | --- | --- |
| | $k_u^0=k_v^0=k_w^0=10^3\,\text{N/m}$ 、 $k_\theta^0=10^3\,\text{N·m/rad}$ | | $k_u^0=k_v^0=k_w^0=10^6\,\text{N/m}$ 、 $k_\theta^0=10^6\,\text{N·m/rad}$ | | $k_u^0=k_v^0=k_w^0=10^9\,\text{N/m}$ 、 $k_\theta^0=10^9\,\text{N·m/rad}$ | |
| | 本节 | ANSYS | 本节 | ANSYS | 本节 | ANSYS |
| 1 | 3.1 | 3.1 | 15.0 | 14.9 | 48.8 | 49.0 |
| 2 | 3.4 | 3.5 | 16.2 | 16.4 | 50.9 | 50.9 |
| 3 | 4.5 | 4.6 | 17.5 | 17.2 | 51.0 | 51.2 |
| 4 | 6.8 | 6.8 | 22.1 | 21.9 | 56.1 | 56.7 |
| 5 | 10.3 | 10.4 | 23.4 | 23.0 | 58.3 | 58.2 |
| 6 | 14.6 | 14.5 | 27.7 | 27.6 | 63.6 | 64.4 |

之后，对比了位移容许函数中周向波数从 1 到 $n$ 进行多模态展开与只对 $n$ 单模态展开的幅频响应。由式（7.7）给出误差公式，公式中的 $A/H$ 表示响应曲线的 $y$ 坐标。如图 7.8 所示，多模态展开和单模态展开响应曲线的最大误差小于 4%，且曲线的趋势保持不变。多模态计算时间是单模态展开的数倍，因此在下面的非线性相应曲线的分析中，假设单模态与多模态结果相同，使用单模态展开来提高计算效率。

$$\text{Error} = \frac{\left|(A/H)_{n=6} - (A/H)_{n=1,2,\cdots,6}\right|}{(A/H)_{n=1,2,\cdots,6}} \times 100\% \tag{7.7}$$

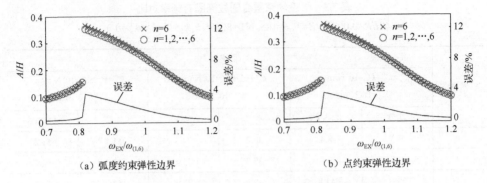

（a）弧度约束弹性边界　　　　　　　　（b）点约束弹性边界

图 7.8　位移容许函数单模态展开与多模态展开响应对比

为方便对比，将横纵坐标进行了无量纲化，图 7.9～图 7.13 同样

接下来对采用切比雪夫多项式和拉格朗日方程组合的形式求解层合圆柱壳非线性响应的收敛性进行讨论。此处取层合圆柱壳的长径比 $L/R=1$，厚径比 $H/R=0.005$，$n=6$，$\alpha=2\pi$（NA=1000），计算过程中保持激励位置和幅值不变。以 NT=6 为参考，不同截断阶数下计算响应误差为

$$E_i = \frac{\left|(A/H)_{\mathrm{NT}=i} - (A/H)_{\mathrm{NT}=6}\right|}{(A/H)_{\mathrm{NT}=6}} \times 100\% \tag{7.8}$$

随着截断阶数的增大，层合圆柱壳非线性响应曲线将更趋近实际情况，但计算效率会大幅降低，且根据图 7.9 可知，当截断阶数取 4、5、6 时对层合圆柱壳非线性响应曲线影响较小，且不会影响非线性趋势。可以认为计算结果具有良好的收敛性，为了提高计算效率，在计算非线性响应曲线时取截断阶数 NT=5。

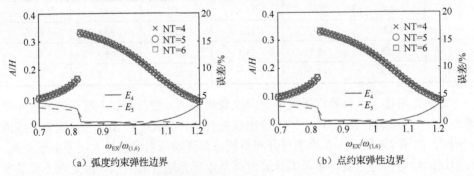

（a）弧度约束弹性边界　　　　　　　　（b）点约束弹性边界

图 7.9　不同截断阶数下幅频响应曲线的对比（$m=1$，$n=6$）

## 7.2.3　数值计算与结果分析

在前一部分验证了本节提出模型结果的收敛性和准确性，之后本节研究弧度约束和点约束层合圆柱壳的强迫振动问题。其中圆柱壳选择一端为整周固支约束，

另一端为可改变的弹性边界。层合圆柱壳的几何参数选择如下：正交[0°/90°/0°]铺设，半径 $R=0.5$m，长径比 $L/R=2$，厚径比 $H/R=0.02$。讨论弹簧刚度、约束弧度和约束点个数对层合圆柱壳幅频响应曲线的影响。

### 7.2.3.1 弹簧刚度对弧度约束层合圆柱壳非线性幅频响应的影响

在本节中，为了分析弹簧刚度对弧度约束层合圆柱壳非线性幅频响应的影响，弧度约束的范围选取为 $\pi/4$。在图 7.10（a）中，幅频响应曲线具有明显的软式非线性特征。当轴向弹簧刚度较小时，边界为自由边界，幅频响应曲线软式特征较为明显。当弹簧刚度增加到 $10^9$N/m$^2$ 时，幅频响应曲线的非线性特征减弱，响应曲线幅值随非线性特征的减弱而增大。弹簧刚度增大到 $10^{11}$N/m$^2$ 以后，响应曲线随刚度变化而保持不变。随着轴向弹簧刚度的增大，幅频响应曲线先变化不大，然后在[$10^8$, $10^{10}$]（N/m$^2$）范围内变化很大，当弹簧刚度继续增大到一定值时，幅频响应曲线保持不变。在图 7.10（b）中，当弹簧刚度在[$10^8$, $10^{10}$]（N/m$^2$）范围内时，响应曲线的幅值首先增大，然后开始减小。在图 7.10（c）中，约束弹簧对具有周向弹簧刚度的幅频响应曲线具有相似的影响。在图 7.10（d）中，扭转方向弹簧刚度的变化对幅频响应曲线的影响较小，仅在从 $10^5$N/rad 到 $10^8$N/rad 内响应有一定的变化。显然，在一定的边界条件下，周向约束弹簧和径向约束弹簧对层合圆柱壳的幅频响应曲线的影响最为明显。

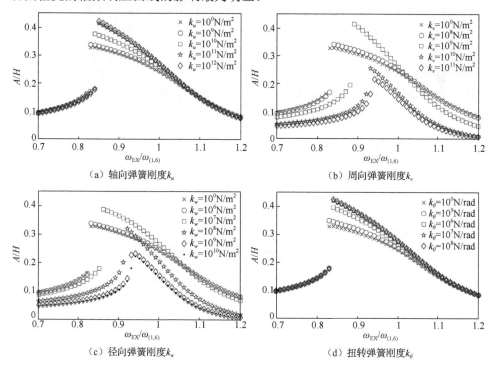

图 7.10　弹簧刚度对弧度约束层合圆柱壳非线性幅频响应曲线的影响

当边界约束刚度较小时，弹簧约束的边界可认为是自由约束，弹簧刚度矩阵 $K_{spr}$ 和瑞利阻尼随弹簧刚度的增大而变化较小，层合圆柱壳的非线性和线性频率几乎保持不变。弹簧刚度较小时，非线性响应曲线随着弹簧刚度的增大而略有变化。如果约束刚度在敏感范围内，弹簧刚度矩阵 $K_{spr}$ 随着边界弹簧势能中弹簧刚度 $k$ 的增大而增大，则瑞利阻尼和固有频率增大。壳的阻尼增大导致振动幅值减小，非线性力减小。因此，层合圆柱壳的幅频响应曲线的软式非线性特征随约束刚度的增大而减小。当弹簧约束较小时，非线性特征下降引起的响应幅值增大的幅度大于弹簧刚度增大引起的响应曲线减小的幅度。根据之前研究，周向约束弹簧和径向约束弹簧对响应曲线影响较大。当弹簧约束在周向和径向较大时，由非线性减弱引起的响应曲线幅值增大的幅度小于由弹簧刚度增大引起幅值减小的幅度。如果弹簧刚度大于敏感区间的最大值，则可以认为边界为固定约束，弹簧刚度的增大对层合圆柱壳的非线性响应有较小的影响。

### 7.2.3.2　弹簧约束弧度对弧度约束层合圆柱壳非线性幅频响应的影响

在这一节中研究了约束弧度对弧度约束复合材料层合圆柱壳幅频响应曲线的影响。选取敏感区间内刚度 $k_u^0 = 10^{10}\,\mathrm{N/m^2}$，$k_v^0 = 10^9\,\mathrm{N/m^2}$，$k_w^0 = 10^8\,\mathrm{N/m^2}$，$k_\theta^0 = 10^6\,\mathrm{N/rad}$，另一端为固支边界。当约束弧度 $\alpha$ 分别为 $2\pi$、$\pi/2$、$\pi/4$、$\pi/16$ 时，层合圆柱壳的非线性响应曲线如图 7.11 所示。由该图可知，$\alpha=\pi/16$ 时层合圆柱壳的幅频响应具有较强的软式非线性特征。当 $\alpha=2\pi$ 时，边界可视为连续整周约束的弹性边界，软式非线性特征最弱以及响应幅值最小。可以得出非线性响应曲线的软式特征和振幅随约束弧度的减小而增强的结论。在求解边界弹簧势能时，随着约束弧度的增大，$\theta$ 的积分范围增大，且被积函数为正数，所以弹簧刚度矩阵 $K_{spr}$ 和线性 1 阶固有频率增大。由于阻尼是刚度矩阵和质量矩阵的线性组合，在激励

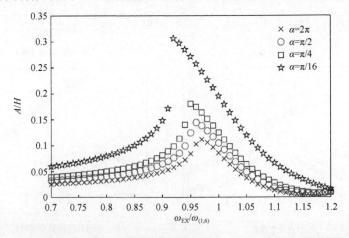

图 7.11　弹簧约束弧度对弧度约束层合圆柱壳非线性幅频响应曲线的影响

下对圆柱壳的振动抑制效果随瑞利阻尼的增大而增强。因此，非线性响应曲线的幅值随着约束弧度的增大而减小。非线性固有频率 $\omega$ 与线性固有频率有关，并受非线性的影响。1 阶非线性固有频率 $\omega$ 比线性固有频率 $\omega_1$ 增大得快，因此，软式非线性特征随着弧度的增大而减小。

### 7.2.3.3　弹簧刚度对点约束层合圆柱壳非线性幅频响应的影响

图 7.12 中给出了不同弹簧刚度下的点约束层合圆柱壳的幅频响应曲线，以此分析边界弹簧刚度对幅频响应的影响。本节约束点个数为 64，研究一端固支（$k_u'^0 = k_v'^0 = k_w'^0 = 10^9\,\text{N/m}$、$k_\theta'^0 = 10^9\,\text{N·m/rad}$）、另一端受一组变刚度弹簧 [$k_i'^1 = 10^{-3} \sim 10^9\,\text{N/m}$（$i=u,v,w$），$k_\theta'^1 = 10^{-3} \sim 10^9\,\text{N·m/rad}$] 约束的层合圆柱壳的幅频响应曲线。

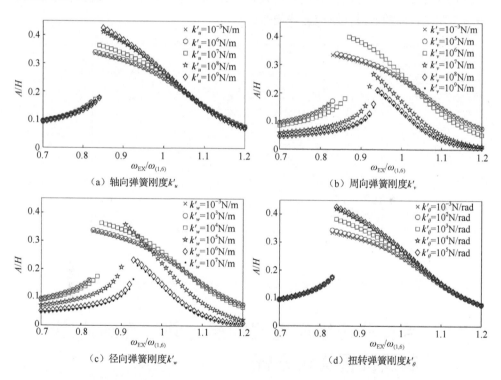

图 7.12　弹簧刚度对点约束层合圆柱壳非线性幅频响应曲线的影响

从图 7.12 可知，幅频响应曲线具有明显的软式非线性特征，周向和径向弹簧刚度对响应曲线有明显的影响。在敏感范围内，随着刚度的增加，非线性特征减弱。当壳的轴向弹簧刚度从 $10^6\text{N/m}$ 增加到 $10^8\text{N/m}$ 时，弹簧刚度的变化对幅频响应曲线有明显的影响，当弹簧刚度超出区间[$10^6$, $10^8$]（N/m）时，幅频响应曲线略有变化。幅频响应曲线的振幅随软式特征的减弱而增大。当壳边界的周向和径向弹簧刚度的值分别在$[10^5,10^8]$（N/m）和$[10^3,10^6]$（N/m）区间内时，随着弹簧刚度的增大，响应曲线的幅值随软式非线性特征的减弱而增大，后随着弹簧刚度的增大，振幅减小。在扭转方向上，当弹簧刚度从 $10^2$N·m/rad 增大到 $10^4$N·m/rad 时，弹簧刚度对幅频响应的影响较小。

### 7.2.3.4　约束点个数对点约束层合圆柱壳非线性幅频响应的影响

在本节中计算了不同约束点个数下的层合圆柱壳的非线性幅频响应，并基于图 7.13 分析了约束点个数对非线性幅频响应曲线的影响。在本节中考虑不同的点约束边界，NA=1000,200,64,16。从图 7.13 中可以看出，随着约束点个数的减少，复合材料层合圆柱壳的非线性幅频响应曲线软式特征更明显，同时幅频响应曲线的幅值也增大。当层合圆柱壳边界约束点个数 NA=1000 时的非线性响应曲线与$\alpha=2\pi$（图 7.11）的非线性响应曲线相似。

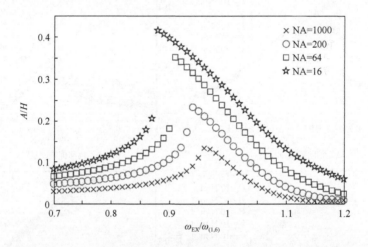

图 7.13　约束点个数对点约束层合圆柱壳非线性幅频响应曲线的影响

## ■7.3　带有非连续压电层的层合圆柱壳结构振动控制及位置优化分析

压电材料自问世以来得到了众多学者的关注，由其制造的智能结构也成为学者关注的对象。在已有研究的基础上，本节提出了一种新的点约束弹性边界非连续分布压电层合圆柱壳的建模方法，并对圆柱壳的主动振动控制以及压电层的分布位置进行了优化计算。

## 7.3.1　理论推导

在模型中，布置压电层的位置视为层合圆柱壳，而未布置压电层的位置视为圆柱壳。通过拉格朗日方程建立机电耦合振动微分方程，在对其通过负速度反馈策略解耦后求解微分方程。对微分方程进行模态坐标转换以后，基于格拉姆矩阵建立优化性能指标函数并结合多目标粒子群算法对压电层的位置进行优化计算。

### 7.3.1.1　模型描述

如图 7.14 所示，建立长为 $L$、中曲面半径为 $R$ 的压电层合圆柱壳模型，其中厚度 $h$、$h_a$ 和 $h_s$ 分别是基底层、作动层、感应层的厚度。在壳的中曲面建立如图所示坐标系，$x$、$\theta$ 和 $z$ 分别为壳的轴向、周向和径向，$u$、$v$、$w$、$\Phi_x$ 和 $\Phi_\theta$ 分别代表壳上一点在 $x$、$\theta$ 和 $z$ 的位移以及绕 $x$ 轴和 $\theta$ 轴的扭转。在壳上有局部分布的压电薄膜层，定义压电层的数量为 NP，其中第 $s$ 个压电层的起始和终止坐标分别为 $(\xi_s,\theta_s)$ 和 $(\xi_s',\theta_s')$。在壳的两端离散的点上分别引入刚度为 $k_{u,a}^0$、$k_{v,a}^0$、$k_{w,a}^0$、$k_{x,a}^0$、$k_{\theta,a}^0$ 和 $k_{u,a}^1$、$k_{v,a}^1$、$k_{w,a}^1$、$k_{x,a}^1$、$k_{\theta,a}^1$ 的人工弹簧以限制边界的位移和扭转，并定义点的个数为 NA。

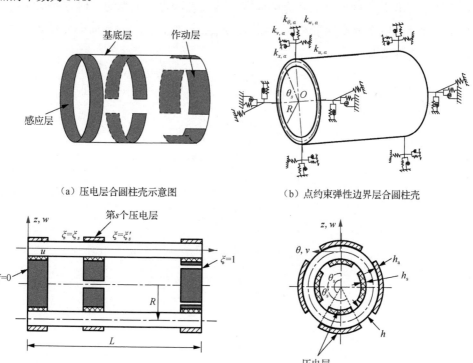

（a）压电层合圆柱壳示意图　　　　（b）点约束弹性边界层合圆柱壳

（c）壳在轴向和径向的部分截面视图　　　（d）壳在周向和径向上的部分截面视图

图 7.14　非连续弹性边界压电层合圆柱壳结构示意图

### 7.3.1.2 应力-应变关系

在所提出压电层合圆柱壳模型的基础上,基于 1 阶剪切壳理论中位移场的表达形式,压电层合圆柱壳上任一点的位移可以表示为

$$\begin{cases} u(\xi,\theta,z,t)=u_0(\xi,\theta,t)+z\phi_x(\xi,\theta,t) \\ v(\xi,\theta,z,t)=v_0(\xi,\theta,t)+z\phi_\theta(\xi,\theta,t) \\ w(\xi,\theta,z,t)=w_0(\xi,\theta,t) \end{cases} \tag{7.9}$$

对于壳表面上任意一点$(\xi,\theta)$处的应力可以通过下式获得:

$$\begin{pmatrix} \varepsilon_x \\ \varepsilon_\theta \\ \gamma_{x\theta} \\ \gamma_{\theta z} \\ \gamma_{xz} \end{pmatrix} = \begin{pmatrix} \varepsilon_x \\ \varepsilon_\theta \\ \gamma_{x\theta} \\ \gamma_{\theta z} \\ \gamma_{xz} \end{pmatrix}_{(0)} + z \begin{pmatrix} \kappa_x \\ \kappa_\theta \\ \kappa_{x\theta} \\ 0 \\ 0 \end{pmatrix} \tag{7.10}$$

式中,下标(0)代表中曲面。对壳的应变、曲率表达式使用壳的几何方程来描述,则壳中曲面的应变分量元素$\varepsilon_{x(0)}$、$\varepsilon_{\theta(0)}$、$\gamma_{x\theta(0)}$、$\gamma_{\theta z(0)}$、$\gamma_{xz(0)}$和曲率分量元素$\kappa_x$、$\kappa_\theta$、$\kappa_{x\theta}$表达式为

$$\begin{cases} \varepsilon_{x(0)} = \dfrac{\partial u_0}{L\partial \xi} \\[2mm] \varepsilon_{\theta(0)} = \dfrac{1}{R}\dfrac{\partial v_0}{\partial \theta} + \dfrac{w_0}{R} \\[2mm] \gamma_{x\theta(0)} = \dfrac{1}{R}\dfrac{\partial u_0}{\partial \theta} + \dfrac{\partial v_0}{L\partial \xi} \\[2mm] \gamma_{\theta z(0)} = \phi_\theta + \dfrac{1}{R}\dfrac{\partial w_0}{\partial \theta} - \dfrac{v_0}{R} \\[2mm] \gamma_{xz(0)} = \phi_x + \dfrac{1}{L}\dfrac{\partial w_0}{\partial \xi} \end{cases} \tag{7.11}$$

$$\begin{cases} \kappa_x = \dfrac{\partial \phi_x}{L\partial \xi} \\[2mm] \kappa_\theta = \dfrac{1}{R}\dfrac{\partial \phi_\theta}{\partial \theta} \\[2mm] \kappa_{x\theta} = \dfrac{1}{L}\dfrac{\partial \phi_\theta}{\partial \xi} + \dfrac{1}{R}\dfrac{\partial \phi_x}{\partial \theta} \end{cases} \tag{7.12}$$

根据胡克定律，基底层应力向量 $\begin{pmatrix} \sigma_x^b & \sigma_\theta^b & \tau_{x\theta}^b & \tau_{\theta z}^b & \tau_{xz}^b \end{pmatrix}^T$、应变向量 $\begin{pmatrix} \varepsilon_x^b & \varepsilon_\theta^b & \gamma_{x\theta}^b & \gamma_{\theta z}^b & \gamma_{xz}^b \end{pmatrix}^T$ 表达式为

$$
\begin{pmatrix} \sigma_x^b \\ \sigma_\theta^b \\ \tau_{x\theta}^b \\ \tau_{\theta z}^b \\ \tau_{xz}^b \end{pmatrix} = \begin{bmatrix} Q_{11}^b & Q_{12}^b & 0 & 0 & 0 \\ Q_{12}^b & Q_{22}^b & 0 & 0 & 0 \\ 0 & 0 & Q_{66}^b & 0 & 0 \\ 0 & 0 & 0 & Q_{44}^b & 0 \\ 0 & 0 & 0 & 0 & Q_{55}^b \end{bmatrix} \begin{pmatrix} \varepsilon_x^b \\ \varepsilon_\theta^b \\ \gamma_{x\theta}^b \\ \gamma_{\theta z}^b \\ \gamma_{xz}^b \end{pmatrix} \tag{7.13}
$$

式中，基底层的二维刚度矩阵 $\boldsymbol{Q}$ 的表达式为

$$
Q_{11}^b = Q_{22}^b = \frac{E_b}{1 - \mu_b^{\,2}}, \quad Q_{12}^b = Q_{21}^b = \frac{\mu_b E_b}{1 - \mu_b^{\,2}}, \quad Q_{66}^b = Q_{44}^b = Q_{55}^b = \frac{E_b}{2(1 + \mu_b)} \tag{7.14}
$$

其中，上标 b 表示压电层合圆柱壳中的中间基底层，$E_b$ 和 $\mu_b$ 分别是基底层的弹性模量和泊松比。

作为感应层和作动层的压电层在参考坐标系下的本构方程可以表示为

$$
\begin{pmatrix} \sigma_x^i \\ \sigma_\theta^i \\ \tau_{x\theta}^i \\ \tau_{\theta z}^i \\ \tau_{xz}^i \end{pmatrix} = \begin{bmatrix} Q_{11e}^i & Q_{12e}^i & 0 & 0 & 0 \\ Q_{12e}^i & Q_{22e}^i & 0 & 0 & 0 \\ 0 & 0 & Q_{66e}^i & 0 & 0 \\ 0 & 0 & 0 & Q_{44e}^i & 0 \\ 0 & 0 & 0 & 0 & Q_{55e}^i \end{bmatrix} \begin{pmatrix} \varepsilon_x^i \\ \varepsilon_\theta^i \\ \gamma_{x\theta}^i \\ \gamma_{\theta z}^i \\ \gamma_{xz}^i \end{pmatrix} - \begin{bmatrix} 0 & 0 & e_{31e}^i \\ 0 & 0 & e_{32e}^i \\ 0 & 0 & 0 \\ 0 & e_{24e}^i & 0 \\ e_{15e}^i & 0 & 0 \end{bmatrix} \begin{pmatrix} E_x^i \\ E_\theta^i \\ E_z^i \end{pmatrix}
$$

$$
\begin{pmatrix} D_x^i \\ D_\theta^i \\ D_z^i \end{pmatrix} = \begin{bmatrix} 0 & 0 & 0 & 0 & e_{15e}^i \\ 0 & 0 & 0 & e_{24e}^i & 0 \\ e_{31e}^i & e_{32e}^i & 0 & 0 & 0 \end{bmatrix} \begin{pmatrix} \varepsilon_x^i \\ \varepsilon_\theta^i \\ \gamma_{x\theta}^i \\ \gamma_{\theta z}^i \\ \gamma_{xz}^i \end{pmatrix} + \begin{bmatrix} \zeta_{11e}^i & 0 & 0 \\ 0 & \zeta_{22e}^i & 0 \\ 0 & 0 & \zeta_{33e}^i \end{bmatrix} \begin{pmatrix} E_x^i \\ E_\theta^i \\ E_z^i \end{pmatrix} \tag{7.15}
$$

式中，$\boldsymbol{\sigma}^i$、$\boldsymbol{\varepsilon}^i$、$\boldsymbol{D}^i$ 和 $\boldsymbol{E}^i$ 分别为压电材料的应力向量、应变向量、电位移向量和电场向量；$\boldsymbol{Q}^i$、$\boldsymbol{e}^i$ 和 $\boldsymbol{\zeta}^i$ 分别为压电层的弹性刚度系数矩阵、等效压电系数矩阵、等效电介质系数矩阵[147]；$i = a, s$，上标 $i = a$ 时，研究对象为作动层，上标 $i = s$ 时，研究对象为感应层。

由于压电层的极化方向是沿着壳的厚度方向，即壳的径向 $z$，则压电层电场、电势关系可写为

$$E_x^i = -\frac{\partial \varphi^i(x,\theta,z,t)}{L\partial\xi}, \quad E_\theta^i = -\frac{\partial \varphi^i(x,\theta,z,t)}{R\partial\theta}, \quad E_z^i = -\frac{\partial \varphi^i(x,\theta,z,t)}{\partial z} \quad (7.16)$$

由压电作动层、感应层的弹性变形引起的电势 $\varphi_a(x,\theta,z,t)$、$\varphi_s(x,\theta,z,t)$ 可以表示为

$$\varphi_a(x,\theta,z,t) = \left[ z_a^2 - \left(\frac{h_a}{2}\right)^2 \right] \psi_a(x,\theta,t)$$

$$\varphi_s(x,\theta,z,t) = \left[ z_s^2 - \left(\frac{h_s}{2}\right)^2 \right] \psi_s(x,\theta,t) \quad (7.17)$$

式中，$\psi_a(x,\theta,t)$ 和 $\psi_s(x,\theta,t)$ 分别表示作动层、感应层电势的面内分布函数；$z_a$ 为作动压电层上任意点相对于作动层中曲面的坐标，$z_a = z - (h + h_a)/2$；$z_s$ 为感应压电层上任意点相对于感应层中曲面的坐标，$z_s = z + (h + h_a)/2$。

本模型中，将带有压电层的部分视为层合圆柱壳，没有压电层的部分视为圆柱壳。对于非连续分布压电层的层合圆柱壳模型，带有压电层的压电-基底部分力与力矩表达式为

$$\begin{pmatrix} N_x \\ N_\theta \\ N_{x\theta} \\ M_x \\ M_\theta \\ M_{x\theta} \end{pmatrix} = \begin{bmatrix} A_{11} & A_{12} & 0 & B_{11} & B_{12} & 0 \\ A_{12} & A_{22} & 0 & B_{12} & B_{22} & 0 \\ 0 & 0 & A_{66} & 0 & 0 & B_{66} \\ B_{11} & B_{12} & 0 & D_{11} & D_{12} & 0 \\ B_{12} & B_{22} & 0 & D_{12} & D_{22} & 0 \\ 0 & 0 & B_{66} & 0 & 0 & D_{66} \end{bmatrix} \begin{pmatrix} \varepsilon_{x(0)} \\ \varepsilon_{\theta(0)} \\ \gamma_{x\theta(0)} \\ \kappa_x \\ \kappa_\theta \\ \kappa_{x\theta} \end{pmatrix} + \begin{pmatrix} N_x^E \\ N_\theta^E \\ N_{x\theta}^E \\ M_x^E \\ M_\theta^E \\ M_{x\theta}^E \end{pmatrix}$$

$$\begin{pmatrix} Q_\theta \\ Q_x \end{pmatrix} = k_c \begin{bmatrix} A_{44} & 0 \\ 0 & A_{55} \end{bmatrix} \begin{pmatrix} \gamma_{\theta z(0)} \\ \gamma_{xz(0)} \end{pmatrix} + \begin{pmatrix} Q_\theta^E \\ Q_x^E \end{pmatrix} \quad (7.18)$$

式中，$A_{ij}$、$B_{ij}$ 和 $D_{ij}$ 分别为压电层合圆柱壳的拉伸矩阵、耦合矩阵和弯曲矩阵元素，应注意的是壳为对称分布时耦合矩阵元素 $B_{ij}=0$；$k_c$ 为剪切修正系数，一般取 5/6。

压电层产生的力和力矩可以表示为

$$
\begin{pmatrix} N_x^{\mathrm{E}} \\ N_\theta^{\mathrm{E}} \\ N_{x\theta}^{\mathrm{E}} \\ M_x^{\mathrm{E}} \\ M_\theta^{\mathrm{E}} \\ M_{x\theta}^{\mathrm{E}} \end{pmatrix} = \begin{pmatrix} 2e_{31e}^{\mathrm{a}}\int_{h/2}^{h/2+h_{\mathrm{a}}} z_{\mathrm{a}}\psi_{\mathrm{a}}\,\mathrm{d}z + 2e_{31e}^{\mathrm{s}}\int_{-h/2-h_{\mathrm{s}}}^{-h/2} z_{\mathrm{s}}\psi_{\mathrm{s}}\,\mathrm{d}z \\ 2e_{32e}^{\mathrm{a}}\int_{h/2}^{h/2+h_{\mathrm{a}}} z_{\mathrm{a}}\psi_{\mathrm{a}}\,\mathrm{d}z + 2e_{32e}^{\mathrm{s}}\int_{-h/2-h_{\mathrm{s}}}^{-h/2} z_{\mathrm{s}}\psi_{\mathrm{s}}\,\mathrm{d}z \\ 0 \\ 2e_{31e}^{\mathrm{a}}\int_{h/2}^{h/2+h_{\mathrm{a}}} zz_{\mathrm{a}}\psi_{\mathrm{a}}\,\mathrm{d}z + 2e_{31e}^{\mathrm{s}}\int_{-h/2-h_{\mathrm{s}}}^{-h/2} zz_{\mathrm{s}}\psi_{\mathrm{s}}\,\mathrm{d}z \\ 2e_{32e}^{\mathrm{a}}\int_{h/2}^{h/2+h_{\mathrm{a}}} zz_{\mathrm{a}}\psi_{\mathrm{a}}\,\mathrm{d}z + 2e_{32e}^{\mathrm{s}}\int_{-h/2-h_{\mathrm{s}}}^{-h/2} zz_{\mathrm{s}}\psi_{\mathrm{s}}\,\mathrm{d}z \\ 0 \end{pmatrix} \tag{7.19}
$$

$$
\begin{pmatrix} Q_\theta^{\mathrm{E}} \\ Q_x^{\mathrm{E}} \end{pmatrix} = \begin{pmatrix} e_{24e}^{\mathrm{a}}\int_{h/2}^{h/2+h_{\mathrm{a}}} \dfrac{z_{\mathrm{a}}^2-(h_{\mathrm{a}}/2)^2}{R+z}\dfrac{\partial\psi_{\mathrm{a}}}{\partial\theta}\,\mathrm{d}z + e_{24e}^{\mathrm{s}}\int_{-h/2-h_{\mathrm{s}}}^{-h/2} \dfrac{z_{\mathrm{s}}^2-(h_{\mathrm{s}}/2)^2}{R+z}\,\mathrm{d}z\dfrac{\partial\psi_{\mathrm{s}}}{\partial\theta} \\ e_{15e}^{\mathrm{a}}\int_{h/2}^{h/2+h_{\mathrm{a}}} \left[z_{\mathrm{a}}^2-(h_{\mathrm{a}}/2)^2\right]\dfrac{\partial\psi_{\mathrm{a}}}{\partial x}\,\mathrm{d}z + e_{15e}^{\mathrm{s}}\int_{-h/2-h_{\mathrm{s}}}^{-h/2} \left[z_{\mathrm{s}}^2-(h_{\mathrm{s}}/2)^2\right]\mathrm{d}z\dfrac{\partial\psi_{\mathrm{s}}}{\partial x} \end{pmatrix}
$$

在没有压电层的单层基底部分，用圆柱壳的力与力矩表达式来表示，则力和力矩 $\left(\tilde{N}_x \quad \tilde{N}_\theta \quad \tilde{N}_{x\theta} \quad \tilde{M}_x \quad \tilde{M}_\theta \quad \tilde{M}_{x\theta} \quad \tilde{Q}_\theta \quad \tilde{Q}_x\right)^{\mathrm{T}}$ 可表示为

$$
\begin{pmatrix} \tilde{N}_x \\ \tilde{N}_\theta \\ \tilde{N}_{x\theta} \\ \tilde{M}_x \\ \tilde{M}_\theta \\ \tilde{M}_{x\theta} \end{pmatrix} = \begin{bmatrix} \tilde{A}_{11} & \tilde{A}_{12} & 0 & \tilde{B}_{11} & \tilde{B}_{12} & 0 \\ \tilde{A}_{12} & \tilde{A}_{22} & 0 & \tilde{B}_{12} & \tilde{B}_{22} & 0 \\ 0 & 0 & \tilde{A}_{66} & 0 & 0 & \tilde{B}_{66} \\ \tilde{B}_{11} & \tilde{B}_{12} & 0 & \tilde{D}_{11} & \tilde{D}_{12} & 0 \\ \tilde{B}_{12} & \tilde{B}_{22} & 0 & \tilde{D}_{12} & \tilde{D}_{22} & 0 \\ 0 & 0 & \tilde{B}_{66} & 0 & 0 & \tilde{D}_{66} \end{bmatrix} \begin{pmatrix} \varepsilon_{x(0)} \\ \varepsilon_{\theta(0)} \\ \gamma_{x\theta(0)} \\ \kappa_x \\ \kappa_\theta \\ \kappa_{x\theta} \end{pmatrix} \tag{7.20}
$$

$$
\begin{pmatrix} \tilde{Q}_\theta \\ \tilde{Q}_x \end{pmatrix} = k_{\mathrm{c}}\begin{bmatrix} \tilde{A}_{44} & 0 \\ 0 & \tilde{A}_{55} \end{bmatrix}\begin{pmatrix} \gamma_{\theta z(0)} \\ \gamma_{xz(0)} \end{pmatrix}
$$

式中，圆柱壳的拉伸矩阵、耦合矩阵、弯曲矩阵元素分别表示为

$$
\tilde{A}_{ij}=\int_{-h/2}^{h/2} Q_{ij}^{\mathrm{b}}\,\mathrm{d}z, \quad \tilde{B}_{ij}=\int_{-h/2}^{h/2} Q_{ij}^{\mathrm{b}}z\,\mathrm{d}z, \quad \tilde{D}_{ij}=\int_{-h/2}^{h/2} Q_{ij}^{\mathrm{b}}z^2\,\mathrm{d}z \tag{7.21}
$$

### 7.3.1.3 能量方程

压电层合圆柱壳的动能表达式为

$$T = \frac{LR}{2}\sum_{s=1}^{NP}\int_{\theta_s}^{\theta_s'}\int_{\xi_s}^{\xi_s'}\left[\left(\dot{u}^2+\dot{v}^2+\dot{w}^2\right)I_0 + 2\left(\dot{u}\dot{\phi}_x+\dot{v}\dot{\phi}_\theta\right)I_1 + \left(\dot{\phi}_x^2+\dot{\phi}_\theta^2\right)I_2\right]\mathrm{d}\xi\mathrm{d}\theta$$
$$+ \frac{LR}{2}\sum_{r=1}^{\overline{NP}}\int_{\tilde{\theta}_r}^{\tilde{\theta}_r'}\int_{\tilde{\xi}_r}^{\tilde{\xi}_r'}\left[\left(\dot{u}^2+\dot{v}^2+\dot{w}^2\right)\tilde{I}_0 + 2\left(\dot{u}\dot{\phi}_x+\dot{v}\dot{\phi}_\theta\right)\tilde{I}_1 + \left(\dot{\phi}_x^2+\dot{\phi}_\theta^2\right)\tilde{I}_2\right]\mathrm{d}\xi\mathrm{d}\theta$$

（7.22）

式中，

$$\left(I_0 \quad I_1 \quad I_2\right) = \int_{h/2}^{h/2+h_a}\rho_a\left(1 \quad z \quad z^2\right)\mathrm{d}z + \int_{-h/2}^{h/2}\rho_b\left(1 \quad z \quad z^2\right)\mathrm{d}z + \int_{-h/2-h_s}^{-h/2}\rho_s\left(1 \quad z \quad z^2\right)\mathrm{d}z$$

$$\left(\tilde{I}_0 \quad \tilde{I}_1 \quad \tilde{I}_2\right) = \int_{-h/2}^{h/2}\rho_b\left(1 \quad z \quad z^2\right)\mathrm{d}z$$

（7.23）

压电层合圆柱壳的势能表达式为

$$U_\varepsilon = \frac{LR}{2}\sum_{s=1}^{NP}\int_{\theta_s}^{\theta_s'}\int_{\xi_s}^{\xi_s'}\left(N_x^\mathrm{T}\varepsilon_x + N_\theta^\mathrm{T}\varepsilon_\theta + N_{x\theta}^\mathrm{T}\gamma_{x\theta} + M_x^\mathrm{T}\kappa_x + M_\theta^\mathrm{T}\kappa_\theta + M_{x\theta}^\mathrm{T}\kappa_{x\theta} + Q_{\theta z}^\mathrm{T}\gamma_{\theta z}\right.$$
$$\left.+ Q_{xz}^\mathrm{T}\gamma_{xz} - \int_{h/2}^{h/2+h_a}D_a^\mathrm{T}E_a\mathrm{d}z - \int_{-h/2-h_s}^{-h/2}D_s^\mathrm{T}E_s\mathrm{d}z\right)\mathrm{d}\xi\mathrm{d}\theta + \frac{LR}{2}\sum_{r=1}^{\overline{NP}}\int_{\tilde{\theta}_r}^{\tilde{\theta}_r'}\int_{\tilde{\xi}_r}^{\tilde{\xi}_r'}\left(\tilde{N}_x^\mathrm{T}\varepsilon_x\right.$$
$$\left.+ \tilde{N}_\theta^\mathrm{T}\varepsilon_\theta + \tilde{N}_{x\theta}^\mathrm{T}\gamma_{x\theta} + \tilde{M}_x^\mathrm{T}\kappa_x + \tilde{M}_\theta^\mathrm{T}\kappa_\theta + \tilde{M}_{x\theta}^\mathrm{T}\kappa_{x\theta} + \tilde{Q}_{\theta z}^\mathrm{T}\gamma_{\theta z} + \tilde{Q}_{xz}^\mathrm{T}\gamma_{xz}\right)\mathrm{d}\xi\mathrm{d}\theta$$

（7.24）

对于点约束弹性边界层合圆柱壳，边界弹簧产生的弹性势能表达式为

$$U_{spr} = \frac{1}{2}\sum_{\alpha=1}^{NA}\left\{k_{u,\alpha}^0\left[u(0,\theta_\alpha(t),t)\right]^2 + k_{v,\alpha}^0\left[v(0,\theta_\alpha(t),t)\right]^2 + k_{w,\alpha}^0\left[w(0,\theta_\alpha(t),t)\right]^2\right.$$
$$\left.+ k_{x,\alpha}^0\left[\phi_x(0,\theta_\alpha(t),t)\right]^2 + k_{\theta,\alpha}^0\left[\phi_\theta(0,\theta_\alpha(t),t)\right]^2\right\}$$
$$+ \frac{1}{2}\sum_{\alpha=1}^{NA}\left\{k_{u,\alpha}^1\left[u(1,\theta_\alpha(t),t)\right]^2 + k_{v,\alpha}^1\left[v(1,\theta_\alpha(t),t)\right]^2 + k_{w,\alpha}^1\left[w(1,\theta_\alpha(t),t)\right]^2\right.$$
$$\left.+ k_{x,\alpha}^1\left[\phi_x(1,\theta_\alpha(t),t)\right]^2 + k_{\theta,\alpha}^1\left[\phi_\theta(1,\theta_\alpha(t),t)\right]^2\right\}$$

（7.25）

### 7.3.1.4 位移容许函数

根据前两节内容选择切比雪夫多项式作为壳的位移容许函数，则压电层合圆柱壳振动位移、电势的面内分布函数可以写为以下形式：

$$
\left\{
\begin{aligned}
u(\xi,\theta,t) &= \sum_{m=1}^{\mathrm{NT}}\sum_{n=1}^{N} a_{mn}T_m^*(\xi)\mathrm{e}^{-\mathrm{j}\omega t}\cos n\theta = \bar{\boldsymbol{U}}^{\mathrm{T}}\boldsymbol{q}_u \\
v(\xi,\theta,t) &= \sum_{m=1}^{\mathrm{NT}}\sum_{n=1}^{N} b_{mn}T_m^*(\xi)\mathrm{e}^{-\mathrm{j}\omega t}\sin n\theta = \bar{\boldsymbol{V}}^{\mathrm{T}}\boldsymbol{q}_v \\
w(\xi,\theta,t) &= \sum_{m=1}^{\mathrm{NT}}\sum_{n=1}^{N} c_{mn}T_m^*(\xi)\mathrm{e}^{-\mathrm{j}\omega t}\cos n\theta = \bar{\boldsymbol{W}}^{\mathrm{T}}\boldsymbol{q}_w \\
\phi_x(\xi,\theta,t) &= \sum_{m=1}^{\mathrm{NT}}\sum_{n=1}^{N} d_{mn}T_m^*(\xi)\mathrm{e}^{-\mathrm{j}\omega t}\cos n\theta = \bar{\boldsymbol{\Phi}}_x\boldsymbol{q}_{\phi_x} \\
\phi_\theta(\xi,\theta,t) &= \sum_{m=1}^{\mathrm{NT}}\sum_{n=1}^{N} e_{mn}T_m^*(\xi)\mathrm{e}^{-\mathrm{j}\omega t}\sin n\theta = \bar{\boldsymbol{\Phi}}_\theta\boldsymbol{q}_{\phi_\theta} \\
\psi_s(\xi,\theta,t) &= \sum_{m=1}^{\mathrm{NT}}\sum_{n=1}^{N} g_{mn}T_m^*(\xi)\mathrm{e}^{-\mathrm{j}\omega t}\cos n\theta = \bar{\boldsymbol{\Psi}}_s\boldsymbol{q}_{\psi_s} \\
\psi_a(\xi,\theta,t) &= \sum_{m=1}^{\mathrm{NT}}\sum_{n=1}^{N} f_{mn}T_m^*(\xi)\mathrm{e}^{-\mathrm{j}\omega t}\cos n\theta = \bar{\boldsymbol{\Psi}}_a\boldsymbol{q}_{\psi_a}
\end{aligned}
\right.
\tag{7.26}
$$

式中，$a_{mn}$、$b_{mn}$、$c_{mn}$、$d_{mn}$、$e_{mn}$、$g_{mn}$、$f_{mn}$ 为未知系数；$T_m^*(\xi)$ 为位移容许函数的轴向展开式；$\omega$ 为壳的固有频率；$\boldsymbol{q}_u$、$\boldsymbol{q}_v$、$\boldsymbol{q}_w$、$\boldsymbol{q}_{\phi_x}$、$\boldsymbol{q}_{\phi_\theta}$、$\boldsymbol{q}_{\psi_s}$、$\boldsymbol{q}_{\psi_a}$ 为整理后的位移的广义坐标；$n$ 为壳的周向波数；$\bar{\boldsymbol{U}}$、$\bar{\boldsymbol{V}}$、$\bar{\boldsymbol{W}}$、$\bar{\boldsymbol{\Phi}}_x$、$\bar{\boldsymbol{\Phi}}_\theta$、$\bar{\boldsymbol{\Psi}}_s$、$\bar{\boldsymbol{\Psi}}_a$ 为适应边界的位移容许函数。

### 7.3.1.5 振动微分方程

将能量方程代入拉格朗日方程以后可以得到壳的机电耦合微分方程：

$$
\begin{aligned}
\boldsymbol{M}_{qq}\ddot{\boldsymbol{q}} + \left(\boldsymbol{K}_{qq}+\boldsymbol{K}_{spr}\right)\boldsymbol{q} + \boldsymbol{K}_{q\psi}\boldsymbol{\psi} &= \boldsymbol{F} \\
\boldsymbol{K}_{q\psi}^{\mathrm{T}}\boldsymbol{q} - \boldsymbol{K}_{\psi\psi}\boldsymbol{\psi} &= \boldsymbol{P}
\end{aligned}
\tag{7.27}
$$

式中，$\boldsymbol{q}$ 和 $\boldsymbol{\psi}$ 分别为压电层合圆柱壳的位移和电势；$\boldsymbol{M}_{qq}$ 和 $\boldsymbol{K}_{qq}$ 分别为压电层合圆柱壳的质量矩阵和刚度矩阵；$\boldsymbol{K}_{q\psi}$ 为压电层合圆柱壳的电-弹耦合矩阵；$\boldsymbol{K}_{\psi\psi}$ 为压电层合圆柱壳的电势刚度矩阵；$\boldsymbol{P}$ 为电荷向量；$\boldsymbol{F}$ 为外部激励。有

$$
\boldsymbol{q} = \begin{pmatrix} \boldsymbol{q}_u & \boldsymbol{q}_v & \boldsymbol{q}_w & \boldsymbol{q}_{\phi_x} & \boldsymbol{q}_{\phi_\theta} \end{pmatrix}^{\mathrm{T}}, \quad \boldsymbol{\psi} = \begin{pmatrix} \boldsymbol{\psi}_a & \boldsymbol{\psi}_s \end{pmatrix}^{\mathrm{T}}
\tag{7.28}
$$

为了方便方程的解耦计算，将运动方程整理为以下形式：

$$
\begin{aligned}
\boldsymbol{M}_{qq}\ddot{\boldsymbol{q}} + \boldsymbol{C}_{\mathrm{R}}\dot{\boldsymbol{q}} + \left(\boldsymbol{K}_{qq}+\boldsymbol{K}_{spr}\right)\boldsymbol{q} + \boldsymbol{K}_{q\psi}^{\mathrm{S}}\boldsymbol{\psi}_s + \boldsymbol{K}_{q\psi}^{\mathrm{A}}\boldsymbol{\psi}_a &= \boldsymbol{F} \\
\boldsymbol{K}_{q\psi}^{\mathrm{A\,T}}\boldsymbol{q} - \boldsymbol{K}_{\psi\psi}^{\mathrm{A}}\boldsymbol{\psi}_a &= \boldsymbol{p}_a \\
\boldsymbol{K}_{q\psi}^{\mathrm{S\,T}}\boldsymbol{q} - \boldsymbol{K}_{\psi\psi}^{\mathrm{S}}\boldsymbol{\psi}_s &= \boldsymbol{p}_s
\end{aligned}
\tag{7.29}
$$

式中，$\boldsymbol{C}_{\mathrm{R}}$ 是瑞利阻尼。

对振动微分方程进行解耦,且感应层中的逆压电效应比较小,可以忽略不计,则整理后可以得到

$$M_{qq}\ddot{q} + C_R\dot{q} + \left[ K_{qq} + K_{spr} + K_{q\psi}^S \left( K_{\psi\psi}^S \right)^{-1} \left( K_{q\psi}^S \right)^{\mathrm{T}} \right] q = F - K_{q\psi}^A \psi_a \tag{7.30}$$

$$\psi_s = \left( K_{\psi\psi}^S \right)^{-1} \left( K_{q\psi}^S \right)^{\mathrm{T}} q$$

假设控制为负速度反馈控制,则作动层的输入电位可以通过下式得到:

$$\psi_a = -G_F\dot{\psi}_s = -G_F\dot{\psi}_s = -G_F \left( K_{\psi\psi}^S \right)^{-1} \left( K_{q\psi}^S \right)^{\mathrm{T}} \dot{q} \tag{7.31}$$

式中,$G_F$ 为总的恒定增益;$\dot{\psi}_s$ 和 $\dot{q}$ 分别是 $\psi_s$ 和 $q$ 对时间的一阶导数。振动微分方程可写成

$$M_{qq}\ddot{q} + \left( C_A + C_R \right)\dot{q} + \left[ K_{qq} + K_{spr} + K_{q\psi}^S \left( K_{\psi\psi}^S \right)^{-1} \left( K_{q\psi}^S \right)^{\mathrm{T}} \right] q = F \tag{7.32}$$

式中,$C_A$ 是由控制电势引起的阻尼。

## 7.3.2　模型验证

7.3.1 节中对带有压电层的层合圆柱壳进行了动力学建模,为了验证所提出模型的准确性,使用 ANSYS 有限元软件和实验方法对所建模型进行对比验证。

### 7.3.2.1　圆柱壳模型验证

在进行振动控制时,由于圆柱壳结构的所有阶模态并不会同时显现出来,所以在建立性能指标后进行优化计算时,需要确定控制的模态阶数($m$、$n$)与频率。同时,为了验证模型的准确性,本节将通过实验的方法对所建圆柱壳结构的频率进行验证。将压电层的厚度设置为 0,设计如图 7.15 所示圆柱壳结构,将鼓筒与轮盘加工为一体并利用螺栓将其固定在工作台,用以模拟固支-自由圆柱壳,壳的参数见表 7.5 和表 7.6,在进行理论计算时选取边界弹簧刚度为 $10^{10}$。

(a)圆柱壳模型　　　　　　　(b)圆柱壳实验件

图 7.15　圆柱壳结构

表 7.5　圆柱壳几何参数　单位：m

| $h_s$ | $h_a$ | $h$ | $L$ | $R$ |
|---|---|---|---|---|
| 0.001 | 0.001 | 0.002 | 0.1 | 0.1 |

表 7.6　基底层和压电层材料参数

| | 参数 | 数值 |
|---|---|---|
| 基底层 | $E$ /GPa | 200 |
| | $\rho$ / (kg/m³) | 7850 |
| | $\mu$ | 0.26 |
| 压电层 | $C_{11}$ /GPa | 238.24 |
| | $C_{12}$ /GPa | 3.98 |
| | $C_{22}$ /GPa | 23.6 |
| | $C_{44}$ /GPa | 2.15 |
| | $C_{55}$ /GPa | 4.4 |
| | $C_{66}$ /GPa | 6.43 |
| | $\rho$/ (kg/m³) | 1800 |
| | $e_{31}$ / (C/m²) | −0.13 |
| | $e_{32}$ / (C/m²) | −0.14 |
| | $e_{24}$ / (C/m²) | −0.01 |
| | $e_{15}$ / (C/m²) | −0.01 |
| | $\zeta_{11}$ / (F/m) | $8.85\times10^{-12}$ |
| | $\zeta_{22}$ / (F/m) | $8.85\times10^{-12}$ |
| | $\zeta_{33}$ / (F/m) | $1.06\times10^{-10}$ |

　　之后搭建圆柱壳振动响应测试系统，主要包括圆柱壳、非接触式激振器、功率放大器、NI USB-4431 采集卡、轻质加速度传感器以及控制计算机。通过该系统可实现对圆柱壳的响应曲线的测试，并通过包络线法得到壳的幅频响应曲线，从而获得壳的固有频率[126]。表 7.7 中对理论计算与实验测试的圆柱壳的固有频率进行了对比，两者误差相对较小，验证了所建模型的准确性。但是由于该部分并没有考虑压电层的影响，所以接下来通过有限元 ANSYS 软件对压电层的准确性进行验证。

表 7.7　C-F 边界圆柱壳固有频率对比

| 模态 | 频率/Hz | | | 数值计算与 ANSYS 误差/% | 数值计算与实验误差/% |
|---|---|---|---|---|---|
| | 数值计算 | ANSYS | 实验 | | |
| (1, 4) | 1250 | 1254 | 1243 | 0.3 | 0.6 |
| (1, 5) | 1406 | 1412 | 1424 | 0.4 | 1.3 |
| (1, 3) | 1533 | 1537 | — | 0.3 | — |
| (1, 6) | 1820 | 1841 | 1811 | 1.2 | 0.5 |
| (1, 2) | 2398 | 2404 | 2360 | 0.3 | 1.6 |

### 7.3.2.2　压电层合圆柱壳模型验证

压电层合圆柱壳有限元模型如图 7.16 所示，基底层圆柱壳使用 SOLID 45 单元，压电层使用 SOLID 5 单元，使用 COMBIN 14 单元建立弹性边界并通过改变弹簧的刚度值改变边界条件。壳的几何参数见表 7.5，基底层以及压电层的材料参数见表 7.6。

图 7.16　压电层合圆柱壳有限元模型

表 7.8 中对比了不同压电层分布情况的固有频率，分别对比了压电层范围为 $\xi \in [0, 1]$ 和 $\theta \in [0, 2\pi]$、$\xi \in [0, 0.5]$ 和 $\theta \in [0, 2\pi]$、$\xi \in [0, 1]$ 和 $\theta \in [0, \pi]$ 的情况。通过与 ANSYS 的结果对比，固有频率误差最大为 3%，可以认为提出的模型是准确的。

表 7.8　不同铺设方案下自由边界压电层合圆柱壳固有频率对比

| 压电层分布情况 | 模态 | 固有频率（数值计算）/Hz | 固有频率（ANSYS）/Hz | 误差/% |
|---|---|---|---|---|
| $\xi \in [0,1]$ $\theta \in [0, 2\pi]$ | (1, 2) | 153 | 157 | 3 |
| | (1, 3) | 436 | 437 | 0 |
| | (1, 4) | 835 | 844 | 1 |
| | (1, 5) | 1349 | 1346 | 0 |
| | (1, 6) | 1976 | 1970 | 0 |

续表

| 压电层分布情况 | 模态 | 固有频率（数值计算）/Hz | 固有频率（ANSYS）/Hz | 误差/% |
|---|---|---|---|---|
| $\xi \in [0,0.5]$<br>$\theta \in [0,2\pi]$ | (1, 2) | 143 | 146 | 2 |
| | (1, 3) | 401 | 405 | 1 |
| | (1, 4) | 765 | 774 | 1 |
| | (1, 5) | 1228 | 1234 | 0 |
| | (1, 6) | 1784 | 1792 | 0 |
| $\xi \in [0, 1]$<br>$\theta \in [0, \pi]$ | (1, 2) | 142 | 141 | 1 |
| | (1, 3) | 399 | 400 | 1 |
| | (1, 4) | 759 | 757 | 2 |
| | (1, 5) | 1237 | 1233 | 2 |
| | (1, 6) | 1836 | 1784 | 3 |

### 7.3.3　压电层位置优化

为了对压电传感器以及作动器进行位置优化，将振动微分方程整理为

$$M_{qq}\ddot{q} + C_R\dot{q} + \left[ K_{qq} + K_{spr} + K_{q\psi}^{SS}\left(K_{\psi\psi}^{SS}\right)^{-1}\left(K_{q\psi}^{SS}\right)^{T}\right]q = F - K_{q\psi}^{SA}\psi^{A} \qquad (7.33)$$

在该运动方程中含有多阶频率以及模态阵型，而在实际控制减振过程中，所有模态并不会全部显示出来，所以需要根据模态特性建立降阶动态模型。通过求解振动微分方程（7.32）可以得到壳的固有频率 $\omega$ 以及质量归一化振型矩阵 $\boldsymbol{\Phi}$。将全局位移坐标 $\boldsymbol{q}$ 转化为模态坐标 $\boldsymbol{\eta}$，如下所示：

$$\boldsymbol{q} = \boldsymbol{\Phi}\boldsymbol{\eta} \qquad (7.34)$$

将式（7.34）代入微分方程（7.33）且方程两边同时乘以 $\boldsymbol{\Phi}^{T}$，则微分方程可以表示为

$$\boldsymbol{\Phi}^{T}M_{qq}\boldsymbol{\Phi}\ddot{\eta} + \boldsymbol{\Phi}^{T}C_R\boldsymbol{\Phi}\dot{\eta} + \boldsymbol{\Phi}^{T}\left[ K_{qq} + K_{spr} + K_{q\psi}^{SS}\left(K_{\psi\psi}^{SS}\right)^{-1}\left(K_{q\psi}^{SS}\right)^{T}\right]\boldsymbol{\Phi}\eta = \boldsymbol{\Phi}^{T}F - \boldsymbol{\Phi}^{T}K_{q\psi}^{SA}\psi^{A}$$

$$(7.35)$$

由于振型矩阵是正交的，所以

$$\boldsymbol{\Phi}^{T}M_{qq}\boldsymbol{\Phi} = \boldsymbol{I}$$

$$\boldsymbol{\Phi}^{T}C_R\boldsymbol{\Phi} = \mathrm{diag}\left(2\zeta_i\omega_i\right) = \boldsymbol{Z}$$

$$\boldsymbol{\Phi}^{T}\left[ K_{qq} + K_{spr} + K_{q\psi}^{SS}\left(K_{\psi\psi}^{SS}\right)^{-1}\left(K_{q\psi}^{SS}\right)^{T}\right]\boldsymbol{\Phi} = \mathrm{diag}\left(\omega_i^2\right) = \boldsymbol{\Omega}$$

$$(7.36)$$

引入状态空间变量 $\boldsymbol{X} = (\boldsymbol{\eta} \quad \dot{\boldsymbol{\eta}})$ 和 $\dot{\boldsymbol{X}} = (\dot{\boldsymbol{\eta}} \quad \ddot{\boldsymbol{\eta}})$，将振动微分方程写为状态空间的形式：

$$\dot{\boldsymbol{X}} = \boldsymbol{A}_x \boldsymbol{X} + \boldsymbol{B}_f \boldsymbol{f} + \boldsymbol{B}_\Psi \boldsymbol{\Psi}$$
$$\boldsymbol{Y} = \boldsymbol{C}_x \boldsymbol{X} \tag{7.37}$$
$$\boldsymbol{F} = \boldsymbol{D}_f \boldsymbol{f}$$

式中，$\boldsymbol{A}_x$ 为系统矩阵；$\boldsymbol{B}_\Psi$ 为控制矩阵；$\boldsymbol{B}_f$ 为外部激励矩阵；$\boldsymbol{C}_x$ 为输出矩阵；$\boldsymbol{D}_f$ 为施加外激励的位置矩阵。这些矩阵的具体表达式为

$$\boldsymbol{A}_x = \begin{bmatrix} \boldsymbol{0} & \boldsymbol{I} \\ -\boldsymbol{\Omega} & -\boldsymbol{Z} \end{bmatrix}, \quad \boldsymbol{B}_f = \begin{bmatrix} \boldsymbol{0} \\ \boldsymbol{\Phi}^{\mathrm{T}} \boldsymbol{D}_f \end{bmatrix}, \quad \boldsymbol{B}_\Psi = \begin{bmatrix} \boldsymbol{0} \\ -\boldsymbol{\Phi}^{\mathrm{T}} \boldsymbol{K}_{\mathrm{q\Psi}}^{\mathrm{SA}} \end{bmatrix}, \quad \boldsymbol{C}_x = \begin{bmatrix} \boldsymbol{\Phi} & \boldsymbol{0} \end{bmatrix} \tag{7.38}$$

以存留能量为优化目标建立系统的二次性能指标：

$$J = J_1 + J_2 = \frac{1}{2}\int_0^\infty \boldsymbol{\Psi}(t)^{\mathrm{T}} \boldsymbol{\Psi}(t)\mathrm{d}t + \frac{1}{2}\int_0^\infty \boldsymbol{Y}(t)^{\mathrm{T}} \boldsymbol{Y}(t)\mathrm{d}t \tag{7.39}$$

式中，$J_1$ 和 $J_2$ 分别为结构的振动能量和控制能量。

在最小的控制力作用下有效的控制振动可以通过下式两种条件来实现

$$\min J_1 = \int_0^{t_f} \boldsymbol{\Psi}(t)^{\mathrm{T}} \boldsymbol{\Psi}(t)\mathrm{d}t$$
$$\max J_2 = \int_0^{t_f} \boldsymbol{Y}(t)^{\mathrm{T}} \boldsymbol{Y}(t)\mathrm{d}t \tag{7.40}$$

### 7.3.3.1 作动层位置优化

使用庞特里亚金最小化原理求解式（7.40）中 $J_1$，控制能量可以表示为

$$J_1 = \left[ \mathrm{e}^{A_x t_f} \boldsymbol{x}(0) - \boldsymbol{x}(t_f) \right]^{\mathrm{T}} \boldsymbol{W}_c(t_f)^{-1} \left[ \mathrm{e}^{A_x t_f} \boldsymbol{x}(0) - \boldsymbol{x}(t_f) \right] \tag{7.41}$$

式中，$\boldsymbol{W}_c(t_f)$ 为可控制格拉姆矩阵，其表示式为

$$\boldsymbol{W}_c(t_f) = \int_0^{t_f} \mathrm{e}^{(A_x)t} \boldsymbol{B}_\Psi \boldsymbol{B}_\Psi^{\mathrm{T}} \mathrm{e}^{(A_x)^{\mathrm{T}}t}\mathrm{d}t \tag{7.42}$$

随着格拉姆矩阵的增大，输入的控制能量减小。当时间趋近无穷时，$\boldsymbol{W}_c(t_f)$ 与稳定系统的 $\boldsymbol{W}_c(\infty)$ 有关：

$$\boldsymbol{W}_c(t_f) = \boldsymbol{W}_c(\infty) - \mathrm{e}^{A_x t_f} \boldsymbol{W}_c(\infty) \mathrm{e}^{(A_x)^{\mathrm{T}} t_f} \tag{7.43}$$

式中，矩阵 $\boldsymbol{W}_c(\infty)$ 可以通过求解李雅普诺夫稳定性方程获得，即

$$\boldsymbol{A}_x\boldsymbol{W}_c(\infty)+\boldsymbol{W}_c(\infty)\boldsymbol{A}_x^{\mathrm{T}}=-\boldsymbol{B}_\varPsi\boldsymbol{B}_\varPsi^{\mathrm{T}} \tag{7.44}$$

作动器性能指标可以定义为式（7.45），式中不仅考虑了控制系统中使用的前 $n$ 阶模态，为了应对系统中可能出现的溢出问题，也考虑了被截断的高阶模态[160]。

$$\mathrm{PI}^{\mathrm{ac}}=\frac{1}{\sigma\left(\lambda_i^{\mathrm{ac}}\right)}\left(\sum_{i=1}^{2n}\lambda_i^{\mathrm{ac}}\right)\sqrt[2n]{\prod_{i=1}^{2n}\lambda_i^{\mathrm{ac}}}-\gamma\frac{1}{\sigma\left(\lambda_i^{\mathrm{ac}}\right)}\left(\sum_{i=2n+1}^{2n+2N}\lambda_i^{\mathrm{ac}}\right)\sqrt[2n]{\prod_{i=2n+1}^{2n+2N}\lambda_i^{\mathrm{ac}}} \tag{7.45}$$

式中，$\lambda_i^{\mathrm{ac}}$ 为可控性格拉姆矩阵的特征值；$\sigma\left(\lambda_i^{\mathrm{ac}}\right)$ 为 $\lambda_i^{\mathrm{ac}}$ 的标准偏差；$N$ 为不考虑在控制模型中但是可能产生溢出效应的模态；$\gamma$ 为权重系数。在作动器的优化设计中 PI 的值越大，表示系统的控制性能越好。

### 7.3.3.2　感应层位置优化

系统的初始状态为 $\boldsymbol{X}(0)=\boldsymbol{X}_0$，则 $t$ 时刻的位移可以表示为 $\boldsymbol{X}(t)=\mathrm{e}^{A_x t}\boldsymbol{X}$。系统的振动能量表示为

$$J_2^{\max}=\int_0^{t_f}\boldsymbol{Y}(t)^{\mathrm{T}}\boldsymbol{Y}(t)\mathrm{d}t=\boldsymbol{X}_0^{\mathrm{T}}\boldsymbol{Q}\boldsymbol{X}_0 \tag{7.46}$$

式中，

$$\boldsymbol{Q}=\int_0^{t_f}\mathrm{e}^{A_x t}\boldsymbol{C}_x^{\mathrm{T}}\boldsymbol{C}_x\mathrm{e}^{(A_x)^{\mathrm{T}}t}\mathrm{d}t \tag{7.47}$$

对于稳定系统，其满足李雅普诺夫稳定性方程：

$$\boldsymbol{A}_x^{\mathrm{T}}\boldsymbol{Q}+\boldsymbol{Q}\boldsymbol{A}_x=-\boldsymbol{C}_x^{\mathrm{T}}\boldsymbol{C}_x \tag{7.48}$$

可以通过求解下列表达式得到感应器的性能指标：

$$\mathrm{PI}^{\mathrm{se}}=\frac{1}{\sigma\left(\lambda_i^{\mathrm{se}}\right)}\left(\sum_{i=1}^{2n}\lambda_i^{\mathrm{se}}\right)\sqrt[2n]{\prod_{i=1}^{2n}\lambda_i^{\mathrm{se}}}-\gamma\frac{1}{\sigma\left(\lambda_i^{\mathrm{se}}\right)}\left(\sum_{i=2n+1}^{2n+2N}\lambda_i^{\mathrm{se}}\right)\sqrt[2n]{\prod_{i=2n+1}^{2n+2N}\lambda_i^{\mathrm{se}}} \tag{7.49}$$

### 7.3.3.3　多目标粒子群算法的优化流程

基于拥挤距离的多目标粒子群算法是一种对鸟群、鱼群觅食进行模拟的优化算法，该方法将拥挤距离计算方法引入全局最优选择的粒子群优化算法和非优势解的外部存档的删除方法中。将多目标粒子群算法应用于压电层合圆柱壳的位置

优化中，为了得到压电层位置优化的最优解，建立目标函数和优化变量：性能指标$\left(\mathrm{PI}^{se},\mathrm{PI}^{ac}\right)$和压电层的起始点坐标$\left(\xi_s,\theta_s\right)$。其中压电层的分布情况如图 7.17 所示，$2\pi/N_\theta$和$1/N_\xi$分别是压电层在周向、轴向的尺寸。

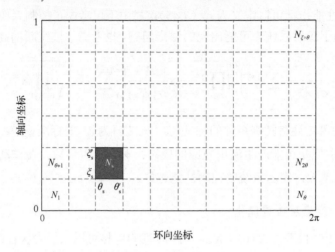

图 7.17　压电层的分布情况

图 7.18 为多目标粒子群算法流程图，具体流程如下。

（1）在第一次迭代中，随机初始化每个粒子的位置和速度。

（2）求解每个粒子的性能指标后，将每个粒子的解保存到外部存档 $A$ 中，计算每个粒子的拥挤距离，选择全局最优解。

（3）每个粒子的新位置和速度由下面的公式更新。

$$V_i\left(t+1\right)=\overline{w}V_i\left(t\right)+c_1r_1\left[P_i\left(t\right)-X_i\left(t\right)\right]+c_2r_2\left[G_i\left(t\right)-X_i\left(t\right)\right]$$
$$X_i\left(t+1\right)=V_i\left(t+1\right)+X_i\left(t\right)$$

式中，$r_1$和$r_2$是[0, 1]中的随机数；

$$\overline{w}=w_{\max}-\frac{\left(w_{\max}-w_{\min}\right)\left(i-1\right)}{m-1}$$

$i$ 表示第 $i$ 个粒子。

（4）求解每个新粒子的新性能指标后，更新外部存档 $A$，更新全局最优解。

（5）确定迭代次数 it 是否大于最大迭代次数 $T$。如果 it≥$T$，结束迭代；如果 it<$T$，重复（2）。

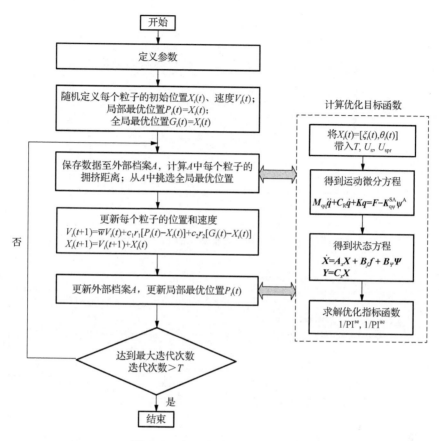

图 7.18　多目标粒子群算法流程图

## 7.3.4　应用和讨论

压电层的轴向尺寸为：$N_\theta$ =20、$N_\xi$ =5。多目标粒子群算法中参数选择如下：$m$=20、$T$=300、$c_1$=2、$c_2$=2、$w_{\max}$=0.9、$w_{\min}$=0.4。图 7.19 计算了当压电层在优化后位置以及在随机位置时的时域响应。选择激励位置为(0.1, 0)，响应位置为(0.1, π/16)，激励幅值 $f$=50N。本节在优化计算时以前 5 阶频率的模态为控制模态。图 7.19 给出了具有自由-固支约束边界的压电层合圆柱壳最优位置的多目标粒子群算法的帕雷托边界。结果表明，该方法能较好地收敛于真实的帕雷托边界。其中，执行器和传感器的性能指标是相互作用的。当压电层在自由端（$\xi$=0），传感器层的性能指标更好；当压电层在固支一端（$\xi$=1）时，作动器层的性能指标更好。全局最优位置和最优性能指标的演化如图 7.20 所示。随着迭代次数的增加，优化结果逐渐稳定，最终保持不变。通过优化结果，可以得到压电层分布的最优位置为(0, 3.8)和(0.8, 4.2)。

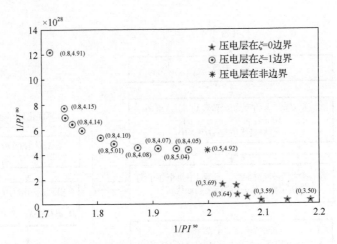

图 7.19    多目标粒子群算法的 Pareto 前沿

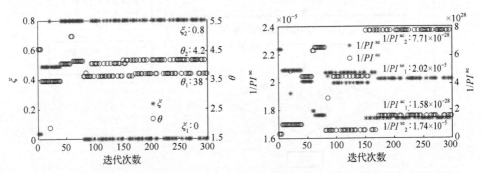

图 7.20    自由-固支约束压电层合圆柱壳的全局最优位置和最优性能指标的优化过程

### 7.3.4.1    脉冲激励

本节分析压电层在圆柱壳受到脉冲激励时对振动响应的影响，式（7.27）中 $\boldsymbol{F}$ 为施加在 $(x, \theta)$ 位置处的脉冲激励：

$$\boldsymbol{F} = f(x, \theta) \delta(x - x_0) \delta(\theta - \theta_0)$$

$$f(x, \theta) = \begin{cases} f_0 \cdot \bar{W}_0, & t = t_0 \\ 0, & t > t_0 \end{cases} \tag{7.50}$$

考虑了压电层的优化位置和随机位置，层合圆柱壳的时域响应如图 7.21 所示。图 7.21（a）计算了压电层在自由端优化位置 $(0, 3.8)$ 的时域响应，恒定增益 $G_F$ 分别为 0、0.05 和 0.1。图中，右侧坐标代表不同 $G_F$ 下响应的减小幅度，$d_{0.1 \to 0}$ 代表 $G_F = 0.1$ 和 $G_F = 0$ 时响应幅值的差。可以看出，当 $G_F$ 不为 0 时，压电层可以减小时域响应的幅值，随着 $G_F$ 的增大，响应幅值显著减小。压电层在固支端优化位置 $(0.8, 4.2)$ 的时域响应如图 7.21（b）。随着 $G_F$ 的增大，响应幅度也明显减小。随

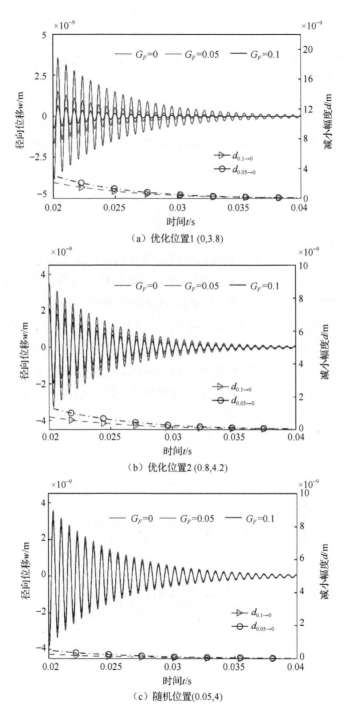

（a）优化位置1 (0,3.8)

（b）优化位置2 (0.8,4.2)

（c）随机位置(0.05,4)

图 7.21　恒定增益 $G_F$ 对受脉冲激励的时域响应的影响

机位置压电层的时域响应如图 7.21（c）。从图 7.21 的时域响应可以看出，当压电层在优化后位置时，其响应位移的减小幅度更大，也就是说当压电层在优化后位置时，其有更好的振动控制效果，且相对于在固支端布置，当压电层在自由端布置时，其振动控制效果更好。

### 7.3.4.2　简谐激励

本节分析压电层在圆柱壳受到简谐激励时对振动响应的影响，式（7.32）中 $\boldsymbol{F}$ 为施加在$(x, \theta)$位置处的径向简谐激励：

$$
\begin{aligned}
\boldsymbol{F} &= f\left(x,\theta\right)\delta\left(x-x_0\right)\delta\left(\theta-\theta_0\right) \\
f\left(x,\theta\right) &= f\cos\omega t \cdot \overline{W}_0
\end{aligned}
\tag{7.51}
$$

考虑了压电层的优化位置和随机位置，受径向简谐点激励的压电层合圆柱壳的时域响应如图 7.22 所示。图中分别计算了压电层在自由端优化位置$(0, 3.8)$、固支端优化位置$(0.8, 4.2)$以及在随机位置$(0.05, 4)$的时域响应，选取施加在压电层的恒定增益 $G_F$ 分别为 0、0.05 和 0.1。图中，右侧坐标代表不同 $G_F$ 下压电层合圆柱壳时域响应的减小幅度。$d_{0.1\to0}$ 代表 $G_F$ =0.1 和 $G_F$ =0 时响应幅值的差；$d_{0.0.05\to0}$代表 $G_F$ =0.05 和 $G_F$ =0 时响应幅值的差。可以看出，当恒定增益不为 0 时，压电层可以减小时域响应的幅值，随着恒定增益的增大，响应幅值显著减小。从图 7.22 可以看出，在优化位置的压电层对圆柱壳的振动响应幅值有较大的抑制作用，其中当压电层在自由端时振动控制效果较好。

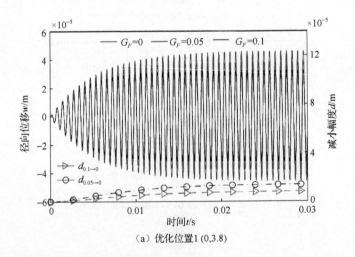

（a）优化位置1 (0,3.8)

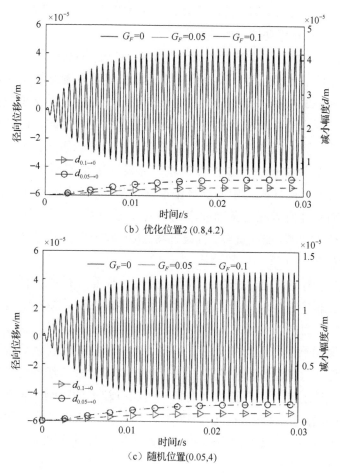

图 7.22　恒定增益 $G_F$ 对受简谐激励的时域响应的影响

　　优化结果可以通过应力和振型来解释。在自由端，振型的振幅最大，固支端振幅最小。此外，圆柱壳的最大应力集中在夹紧端。因此，当压电层在自由端时，传感器层的性能指标较好，当压电层在夹紧端时，执行器层的性能指标较好。

## ■ 7.4　本章小结

　　本章研究了层合圆柱壳的振动响应与控制问题。首先，分析了弹性边界条件下，静态复合材料层合薄壁圆柱壳的几何非线性强迫振动响应，阐明其受边界条件、几何参数和铺设方案等参数影响的规律。其次，建立了一种点约束弹性边界压电层合圆柱壳模型，提出压电层的位置优化实现了壳体的振动控制策略。在此基础上，通过脉冲激励和简谐激励下壳体非线性振动响应分析了恒定增益、压电层的大小以及位置对振动控制效果的影响。

（1）建立了考虑几何非线性的弹性边界条件下静态复合材料层合圆柱壳动力学模型，分析了边界刚度、长径比、厚径比和铺设方案对静态复合材料层合圆柱壳非线性强迫振动响应的影响。结果表明：在弹性边界支承条件下，层合圆柱壳的振动响应特性表现为软式非线性现象。轴向、径向、切向和扭转方向弹簧刚度对层合圆柱壳非线性振动响应具有不同的影响敏感区间。长径比和厚径比对于静态复合材料层合圆柱壳的软式非线性现象和激励频率区间影响较为明显。随着复合圆柱壳的中间层纤维取向角从 15° 增大到 165°，复合圆柱壳软式非线性响应峰值对应无量纲频率先接近 1 后远离 1。且当取向角互补时，复合圆柱壳的幅频响应曲线重合。铺设方案为[0°/90°/0°]时，层合圆柱壳的非线性振动响应幅值最小。

（2）建立了考虑几何非线性的非连续弹性边界复合材料层合圆柱壳动力学模型，并开展非线性响应分析。通过对比发现多模态和单模态响应曲线的最大误差小于 4%，确定以单模态响应为主开展弹簧刚度和边界约束方式对层合圆柱壳非线性幅频响应特性影响分析。结果表明：随着弧度约束范围和约束点个数的增加，复合材料层合圆柱壳的非线性幅频响应软式非线性特征减弱，振幅减小。边界弹簧刚度对层合圆柱壳的幅频响应有较大的影响，而且不同方向的刚度变化对幅频响应的影响不同。周向和径向弹簧刚度对非线性幅频响应的影响比其他两个方向大。随着边界约束弹簧刚度的增大，非线性响应曲线的幅值和软式非线性特征均减弱。

（3）提出了一种点约束弹性边界压电层合圆柱壳模型，利用人工弹簧模拟不同的边界条件，研究了压电层的位置优化和壳体的振动控制方法。结果表明：压电层对振动控制有明显效果，当压电层处于自由端时，作动器的性能指标最大，在固支端时传感器的性能指标较高；在最优位置的压电层比其他位置的压电层具有更大的抑制作用，特别是压电层在自由端比固支端具有更好的抑制效果。

# 第 8 章

# 圆柱壳结构的振动实验测试

## ■ 8.1 圆柱壳结构模态测试原理及模态特性分析方法

圆柱壳的模态是指其自身的固有振动特性，每一阶都有固定的固有频率、模态振型和模态阻尼。模态分析是研究系统动力学特性的基础，通常包括计算模态分析和实验模态分析。通过模态分析可以得到结构的共振频率、共振区间和共振响应，有助于进行结构动态设计及故障诊断工作。本章首先通过文献调研总结圆柱壳模态测试原理，在模态测试基本理论的基础上阐述模态参数辨识的基本理论，辨识的模态参数包括固有频率、模态振型和模态阻尼；然后介绍模态分析中常用的有限元法和实验方法，实验方法重点论述锤击法和激振器法，详细地阐述不同模态分析方法的流程及优劣；最后以两端自由的圆柱壳为例，对其运用有限元法和锤击法进行模态分析，目的是便于后续更深入地研究不同约束边界圆柱壳的振动特性。

### 8.1.1 圆柱壳结构模态测试原理

圆柱壳结构大都是多自由度系统，解耦后分为若干个单自由度系统。因此本节将首先研究单自由度系统的模态问题，然后在此基础上研究多自由度系统的模态问题。

#### 8.1.1.1 模态测试的基本理论

单自由度强迫振动的微分方程为

$$m\ddot{x} + c\dot{x} + kx = F_0 \sin(\omega_{EX} t) \tag{8.1}$$

式中，$\ddot{x}$、$\dot{x}$ 和 $x$ 分别为加速度、速度和位移；$m$、$c$ 和 $k$ 分别为质量、阻尼和刚

度；$F_0$ 为激励幅值；$\omega_{EX}$ 为激励频率；$t$ 为时间。系统的稳态响应为

$$x = \frac{F_0/k}{\sqrt{\left[1-\left(\omega/\omega_n\right)^2\right]^2+\left[2\zeta\left(\omega/\omega_n\right)\right]^2}}\sin\left(\omega_{EX}t-\varphi\right) \tag{8.2}$$

式中，$\omega_n$ 为系统的固有频率；$\zeta$ 为阻尼比；$\varphi$ 为相位差。

多自由度系统的强迫振动微分方程为

$$M\ddot{x}+C\dot{x}+Kx=f \tag{8.3}$$

式中，$f$ 为外激励向量；$M$、$C$ 和 $K$ 分别为质量矩阵、阻尼矩阵和刚度矩阵。

对方程（8.3）进行拉普拉斯变换得

$$\left(K-\omega^2 M+\mathrm{j}\omega C\right)X=F \tag{8.4}$$

则系统传递函数矩阵为

$$H\left(\omega\right)=\frac{1}{K-\omega^2 M+\mathrm{j}\omega C} \tag{8.5}$$

设方程（8.3）的解为

$$X=\Phi q \tag{8.6}$$

式中，$\Phi$ 为振型矩阵，其展开形式为

$$\Phi=\begin{bmatrix}\phi_1 & \phi_2 & \cdots & \phi_i & \cdots & \phi_N\end{bmatrix}=\begin{bmatrix}\phi_{11} & \phi_{12} & \cdots & \phi_{1N}\\ \phi_{21} & \phi_{22} & \cdots & \phi_{2N}\\ \vdots & \vdots & & \vdots\\ \phi_{N1} & \phi_{N2} & \cdots & \phi_{NN}\end{bmatrix} \tag{8.7}$$

其中，$\phi_i$ 为系统的第 $i$ 阶模态振型函数。

若系统具有 $N$ 个自由度，则将有 $N$ 种振型。因此，$N$ 越大，系统的振动就越复杂。但在工程应用中，结构的模态并不会同时被激发并显现出来。根据受迫振动理论，当激励频率与结构的某一阶频率相同时才会发生共振。此时，结构产生共振频率下的模态运动，其他模态并不会被激发。假定激励频率与系统第 1 阶固有频率相同，则有

$$\phi_1 \neq 0,\ \phi_2=\phi_3=\cdots=\phi_N=0 \tag{8.8}$$

此时的模态称为 1 阶主模态。

当激励频率与系统第 2 阶固有频率相同时，有

$$\boldsymbol{\phi}_2 \neq \mathbf{0}, \quad \boldsymbol{\phi}_1 = \boldsymbol{\phi}_3 = \cdots = \boldsymbol{\phi}_N = \mathbf{0} \tag{8.9}$$

此时的模态称为第 2 阶主模态。同样存在第 3 阶、第 4 阶主模态等。振动微分方程将变为

$$\boldsymbol{M}\ddot{\boldsymbol{q}} + \boldsymbol{C}\dot{\boldsymbol{q}} + \boldsymbol{K}\boldsymbol{q} = \boldsymbol{Q} \tag{8.10}$$

则式（8.4）变为

$$\left(\boldsymbol{K} - \omega^2 \boldsymbol{M} + \mathrm{j}\omega \boldsymbol{C}\right)\boldsymbol{q} = \boldsymbol{Q} \tag{8.11}$$

系统的第 $p$ 个质量在第 $i$ 阶主模态下，有

$$\left(k_i - \omega^2 m_i + \mathrm{j}\omega c_i\right)\boldsymbol{q}_i = \boldsymbol{Q}_i \tag{8.12}$$

这就将多自由度系统的模态简化为单自由度的模态，大大减少了工作量。只要改变激励频率，就可以得到第 $p$ 个质量的 $N$ 个振幅。将所有质量的振动叠加就可以得到系统的模态。

### 8.1.1.2 模态参数辨识的基本理论

#### 1. 固有频率辨识

在小阻尼情况，单自由度系统的稳态振动位移为

$$x = X\sin\left(\omega t - \varphi\right) \tag{8.13}$$

式中，$X$ 为稳态振动位移的振幅，$X = \dfrac{F_0/k}{\sqrt{\left[1 - \left(\omega/\omega_{\mathrm{n}}\right)^2\right]^2 + \left[2\zeta\left(\omega/\omega_{\mathrm{n}}\right)\right]^2}}$。

稳态振动速度为

$$\dot{x} = \omega X\cos\left(\omega t - \varphi\right) \tag{8.14}$$

稳态振动加速度为

$$\ddot{x} = -\omega^2 X\sin\left(\omega t - \varphi\right) \tag{8.15}$$

令频率比 $\lambda = \omega/\omega_{\mathrm{n}}$，则

$$X = \dfrac{F_0/k}{\sqrt{\left(1 - \lambda^2\right)^2 + \left(2\zeta\lambda\right)^2}} \tag{8.16}$$

对于稳态振动位移的幅值 $X$，由 $\mathrm{d}X/\mathrm{d}\lambda=0$ 得 $\lambda=\sqrt{1-2\zeta^2}$。当 $\lambda=\sqrt{1-2\zeta^2}$ 时，振幅 $X$ 出现极值，即系统出现共振。此时共振频率与固有频率的关系为 $\omega=\omega_n\sqrt{1-2\zeta^2}$，系统的固有频率为 $\omega_n=\omega/\sqrt{1-2\zeta^2}$。对于振动速度的幅值 $\omega X$，由 $\mathrm{d}(\omega X)/\mathrm{d}\lambda=0$ 得 $\lambda=1$，系统的固有频率 $\omega_n$ 等于速度共振频率 $\omega$。对于振动加速度的幅值 $\omega^2 X$，由 $\mathrm{d}(\omega^2 X)/\mathrm{d}\lambda=0$ 得 $\lambda=1/\sqrt{1-2\zeta^2}$，系统的固有频率与加速度共振频率的关系为 $\omega_n=\omega\sqrt{1-2\zeta^2}$。

上述结果表明，三种共振频率是不相同的。但在小阻尼情况下，$\zeta\ll1$，$\sqrt{1-2\zeta^2}\approx1$，上述三种共振情况下的共振频率差别很小，即 $\lambda\approx1$，可以认为激励频率 $\omega$ 接近于系统的固有频率 $\omega_n$ 时发生共振，系统共振时的频率即为固有频率。

### 2. 模态阻尼辨识

常用的阻尼辨识方法有自由振动法和半功率带宽法。

在小阻尼情况下，单自由度系统的自由振动解为

$$x = Ae^{-nt}\sin\left(\sqrt{\omega_n^2-n^2}\,t+\alpha\right) \tag{8.17}$$

式中，振动幅值 $Ae^{-nt}$ 随着时间 $t$ 不断衰减，其衰减振动的曲线如图 8.1 所示。

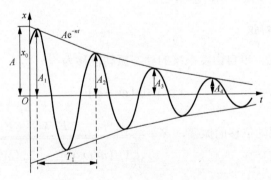

图 8.1 有阻尼系统自由振动曲线

在图 8.1 中，$T_1$ 为衰减振动周期，$T_1=2\pi/\sqrt{\omega_n^2-n^2}=2\pi/\left(\omega_n\sqrt{1-\zeta^2}\right)$，幅值系数 $\eta=A_i/A_{i+1}=Ae^{-nt_i}/Ae^{-n(t_i+T_1)}=e^{nT_1}$，对数减幅率为 $\delta=\ln\eta=\ln\left(A_i/A_{i+1}\right)=nT_1$，将 $\zeta=n/\omega_n$ 与 $T_1$ 代入 $\delta$，则 $\delta=2\pi\zeta/\sqrt{1-\zeta^2}$。小阻尼情况下 $\zeta\ll1$ 时，$\delta=2\pi\zeta$，所以有 $\zeta\approx\delta/2\pi$，则

$$\delta=\frac{1}{N}\ln\frac{A_i}{A_{i+N}} \tag{8.18}$$

半功率带宽法是一种利用系统的幅频响应曲线获取阻尼比的方法。单自由度

系统的动力放大系数为

$$\beta = \frac{X}{X_0} = \frac{1}{\sqrt{\left(1 - \lambda^2\right)^2 + \left(2\zeta\lambda\right)^2}}$$ （8.19）

单自由度系统幅频响应曲线如图 8.2 所示。在 $\lambda=1$ 处，$\beta=1/(2\zeta)$；在 $\lambda = \sqrt{1 - 2\zeta^2}$ 处，最大值为

$$\beta_{\max} = \frac{1}{2\zeta\sqrt{1 - 2\zeta^2}}$$ （8.20）

小阻尼时，$\lambda \ll 1$，峰值近似为 $\beta \approx 1/(2\zeta)$。当取 $\beta = \beta_{\max}/\sqrt{2}$ 时，在幅频响应曲线上有对应的 $\beta_1$ 和 $\beta_2$ 两点，$\beta_1$ 和 $\beta_2$ 称为半功率点，$\beta_1$ 和 $\beta_2$ 分别对应的频率比为 $\lambda_1 = \omega_1/\omega_n$ 和 $\lambda_2 = \omega_2/\omega_n$，可求出所对应的频率 $\omega_1$ 和 $\omega_2$，则 $\zeta$ 为

$$\zeta = \frac{\omega_2 - \omega_1}{2\omega_n}$$ （8.21）

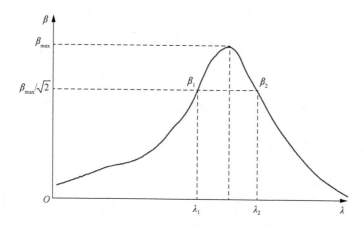

图 8.2　单自由度系统的幅频率响应曲线

### 3. 模态振型辨识

具有黏性阻尼的实模态系统在解耦后的运动方程为

$$m_i\ddot{q}_i + c_i\dot{q}_i + k_iq_i = \boldsymbol{\varphi}_i^{\mathrm{T}}\boldsymbol{F}, \quad i = 1, 2, \cdots, n$$ （8.22）

式中，$m_i$、$c_i$ 和 $k_i$ 分别为第 $i$ 阶模态质量、模态阻尼、模态刚度；$\boldsymbol{\varphi}_i$ 为第 $i$ 阶模态的振型向量；$\boldsymbol{F}$ 为外激励幅值向量。

系统的稳态响应为

$$X = \sum_{i=1}^{n} \frac{\boldsymbol{\varphi}_i \boldsymbol{\varphi}_i^{\mathrm{T}}}{-\omega^2 m_i + \mathrm{j}\omega c_i + k_i} F \qquad (8.23)$$

故系统的频响函数矩阵为

$$\boldsymbol{H} = \sum_{i=1}^{n} \frac{\boldsymbol{\varphi}_i \boldsymbol{\varphi}_i^{\mathrm{T}}}{-\omega^2 m_i + \mathrm{j}\omega c_i + k_i} \qquad (8.24)$$

将式（8.24）展开可得

$$\boldsymbol{H} = \sum_{i=1}^{n} \frac{1}{-\omega^2 m_i + \mathrm{j}\omega c_i + k_i} \begin{pmatrix} \varphi_{1i} \\ \varphi_{2i} \\ \vdots \\ \varphi_{Ni} \end{pmatrix} \begin{pmatrix} \varphi_{1i} & \varphi_{2i} & \cdots & \varphi_{Ni} \end{pmatrix} \qquad (8.25)$$

将式（8.25）展开可得

$$\begin{pmatrix} H_{j1} \\ H_{j2} \\ \vdots \\ H_{jN} \end{pmatrix} = \sum_{i=1}^{n} \frac{\varphi_{ji}}{-\omega^2 m_i + \mathrm{j}\omega c_i + k_i} \begin{pmatrix} \varphi_{1i} \\ \varphi_{2i} \\ \vdots \\ \varphi_{Ni} \end{pmatrix} \qquad (8.26)$$

观察式（8.26）可以发现，第 $i$ 阶模态振型即为第 $i$ 阶模态的频响函数之比。

## 8.1.2　圆柱壳结构模态特性分析方法

### 8.1.2.1　圆柱壳模态分析的有限元法

有限元法实际上是一种数值模拟方法，它的精髓是将无限维空间转换为有限维空间，把连续型模型转换为离散型模型，其被广泛应用于工程技术和社会科学中。有限元法的本质是将一个单元分为有限个子单元，然后将每个子单元通过单元节点连接起来，所以有限元法分析的结构已不是原来的结构，获得的结果只是近似的结果，如果划分的子单元数目越多且更合理，那么获得的结果就更接近于实际情况。

ANSYS 是目前应用最为广泛的有限元商用分析软件,利用其对结构进行模态分析避免了大量的公式推导，节约了人力和物力。利用 ANSYS 对结构进行模态分析的主要步骤为：①模型建立；②材料属性赋值；③单元类型选取；④网格划分；⑤施加约束；⑥求解器求解。

### 8.1.2.2　圆柱壳模态分析的实验方法

模态分析的实验方法主要分为锤击法和激振器法，两者的主要区别是锤击法是基于脉冲激励，激振器法可以给定任意激励形式。锤击法模态实验主要有两种方式：固定敲击点，移动响应点；移动敲击点，固定响应点。根据输入输出特性实验方法又分为单输入单输出（single input single output, SISO）、单输入多输出（single input multiple output, SIMO）、多输入单输出（multiple input single output, MISO）和多输入多输出（multiple input multiple output, MIMO）等方法。因此，利用锤击法进行实验模态分析时需要先确定一些问题：①固定敲击点，移动响应点，还是固定响应点，移动敲击点；②SISO、SIMO、MISO 和 MIMO 的选择；③锤头材料的选择；④平均次数的选择；⑤指数窗的选择。采用锤击法测试时，除了常规的建立几何模型和设置通道参数之外，还包括确定触发、设定带宽和窗函数等步骤。

激振器法的激励能量远大于力锤，且激振力可控，对于大型复杂结构或研究结构的非线性特性，激振器法明显优于锤击法。完整的激振器系统主要由信号源、激振器、顶杆、传感器和功率放大器等组成。信号源分为确定性激励信号和不确定性激励信号。对于任何一种待测结构而言，总存在一种最合适的激励信号可获得高质量的测量结果，所以测试时需要比较每种激励信号，确定最合适的激励信号。安装激振器时，需要考虑待测结构的动态特性、合适的顶杆、合适的激励点、激振器的动态特性和合理的安装支承方式，只有这样才能将激振器产生的激振力有效地施加到待测结构上。另外，使用激振器法测试模态时，如果测点过多，需要不断移动传感器，但测点位置不同，将导致传感器的方向因安装位置的变化而变化，故需要正确设置每个测点位置传感器的方向，否则，将导致模态振型出现错误。

综上所述，相比于锤击法，激振器法设备安装比较麻烦，且不便移动，安装操作起来比较复杂。但相对于锤击激励，激振器激励能量更大，分布更均匀，数据质量更高，激振器法更适合于大型结构。

### 8.1.2.3　实例与结果分析

两端自由圆柱壳测试系统如图 8.3 所示，圆柱壳的几何参数和材料参数如表 8.1 和表 8.2 所示，利用软橡皮绳固定来模拟自由-自由边界约束状态。

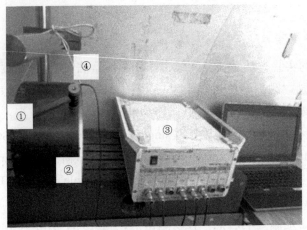

①模态力锤；②圆柱壳；③测试分析系统；④加速度传感器

图 8.3　两端自由圆柱壳测试系统

表 8.1　圆柱壳的几何参数 单位：mm

| 长度 | 壁厚 | 内半径 | 外半径 |
| --- | --- | --- | --- |
| 100 | 2 | 99 | 101 |

表 8.2　圆柱壳的材料参数

| 材料 | 弹性模量/Pa | 泊松比 | 密度/（kg/m³） |
| --- | --- | --- | --- |
| 45 钢 | $2.0×10^{11}$ | 0.26 | 7850 |

　　首先通过有限元法获取两端自由状态下圆柱壳的固有频率和模态振型，有限元模型如图 8.4 所示，模型建立采用 SHELL 181 单元。获得的前 10 阶固有频率如表 8.3 所示。为了便于比较，将实验方法获得的结果一并列入表 8.3，图 8.5 为利用有限元法获得的各阶模态振型。

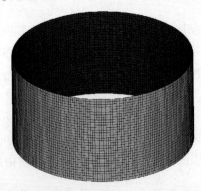

图 8.4　两端自由状态下圆柱壳的有限元模型

表 8.3　利用有限元法和实验方法获得的圆柱壳前 10 阶固有频率

| 阶次 | 模态$(m, n)$ | 有限元 $A$/Hz | 实验 $B$/Hz | 误差（$|A-B|/B\times100\%$）/% |
|---|---|---|---|---|
| 1 | (1, 2) | 127.94 | 125.39 | 2.03 |
| 2 | (2, 2) | 236.20 | 234.38 | 0.78 |
| 3 | (1, 3) | 361.88 | 356.64 | 1.47 |
| 4 | (2, 3) | 586.46 | 580.86 | 0.96 |
| 5 | (1, 4) | 693.93 | 687.89 | 0.88 |
| 6 | (2, 4) | 986.31 | 972.66 | 1.40 |
| 7 | (1, 5) | 1122.28 | 1110.16 | 1.09 |
| 8 | (2, 5) | 1453.31 | 1434.38 | 1.32 |
| 9 | (1, 6) | 1646.50 | 1623.83 | 1.40 |
| 10 | (2, 6) | 2000.60 | 1976.56 | 1.22 |

（a）127.94Hz（$m=1, n=2$）

（b）236.20Hz（$m=2, n=2$）

（c）361.88Hz（$m=1, n=3$）

（d）586.46Hz（$m=2, n=3$）

（e）693.93Hz（$m=1, n=4$）

（f）986.31Hz（$m=2, n=4$）

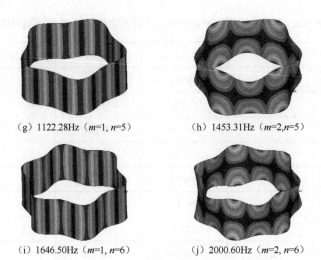

（g）1122.28Hz（m=1, n=5）　　（h）1453.31Hz（m=2,n=5）

（i）1646.50Hz（m=1, n=6）　　（j）2000.60Hz（m=2, n=6）

图 8.5　利用有限元法获得的各阶模态振型

接着通过实验方法获取两端自由状态下圆柱壳的固有频率和模态振型。实验时采用 PCB 086C01 力锤、BK 4517 加速度计和 DONGHUA DH5956 网络型动态信号测试分析系统。实验时，获得了 7 个不同位置采样点的幅频响应曲线，如图 8.6 所示，辨识出的各阶固有频率如表 8.3 所示。为了测试两端自由圆柱壳的模态振型，在建立模型时将圆柱壳分为 3 层，每层布 24 个测点，辨识出的各阶模态振型如图 8.7 所示。

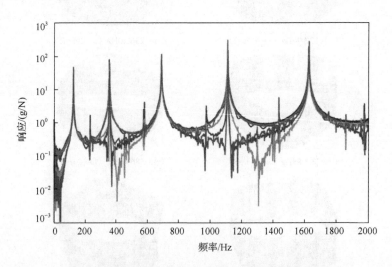

图 8.6　通过实验方法获得的圆柱壳的幅频响应曲线

通过表 8.3 对有限元法和实验方法的结果进行分析可知，两种方法获得的两端自由状态下圆柱壳的固有频率相差不大，前 10 阶固有频率分布在 100～2000Hz。

但有限元法还是存在一定的误差，第 1 阶固有频率的计算误差达到最大值 2.03%，说明壳体结构的第 1 阶固有频率受到边界条件的影响较大，主要是由于使用橡皮绳固定圆柱壳并非是实际的两端自由，橡皮绳也会稍微改变圆柱壳的刚度。但总体来看，在两端自由的边界条件下，有限元法的计算误差小于 3%，都处于可接受的范围内。通过对比图 8.5 和图 8.7 发现，圆柱壳的所有阶模态的振型都可以对上，证明 ANSYS 和实验测试的结果都是正确的，但由于实验过程中布置的测点有限，振型看起来没有 ANSYS 得到的结果那么光滑，这就是传统的模态测试存在的劣势。想要得到更加光滑的振型，就要布置更多的测点，需要进行连续测试，连续测试将在 8.2 节介绍，这里不再赘述。但锤击法作为经典的模态测试方法，应用领域还是很广泛的，在研究新的模态测试方法时，可以将锤击法得到的结果与新方法得到的结果进行对比，证明新方法测试结果的准确性。因此，在圆柱壳的模态特性测试过程中，可以首先通过有限元法对圆柱壳的固有频率和模态振型进行初步计算，在掌握了圆柱壳的模态振型和固有频率分布范围之后再进行实际测试，这样不仅可以避免将测点布置在模态振型的节点处，而且可以在测试模态振型时合理地布置测点个数，以提高测试圆柱壳模态特性的准确度和效率。

（a）125.39Hz（$m=1, n=2$）

（b）234.38Hz（$m=2, n=2$）

（c）356.64Hz（$m=1, n=3$）

（d）580.86Hz（$m=2, n=3$）

（e）687.89Hz（$m=1, n=4$）

（f）972.66Hz（$m=2, n=4$）

(g) 1110.16Hz（$m=1$, $n=5$）　　　　　（h) 1434.38Hz（$m=2$, $n=5$）

（i）1623.83Hz（$m=1$, $n=6$）　　　　　（j）1976.56Hz（$m=2$, $n=6$）

图 8.7　利用实验方法获得的各阶模态振型

# ■ 8.2　整周约束圆柱壳结构的模态参数测试

实际工程中，圆柱壳结构总是处于各种各样的连接边界条件下，例如航空发动机的外壳处于两端自由的边界条件下，输油管处于两端约束的边界条件下，火炮的炮架处于一端自由、一端约束的边界条件下。当圆柱壳结构处于不同的边界条件时，其模态参数会发生变化。本节以航空发动机鼓筒等圆柱壳结构为工程背景，以一端自由、一端约束的整周约束圆柱壳为例，通过实验方法测试得到其模态参数，以便于后期研究更加复杂边界条件下圆柱壳模态参数的变化情况。

## 8.2.1　整周约束圆柱壳结构设计

随着航空发动机性能的提高，鼓筒组件的典型特征是结构越来越复杂、壁厚越来越薄。例如，航空发动机风扇部位的增压机鼓筒就属于大直径薄壁鼓筒，材料为钛合金，直径一般在 800mm 左右，轴向尺寸约 450mm，壁厚一般为 2.15～2.6mm，由此可见，航空发动机的鼓筒属于短粗圆柱壳。为了研究本节提出的模态参数测试方法，根据模态相似原理，若圆柱壳与鼓筒能够实现几何形状、动力特性和物理属性相似，则在圆柱壳上可模拟出与鼓筒相似的力学现象。考虑到航空发动机鼓筒的实际结构，故将圆柱壳设计为薄壁、短粗圆柱壳，保证圆柱壳与鼓筒的固有频率大致处于一个区间范围内。

设计的整周约束圆柱壳结构如图 8.8 所示，包括薄壁圆柱壳、支承结构和螺栓。为了实现整周约束，在圆柱壳的边缘增设了法兰结构，这与航空发动机鼓筒的实际结构类似，法兰盘上均布 32 个 $\phi$5mm 的通孔，采用 32 个通孔主要是考虑到圆柱壳的实际尺寸。支承结构的表面分布一圈 M6 螺纹孔，同样为 32 个，这些螺纹孔与圆柱壳上的通孔一一对应。圆柱壳与支承结构之间通过 M5 螺栓进行连接，进而固定圆柱壳。

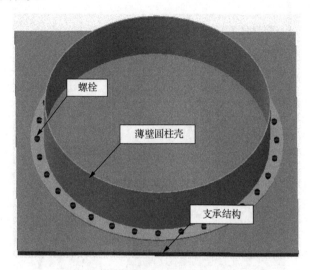

图 8.8　整周约束圆柱壳结构设计

## 8.2.2　整周约束圆柱壳结构模态参数测试系统搭建

### 8.2.2.1　测试设备

整周约束圆柱壳模态参数测试系统如图 8.9 所示，系统由圆柱壳、支承底座、激光速度传感器、一组 45° 反光镜、步进电机、数据采集设备、功率放大器、非接触式激振器和基于 LabVIEW 开发的模态分析系统等组成。圆柱壳的几何参数如表 8.4 所示，材料参数如表 8.5 所示，实验时利用 32 个 M5 螺栓将圆柱壳的法兰盘固定在支承底座上，并且利用力矩扳手将各个螺栓以 7N·m 的力矩拧紧。支承底座采用 10mm 厚的平板，有效地隔绝外来因素对实验的影响。激光速度传感器采用 Polytee PDV-100 激光测振仪，其速度分辨率在振动速度为 500mm/s 时依然可以达到 0.3μm/s，频响范围可以达到 22000Hz。步进电机采用 Risym 42BYGH34，转矩可达 0.28N·m，与 TB6600 步进电机专用驱动器配套使用，其可以实现正反转控制，具备 8 挡细分控制和 6 挡电流控制，具有噪声小、振动小和运行平稳等优点。数据采集设备采用 NI USB-4431，采样频率达到 102.4kS/s（S 表示采样点数），而在测试实验需要分析的最大频率仅为 2000Hz，为了满足奈奎斯特定理，采样频率需要达到 5120Hz，设备采样频率远远高于实验时要求的采样频率，可以满足振动测试的精度要求。采用 SINOCERA YE5872A 型功率放大器作为振动实验和振动测量的大功率激振源驱动激振器，并且保护与之相匹配的激振器，设置有可调驱动电流极限保护，当保护电路被触发时截断输入信号。非接触式激振器采用 SINOCERA YE15402 非接触式电磁激振器，激励频率可以达到10000Hz，采用支架实现刚性固定，保证非接触式激振器的磁力面与圆柱壳的距离在 3mm 以内。

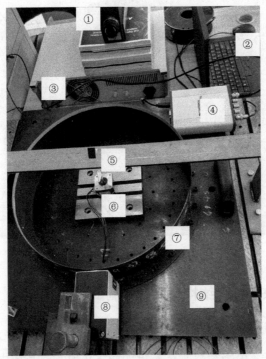

①激光速度传感器；②模态分析系统；③功率放大器；④数据采集设备；
⑤45°反光镜；⑥步进电机；⑦圆柱壳；⑧非接触式激振器；⑨支承底座

图 8.9　整周约束圆柱壳模态参数测试系统

表 8.4　圆柱壳的几何参数　　　　　　　单位：mm

| 长度 | 壁厚 | 内半径 | 外半径 | 法兰盘外半径 | 固定孔圆心处半径 | 法兰盘厚度 |
|---|---|---|---|---|---|---|
| 97 | 2 | 199 | 201 | 250 | 212.5 | 3 |

表 8.5　圆柱壳的材料参数

| 材料 | 弹性模量/Pa | 泊松比 | 密度/（kg/m³） |
|---|---|---|---|
| 45 钢 | $2.06×10^{11}$ | 0.3 | 7850 |

### 8.2.2.2　测试方案

测试系统中，非接触式电磁激振器与功率放大器配套使用作为激励设备，激发圆柱壳使其处于不同振动状态；激光速度传感器作为采集设备，拾取圆柱壳各个采样点的振动响应；步进电机和 45°反光镜用于改变激光束的传输路径；数据采集设备和模态分析系统则用于记录、处理和显示数据。

传统的圆柱壳实验模态测试方法是将加速度传感器粘在圆柱壳表面，利用力锤敲击各个采样点，根据频响函数辨识固有频率和模态振型，整个过程中费时费力。相对于测试模态振型，测试固有频率只需要采集局部有限采样点的数据，而测试模态振型则需要采集全部采样点的数据，所以测试振型时占用的时间更多。为了降低测试振型时的时间占比，本节利用激光速度传感器通过一组 45°反光镜和步进电机改变其光束传输路径使其可以分布在圆柱壳内环面上，进而达到高效测试振型的目的。具体方法为：一个 45°反光镜处于静态，将激光光束方向由水平改为竖直，另一个 45°反光镜处于旋转态，与步进电机主轴同步运动，将激光光束方向由竖直改为径向，激光光束示意图如图 8.10 所示。实验时，步进电机通过 NI 9402 数字控制卡提供脉冲，可以在上位机调整步进电机转速，实验时采用的转速为 10r/min，极大地提高了测试效率。

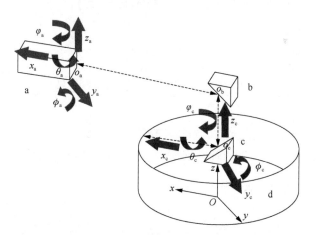

a. 激光速度传感器；b. 静止的45°反光镜；c. 旋转的45°反光镜；d. 圆柱壳

图 8.10　激光光束示意图

### 8.2.2.3　测试系统校准

为了确保实验精度，保证激光光束处于理想位置是最重要的。在校准过程中，b 首先被放置在圆柱壳轴线上，然后调整 a 的入射光角度，使出射光点处于圆柱壳约束端的圆心位置，最后调整 c 使激光采样点处于圆柱壳内环面的同一高度。假设 b 和 d 处于理想位置，以 d 约束端的中心为原点 $O$ 建立坐标系（$x$ 和 $y$ 表示径向，$z$ 表示轴向，$\theta$、$\phi$ 和 $\varphi$ 分别表示 $x$、$y$ 和 $z$ 对应的旋向；$o_a$ 为激光光源的中心，$x_a$、$y_a$ 和 $z_a$ 分别对应 $x$、$y$ 和 $z$ 方向的偏差，$\theta_a$、$\phi_a$ 和 $\varphi_a$ 分别对应 $\theta$、$\phi$ 和 $\varphi$ 方向的偏差；$o_b$ 为静止 45° 反光镜的中心；$o_c$ 为旋转 45° 反光镜的中心，$x_c$、$y_c$ 和 $z_c$ 分别对应 $x$、$y$ 和 $z$ 方向的偏差，$\theta_c$、$\phi_c$ 和 $\varphi_c$ 分别对应 $\theta$、$\phi$ 和 $\varphi$ 方向的偏差），通过分析 a 和 c 的各个偏差在校准过程中的影响，找到最大影响因素，确保可以快速校准系统。

设步进电机顺时针旋转，激光测点轴向位置为 $z_i$，旋向位置为 $\alpha_i$（测点到 $o_c$ 的连线与 $x$ 轴的夹角），系统不对中造成实际测点的轴向位置为 $z_r$，旋向位置为 $\alpha_r$，测试过程中由于系统不对中产生的轴向误差为 $\Delta z$，旋向误差为 $\Delta\alpha$（设顺时针方向为正）。

以 $o_b$ 为参考点，$o_a$ 产生的轴向误差 $\Delta z_a$ 和旋向误差 $\Delta\alpha_a$ 可以表示为

$$
\begin{aligned}
\Delta z_a = {}& y_a \sin\alpha_i - z_a \cos\alpha_i \\
& - \left\{ \frac{\sqrt{2}m\sin\phi_a}{2\sin(\pi/4-\phi_a)} + \left[ r - \frac{\sqrt{2}m\sin\phi_a}{2\sin(\pi/4-\phi_a)} \right]\tan\phi_a \right\}\cos\alpha_i \\
& - \left\{ \frac{\sqrt{2}m\sin\varphi_a}{2\sin(\pi/4-\varphi_a)} + \left[ r - \frac{\sqrt{2}m\sin\varphi_a}{2\sin(\pi/4-\varphi_a)} \right]\tan\varphi_a \right\}\sin\alpha_i
\end{aligned}
\tag{8.27}
$$

$$
\begin{aligned}
\Delta\alpha_a = {}& -\arcsin\frac{y_a}{r}\cos\alpha_i - \arcsin\frac{z_a}{r}\sin\alpha_i \\
& - \left(\arcsin\frac{m\sin\phi_a}{r} + \phi_a\right)\sin\alpha_i + \left(\arcsin\frac{m\sin\varphi_a}{r} + \varphi_a\right)\cos\alpha_i
\end{aligned}
\tag{8.28}
$$

式中，$m$ 为 $o_b$ 和 $o_c$ 之间的距离；$r$ 为圆柱壳的内半径。

以 $O$ 为参考点，$o_c$ 产生的轴向误差 $\Delta z_c$ 和旋向误差 $\Delta\alpha_c$ 可以表示为

$$
\begin{aligned}
\Delta z_c = {}& x_c \cos\alpha_i - y_c \sin\alpha_i + z_c \\
& - \left[ r\tan(2\theta_c) - \left(\frac{z_i}{\cos\theta_c - \sin\theta_c} - z_i\right)\right]\sin\alpha_i \\
& - \left[ r\tan(2\phi_c) - \left(\frac{z_i}{\cos\phi_c - \sin\phi_c} - z_i\right)\right]\cos\alpha_i
\end{aligned}
\tag{8.29}
$$

$$
\Delta\alpha_c = \theta_c \cos\alpha_i + \phi_c \sin\alpha_i + \varphi_c
\tag{8.30}
$$

则测试过程中由于系统不对中产生的轴向误差 $\Delta z$ 和旋向误差 $\Delta \alpha$ 可以表示为

$$\Delta z = \Delta z_a + \Delta z_c \tag{8.31}$$

$$\Delta \alpha = \Delta \alpha_a + \Delta \alpha_c \tag{8.32}$$

　　为了衡量每个自由度偏差对整体测量质量的影响，可以通过 $\Delta z$ 和 $\Delta \alpha$ 进行敏感度分析，即通过计算零偏差条件下每个自由度偏差的一阶偏导数得到灵敏度 $S$，它可以描述各个自由度偏差对测量质量的影响，记 $D=\{x_a,\ y_a,\ z_a,\ \theta_a,\ \phi_a,\ \varphi_a,\ x_c,\ y_c,\ z_c,\ \theta_c,\ \phi_c,\ \varphi_c\}$，$D_1=x_a$，$D_2=y_a,\cdots,\ D_{12}=\varphi_c$，则

$$S_x = \left. \frac{\partial\left(\Delta z, \Delta \alpha\right)}{\partial D_x} \right|_{D_x=0} \tag{8.33}$$

　　有些自由度偏差的误差为正，剩余产生的误差为负，这些自由度偏差产生的误差相互叠加在一起相比单个自由度偏差产生的误差会减小很多。为了衡量极限条件下的最大误差，将每个参数产生的误差取绝对值。灵敏度同样和测点位置有关，因此最终的灵敏度 $S$ 为式（8.33）中的最大值，则

$$S = \max_{z_i=0,\cdots,l;\ \alpha_i=0,\cdots,2\pi} \left. \frac{\partial\left(\Delta z, \Delta \alpha\right)}{\partial D_x} \right|_{D_x=0} \tag{8.34}$$

式中，$l$ 为圆柱壳的长度。

　　每个自由度偏差的影响如表 8.6 所示，计算时，$r=0.198\text{m}$、$m=0.1\text{m}$、$l=0.1\text{m}$。从表 8.6 可以看出，一些自由度偏差对测量位置的精确度有很大的影响，比如 $y_a$ 和 $z_a$ 在旋向的灵敏度为最大值 5.051，而另一些没有影响，比如 $x_a$ 和 $\theta_a$ 在轴向和旋向都不会产生误差。自由度偏差对应的灵敏度反映实验测量质量，灵敏度越大，其对测量质量的影响越大，实验效果越差，所以在进行实验台校准时，要重点修正灵敏度大的自由度，例如 $y_a$ 和 $z_a$。

表 8.6　敏感度分析

| 偏差 | $S_{\Delta z}$ | $S_{\Delta \alpha}$ |
|---|---|---|
| $x_a$ | — | — |
| $y_a$ | 1 | 5.051 |
| $z_a$ | 1 | 5.051 |
| $\theta_a$ | — | — |
| $\phi_a$ | 0.298 | 1.505 |
| $\varphi_a$ | 0.298 | 1.505 |

续表

| 偏差 | $S_{\Delta z}$ | $S_{\Delta \alpha}$ |
|---|---|---|
| $x_c$ | 1 | — |
| $y_c$ | 1 | — |
| $z_c$ | 1 | — |
| $\theta_c$ | 0.296 | 1 |
| $\phi_c$ | 0.296 | 1 |
| $\varphi_c$ | — | 1 |

## 8.2.3　固有频率测试与验证

### 8.2.3.1　基于扫频信号包络线法辨识固有频率

进行实验模态分析时最重要的模态参数是固有频率，获得准确的固有频率对有效辨识其他模态参数有着重要意义，本节将基于初步获得的圆柱壳固有频率得到模态振型和模态阻尼。

进行实验模态分析时获得的原始信号是时域信号，它是时间与响应的函数。利用扫频信号包络线法辨识固有频率时，需要将时域信号转换为频率与幅值的函数。设扫频时间为 $T$，采样频率为 $f_s$，扫频的起始频率为 $f_0$，终止频率为 $f_1$。将每个响应值进行排序，对应的序号为 $1, 2, 3, \cdots, n$（$n = f_s t$），则 $t$ 时刻对应的频率 $f$ 为

$$f = \frac{f_1 - f_0}{T} t + f_0 = \frac{n(f_1 - f_0)}{f_s T} + f_0 \tag{8.35}$$

提取函数中的极大值，将其作为插值节点，使用三次样条插值法得到信号的上包络线，根据峰值辨识系统固有频率。

### 8.2.3.2　测试流程及数据处理

利用扫频信号包络线法辨识固有频率主要分为以下 3 个关键步骤。

（1）确定扫频时间及激励幅值。理论上使用扫频激励无法获得稳态的响应，进而也无法获得精确的固有频率。但在足够慢的扫频速度下，获得的响应可以消除瞬态振动的影响，只要扫频速度合适，误差可以控制在允许的范围内。故实验时首先进行预扫频，逐步增大扫频时间，如果继续增大扫频时间但测点的幅频响应曲线不再变化，此时的时间即为合理的扫频时间。对于不同的激励幅值，圆柱壳的响应幅值也是不同的。小的激励幅值无法根据响应值有效辨识固有频率，过大的激励幅值会造成测试设备损坏。因此要在设备允许的激励幅值范围内，合理选择适当的激励幅值。

（2）施加扫频激励，获得时域响应。确定了扫频时间和激励幅值之后，施加激励可以获得圆柱壳响应的时域响应曲线，如图 8.11 所示。

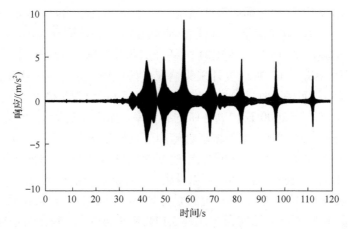

图 8.11　获得的时域响应曲线

（3）通过幅频响应曲线辨识固有频率。对处理后的时域响应提取极大值得到时域响应曲线的上包络线，根据频率与时间的关系，将时间轴转换为频率轴，然后对频率及幅值进行三次样条插值可以得到任意采样点的幅频响应曲线，如图 8.12 示。在共振状态下，圆柱壳的响应幅值显著大于非共振时的响应幅值，因此可以根据幅频响应曲线的峰值来辨识圆柱壳的固有频率。为了避免选择的采样点恰好处于节点位置，至少应该获得两个不同测点的幅频响应曲线。

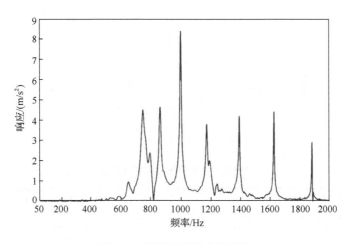

图 8.12　获得的幅频响应曲线

### 8.2.3.3　实验验证

对图 8.9 所示的圆柱壳进行固有频率测试，实验获取了圆柱壳 50～2000Hz 以内的各阶固有频率，激励时间为120s。实验中随机采集了6个测点处的数据来绘制幅频响应曲线，如图8.13所示，辨识出的9阶固有频率如表8.7所示（激振器扫频法）。同时利用比利时勒芬测试系统（Leuven measurement system, LMS）模态分析软件基于锤击激励获得了圆柱壳2000Hz内的各阶固有频率，如表8.7所示（锤击法）。实验时采用PCB 086C01力锤施加脉冲激励，加汉宁窗，平均次数设置为2，采用BK 4517加速度计采集响应，保证每个采样点的相干函数都处于0.85~1范围，从而保证测试结果的准确性。之后利用LMS模态分析软件基于基础激励获得了圆柱壳2000Hz内的各阶固有频率，如表8.7所示（振动台扫频法）。实验时采用金盾EM-1000F电磁振动台施加正弦扫频激励，采用分段扫频的形式，每段的取值是100Hz，保证每次的扫频速度为1Hz/s，消除瞬态振动带来的影响，保证测试结果的正确性。由表8.7可以看出，三种测试方法得到的结果误差相差不大，三种方法得到的第4阶至第9阶的固有频率值误差都低于1%，而前3阶对应的误差较大，但除不同方法间存在误差6.17%和5.44%外，剩余误差都小于5%，误差处于可接受范围，表明了测试结果的准确性。从上述结果同时可以看出，进行圆柱壳的低阶模态测试时更容易受外界因素的影响。

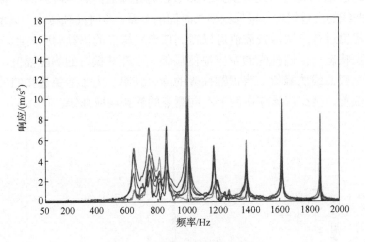

图8.13　获得的幅频响应曲线

表8.7　固有频率测试结果对比

| 阶数 | 激振器扫频法 固有频率 $A$/Hz | 锤击法 固有频率 $B$/Hz | 误差 ($|A-B|/A\times100\%$)/% | 振动台扫频法 固有频率 $C$/Hz | 误差 ($|A-C|/A\times100\%$)/% |
|---|---|---|---|---|---|
| 1 | 639.9 | 605.1 | 5.44 | 639.5 | 0.06 |
| 2 | 738.5 | 709.0 | 3.99 | 731.5 | 0.95 |
| 3 | 809.4 | 806.4 | 0.37 | 759.5 | 6.17 |
| 4 | 855.6 | 847.3 | 0.97 | 850.0 | 0.65 |

续表

| 阶数 | 激振器扫频法<br>固有频率 $A$/Hz | 锤击法<br>固有频率 $B$/Hz | 误差<br>($\|A-B\|/A\times100\%$)/% | 振动台扫频法<br>固有频率 $C$/Hz | 误差<br>($\|A-C\|/A\times100\%$)/% |
|---|---|---|---|---|---|
| 5 | 991.1 | 989.1 | 0.20 | 989.5 | 0.16 |
| 6 | 1169.7 | 1171.5 | 0.15 | 1178.3 | 0.74 |
| 7 | 1385.4 | 1384.8 | 0.04 | 1382.8 | 0.19 |
| 8 | 1619.5 | 1616.8 | 0.17 | 1615.3 | 0.30 |
| 9 | 1872.1 | 1871.5 | 0.03 | 1868.5 | 0.19 |

## 8.2.4　模态振型测试与验证

### 8.2.4.1　基于共振响应辨识模态振型

整周约束圆柱壳为多自由度系统，由模态叠加原理得到多自由度系统在外激励作用下的结构响应为

$$x(t) = \sum_{r=1}^{n} \boldsymbol{\phi}_r q_r(t) \tag{8.36}$$

式中，$q_r(t)$ 为第 $r$ 阶模态坐标；$\boldsymbol{\phi}_r$ 为第 $r$ 阶模态的振型函数。

由线性振动理论，第 $r$ 阶模态坐标下响应为

$$q_r(t) = A_r \sin(\omega t - \varphi_r) \tag{8.37}$$

$$A_r = \frac{\boldsymbol{\phi}_r^{\mathrm{T}} \boldsymbol{F}_0 \sin(\omega t - \varphi_r)}{\omega_r^2 \sqrt{[1 - (\omega/\omega_r)^2]^2 + (2\xi_r \omega/\omega_r)^2}} \tag{8.38}$$

式中，$A_r$ 为第 $r$ 阶模态坐标下系统响应幅值；$\omega$ 为激励频率；$\varphi_r$ 为相位差；$\boldsymbol{F}_0$ 为激励幅值；$\omega_r$ 为第 $r$ 阶固有频率；$\xi_r$ 为第 $r$ 阶模态阻尼。

当 $\omega = \omega_r$ 时，式（8.38）中 $A_r \gg A_i (i=1, 2, \cdots, n, i \neq r)$，则式（8.36）变为

$$\begin{pmatrix} x_1 \\ x_2 \\ \vdots \\ x_n \end{pmatrix} = \begin{pmatrix} \phi_{1r} q_r(t) \\ \phi_{2r} q_r(t) \\ \vdots \\ \phi_{nr} q_r(t) \end{pmatrix} \tag{8.39}$$

因此，当激励频率与系统固有频率一致时，组合各测点振动响应幅值即可获得对应阶次模态的振型。因为振型只是反映整周约束圆柱壳的振动形状，与振动量的大小无关，故常常利用响应数据归一化后的矩阵绘制模态振型。当传感器测量的是每个测点的速度响应或加速度响应时，速度及加速度响应表达式为

$$\dot{q}_r(t) = \omega A_r \sin(\omega t - \theta_r) \tag{8.40}$$

$$\ddot{q}_r(t) = -\omega^2 A_r \sin(\omega t - \phi_r) \tag{8.41}$$

通过比较式（8.37）、式（8.40）和式（8.41）可以发现，速度响应的幅值是位移响应幅值的 $\omega$ 倍，加速度响应的幅值是位移响应幅值的 $-\omega^2$ 倍，在响应数据归一化之后，它们的值与位移响应归一化后的值相同，所以也可以使用速度响应或者加速度响应来辨识模态振型。

### 8.2.4.2　测试流程及数据处理

在得到圆柱壳固有频率的基础上辨识圆柱壳的模态振型主要分为以下 3 个关键步骤。

（1）将激光采样点投射到圆柱壳内环面。由于步进电机被放置在圆柱壳内侧，这里采用两个 45° 的反光镜，让激光束改变方向，使其投射点位于圆柱壳内环面。

（2）施加激励，获得时域响应。对圆柱壳施加激励，将时域响应采用最小二乘法进行平滑和零点修正以及滤波等处理，如图 8.14 所示，可以发现，经过处理后的信号更加平滑，更有利于振型辨识。

（3）获得振型矩阵，输出模态振型。截取圆柱壳一圈的时域响应，分成若干份，提取各段幅频响应峰值并进行正负判断和归一化，组成每阶模态的振型矩阵。将时域响应划分的段数越多，得到的振型越精确，但会加大数据处理量。将振型矩阵导入圆柱壳模型，即可得到振型。

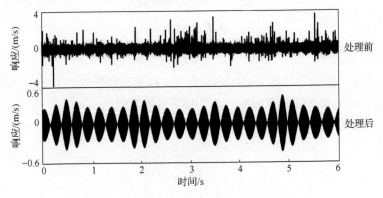

图 8.14　第 9 阶时域信号处理前后对比图

### 8.2.4.3　实验验证

本节的研究对象是短粗圆柱壳，经过查阅圆柱壳模态参数测试方面的文献，与本节研究对象尺寸近似的圆柱壳轴向波数 $m$ 等于 1，因此只需测试圆柱壳顶层一圈的振型来研究所提出的测试方法。对圆柱壳的前 9 阶模态的振型进行测试，步进电机转速为 10r/min，将测试结果与 LMS 模态分析软件测得的振型进行对比。

考虑实验用圆柱壳的实际尺寸较大，测试频段内周向波数 $n$ 较多，为了使振型更接近于实际振动状态，建立模型时在圆周方向设置了 128 个点，建立的模型如图 8.15 所示。

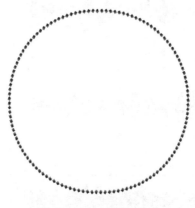

图 8.15　LMS 振型模型

表 8.8 为本节方法测得的振型与 LMS 测试振型对比，通过表 8.8 可以看出，两种测试方法得到的振型对应的周向波数 $n$ 一样，表明了测试结果的正确性。通过对比发现，激振器激励获得的振型效果比锤击法获得的振型更好，这主要是因为激振器的激振力更大，对于大尺寸的圆柱壳结构，可以使圆柱壳各点产生的响应值更接近真实值，且一圈时域响应曲线的峰值个数为 $2n$，与模态振型中的极大值个数一致，因此可以根据一圈时域响应的峰值个数得到对应的周向波数。

表 8.8　振型对比

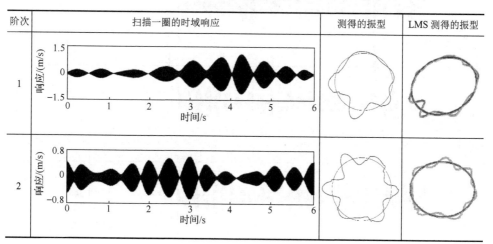

续表

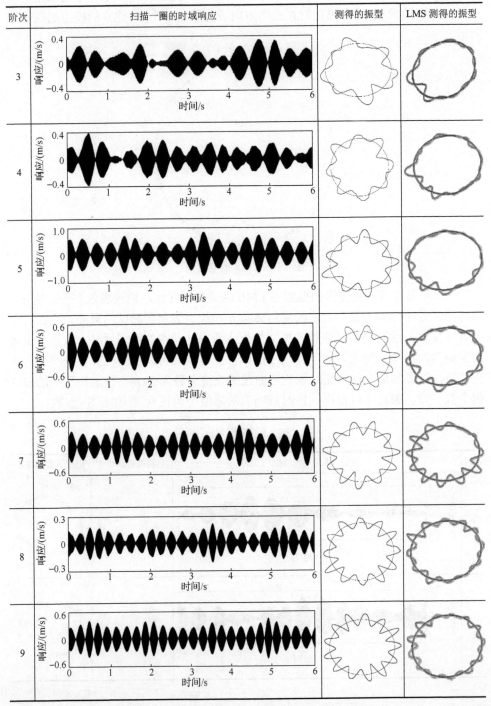

| 阶次 | 扫描一圈的时域响应 | 测得的振型 | LMS 测得的振型 |
|---|---|---|---|
| 3 | | | |
| 4 | | | |
| 5 | | | |
| 6 | | | |
| 7 | | | |
| 8 | | | |
| 9 | | | |

### 8.2.4.4　转速对测试模态振型的影响

本节研究步进电机不同转速对测试结果的影响。表 8.9 列举了不同转速下第 6 阶至第 9 阶固有频率对应的振型。从表 8.9 可以看出，随着转速增大，测试得到的振型误差也增大，这主要是因为转速升高之后，步进电机自身的振动变大，造成电机主轴自由端的 45°反光镜的各个自由度偏差变大，从而使激光测点没有分布于内环面同一高度，导致测得的时域响应信号发生失真。图 8.16 为转速为 55r/min 时，获得的第 9 阶固有频率对应的时域响应信号，与表 8.8 中第 9 阶的时域响应对比可以发现信号已经完全失真，故测试得到的振型与真实振型相差很大。

表 8.9　不同转速和阶次下的振型

| 转速/（r/min） | 不同阶次时的振型 | | | |
| --- | --- | --- | --- | --- |
| | $n=6$ | $n=7$ | $n=8$ | $n=9$ |
| 20 | | | | |
| 40 | | | | |
| 47 | | | | |
| 55 | | | | |
| 60 | | | | |

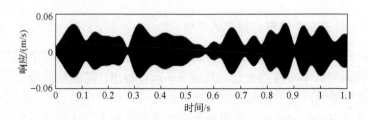

图 8.16　转速为 55r/min 时的第 9 阶时域响应

同时，高阶模态对转速的变化更为敏感。在实验过程中，通过逐步增加转速来寻找该方法的极限转速，每次的改变量为 1。通过大量的实验研究发现，当转速达到 47r/min 时，第 9 阶模态振型首先出现错误，继续增大转速，当转速达到 55r/min 时，第 9 阶模态振型和第 8 阶模态振型同时出现错误，接着继续增大转速，当转速达到 60r/min 时，第 9 阶模态振型、第 8 阶模态振型和第 7 阶模态振型同时出现错误。通过这些数据可以发现，当转速达到 47r/min 时，高阶模态出现错误，随着转速的增大，模态振型由高阶至低阶同时出现错误，并且随着转速的增大，相邻两阶模态出现错误所需要增加的转速逐渐减少，具体表现为：第 9 阶出现错误是在 47r/min 时，第 8 阶出现错误是在 55r/min 时，增量为 8，第 7 阶出现错误是在 60r/min 时，增量为 5。所以，在测试类似大小的圆柱壳结构模态振型时，步进电机的转速应低于 47r/min，否则测试得到的结果是不正确的，不能盲目地增大转速从而提高测试效率，要恰当地选择电机转速。

通过整个实验过程可以发现两种提高转速并保证测试结果正确性的方法。第一种是采用高精密的电机，这将避免由于转速的提高增加电机自身的振动，从而加剧误差；第二种是提高电机的放置精度，初始状态就使偏差处于一个很小的量，这将保证电机达到相当高的转速才会造成测试结果出现错误，从而达到提高转速的目的。但这两种提高转速的方法还有待于进一步研究。

## 8.2.5　模态阻尼测试与验证

### 8.2.5.1　基于频域带宽法辨识模态阻尼

单自由度系统在简谐激励作用下稳态响应为

$$X = \frac{F_0/k}{\sqrt{\left[1-\left(\omega/\omega_\mathrm{n}\right)^2\right]^2 + \left[2\zeta\left(\omega/\omega_\mathrm{n}\right)\right]^2}} \tag{8.42}$$

式中，$F_0$ 为简谐激励的激振幅值；$\omega_\mathrm{n}$ 为系统的固有频率；$\omega$ 为激励频率；$\zeta$ 为阻尼比；$k$ 为系统的刚度。

共振时，振动最大值为

$$X_{\max}=\frac{F_0/k}{2\zeta} \tag{8.43}$$

在 $\omega_{\mathrm{n}}$ 左右取两个频率点 $\omega_1$、$\omega_2$，保证它们的响应幅值相等，即 $X_1=X_2$，$X_1$、$X_2$ 与 $X_{\max}$ 的比值为 $r$，使 $r$ 在 0 到 1 之间，即 $X_1=X_2=rX_{\max}$，则有

$$\frac{1}{\sqrt{\left[1-\left(\omega/\omega_{\mathrm{n}}\right)^2\right]^2+\left[2\zeta\left(\omega/\omega_{\mathrm{n}}\right)\right]^2}}=\frac{r}{2\zeta} \tag{8.44}$$

经过化简得

$$\zeta=\frac{\omega_2-\omega_1}{2\omega_{\mathrm{n}}\sqrt{1/\left(r^2-1\right)}} \tag{8.45}$$

当 $r=1/\sqrt{2}$ 时，$\omega_1$、$\omega_2$ 为半功率频率点，则式（8.45）变为

$$\zeta=\frac{\omega_2-\omega_1}{2\omega_{\mathrm{n}}} \tag{8.46}$$

上式即为标准的半功率带宽法辨识公式。

式（8.42）为位移响应，由于拾振传感器的类型不同，可能获得速度或加速度的响应信号。速度及加速度的稳态响应为

$$\dot{X}=\frac{\omega F_0/k}{\sqrt{\left[1-\left(\omega/\omega_{\mathrm{n}}\right)^2\right]^2+\left[2\zeta\left(\omega/\omega_{\mathrm{n}}\right)\right]^2}} \tag{8.47}$$

$$\ddot{X}=\frac{-\omega^2 F_0/k}{\sqrt{\left[1-\left(\omega/\omega_{\mathrm{n}}\right)^2\right]^2+\left[2\zeta\left(\omega/\omega_{\mathrm{n}}\right)\right]^2}} \tag{8.48}$$

同样在式（8.47）和式（8.48）中 $\omega_{\mathrm{n}}$ 左右取两个频率点 $\omega_1$、$\omega_2$，保证它们的响应幅值相等，有

$$\frac{1}{\sqrt{\left[1-\left(\omega/\omega_{\mathrm{n}}\right)^2\right]^2+\left[2\zeta\left(\omega/\omega_{\mathrm{n}}\right)\right]^2}}=\frac{r}{2\zeta} \tag{8.49}$$

对比发现，式（8.44）和式（8.49）相同，故通过速度响应和加速度响应都可以利用该方法得到结构的模态阻尼。

### 8.2.5.2 测试流程及数据处理

辨识圆柱壳模态阻尼的测试流程大致可分为以下 4 个关键步骤。

（1）确定扫频范围。对系统进行扫频激励测试阻尼时，理想的扫描频段为某阶固有频率的 75%～125%，这样可以避开相邻阶次的模态耦合，获得单一阶次的模态阻尼。但圆柱壳模态比较密集，某阶固有频率的 75%～125%可能含有两阶以上的模态，这样就无法避免模态耦合。在实际选择扫频区间时，应参考固有频率测试时获得的幅频曲线，保证选择的扫频区间有且仅有 1 阶模态。

（2）确定扫频时间。模态阻尼测试与固有频率测试时确定的扫频时间的共同点是使系统处于相对稳定的状态，获得稳态响应，消除瞬态振动的影响，但不同点是测试固有频率时确定的扫频时间需要考虑整个测试频段的效率，而测试阻尼的扫频时间只需要考虑某一阶模态的效率。扫频速度可设定为

$$S < S_{\max} = \left( \frac{\zeta \omega_{\mathrm{n}}}{2\pi} \right)^2 \tag{8.50}$$

式中，$S$ 为允许的扫频速度；$S_{\max}$ 为最大扫频速度；$\zeta$ 为模态阻尼比；$\omega_{\mathrm{n}}$ 为固有频率。当设定的扫频区间和扫频时间生成的扫频速度小于最大扫频速度时才能消除瞬态响应得到稳态响应。

（3）将时域响应转换为频域响应。转换之前同样需要对时域数据进行零点修正和滤波处理，剔除时域信号中的非目标频率成分，同时利用分时段快速傅里叶变换（fast Fourier transform, FFT）做进一步处理。将处理后的时域数据分为若干小段，再将每一小段进行 FFT 变换，得到各个频率对应的响应，再将一系列频率和对应的响应峰值组合得到时域信号对应的幅频响应曲线。划分的段数越多，圆柱壳响应越精确，模态阻尼辨识精度越高。

（4）通过幅频响应曲线辨识阻尼比。采用频域带宽法对获取的频域响应进行阻尼辨识，即可辨识结构的各阶模态阻尼。

相对于固有频率辨识，阻尼辨识模块针对单阶模态而非所有模态，所以具体介绍某一阶的阻尼辨识流程。以下以第 8 阶模态阻尼比测试为例，叙述辨识圆柱壳阻尼的实验过程。根据表 8.7 中数据进行计算，扫描的频率区间为 1215～2025Hz，但与表 8.7 对比发现此区间不仅仅包含第 8 阶模态，为避免干扰，将本次扫描的频段设置为 1570～1670Hz，初步按照 1Hz/s 的扫描速率进行扫频测试，最后需要将结果代入式（8.50）进行计算，如果阻尼比和扫描速度满足式（8.50），则视为结果准确，若不满足则需要降低扫描速度。获得的某拾振点的时域响应

信号如图 8.17 所示，将该时域响应划分为 100 个时间段，对每一段内的数据进行 FFT，划分的部分时间段如图 8.18 所示。组合各个时间段变换获得的频率及响应，则可得到该扫描频段的幅频响应曲线，如图 8.19 所示，可根据幅频响应曲线辨识出第 8 阶模态阻尼比。

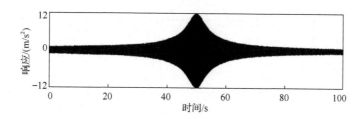

图 8.17　包含第 8 阶频率的时域响应曲线

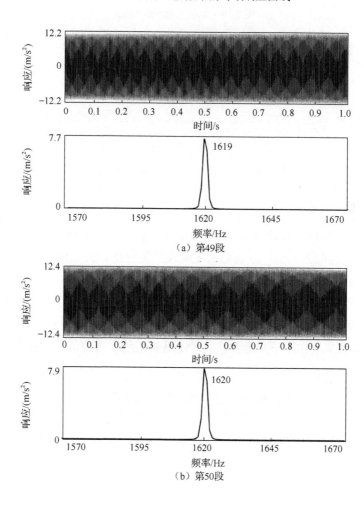

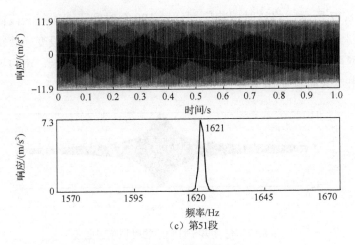

图 8.18　划分的部分时间段

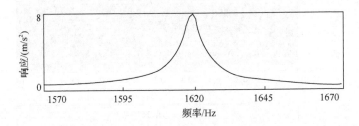

图 8.19　包含第 8 阶频率的幅频响应曲线

### 8.2.5.3　实验验证

基于第 8 阶阻尼测试流程，对圆柱壳的前 9 阶阻尼比分别进行测试。在鼓筒的圆周上平均选取 6 个点，分别测试各阶模态阻尼比。表 8.10 为圆柱壳的前 9 阶阻尼比，实验时采用的扫频速度均为 1Hz/s，并保证扫频区间内有且只有 1 阶模态。由表 8.10 可以看出，同一阶模态在 6 个不同测点得到的阻尼比的结果很接近，相互之间误差很小，实验的重复性得到很好的验证。圆柱壳结构的模态阻尼比均小于 0.1，随着频率增加呈下降趋势。上述结果表明所采用的测试圆柱壳模态阻尼方法的正确性。

表 8.10　测试得出的前 9 阶阻尼比

| 阶次 | 固有频率/Hz | 不同测点的阻尼比 | | | | | |
|---|---|---|---|---|---|---|---|
| | | 测点 1 | 测点 2 | 测点 3 | 测点 4 | 测点 5 | 测点 6 |
| 1 | 639.9 | 0.0803 | 0.0801 | 0.0804 | 0.0803 | 0.0805 | 0.0806 |
| 2 | 738.5 | 0.0686 | 0.0688 | 0.0688 | 0.0684 | 0.0687 | 0.0688 |

续表

| 阶次 | 固有频率/Hz | 不同测点的阻尼比 | | | | | |
|---|---|---|---|---|---|---|---|
| | | 测点 1 | 测点 2 | 测点 3 | 测点 4 | 测点 5 | 测点 6 |
| 3 | 809.4 | 0.0620 | 0.0622 | 0.0620 | 0.0622 | 0.0623 | 0.0620 |
| 4 | 855.6 | 0.0589 | 0.0589 | 0.0588 | 0.0588 | 0.0588 | 0.0588 |
| 5 | 991.1 | 0.0501 | 0.0505 | 0.0501 | 0.0506 | 0.0506 | 0.0505 |
| 6 | 1169.7 | 0.0425 | 0.0425 | 0.0430 | 0.0430 | 0.0430 | 0.0430 |
| 7 | 1385.4 | 0.0362 | 0.0361 | 0.0362 | 0.0361 | 0.0362 | 0.0361 |
| 8 | 1619.5 | 0.0310 | 0.0310 | 0.0310 | 0.0310 | 0.0310 | 0.0310 |
| 9 | 1872.1 | 0.0268 | 0.0267 | 0.0267 | 0.0267 | 0.0268 | 0.0237 |

# ■ 8.3 螺栓连接圆柱壳结构非线性振动测试

在理论研究的基础上进一步开展实验研究也是十分必要的。通过实验可以对理论模型与分析结果进行验证，同时可以发现新的振动现象与参数影响规律。从以往的分析结果来看，螺栓数量、安装方式、拧紧状态的改变都将引起圆柱壳结构模态的改变，不仅使其固有频率在数值上发生变化，而且会引起模态阶次的改变。另外，受激励环境的影响，螺栓连接界面容易出现黏滞、滑移等不同接触状态，从而引起非线性连接特性问题，导致圆柱壳结构振动特性的变化，长此以往会减短螺栓连接件的疲劳寿命。目前，圆柱壳振动实验方面的研究重点主要在不同测试技术的开发上，而有关螺栓连接对于圆柱壳结构振动特性影响的实验分析并不十分充分。

本节分别基于锤击法和扫频法原理搭建螺栓连接圆柱壳振动特性测试实验台，测试了不同螺栓连接工况下圆柱壳振动加速度信号，并对振动信号进行分析，获得圆柱壳结构振动特性及变化规律。本节关注点在于螺栓连接结构对圆柱壳本体振动特性包括固有特性和非线性振动响应的影响。首先，通过与理论计算对比，发现理论结果与实验结果具有良好的一致性。其次，基于测试结果分析了螺栓数量对圆柱壳固有频率和振型的影响。最后，分析了不同拧紧力矩和激励水平对螺栓连接圆柱壳非线性振动特性的影响。

## 8.3.1　测试系统及测试方案

### 8.3.1.1　基于锤击法的圆柱壳结构振动测试系统及测试方案

本节所采用基于锤击法的圆柱壳结构振动测试系统如图 8.20 所示，该测试系统主要由计算机、圆柱壳实验件、数据采集设备、加速度传感器，以及力锤组成。采用的力锤为 PCB 086C01 力锤；所采用的数据采集设备为 LMS 16 通道声-振分析仪；所采用的加速度传感器为 BK 4517 微型水滴状电荷加速度计，该传感器质量仅为 1g，极大地降低了传感器质量对振动测试结果的影响，且其频响范围最高可以达到 20000Hz。实验件通过螺栓固定或连接，并通过力矩扳手控制螺栓预紧效果。

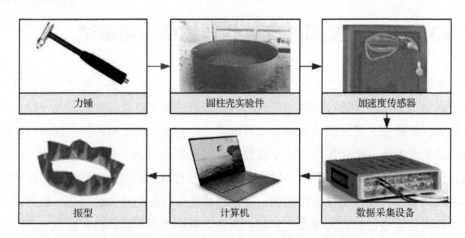

图 8.20　基于锤击法的圆柱壳结构振动测试系统

实验采用多点激励单点测振方法。首先对圆柱壳进行网格划分，网格交点为预设激振点，并选择其中一点为测振点。通过力锤分别对圆柱壳上激振点进行激振，从测振点获取该点的幅频响应曲线。最后通过测试结果分析，获得圆柱壳固有频率和模态振型。

### 8.3.1.2　基于扫频法的圆柱壳结构振动测试系统及测试方案

本节所采用基于扫频法的圆柱壳结构振动测试系统如图 8.21 所示，主要由计算机、圆柱壳实验件、数据采集设备、加速度传感器、功率放大器以及电磁激振器组成。实验件通过螺栓固定或连接，并通过力矩扳手控制螺栓预紧效果。在圆柱壳上使用钻头钻一个通孔用于安装顶杆激振器，以此作为激励位置。所采用的接触式激振器为 SINOCERA JZK-10 模态激振器。加速度传感器通过固定在圆柱壳上不同测点位置实现振动拾取。所采用的加速度传感器为 CA-YD-125 微型压电式加速度计，该传感器质量为 1.5g，极大地降低了传感器质量对振动测试结果的影响，且其频响范围为 2～15000Hz。所采用的功率放大器为 SINOCERA YE5872A。所采用的数据采集设备为 NI USB-4431，其采样频率可达 102.4kS/s，能够充分满足测试需求。

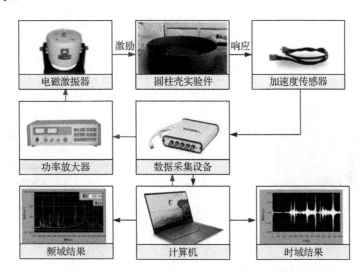

图 8.21　基于扫频法的圆柱壳结构振动测试系统

　　实验采用单点激励单点/多点测振方法，通过电磁激振器在一定频率范围内进行扫频的方式实现幅频响应信号的获取。本节实验通过控制螺栓拧紧力矩、激振器激励水平来设置不同的工况进行振动测试，以便得到圆柱壳振动响应，从而获取固有特性和响应特征的变化规律。

### 8.3.1.3　圆柱壳实验件结构设计和实验工况设计方法

　　本节的目标是通过实验方法探索螺栓连接对圆柱壳结构频率、振型及非线性振动特性的影响。在实际工程中，螺栓通过法兰将圆柱壳固定在被连接结构（基座）上，存在以下特点：①法兰与基座接触区域不确定以及接触压力不确定；②由于法兰作用，螺栓拧紧顺序对圆柱壳结构振动特性影响较大；③法兰结构本身对圆柱壳结构振动特性具有一定影响。根据以上特点，可以预估到在实验过程中会遇到相应的困难，尤其是接触区域及接触压力的不确定问题，需要定量测量，但测量技术的实现相对困难。由于不同工况均需要测量，因此实验过程中可能伴随拆卸，拆卸过程中拧紧顺序及拧紧方法对实验件振动特性存在影响。因此，基于实验过程中可能遇到的问题与困难，提出实验件的设计方案，如图 8.22（a）所示。

将圆柱壳连接法兰设计为开口法兰，法兰与基座之间放置平垫片控制接触区域。同时，由于开口设计降低了螺栓之间的相互影响，因此也降低了拧紧顺序对实验结果的影响。

依据本节研究内容及实验测试方案需要，实验工况的设计主要包括螺栓数量、拧紧力矩和激励水平。具体方案如下：①实验用螺栓采用 M6 螺栓。②拧紧力矩通过力矩扳手来控制，如图 8.22（b）所示，力矩扳手的扭矩范围为 3～27N·m。③激励水平的控制主要通过自编 LabVIEW 控制软件及功率放大器来调整激励信号的输出水平，输出信号为电压信号，单位为伏，软件界面如图 8.22（c）所示。

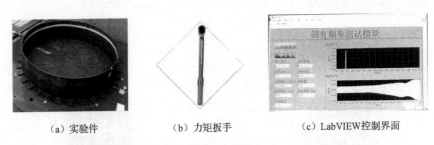

（a）实验件　　　　（b）力矩扳手　　　（c）LabVIEW控制界面

图 8.22　圆柱壳实验件、力矩扳手和 LabVIEW 控制界面

## 8.3.2　实验结果处理与分析

根据实验方案对螺栓连接圆柱壳结构进行振动响应的测试，测试现场如图 8.23 所示。通过实验结果的分析，首先将实验结果与理论计算结果进行了对比，其次讨论了螺栓数量对圆柱壳结构频率和振型的影响，最后分析了螺栓拧紧力矩、激励水平对螺栓连接圆柱壳结构非线性振动特性的影响。圆柱壳的几何参数和材料参数如表 8.11 所示。

（a）锤击法现场　　　　　　　　（b）扫频法现场

图 8.23　测试现场

表 8.11　圆柱壳结构实验件几何参数和材料参数

| 几何参数 | | 材料参数 | |
|---|---|---|---|
| 参数 | 数值 | 参数 | 数值 |
| 长度 $L$/mm | 100 | 弹性模量 $E$/GPa | 206 |
| 厚度 $h$/mm | 2 | 泊松比 $\mu$ | 0.3 |
| 内半径 $R_{in}$ /mm | 199 | 密度 $\rho$/（kg/m$^3$） | 7850 |
| 外半径 $R_{out}$ /mm | 201 | — | — |

### 8.3.2.1　螺栓连接圆柱壳模态参数理论计算和实验结果对比

根据锤击法获得圆柱壳结构固有频率与振型，并与理论模型求解方法获得结果对比，相关的对比结果如表 8.12 所示。在此实例中，螺栓个数为 32，连接刚度为 $k_u$ =7.9×10$^7$N/m，$k_v$ =2.2×10$^7$N/m，$k_w$ =2.2×10$^7$N/m，$k_\theta$ =1×10$^8$N·m/rad。从表中可以看出，实验测试获得的固有频率与理论计算及 ANSYS 计算结果的误差均小于 5%。从理论计算得出的振型可以看出各阶次固有频率所对应的模态数，前 10 阶模态所对应的轴向半波数为 1，最低阶固有频率对应的周向波数为 6。同时从实验测得的振型与理论振型比较结果来看，振型形状相似，对应模态数相同。综上所述，从对比结果可以推断，实验测试所得到的固有频率与振型结果是正确的，也逆向验证了 8.2 节所建立螺栓连接圆柱壳动力学模型的正确性。

表 8.12　圆柱壳结构理论计算与实验测试的频率和振型结果

| 阶次 | 实验值 $A$/Hz | 理论值 $B$/Hz | 误差/% | 实验振型 | 理论振型 | 模态 |
|---|---|---|---|---|---|---|
| 1 | 726 | 711 | 2.11 |  | 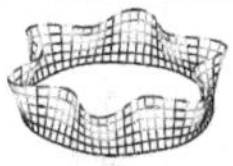 | (1, 6) |
| 2 | 741 | 739 | 0.27 |  | 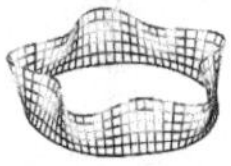 | (1, 5) |
| 3 | 786 | 782 | 0.51 |  | 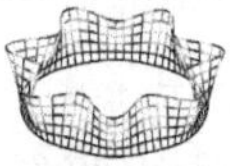 | (1, 7) |
| 4 | 869 | 887 | 2.03 |  | 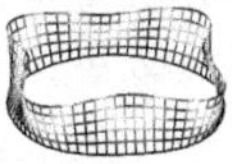 | (1, 4) |
| 5 | 922 | 922 | 0 |  |  | (1, 8) |
| 6 | 1085 | 1113 | 2.52 |  |  | (1, 9) |

续表

| 阶次 | 实验值 $A$/Hz | 理论值 $B$/Hz | 误差/% | 实验振型 | 理论振型 | 模态 |
|---|---|---|---|---|---|---|
| 7 | 1139 | 1140 | 0.09 | | | (1, 3) |
| 8 | 1288 | 1333 | 4.04 | | | (1, 10) |
| 9 | 1518 | 1582 | 4.24 | | | (1, 11) |
| 10 | 1775 | 1857 | 4.41 | | | (1, 12) |

#### 8.3.2.2　不同螺栓数量工况下圆柱壳结构振动测试结果分析

本节的主要目的是通过实验测试的方法研究螺栓数量对圆柱壳结构固有频率的影响。通过力矩扳手控制每一个安装螺栓的预紧力大小，以确保螺栓预紧力一致。然后，分别安装 4 个螺栓、8 个螺栓、16 个螺栓和 32 个螺栓，且螺栓沿圆柱壳边界均匀分布，具体分布情况见图 8.24。

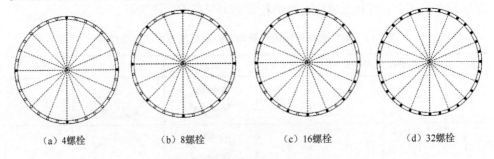

（a）4螺栓　　　　　（b）8螺栓　　　　　（c）16螺栓　　　　　（d）32螺栓

图 8.24　不同数量螺栓安装分布情况

表 8.13 给出了不同螺栓数量时的圆柱壳实验件前 10 阶固有频率、对应模态以及振型。从表中数据可以看出，随着螺栓数量增多，固有频率增大。从振型中可以看出，螺栓数量不同，会引起振型形状的改变，尤其当螺栓数量较少时，从振型上看，圆周方向局部变形严重，与标准的正/余弦形状相差甚远，例如 4 螺栓时的第 3 阶模态的振型、第 4 阶模态的振型均有严重的振动局部化现象。不仅如此，螺栓数量改变还会引起模态排序的变化。以第 1 阶模态为例，4 螺栓时对应模态为(1, 2)，8 螺栓时对应模态为(1, 4)，16 螺栓时对应模态为(1, 6)，32 螺栓时对应模态为(1, 6)。随着螺栓数量增加，各阶模态的振型会趋于稳定。

表 8.13　不同螺栓数量时的螺栓连接圆柱壳固有频率和振型实验测试结果

| 阶次 | | 不同螺栓数量时的振型、模态和固有频率 | | | |
|---|---|---|---|---|---|
| | | $N_b=4$ | $N_b=8$ | $N_b=16$ | $N_b=32$ |
| 1 | 振型 | | | | |
| | 模态 | (1, 2) | (1, 4) | (1, 6) | (1, 6) |
| | 固有频率/Hz | 126.467 | 276.676 | 619.233 | 725.575 |
| 2 | 振型 | | | | |
| | 模态 | (1, 3) | (1, 5) | (1, 6) | (1, 5) |
| | 固有频率/Hz | 189.123 | 335.343 | 622.793 | 741.408 |
| 3 | 振型 | | | | |
| | 模态 | (1, 4) | (1, 5) | (1, 4) | (1, 7) |
| | 固有频率/Hz | 215.565 | 377.873 | 670.943 | 785.507 |
| 4 | 振型 | | | | |
| | 模态 | (1, 4) | (1, 6) | (1, 7) | (1, 4) |
| | 固有频率/Hz | 238.772 | 483.533 | 722.586 | 869.095 |
| 5 | 振型 | | | | |
| | 模态 | — | (1, 6) | (1, 8) | (1, 8) |
| | 固有频率/Hz | 241.056 | 511.563 | 826.574 | 921.972 |
| 6 | 振型 | | | | |
| | 模态 | — | (1, 7) | (1, 8) | (1, 9) |
| | 固有频率/Hz | 256.458 | 635.761 | 908.658 | 1085.148 |

续表

| 阶次 | | 不同螺栓数量时的振型、模态和固有频率 | | | |
|---|---|---|---|---|---|
| | | $N_b=4$ | $N_b=8$ | $N_b=16$ | $N_b=32$ |
| 7 | 振型 | | | | |
| | 模态 | — | (1, 7) | (1, 9) | (1, 3) |
| | 固有频率/Hz | 327.616 | 660.605 | 1047.032 | 1138.883 |
| 8 | 振型 | | | | |
| | 模态 | (1, 5) | (1, 8) | (1, 9) | (1, 10) |
| | 固有频率/Hz | 365.705 | 824.864 | 1057.054 | 1287.729 |
| 9 | 振型 | | | | |
| | 模态 | (1, 5) | (1, 9) | (1, 10) | (1, 11) |
| | 固有频率/Hz | 386.075 | 975.427 | 1255.484 | 1517.705 |
| 10 | 振型 | | | | |
| | 模态 | — | (1, 10) | (1, 10) | (1, 12) |
| | 固有频率/Hz | 431.066 | 1280.374 | 1485.222 | 1775.260 |

### 8.3.2.3　不同拧紧力矩工况下圆柱壳结构振动测试结果分析

本节的主要目的是通过实验测试的方法研究螺栓拧紧力矩对圆柱壳结构固有频率的影响。螺栓拧紧力矩的控制主要是通过力矩扳手的拧紧力矩实现的。在实验测试过程中，螺栓拧紧力矩分别设置为 4N·m、8N·m、12N·m、16N·m 和 20N·m。实验过程主要分为以下三个步骤：第一步，通过力矩扳手按预设力矩数值对螺栓进行拧紧，且每个数值拧紧力矩工况下的螺栓拧紧顺序保持一致，以最大限度消除拧紧顺序对结构振动特性的影响；第二步，通过电磁激振器对圆柱壳进行定点激励，在实验测试过程中，激励输入信号为 2V；第三步，在连续激励频率范围内进行扫频实验，并通过加速度传感器获得圆柱壳振动响应加速度信号，再通过信号处理技术获得圆柱壳实验件固有频率。

表 8.14 给出了不同拧紧力矩工况下的圆柱壳各阶固有频率。从表中可以看出，随着拧紧力矩的增大，圆柱壳各阶固有频率均有不同程度的增大，且拧紧力矩对

低阶固有频率的影响比对较高阶固有频率的影响大。这可能是由两个原因造成的：一是随着拧紧力矩的增大，接触界面的刚度得到强化，造成固有频率增大；二是拧紧力矩大使得螺栓连接结合面接触更加紧密，在激励作用下，仍有较强保持黏滞状态的能力，从而导致螺栓连接刚度增大。

表 8.14　不同拧紧力矩时的圆柱壳固有频率

| 阶次 | 不同拧紧力矩时的固有频率/Hz | | | | |
| --- | --- | --- | --- | --- | --- |
| | 4N·m | 8N·m | 12N·m | 16N·m | 20N·m |
| 1 | 742.12 | 754.39 | 762.22 | 765.11 | 766.83 |
| 2 | 758.50 | 772.00 | 777.68 | 779.65 | 779.82 |
| 3 | 805.09 | 830.70 | 833.25 | 833.10 | 832.85 |
| 4 | 870.16 | 879.09 | 883.58 | 886.136 | 888.65 |
| 5 | 921.29 | 929.02 | 932.72 | 932.741 | 934.76 |
| 6 | 994.34 | 999.97 | 1002.40 | 1002.36 | 1002.02 |
| 7 | 1298.64 | 1301.68 | 1303.14 | 1303.69 | 1304.72 |
| 8 | 1063.29 | 1066.90 | 1067.25 | 1066.61 | 1066.01 |
| 9 | 1441.77 | 1446.78 | 1448.30 | 1448.45 | 1448.49 |
| 10 | 1635.45 | 1636.32 | 1636.79 | 1636.50 | 1636.51 |
| 11 | 1675.00 | 1678.17 | 1679.61 | 1679.95 | 1679.70 |
| 12 | 1920.64 | 1931.66 | 1934.48 | 1935.83 | 1936.47 |

为了进一步说明拧紧力矩给圆柱壳的共振频率和非线性振动特性带来的变化，利用电磁激振器对第 1 阶频率附近进行扫频分析，具体扫频区间为 740～800Hz，图 8.25 为不同拧紧力矩工况下圆柱壳上一点处振动幅频曲线。从图中可以看出，随着拧紧力矩的增大，共振峰右移。

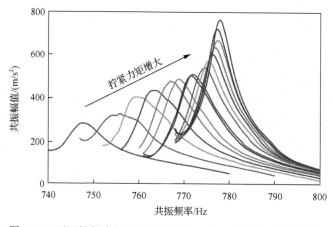

图 8.25　不同拧紧力矩工况下的圆柱壳上一点处振动幅频曲线

从图 8.25 中提取相关数据和信息，获得共振频率、共振幅值和阻尼比，如图 8.26 所示。从图 8.26（a）中可以看出，随着拧紧力矩的增大，共振频率逐渐增大，在拧紧力矩较小的时候变化最为明显，随着拧紧力矩增大，共振频率增长，速率减小，当拧紧力矩大于 20N·m 时，共振频率趋于稳定。共振频率增大主要有两个原因：一是拧紧力矩增大，导致圆柱壳连接刚度增大；二是拧紧力矩增大，导致螺栓连接界面由非线性接触向线性接触转变，增大刚度，减小阻尼。共振幅值也随着拧紧力矩的增大而单调增大。共振幅值的大小是由刚度、频率与阻尼综合作用的结果，特别是阻尼减小往往导致共振幅值增大。如图 8.26（b）所示，阻尼比随着拧紧力矩的增大而减小。这是由于在小拧紧力矩工况下，当结构受载时，螺栓连接界面发生的摩擦状态会增加系统阻尼，随着拧紧力矩增大，摩擦状态逐渐消失，系统阻尼逐渐减小。综上，可以得出结论，随着拧紧力矩的增大，圆柱壳的螺栓连接边界刚度逐渐增大，阻尼比逐渐减小，从而导致固有频率逐渐增大，响应幅值也相应增大。

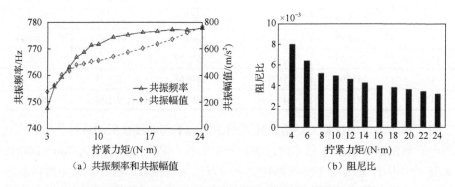

图 8.26　不同拧紧力矩工况下的第 1 阶共振频率、共振幅值和阻尼比

### 8.3.2.4　不同激励水平工况下圆柱壳结构振动测试结果分析

本节的主要目的是通过实验测试的方法研究激励水平对圆柱壳结构振动特性的影响。实验过程主要分为以下三个步骤：第一步，通过力矩扳手进行螺栓拧紧，本节结果呈现的实验工况为拧紧力矩 5N·m。第二步，通过电磁激振器对圆柱壳进行定点激励。在实验测试过程中，激励水平分别为 0.5V、1V、1.5V、2V、2.5V、3V 和 3.5V。在 500～2000Hz 激励频率范围内进行连续扫频实验，并通过加速度传感器获得圆柱壳振动响应加速度信号，再通过信号处理技术，获得圆柱壳实验件固有频率初步结果，然后在固有频率附近进行小范围小步长扫频实验，获得精确的固有频率测试结果。第三步，以某一阶固有频率为例，进行多激振幅值下的扫频实验，获得幅频曲线的变化趋势。

表 8.15 给出了不同激励水平下的圆柱壳各阶固有频率。从表中可以看出，随着激励水平的升高，螺栓连接界面结合状态由黏滞向滑移转变，导致螺栓连接刚度降低，进而使得圆柱壳固有频率降低，且激励水平对低阶固有频率的影响比对高阶固有频率的影响大。

表 8.15  不同激励水平下的圆柱壳固有频率

| 阶次 | 不同激励水平下的固有频率/Hz | | | | | | |
|---|---|---|---|---|---|---|---|
| | 0.5V | 1V | 1.5V | 2V | 2.5V | 3V | 3.5V |
| 1 | 749.80 | 748.90 | 747.20 | 747.00 | 746.00 | 746.70 | 744.30 |
| 2 | 771.90 | 770.60 | 769.80 | 768.60 | 769.10 | 768.20 | 768.50 |
| 3 | 832.13 | 831.50 | 829.75 | 829.92 | 829.72 | 830.15 | 828.65 |
| 4 | 880.66 | 879.79 | 878.88 | 878.84 | 879.82 | 879.27 | 879.42 |
| 5 | 1002.52 | 1001.12 | 1000.34 | 999.89 | 998.68 | 997.79 | 997.57 |
| 6 | 1018.48 | 1016.53 | 1015.00 | 1013.18 | 1012.36 | 1014.91 | 1011.16 |
| 7 | 1064.04 | 1065.89 | 1064.64 | 1064.11 | 1062.85 | 1063.35 | 1063.10 |
| 8 | 1444.10 | 1447.61 | 1445.53 | 1443.35 | 1444.05 | 1443.64 | 1443.31 |
| 9 | 1640.13 | 1637.40 | 1637.66 | 1635.75 | 1635.87 | 1635.6 | 1634.71 |
| 10 | 1677.44 | 1676.27 | 1675.55 | 1675.10 | 1674.80 | 1674.44 | 1673.98 |
| 11 | 1932.69 | 1931.16 | 1927.58 | 1924.79 | 1923.92 | 1923.75 | 1923.60 |

为了进一步说明激励水平对圆柱壳的频率变化和非线性振动响应特征的影响，利用电磁激振器对第 2 阶频率附近进行扫频分析，具体扫频区间为 755～785Hz，扫频时间为 40s。图 8.27 为不同激励水平下的圆柱壳上一点处振动幅频曲线。从图中可以看出，随着激励水平的升高，幅频曲线出现软式非线性特征。

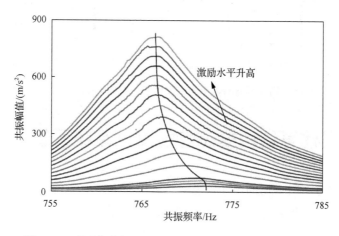

图 8.27  不同激励水平下的圆柱壳上一点处振动幅频曲线

从图 8.27 中提取相关数据和信息,获得共振频率、共振幅值、阻尼比和导纳幅值,如图 8.28 所示。从图中可以看出,随着激励水平的不断升高,圆柱壳结构共振频率逐渐减小,但频率值减小的速率也逐渐减小,尤其当激励较大时,共振频率的变化非常小,趋于稳定。共振频率减小的主要原因如下:由于激励水平的升高,螺栓连接界面由线性接触向非线性接触转变,使得螺栓连接等效刚度减小。圆柱壳结构模态阻尼比随着激励水平的升高呈增大趋势。这是由于在外载荷不断加强的工况下,螺栓连接界面发生的摩擦愈加严重,产生干摩擦阻尼,从而增加系统阻尼,随着激励水平升高,模态阻尼比呈上升趋势。但是可以发现,当激励水平到达一定程度后,模态阻尼比变化率也逐渐减小。同时,可以发现阻尼比的变化并不是线性的,这也表明了系统的阻尼特性具有非线性特性。共振幅值也随着激励水平的升高而单调增大。共振幅值的大小是激励水平、刚度、频率与阻尼综合作用的结果,其中激励水平是主要因素,因此随着激励水平升高,共振幅值也单调增加。但是,系统导纳幅值随着激励水平的升高单调减小。也就说,随着阻尼增大,单位激励所激发的振动幅值逐渐减小。综上,可以得出结论,随着激励水平的升高,圆柱壳的螺栓连接等效刚度逐渐减小,结构模态阻尼比逐渐增大,从而导致共振频率减小,响应幅值增大,导纳幅值减小。

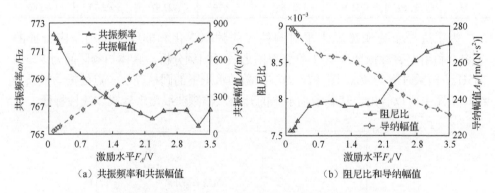

图 8.28　不同激励水平下的第 1 阶共振频率、共振幅值、阻尼比和导纳幅值

# ■ 8.4　圆柱壳结构模态特性测试系统开发

实验模态分析时常用的商业模态分析软件,如 LMS Test.Lab 等,都是已经封装好的软件,无法进行有效的二次开发。在研究圆柱壳振动特性的过程中,其模态特性是不得不考虑的部分,在 8.2 节和 8.3 节的研究中采用了一些模态参数测试

新方法,通过查阅文献,这些新方法在现有的模态分析软件中是不具备的,故本节基于常用的虚拟仪器软件开发了一套圆柱壳模态特性测试系统,用于验证提出的模态参数测试新方法。本节首先阐述了开发工具 LabVIEW 的应用优势和系统开发过程中应该遵循的原则;接着针对测试系统需要达到的目的进行了需求分析,并对测试系统的总体架构进行设计;然后叙述了测试系统的基本流程;最后解释了测试系统的各个主要功能模块,包括主程序模块、固有频率测试模块、模态振型测试模块和模态阻尼测试模块。

## 8.4.1　测试系统的开发工具及开发原则

### 8.4.1.1　测试系统开发工具

LabVIEW 是美国国家仪器公司 NI 开发的图像化编程软件,其程序通常由两部分组成,即前面板和程序框图。前面板用来放置需要的各种控件,包括输入控件和输出控件;程序框图则是用来编写代码。LabVIEW 广泛应用于多个领域:①测量领域。LabVIEW 中的 NI-DAQmx 工具包是测量领域的专用工具包,用户可以对其进行二次开发,组成需要的测量系统,利用 LabVIEW 实现对各种硬件测量设备的快捷控制。②控制领域。LabVIEW 中的 LabVIEW DSC 工具包专为控制领域设计,工业控制领域中的数据线和常用设备大都具备 LabVIEW 驱动程序,可以自主编译各种控制程序。③仿真领域。LabVIEW 包含数学工具包,其中包含积分与微分、线性代数和微分方程等常用的函数。在设计各种电气设备之前,可以在 LabVIEW 中建立数学模型,对设计的合理性进行仿真验证,找到设计的缺陷,避免生产残次品。

### 8.4.1.2　测试系统开发原则

软件系统开发的实质是将计算机和其他硬件设备组成一个系统,使整个系统可以进行通信,协调工作。因此,开发软件系统需要遵循以下原则。

(1)可靠性。系统可靠性指的是系统在运行过程中避免出现错误的能力,当出现错误后,需要具有排查故障的能力。与硬件可靠性有所区别,系统的可靠性必须在设计阶段确定,进入使用阶段再行考虑将变得棘手。对圆柱壳模态特性测试系统而言,可靠性意味着测试结果的准确性,即开发的数据处理算法依据的理论的正确性。该系统基于扫频信号包络线法辨识圆柱壳的固有频率,在 8.2.3 节采用该方法辨识圆柱壳的固有频率,将测试结果与锤击法和振动台扫频法的测试结果进行对比,结果表明了测试结果的准确性,从而也说明了开发的固有频率辨识方法的正确性。该系统基于共振响应辨识圆柱壳的模态振型，在 8.2.4 节采用该方法辨识圆柱壳的模态振型，将测试结果与 LMS 测试结果进行对比，结果表明了测试结果的准确性，从而也说明了开发的模态振型辨识方法的正确性。该系统基于频域带宽法辨识圆柱壳的模态阻尼，在 8.2.5 节采用该方法辨识圆柱壳的模态阻尼，将不同测点的测试结果进行对比，结果表明了测试结果的准确性，从而也说明了开发的模态阻尼辨识方法的正确性。

（2）易理解。系统的易理解性是可靠性的前提，它不仅要求说明文档清晰可读，更要求系统本身具有简单明了的结构。这在很大程度上依赖设计工具和方法的正确应用。对圆柱壳模态特性测试系统而言，易理解意味着系统的广泛实用性，保证每一个测试人员能够根据使用说明单独操作系统，换句话说，必须保证测试系统界面上输入控件的解释说明通俗易懂，这一点将在本节后面具体说明，详细解释系统界面上输入控件的含义。

（3）效率性。效率越高，同样的时间段内完成的工作量就越多，这就要求系统运行过程中，尽可能少地占用计算机内存。对圆柱壳模态参数测试系统而言，效率性意味着比传统的锤击法模态测试方案要省时，并且保证系统运行过程中占用的内存要尽量小，达到只有运行程序占用内存的状态，而其他子程序在使用时才调用，这一点将在本节后面做具体说明。该测试系统将采用"VI 静态调用"（VI 是 LabVIEW 的程序/子程序）的模式，保证只有需要工作的 VI 处于运行状态。

## 8.4.2　测试系统设计过程

### 8.4.2.1　测试系统需求分析

需求分析的目的是明确系统必须实现的功能，提出完整、准确的具体要求。需求分析虽然处于系统开发的初始阶段，但它对系统开发的重要性不言而喻，在整个开发过程中都是以需求分析为导向。需求分析的难点主要体现为需求易变性和问题的复杂性。针对圆柱壳模态特性测试系统，以下几个方面是必须要实现的。

（1）对圆柱壳进行扫频激励，获取激振频率下的时域响应曲线，提取时域响应曲线的上包络线，根据峰值提取法辨识固有频率，确保误差处于可接受范围内。

（2）对圆柱壳进行定频激励，获取激振频率下的时域响应曲线，提取一个扫描周期内的时域响应，根据时域响应的上包络线或下包络线得到圆柱壳的模态振型，确保误差处于可接受范围内。

（3）利用扫频得到的时域响应曲线得到某一阶模态共振区间内的幅频曲线，基于频域带宽法得到模态阻尼，确保误差处于可接受范围内。

（4）设计符合人机工程的系统界面，保证系统使用的易用性，确保系统运行流畅。

### 8.4.2.2　测试系统总体架构设计

需求分析阶段形成的文档是系统总体设计的基础，总体设计阶段的任务是简要地回答系统应该如何实现。主要完成以下任务：系统结构设计、数据库设计、系统总体设计文档编写。按照结构化理论，完成一个系统目标需要程序和数据，所以必须设计组成这个系统的结构和数据库，分为三个方面：①将系统按照功能分为若干模块；②确定每个模块之间的调用关系；③确定每个模块之间的接口，即模块之间传递的信息。现有的软件系统基本上都遵循结构化理论，即以各个模块为基础。在需求分析阶段已经明确系统的所有任务，每个任务即一个子模块，总体设计只需要通过各个通信接口将每个模块连接起来。

针对圆柱壳模态特性测试特点，将测试系统分为主模块和各个功能子模块，从主模块切换成子模块需采用用户界面时间处理器架构，利用 While 循环中事件结构的各个分支响应实现对不同模块的调用；数据库采用 TDMS 文件，主要是 TDMS 文件采用二进制方式存储数据，存储速度能达到 600MB/s，这样的存储速度满足振动测试过程中的高速数据采集的要求；系统总体设计文档则采用 Word 文档的格式，将系统的详细操作流程进行具体说明。

## 8.4.3　测试系统基本流程

在开发过程中，LabVIEW 作为上位机数据处理系统，对各种数据进行一系列处理，转换为需要的各个模态参数信息。本系统作为专用的圆柱壳模态测试系统，主要是测试圆柱壳的固有频率、模态振型和模态阻尼。而获得固有频率是获取另外两个模态参数的前提，所以本系统将首先进行固有频率的测试。系统各个模块的测试流程如图 8.29 所示。

在测试固有频率时，因为该模块测试只涉及一个输入端口和一个输出端口，所以配置地址时只需要一个 AI 和一个 AO。测试时采用扫频信号激励圆柱壳，开始时设定扫频范围及扫频时间，选择合适的激励幅值和采样频率即可进行固有频率测试。若测试过程中发现圆柱壳的幅频响应曲线峰值不明显，此时需要逐步加大激励幅值，直至能明显辨别出峰值。

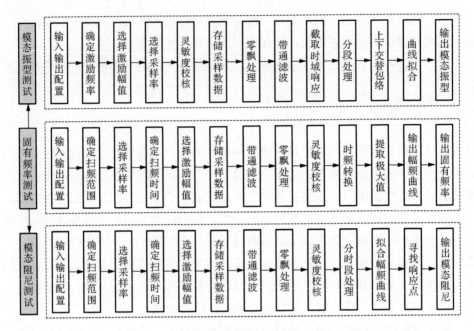

图 8.29　模块测试流程

　　测试模态振型时采用的是定频的简谐激励,运用激光连续扫描的方法来测试。因为测试模态振型时要用到步进电机,而步进电机属于脉冲控制,所以在测试模态振型时,需要再配置一个 DO 端口。在圆柱壳的边缘贴上反光片后,调整步进电机的位置,使激光点能够准确地反射回激光传感器的镜头内。利用辨识出来的固有频率逐阶激励圆柱壳,从而测试圆柱壳的各阶模态的振型。在测试时需要采用合理的电机转速,具体情况要根据圆柱壳的几何尺寸决定,首先进行初步激励,确定合理的电机转速。

　　在进行模态阻尼的测试时,可以参考固有频率测试时的步骤。但激励范围应该是各阶固有频率的 75%～125%,且进行分段扫描,这样即可通过测试获得各阶模态阻尼比。在测试过程中应该保证扫频区间内有且只有 1 阶模态,若扫频范围包含多阶模态,则应缩小扫频区间。

## 8.4.4　测试系统主要功能模块

### 8.4.4.1　主程序模块

　　主程序模块前面板如图 8.30 所示,主要设置进入各个功能模块的按钮及退出程序按钮,包括固有频率-采集、固有频率-显示、模态振型-采集、模态振型-显示、模态阻尼-采集、模态阻尼-显示、退出程序,并在界面上对系统的功能做简要的介绍。主程序模块程序框图如图 8.31 所示，采用用户界面时间处理器架构实现对各个功能模块的切换。该架构的实质是利用 While 循环中事件结构的各个分支响应实现对不同模块的调用。对各个功能模块的调用本质上是通过主程序激活各个功能模块。利用"VI 静态调用"实现主程序与各个功能模块之间的命令交互，通过"前面板窗口在前"→"打开前面板"→"激活前面板"→"前面板最大化"→"运行 VI"的流程实现功能模块的调用和运行。完成模块调用后，利用"自动消除索引"→"关闭引用"完成内存空间的释放。对于程序的退出功能，利用 VI 服务器调用"本 VI"实现 VI 的自我调用，并调用节点中的"关闭本 VI 前面板"实现"本 VI"前面板关闭。由于 LabVIEW 采用数据流进行编程，因此可以利用"错误"节点实现"用户界面时间处理器"与关闭前面板之间的任务顺序。

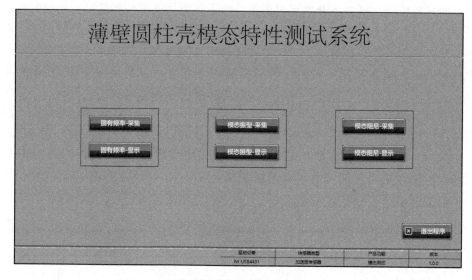

图 8.30　主程序模块前面板

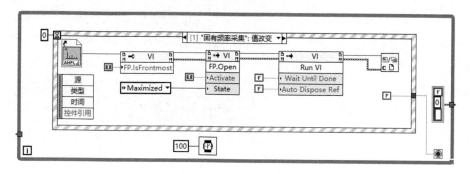

图 8.31　主程序模块程序框图

#### 8.4.4.2　固有频率测试模块

固有频率测试模块采集界面如图 8.32 所示，主要包括开始采集按钮及停止采集按钮、输入通道及输出通道、扫频时间及扫频方式、采样频率及采样数、起始频率及终止频率、激励幅值、激励信号和响应信号。面板上设置开始采集按钮和停止采集按钮，这样做的主要目的是防止计算机内存爆满，导致系统卡顿。如果使用 LabVIEW 的运行和中止执行按钮，则当点击运行按钮，数据采集开始，此时需要选择存储数据的位置，当选择的时间稍长且使用的采样频率很高时，计算机内存瞬间就会爆满，系统会立即停止执行，这会给实验带来巨大的影响和不确定性。为了防止出现这种情况，在界面上设置了开始采集按钮和停止采集按钮。当该模块运行时，首先弹出选择数据存储位置的对话框，确定了存储位置，再点击开始采集按钮，模块才开始正式采集。由于该模块属于扫频激励，扫频时间较长，当扫频过程中出现问题时，需要及时停止采集，故设计了停止采集按钮。当然，点击 LabVIEW 原有的中止执行按钮也可以实现停止的功能，这里重新设计停止按钮，主要是为了使界面更加符合人机工程学，所以在开始采集按钮的旁边设计了停止采集按钮。输入通道及输出通道则是为了施加激励和采集响应，模块的激励源不是由信号发生器提供，而是通过 VI 提供，生成的简谐激励通过输出通道传递给模态激振器，进而激励圆柱壳，圆柱壳的振动响应则通过输入通道进入分析系统。扫频时间和扫频方式是根据需要设定的，设定的扫频时间首先应该保证消除瞬态振动带来的影响，即扫频速度不能过快。扫频方式主要有线性扫频和对数扫频，可以根据需要自行设定。至于采样频率及采样数，设定的采样频率

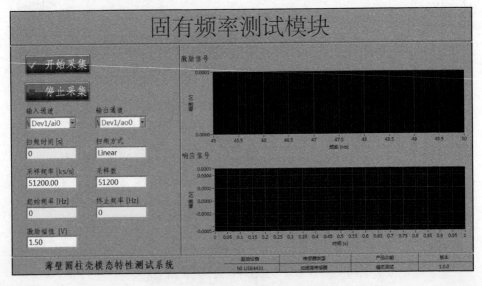

图 8.32　固有频率测试模块采集界面

应满足奈奎斯特律，即采样频率大于等于目标频率的 2.56 倍，采样数则是刷新的频率。起始频率和终止频率指的是目标频率范围，即扫频区间。激励幅值则是指激励信号的大小。当激励幅值过小，圆柱壳响应幅值同样很小，这样会造成辨识困难；当激励幅值过大，会造成实验时硬件的损坏。采用的激励幅值不能超过采集设备允许的最大电压，所以要恰当地选择激励幅值。首先应该选择一个小的激励，在硬件允许的范围内，逐步增大激励幅值，以便达到最佳的响应效果。激励信号横坐标对应的是频率，纵坐标对应的是幅值，使实验的每时每刻都可以观察到激励频率；响应信号横坐标对应的是时间，纵坐标对应的是幅值，显示的是每时每刻的响应信号。

固有频率测试模块采集程序如图 8.33 所示。该模块激励采用扫频形式，可以进行线性扫频和对数扫频，同时自定义扫频时间和扫频范围，可以实现正弦波激励、白噪声、蜂鸣脉冲激励等多种激励形式。该模块设计模式采用生产者/消费者模式，两者之间存在缓冲区。当采集的数据量大于处理数据的极限时，缓冲区不断减小，当缓冲区大小为 0 时，停止采集，等到缓冲区出现剩余空间时，继续开始采集；当数据处理量大于采集的数据量时，缓冲区内的数据逐渐减少，当缓冲区为 0 时，停止数据处理。采用生产者/消费者模式实现数据的连续采集与数据处理，保证数据的无缝操作，消除了模块上溢带来的困扰，可以保证数据的准确采集。数据存储依旧采用 TDMS 文件。

固有频率测试模块数据显示界面如图 8.34 所示，主要包括开始按钮及停止按钮、灵敏度、低截止频率及高截止频率、采样时间及采样频率、阈值及波峰/波谷、时域响应、上包络线和幅频曲线叠加。由于数据量比较大，设置开始按钮及停止按钮是为了防止测试模块崩溃。灵敏度则是将测得的电压信号转化为振动量，比如位移量、速度量及加速度量，此处设置为加速度量。低截止频率和高截止频率对应的是采样时的起始频率和终止频率，因为模块中选用的是带通滤波器，只留下低截止频率和高截止频率这个区间内的目标频率。采样时间及采样频率指的是采集时的扫频时间和采样频率。阈值指的是提取包络线的最小值。波峰/波谷指的是提取的上包络线或者下包络线的极大值点和极小值点。时域响应显示的是所有采集数据，是一系列正弦波的叠加，利用扫频信号包络线法可以从时域响应中提取信号的上包络线，显示在图 8.34 右上角的上包络线图中。由于测试时选择的采集点可能处于某阶模态的节点中，这将造成漏频现象。为了防止出现漏频，实验时需要采集多个测点的时域响应，再将多个测点的上包络线叠加，输出多条幅频曲线以辨识圆柱壳固有频率。为了将多条包络线叠加在一起，系统中采用双按钮对话框和移位寄存器的组合，如果选择的上包络线数量没有达到目标要求，已经得到的上包络线全部存储在移位寄存器内，每次选择一条曲线之后，系统会提示是否需要继续输入，当选择结束输入时，移位寄存器释放内存，系统将这些一维数组通过连续输入的创建数组的形式转换为一个二维数组，通过图 8.34 中右下角的幅频曲线叠加图输出。

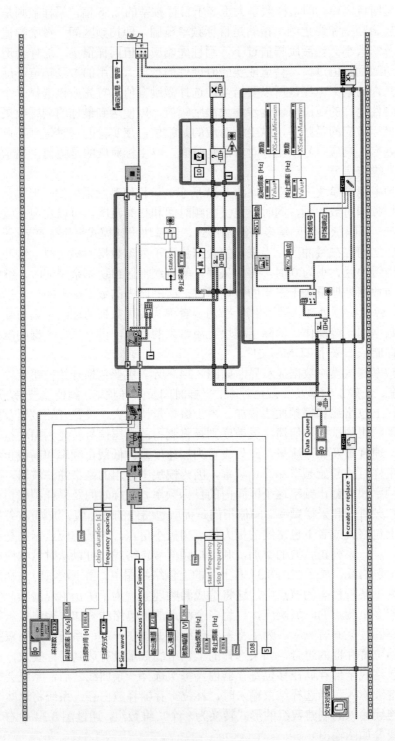

图 8.33　固有频率测试模块采集程序

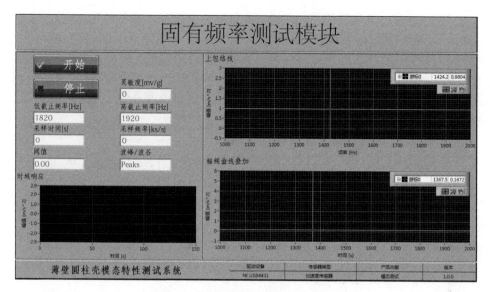

图 8.34　固有频率测试模块显示界面

　　该模块采用包络线法辨识圆柱壳的固有频率，那么就需要根据时域响应曲线提取包络线，这里采用波峰检测 VI 提取时域响应的上包络线，利用此 VI 可以随意设置阈值，求出大于某一具体值的所有峰值。同时，该模块辨识圆柱壳的固有频率主要依据的是时域响应信号，而辨识固有频率对应的是频率信号，所以需要根据数学关系将时域转换为频域，程序框图如图 8.35 所示，将时域响应的横坐标由时间转换为频率，纵坐标不变，保持为响应值。当原始数据比较庞大时，计算机无法全部进行读取，同时也为了节省资源、方便管理，需要对数据进行一定程度的压缩，保证不会产生系统崩溃等现象。在压缩的过程中应该保证系统的测试精度，所以压缩的具体比例需要根据系统设定的精度来设置。具体做法就是索引其中重要的点，只对这些重要的点进行存储。索引或者舍弃哪些点，这些需要根据测试实验的具体要求来确定。

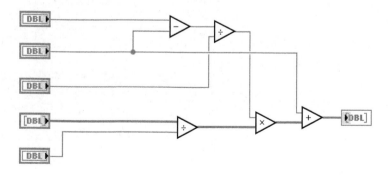

图 8.35　时频转换程序框图

采集卡采集的是电压信号，在进行幅频响应分析时，需要将其转换为对应的振动信号，故设置灵敏度转换 VI，其程序框图如图 8.36 所示。在转换为振动量的同时，对数据进行零漂处理，首先提取采集到的波形幅值，对其做均值处理后从原始波形幅值上去除变异量，并对单位进行转换。通过波形重构后不仅解决了零漂带来的影响，而且实现了采集数据的电压单位向加速度单位、速度单位或者位移单位的转化。

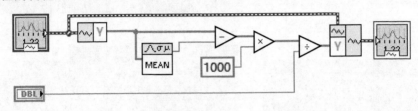

图 8.36　灵敏度转换程序

### 8.4.4.3　模态振型测试模块

模态振型测试模块采集界面如图 8.37 所示，主要包括开始采集按钮及停止采集按钮、输入通道及输出通道、激励频率及激励幅值、采样频率及采样数、灵敏度及灵敏度单位、激励信号及响应信号。开始采集、停止采集、输入通道、输出通道、激励幅值的作用与固有频率测试模块作用一致，而模态振型测试属于定频激励，激励频率是固定的，激励频率是实验件的各阶固有频率。采样频率和采样数可根据具体实验需求设置。灵敏度则是将电压信号转化为速度信号。激励信号属于正弦激励，响应信号测试直接得到速度信号，两者都属于时域信号，横坐标都为时间，而激励信号的纵坐标属于电压信号，响应信号的纵坐标属于速度信号。

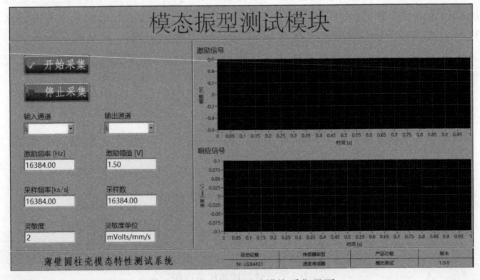

图 8.37　模态振型测试模块采集界面

模态振型测试模块采集程序如图 8.38 所示。采用 NI-DAQmx 进行数据采集，NI-DAQmx 是支持用多条数据流来操作板卡的，也就是说可以采用不同的数据流来操作同一块板卡。有了多线程的支持，在编写采集程序时可以采用并行的方式。这样，每个线程将对板卡进行一种操作，每种操作的延时间隔也可以根据需求设定。采用并行编程架构需要考虑时钟同步问题，若时钟不同步将造成数据丢失或延时滞后，定时分为软件定时和硬件定时。软件定时是利用指令执行的时间来达到定时的目的，一般是利用循环执行一段指令来定时一段比较长的时间。优点：不需占用硬件资源，编程简单。缺点：占用 CPU 的时间，CPU 利用率低。长时间的软件定时会让系统的实时性非常差。适用场合：微秒级的短时间延时，系统实时性要求不高和硬件资源紧张的场合。硬件定时是利用定时器来计算时间。优点：定时准确，不霸占 CPU，系统响应速度快。缺点：占用硬件资源。综合来看采用软件定时即可满足系统需求。数据存储同样采用生产者/消费者模式。同时，在数据采集的过程中使用 NI-DAQmx 配置输入缓冲区 VI，人为设定缓冲区大小，忽略 NI-DAQmx 执行的自动分配输入缓冲区，这将避免在采样频率设置过大时，导致波形图的缓存爆满，使系统卡死。

步进电机的转速通过脉冲频率来控制，设步进电机的转速为 $n$，脉冲频率为 $f$，细分倍数为 $X$，固有步距角为 $T$，则

$$n = \frac{60f}{360\,X/T} \qquad (8.51)$$

图 8.39 为步进电机控制程序框图。本节采用 NI 9402 产生脉冲来控制并驱动步进电机。将目标转速的对应频率输入 VI，这里采用软件定时的方式，利用 NI-DAQmx 进行数据采集，这里数据采集的目的是利用 VI 产生的模拟量使电机产生运动。由于步进电机属于开环控制，只需要输入信号，不需要输出信号，对电机的控制 VI 而言，就不需要设置采集电机响应的子 VI。

模态振型测试模块显示界面如图 8.40 所示。主要包括开始按钮及停止按钮、文件路径、固有频率、采样频率、转速、差值次数、鼓筒半径、时域响应信号、扫描一圈的时域响应信号及圆柱壳振型。虽然振型测试时的激励是定频激励，但采集卡不可避免地会采集到非目标频率，在这种情况下，就需要对采集到的数据进行进一步处理。这里采用滤波的方式滤掉非目标频率。滤波器分为低通滤波、高通滤波、带通滤波和带阻滤波，考虑到目的是只保留目标频率，所以采用带通滤波，通过的频率区间为目标频率±1。

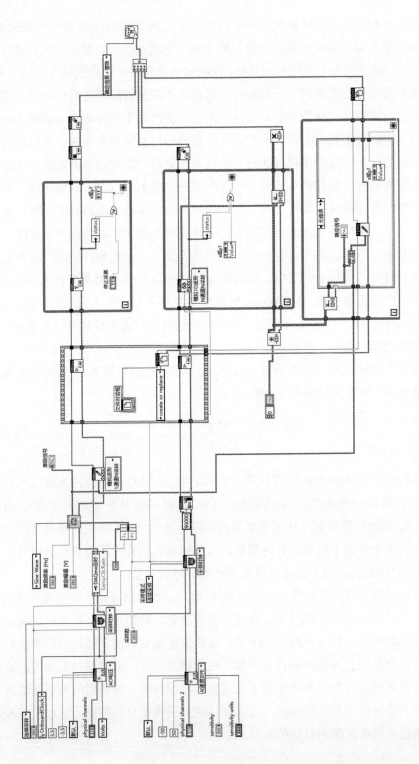

图 8.38　模态振型测试模块采集程序

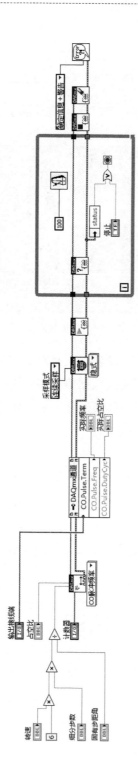

图 8.39　步进电机控制程序框图

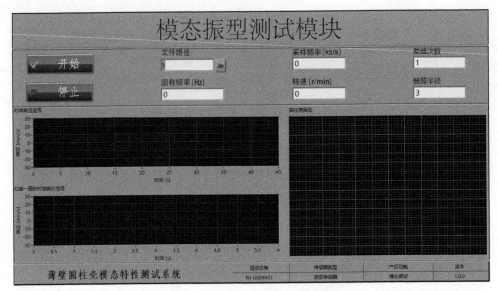

图 8.40    模态振型测试模块显示界面

测试过程中无法保证恰好扫描一圈停止，且对于扫描的起始和停止，会由于电机的启停产生较大的振动造成采集的数据偏离实际值，所以在进行数据处理时，要选取中间段数据进行处理，在源头降低误差。图 8.41 为截取扫描一圈时域信号的程序框图，主要依据转速来截取数据。

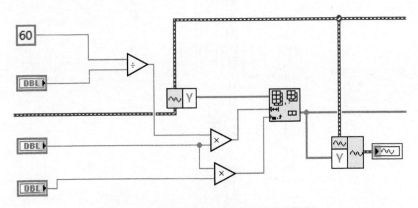

图 8.41    截取扫描一圈时域信号程序框图

得到圆柱壳一圈的振动位移之后需要建立模型将圆柱壳的振型显示出来，且将同时显示圆柱壳未发生形变的原始形状和发生形变后产生的振型。为了让振型看起来比较协调，对数据进行归一化处理，采用正弦函数和余弦函数来表

示 $X$ 向和 $Y$ 向的数据，最重要的是将数据量按角度划分，这样就是处理有限个数据量。

### 8.4.4.4　模态阻尼测试模块

模态阻尼测试依据的原理是频域带宽法，需要确定半功率点频率和固有频率。在固有频率测试模块详细阐述了固有频率的获取过程，这里不再赘述，而半功率点频率可以根据固有频率计算得到。但由于圆柱壳的密频特性，根据经典的半功率带宽法计算得到的两个半功率点频率区间可能包含两个及以上的固有频率，那么在这种情况下经典的半功率带宽法显然是不适用的。这里采用频域带宽法，选取固有频率的 75%～125% 作为共振区间，若该区间内存在 2 阶及以上固有频率，那么逐渐降低该区间，使该区间有且只有 1 阶固有频率，这样就保证了模态阻尼测试结果的准确性。模态阻尼测试模块采集部分采用的架构与固有频率测试模块采集部分采用的架构一样，这里不再详述。图 8.42 为模态阻尼测试模块采集界面，图 8.43 为模态阻尼测试模块显示界面。

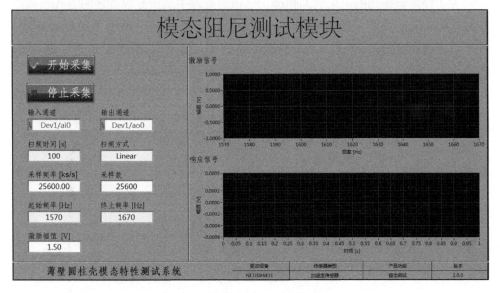

图 8.42　模态阻尼测试模块采集界面

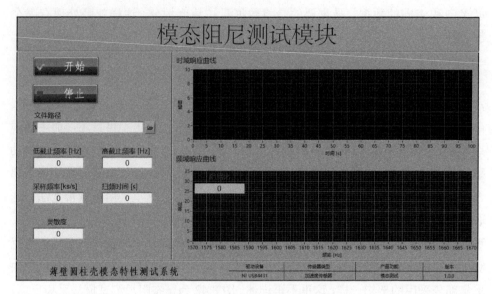

图 8.43  模态阻尼测试模块显示界面

　　为了使辨识得到的阻尼更加精准，在数据处理中采用分段处理的方式。按照扫频时间和采样频率，将原始的时域波形分成 1s 一段，首先利用获取波形成分 VI，提取响应数据的数值，然后运用重排数组维数 VI，将数据按照扫频时间分为 $n$ 段，再利用 For 循环将这 $n$ 段数组组成一个 $n$ 维数组，这样在后续的数据处理中就可以利用循环的方式对每一段数据分别进行处理，将大大降低处理数据所占用的内存，其程序框图如图 8.44 所示。

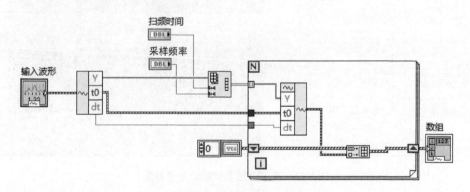

图 8.44  分段处理程序框图

　　利用频域带宽法辨识圆柱壳的模态阻尼实际上需要依据幅频曲线进行计算。将每段时域波形进行 FFT 之后，得到的数组中包含初始频率、频率增量和响应幅值这三个量，为了利用这三个量得到圆柱壳的幅频曲线，采用如图 8.45 所示的数据处理方式，将簇中的三个量转换为一维的频率数组和一维的响应数组。为了找出真实值，利用样条插值的方式对两个一维数组同时进行差值，插值过程中使用的一维插值 VI 的 X 为单调变化端口，应设置为 TRUE，这样插值算法可避免对 X 进行排序，也可避免重新对 Y 排序。插值完成后，将两个一维数组组合成一个簇，即将两个一维数组转换为一个二维数组输出，利用 XY 图输出圆柱壳的幅频曲线。

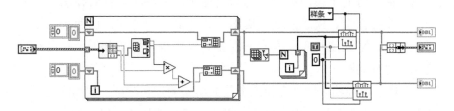

图 8.45　生成幅频曲线程序框图

得到频率的一维数组和响应的一维数组之后，利用数组最大值与最小值 VI，根据峰值法辨识出圆柱壳的最大响应，根据索引值即可找出圆柱壳的固有频率。当半功率点所在的频率值超过所选区间时，表明该区间处于密频区间，为了辨识圆柱壳的模态阻尼，这里采用频域带宽法。找出同倍数的左右两点代替传统的半功率点计算模态阻尼，这种方法的原理在 8.2 节已经进行详细推导，并证明了该方法的正确性。计算模态阻尼程序框图如图 8.46 所示。

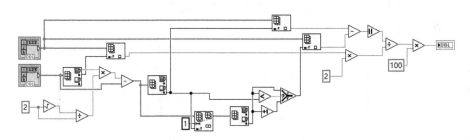

图 8.46　计算模态阻尼程序框图

# ■ 8.5　本章小结

本章研究了圆柱壳结构振动实验测试问题。阐述了薄壁圆柱壳模态测试的基本原理与对其进行模态分析常用的方法。针对模态三要素——固有频率、模态振型、模态阻尼——给出了具体的辨识方法，并开展了两端自由的薄壁圆柱壳和整周约束的薄壁圆柱壳的固有频率、模态振型和模态阻尼测试与验证。通过实验方法分析了螺栓连接对圆柱壳模态特性和响应特征的影响规律。开发了薄壁圆柱壳模态特性测试系统，实现了数据的采集、处理和存储。

（1）阐述了圆柱壳模态测试的基本原理和常用的模态分析方法。从基础的单自由度系统出发，根据强迫振动微分方程推导多自由度系统的强迫振动微分方程，从而将多自由度系统的模态转换为单自由度系统的模态。叙述了模态测试原理，包括振动时的主模态和主模态与传递函数的关系。针对模态三要素，即固有频率、模态振型、模态阻尼，给出了具体的辨识方法。以两端自由的圆柱壳为例，利用有限元法和实验方法分别对圆柱壳进行模态分析，对比结果证明了实验方法的有效性。

（2）开展了整周约束圆柱壳模态参数的实验测试与验证，根据激光光束示意图，对搭建的测试平台进行误差分析，得到了激光测振仪和旋转反光镜每个自由度方向由于偏差产生的误差。通过计算零偏差条件下的一阶偏导数得到灵敏度，进而衡量各个自由度方向上产生误差的大小。结果表明，激光测振仪的两个平移自由度 $y_a$ 和 $z_a$ 对实验台测试精度影响最大。然后，基于扫频信号包络线法利用时域信号辨识圆柱壳固有频率，与锤击法和振动台扫频法的测试结果对比证明了该方法的实用性。相比传统的振型测试方法，提高了测试效率，且获取的振型比锤击法得到的振型效果更好。同时，基于频域带宽法测试模态阻尼，解决传统的半功率带宽法无法识别密集模态处模态阻尼的问题。通过将测试的不同位置的阻尼相互比较，发现误差在允许的范围内，说明采用该方法测试圆柱壳的模态阻尼是有效的。

（3）搭建了螺栓连接圆柱壳振动实验台，针对不同工况下圆柱壳振动特性进行了测试，重点研究了螺栓数量对圆柱壳模态特性的影响规律，以及拧紧力矩和激振力水平对螺栓连接非线性问题引起的圆柱壳非线性振动特性的影响规律。首先通过实验结果与理论方法结果所获得的频率和振型进行对比，验证了提出的模型及计算方法的正确性。研究发现螺栓数量的增加不仅改变圆柱壳频率的大小及模态阶次，而且改变圆柱壳振型形状，在螺栓数量较小的工况下变化尤为明显，当螺栓数量较多时，其频率、振型都趋于稳定，逐渐规则化。在外载荷的作用下，圆柱壳振动响应表现出了明显的非线性特征，响应非线性特征主要是由螺栓连接非线性刚度和非线性阻尼引起的。随着拧紧力矩的增大，圆柱壳的螺栓连接边界刚度逐渐增大，阻尼逐渐减小，从而导致共振频率逐渐增大，响应幅值也有相应的增大。随着激励水平的升高，螺栓连接等效刚度逐渐减小，结构模态阻尼比逐渐增大，圆柱壳结构共振频率逐渐减小，响应幅值增大，导纳幅值减小。

（4）依据 LabVIEW、NI-DAQmx 数据采集模块和声音与振动模块开发了圆柱壳模态特性测试系统，实现了数据的采集、处理和存储等功能。圆柱壳模态特性测试系统包含固有频率、模态振型和模态阻尼三个测试模块。固有频率测试模块：利用该模块可以对圆柱壳固有频率进行测试，通过对圆柱壳进行扫频激励得到圆柱壳的时域响应曲线，利用扫频信号包络线法辨识圆柱壳的固有频率。该模块可以实现对任意结构进行固有频率测试，具有广泛的实用性。模态振型测试模块：利用该模块实现对圆柱壳模态振型的测试，对圆柱壳施加定频激励，使用单点激光旋转扫描的方法得到结构的时域响应曲线，通过对时域响应曲线进行数据处理得到圆柱壳的模态振型。该模块可以实现对圆柱形结构进行模态振型测试，属于专用模块。模态阻尼测试模块：利用该模块实现对圆柱壳模态阻尼的测试，通过对圆柱壳施加扫频激励得到圆柱壳的时域响应曲线，利用扫频信号包络线法得到圆柱壳的幅频响应曲线，利用频域带宽法得到圆柱壳的模态阻尼。该模块可以实现对任意圆柱壳进行模态阻尼测试，具有广泛实用性。

# 参 考 文 献

[1] 中国航空发动机集团. "昆仑"发动机[EB/OL]. (2018-07-22)[2023-06-18]. https://www.aecc.cn/cpbw/cpgc/gffdj/388981.shtml.

[2] 中国航空发动机集团. QD70 系列燃机[EB/OL]. (2018-07-22)[2023-06-18]. https://www.aecc.cn/cpbw/cpgc/rqlj/388993.shtml.

[3] 中国腐蚀与防护网. F16 战斗机北海坠毁后，经过力学性能分析，全世界的 F16 引擎更换了这个材料的零件[EB/OL]. (2016-02-22)[2023-06-18]. http://www.ecorr.org.cn/news/industry/2016-02-22/3885.html.

[4] 张学良. 机械结合面动态特性及应用[M]. 北京: 中国科学技术出版社, 2002.

[5] 洪其麟. 航空发动机结构完整性和可靠性[J]. 航空标准化与质量, 1988, 2: 26-28.

[6] 陶春虎. 航空发动机转动部件的失效与预防[M]. 北京: 国防工业出版社, 2000.

[7] 姜晓莲, 王斌. 浅析未来航空发动机技术的发展[J]. 航空科学技术, 2010, 2: 12-14.

[8] 温登哲. 航空发动机机匣模型的若干动力学特性研究[D]. 哈尔滨: 哈尔滨工业大学, 2015.

[9] Love A E H. The small free vibrations and deformation of a thin elastic shell[J]. Philosophical Transactions of the Royal Society of London, 1888, 179: 491-546.

[10] Donnell L H. Stability of thin-walled tubes under torsion[J]. Technical Report Archive and Image Library, 1935, 20: 95-116.

[11] Sanders J L. An improved first-approximation theory for thin shells[R]. NASA R-24, Washington D. C.: NASA, 1959.

[12] Flügge W. Stresses in Shells[M]. Berlin, Heidelberg: Springer, 1973.

[13] Lam K Y, Loy C T. Effects of boundary conditions on frequencies of a multi-layered cylindrical shell[J]. Journal of Sound and Vibration, 1995, 188(3): 363-384.

[14] Lam K Y, Loy C T. Influence of boundary conditions for a thin laminated rotating cylindrical shell[J]. Composite Structures, 1998, 41(3): 215-228.

[15] Suzuki K, Takahashi R, Kosawada T. Analysis of vibrations of rotating thin circular cylindrical shells[J]. JSME International Journal, 1991, 34(1): 19-25.

[16] Li H, Lam K Y. Frequency characteristics of a thin rotating cylindrical shell using the generalized differential quadrature method[J]. International Journal of Mechanical Sciences, 1998, 40(5): 443-459.

[17] Li X B. Study on free vibration analysis of circular cylindrical shells using wave propagation[J]. Journal of Sound and Vibration, 2008, 311(3-5): 667-682.

[18] Liu L, Cao D X, Sun S P. Vibration analysis for rotating ring-stiffened cylindrical shells with arbitrary boundary conditions[J]. Journal of Vibration and Acoustics, 2013, 135(6): 061010.

[19] 张爱国, 李文达, 杜敬涛, 等. 不同边界条件正交各向异性圆柱壳结构固有振动分析[J]. 哈尔滨工程大学学报, 2014, 35(4): 420-425.

[20] Qin Z Y, Chu F L, Jean Z U. Free vibrations of cylindrical shells with arbitrary boundary conditions: A comparison study[J]. International Journal of Mechanical Sciences, 2017, 133: 91-99.

[21] Qin Z Y, Pang X J, Safaei B, et al. Free vibration analysis of rotating functionally graded CNT reinforced composite cylindrical shells with arbitrary boundary conditions[J]. Composite Structures, 2019, 220: 847-860.

[22] Irie T, Yamada G, Kudoh Y. Free vibration of a point-supported circular cylindrical shell[J]. Journal of the Acoustical Society of America, 1984, 75(4): 1118-1123.

[23] Chen Y H, Jin G Y, Liu Z G. Free vibration analysis of circular cylindrical shell with non-uniform elastic boundary constraints[J]. International Journal of Mechanical Sciences, 2013, 74: 120-132.

[24] Xie K, Chen M X, Zhang L, et al. Free and forced vibration analysis of non-uniformly supported cylindrical shells through wave based method[J]. International Journal of Mechanical Sciences, 2017, 128-129: 512-526.

[25] Lam K Y, Loy C T. Influence of boundary conditions and fibre orientation on the natural frequencies of thin orthotropic laminated cylindrical shells[J]. Composite Structures, 1995, 31: 21-30.

[26] Huang D T Y. Approximate modal characteristics of shell-plate combined structures[J]. Journal of Sound and Vibration, 2001, 246(5): 942-952.

[27] 刘小宛, 梁斌. 环肋圆柱壳的自由振动特性[J]. 河南科技大学学报(自然科学版), 2014, 35(2): 62-66.

[28] Jeong K H, Lee S C. Fourier series expansion method for free vibration analysis of either a partially liquid-filled or a partially liquid-surrounded circular cylindrical shell[J]. Computers and Structures, 1996, 58(5): 937-946.

[29] Shao Z S, Ma G W. Free vibration analysis of laminated cylindrical shells by using fourier series expansion method[J]. Journal of Thermoplastic Composite Materials, 2007, 20(6): 551-573.

[30] Dai L, Yang T, Li W L, et al. Dynamic analysis of circular cylindrical shells with general boundary conditions using modified fourier series method[J]. Journal of Vibration and Acoustics, 2012, 134(4): 041004.

[31] Dai L, Yang T J, Du J T, et al. An exact series solution for the vibration analysis of cylindrical shells with arbitrary boundary conditions[J]. Applied Acoustics, 2013, 74(3): 440-449.

[32] Jin G Y, Ye T G, Chen Y H, et al. An exact solution for the free vibration analysis of laminated composite cylindrical shells with general elastic boundary conditions[J]. Composite Structures, 2013, 106: 114-127.

[33] Su Z, Jin G Y, Shi S X, et al. A unified solution for vibration analysis of functionally graded cylindrical, conical shells and annular plates with general boundary conditions[J]. International Journal of Mechanical Sciences, 2014, 80: 62-80.

[34] Matsunaga H. Free vibration of thick circular cylindrical shells subjected to axial stresses[J]. Journal of Sound and Vibration, 1998, 211(1): 1-17.

[35] Hägglund A M, Folkow P D. Dynamic cylindrical shell equations by power series expansions[J]. International Journal of Solids and Structures, 2008, 45(16): 4509-4522.

[36] Firouz-Abadi R D, Torkaman-Asadi M A, Rahmanian M. Whirling frequencies of thin spinning cylindrical shells surrounded by an elastic foundation[J]. Acta Mechanica, 2013, 224(4): 881-892.

[37] Torkaman-Asadi M A, Firouz-Abadi R D. Free vibration analysis of cylindrical shells partially resting on an elastic foundation[J]. Meccanica, 2016, 51(5): 1113-1125.

[38] Bhat R B. Natural frequencies of rectangular plates using characteristic orthogonal polynomials in Rayleigh-Ritz method[J]. Journal of Sound and Vibration, 1985, 102(4): 493-499.

[39] Bhat R B. Nature of stationarity of the natural frequencies at the natural modes in the Rayleigh-Ritz method[J]. Journal of Sound and Vibration, 1997, 203(2): 251-263.

[40] Song X Y, Zhai J Y, Chen Y G, et al. Traveling wave analysis of rotating cross-ply laminated cylindrical shells with arbitrary boundaries conditions via Rayleigh-Ritz method[J]. Composite Structures, 2015, 133: 1101-1115.

[41] Li C F, Tang Q S, Wen B C. Nonlinear dynamic behavior analysis of pressure thin-wall pipe segment with supported clearance at both ends[J]. Mathematical Problems in Engineering, 2016(7): 1-22.

[42] Sun W, Zhu M N, Wang Z. Free vibration analysis of a hard-coating cantilever cylindrical shell with elastic constraints[J]. Aerospace Science and Technology, 2017, 63: 232-244.

[43] Lin H G, Cao D Q, Shao C H. An admissible function for vibration and flutter studies of FG cylindrical shells with arbitrary edge conditions using characteristic orthogonal polynomials[J]. Composite Structures, 2018, 185: 748-763.

[44] Zhou D, Cheung Y K, Lo S H, et al. 3D vibration analysis of solid and hollow circular cylinders via Chebyshev-Ritz method[J]. Computer Methods in Applied Mechanics and Engineering, 2003, 192(13-14): 1575-1589.

[45] Pellicano F. Vibrations of circular cylindrical shells: Theory and experiments[J]. Journal of Sound and Vibration, 2007, 303(1-2): 154-170.

[46] Kurylov Y, Amabili M. Polynomial versus trigonometric expansions for nonlinear vibrations of circular cylindrical shells with different boundary conditions[J]. Journal of Sound and Vibration, 2010, 329(9): 1435-1449.

[47] Ng T Y, Lam K Y, Reddy J N. Parametric resonance of a rotating cylindrical shell subjected to periodic axial loads[J]. Journal of Sound and Vibration, 1998, 214(3): 513-529.

[48] Qu Y G, Hua H X, Meng G. A domain decomposition approach for vibration analysis of isotropic and composite cylindrical shells with arbitrary boundaries[J]. Composite Structures, 2013, 95: 307-321.

[49] Qu Y G, Long X H, Wu S H, et al. A unified formulation for vibration analysis of composite laminated shells of revolution including shear deformation and rotary inertia[J]. Composite Structures, 2013, 98: 169-191.

[50] Osguei A T, Ahmadian M T, Asghari M, et al. Free vibration analysis of cylindrical panels with spiral cross section[J]. International Journal of Mechanical Sciences, 2017, 133: 376-386.

[51] Zhang X M. Vibration analysis of cross-ply laminated composite cylindrical shells using the wave propagation approach[J]. Applied Acoustics, 2001, 62(11): 1221-1228.

[52] Zhang X M, Liu G R, Lam K Y. Vibration analysis of thin cylindrical shells using wave propagation approach[J]. Journal of Sound and Vibration, 2001, 239(3): 397-403.

[53] Zhang X M, Liu G R, Lam K Y. Coupled vibration analysis of fluid-filled cylindrical shells using the wave propagation approach[J]. Applied Acoustics, 2001, 62(3): 229-243.

[54] Zhang X M. Frequency analysis of submerged cylindrical shells with the wave propagation approach[J]. International Journal of Mechanical Sciences, 2002, 44(7): 1259-1273.

[55] Yan J, Li F C, Li T Y. Vibrational power flow analysis of a submerged viscoelastic cylindrical shell with wave propagation approach[J]. Journal of Sound and Vibration, 2007, 303(1-2): 264-276.

[56] Lam K Y, Li H. Vibration analysis of a rotating truncated circular conical shell[J]. International Journal of Solids and Structures, 1997, 34(17): 2183-2197.

[57] Gan L, Li X B, Zhang Z. Free vibration analysis of ring-stiffened cylindrical shells using wave propagation approach[J]. Journal of Sound and Vibration, 2009, 326(3-5): 633-646.

[58] Wang P, Li T Y, Zhu X. Free flexural vibration of a cylindrical shell horizontally immersed in shallow water using the wave propagation approach[J]. Ocean Engineering, 2017, 142: 280-291.

[59] Kumar A, Das S L, Wahi P. Effect of radial loads on the natural frequencies of thin-walled circular cylindrical shells[J]. International Journal of Mechanical Sciences, 2017, 122: 37-52.

[60] Caresta M, Kessissoglou N J. Acoustic signature of a submarine hull under harmonic excitation[J]. Applied Acoustics, 2010, 71(1): 17-31.

[61] Huang S C, Hsu B S. Resonant phenomena of a rotating cylindrical shell subjected to a harmonic moving load[J]. Journal of Sound and Vibration, 1990, 136(2): 215-228.

[62] Ng T Y, Lam K Y. Vibration and critical speed of a rotating cylindrical shell subjected to axial loading[J]. Applied Acoustics, 1999, 56(4): 273-282.

[63] Saito T, Endo M. Vibration of finite length, rotating cylindrical shells[J]. Journal of Sound and Vibration, 1986, 107(1): 17-28.

[64] Sun S P, Chu S M, Cao D Q. Vibration characteristics of thin rotating cylindrical shells with various boundary conditions[J]. Journal of Sound and Vibration, 2012, 331(18): 4170-4186.

[65] Lee Y S, Kim Y W. Effect of boundary conditions on natural frequencies for rotating composite cylindrical shells with orthogonal stiffeners[J]. Advances in Engineering Software, 1999, 30(9-11): 649-655.

[66] Civalek Ö. A parametric study of the free vibration analysis of rotating laminated cylindrical shells using the method of discrete singular convolution[J]. Thin-Walled Structures, 2007, 45(7-8): 692-698.

[67] Chu H N. Influence of Large Amplitudes on flexural vibrations of a thin circular cylindrical shell[J]. Journal of the Aerospace Sciences, 1961, 28(8): 602-609.

[68] Chen J C, Babcock C D. Nonlinear vibration of cylindrical shells[J]. AIAA Journal, 1975, 13(7): 868-876.

[69] Amabili M, Paidoussis M P. Review of studies on geometrically nonlinear vibrations and dynamics of circular cylindrical shells and panels, with and without fluid-structure interaction[J]. Applied Mechanics Reviews, 2003, 56(4): 349-381.

[70] Karagiozis K N, Amabili M, Païdoussis M P, et al. Nonlinear vibrations of fluid-filled clamped circular cylindrical shells[J]. Journal of Fluids and Structures, 2005, 21(5-7): 579-595.

[71] Jansen E L. Effect of boundary conditions on nonlinear vibration and flutter of laminated cylindrical shells[J]. Journal of Vibration and Acoustics, 2007, 130(1): 195-208.

[72] Rougui M, Moussaoui F, Benamar R. Geometrically non-linear free and forced vibrations of simply supported circular cylindrical shells: A semi-analytical approach[J]. International Journal of Non-Linear Mechanics, 2007, 42(9): 1102-1115.

[73] Avramov K V, Mikhlin Y V, Kurilov E. Asymptotic analysis of nonlinear dynamics of simply supported cylindrical shells[J]. Nonlinear Dynamics, 2006, 47(4): 331-352.

[74] Amabili M, Reddy J N. A new non-linear higher-order shear deformation theory for large-amplitude vibrations of laminated doubly curved shells[J]. International Journal of Non-Linear Mechanics, 2010, 45(4): 409-418.

[75] Zhang W, Hao Y X, Yang J. Nonlinear dynamics of FGM circular cylindrical shell with clamped-clamped edges[J]. Composite Structures, 2012, 94(3): 1075-1086.

[76] Pellicano F, Avramov K V. Linear and nonlinear dynamics of a circular cylindrical shell connected to a rigid disk[J]. Communications in Nonlinear Science and Numerical Simulation, 2007, 12(4): 496-518.

[77] Lee Y S, Kim Y W. Nonlinear free vibration analysis of rotating hybrid cylindrical shells[J]. Computers and Structures, 1999, 70(2): 161-168.

[78] Wang Y Q, Guo X H, Chang H H, et al. Nonlinear dynamic response of rotating circular cylindrical shells with precession of vibrating shape-Part I: Numerical solution[J]. International Journal of Mechanical Sciences, 2010, 52(9): 1217-1224.

[79] Liu Y F, Chu F L. Nonlinear vibrations of rotating thin circular cylindrical shell[J]. Nonlinear Dynamics, 2011, 67(2): 1467-1479.

[80] Cheng L, Nicolas J. Free vibration analysis of a cylindrical shell-circular plate system with general coupling and various boundary conditions[J]. Journal of Sound and Vibration, 1992, 155(2): 231-247.

[81] Huang D T, Soedel W. Natural frequencies and modes of a circular plate welded to a circular cylindrical shell at arbitrary axial positions[J]. Journal of Sound and Vibration, 1993, 162(3): 403-427.

[82] Huang D T, Soedel W. On the free vibrations of multiple plates welded to a cylindrical shell with special attention to mode pairs[J]. Journal of Sound and Vibration, 1993, 166(2): 315-339.

[83] Harari A, Sandman B E, Zaldonis J A. Analytical and experimental determination of the vibration and pressure radiation from a submerged, stiffened cylindrical shell with two end plates[J]. Journal of the Acoustical Society of America, 1994, 95(6): 3360-3368.

[84] Yuan J, Dickinson S M. The free vibration of circularly cylindrical shell and plate systems[J]. Journal of Sound and Vibration, 1994, 175(2): 241-263.

[85] Amabili M. Shell-plate interaction in the free vibrations of circular cylindrical tanks partially filled with a liquid: The artificial spring method[J]. Journal of Sound and Vibration, 1997, 199(3): 431-452.

[86] Yim J S, Sohn D S, Lee Y S. Free vibration of clamped-free circular cylindrical shell with a plate-attached at an arbitrary axial position[J]. Journal of Sound and Vibration, 1998, 213(1): 75-88.

[87] 钱斌, 杨世兴, 盛美萍, 等. 封闭圆柱壳振动响应特性研究[J]. 机械科学与技术, 2002, 21(1): 122-123.

[88] Zhang F, Cheng L, Yam L H, et al. Modal characteristics of a simplified brake rotor model using semi-analytical Rayleigh-Ritz method[J]. Journal of Sound and Vibration, 2006, 297(1-2): 72-88.

[89] 邹明松, 吴文伟, 孙建刚, 等. 两端圆板封闭圆柱壳自由振动的半解析解[J]. 船舶力学, 2012, 16(11): 1306-1313.

[90] Chen Y H, Jin G Y, Liu Z G. Vibrational energy flow analysis of coupled cylindrical shell-plate structure with general boundary and coupling conditions[J]. Proceedings of the Institution of Mechanical Engineers, Part C: Journal of Mechanical Engineering Science, 2015, 229(10): 207-218.

[91] Cao D Q, Sun S P, Liu L. Effect of unbalanced rotor whirl on drum vibration[J]. Journal of Vibration and Shock, 2014, 33(2): 69-75.

[92] Liu L, Cao D Q, Sun S P. Dynamic characteristics of a disk-drum-shaft rotor system with rub-impact[J]. Nonlinear Dynamics, 2015, 80(1-2): 1017-1038.

[93] Ma X L, Jin G Y, Shi S X, et al. An analytical method for vibration analysis of cylindrical shells coupled with annular plate under general elastic boundary and coupling conditions[J]. Journal of Vibration and Control, 2015, 23(2): 305-328.

[94] Xie K, Chen M X, Zhang L, et al. Wave based method for vibration analysis of elastically coupled annular plate and cylindrical shell structures[J]. Applied Acoustics, 2017, 123: 107-122.

[95] Cao Y P, Zhang R Z, Zhang W P, et al. Vibration characteristics analysis of cylindrical shell-plate coupled structure using an improved fourier series method[J]. Shock and Vibration, 2018(1): 1-19.

[96] 石先杰, 李春丽, 蒋华兵. 复杂边界条件下圆柱壳-环板耦合结构振动特性分析[J]. 振动工程学报, 2018, 31(1): 118-124.

[97] Chen L M, Qin Z Y, Chu F L. Dynamic characteristics of rub-impact on rotor system with cylindrical shell[J]. International Journal of Mechanical Sciences, 2017, 133: 51-64.

[98] Li C F, Miao B Q, Tang Q S, et al. Nonlinear vibrations analysis of rotating drum-disk coupling structure[J]. Journal of Sound and Vibration, 2018, 420: 35-60.

[99] Li C F, Tang Q S, Xi C Y, et al. Coupling vibration behaviors of drum-disk-shaft structures with elastic connection[J]. International Journal of Mechanical Sciences, 2019, 155: 392-404.

[100] Qin Z Y, Yang Z B, Zu J, et al. Free vibration analysis of rotating cylindrical shells coupled with moderately thick annular plates[J]. International Journal of Mechanical Sciences, 2018, 142-143: 127-139.

[101] Chen J L, Wang Y, He Z J, et al. Fault diagnosis of demountable disk-drum aero-engine rotor using customized multiwavelet method[J]. Sensors, 2015, 15(10): 26997-27020.

[102] Zhang L, Xiang Y. Exact solutions for vibration of stepped circular cylindrical shells[J]. Journal of Sound and Vibration, 2006, 299(4-5): 948-964.

[103] 陈美霞, 谢坤, 魏建辉. 多舱段圆柱壳振动特性研究[J]. 振动工程学报, 2014, 27(4): 555-564.

[104] Poultangari R, Nikkhah-bahrami M. Free and forced vibration analysis of stepped circular cylindrical shells with several intermediate supports using an extended wave method; a generalized approach[J]. Latin American Journal of Solids and Structures, 2016, 13(11): 2027-2058.

[105] Tang D, Yao X L, Wu G X, et al. Free and forced vibration analysis of multi-stepped circular cylindrical shells with arbitrary boundary conditions by the method of reverberation-ray matrix[J]. Thin-Walled Structures, 2017, 116: 154-168.

[106] Meshkinzar A, Al-Jumaily A M, Harris P D. Acoustic amplification utilizing stepped-thickness piezoelectric circular cylindrical shells[J]. Journal of Sound and Vibration, 2018, 437: 110-118.

[107] Li H C, Pang F Z, Miao X H, et al. Jacobi-Ritz method for free vibration analysis of uniform and stepped circular cylindrical shells with arbitrary boundary conditions: A unified formulation[J]. Computers and Mathematics with Applications, 2019, 77(2): 427-440.

[108] Pang F Z, Li H C, Jing F M, et al. Application of first-order shear deformation theory on vibration analysis of stepped functionally graded paraboloidal shell with general edge constraints[J]. Materials, 2019, 12(1): 69.

[109] 桂夷斐, 马建敏. 阶梯圆柱壳在轴向冲击载荷作用下的屈曲计算分析[J]. 振动与冲击, 2019, 38(1): 200-205, 228.

[110] Gao C, Pang F Z, Li H C, et al. An approximate solution for vibrations of uniform and stepped functionally graded spherical cap based on Ritz method[J]. Composite Structures, 2020, 233: 111640.

[111] Qu Y G, Wu S H, Chen Y, et al. Vibration analysis of ring-stiffened conical-cylindrical-spherical shells based on a modified variational approach[J]. International Journal of Mechanical Sciences, 2013, 69: 72-84.

[112] Qu Y G, Hua H X, Meng G. Vibro-acoustic analysis of coupled spherical-cylindrical-spherical shells stiffened by ring and stringer reinforcements[J]. Journal of Sound and Vibration, 2015, 355: 345-359.

[113] Wu S H, Qu Y G, Hua H X. Vibration characteristics of a spherical-cylindrical-spherical shell by a domain decomposition method[J]. Mechanics Research Communications, 2013, 49: 17-26.

[114] Su Z, Jin G Y. Vibration analysis of coupled conical-cylindrical-spherical shells using a Fourier spectral element method[J]. Journal of the Acoustical Society of America, 2016, 140(5): 3925-3940.

[115] Xie K, Chen M X, Li Z H. Free and forced vibration analysis of ring-stiffened conical-cylindrical-spherical shells through a semi-analytic method[J]. Journal of Vibration and Acoustics, 2017, 139(3): 031001.

[116] Zhao Y K, Shi D Y, Meng H. A unified spectro-geometric-Ritz solution for free vibration analysis of conical-cylindrical-spherical shell combination with arbitrary boundary conditions[J]. Archive of Applied Mechanics Volume, 2017, 87(6): 961-988.

[117] Bagheri H, Kiani Y, Eslami M R. Free vibration of joined conical-cylindrical-conical shells[J]. Acta Mechanica, 2018, 229(7): 2751-2764.

[118] Pang F Z, Li H C, Cui J, et al. Application of Flügge thin shell theory to the solution of free vibration behaviors for spherical-cylindrical-spherical shell: A unified formulation[J]. European Journal of Mechanics: A/Solids, 2019, 74: 381-393.

[119] Xie D C, Zhang C. Study on transverse vibration characteristics of the coupled system of shaft and submerged conical-cylindrical shell[J]. Ocean Engineering, 2020, 197: 106834.

[120] 曹志远. 板壳振动理论[M]. 北京: 中国铁道出版社, 1989.

[121] Leissa A W, Nordgren R P. Vibration of shells[J]. Journal of Applied Mechanics, 1993, 41(2): 544.

[122] Qatu M S. Recent research advances in the dynamic behavior of shells: 1989-2000, Part 1: Laminated composite shells[J]. Applied Mechanics Reviews, 2002, 55(5): 325-350.

[123] Qatu M S, Sullivan R W, Wang W C. Recent research advances on the dynamic analysis of composite shells: 2000-2009[J]. Composite Structures, 2010, 93(1): 14-31.

[124] 刘人怀, 薛江红. 复合材料层合板壳非线性力学的研究进展[J]. 力学学报, 2017, 49(3): 487-506.

[125] Lam K Y, Loy C T. Analysis of rotating laminated cylindrical shells by different thin shell theories[J]. Journal of Sound and Vibration, 1995, 186(1): 23-35.

[126] Soldatos K P, Messina A. Vibration studies of cross-ply laminated shear deformable circular cylinders on the basis of orthogonal polynomials[J]. Journal of Sound and Vibration, 1998, 218(2): 219-243.

[127] Ip K H, Chan W K, Tse P C, et al. Vibration analysis of orthotropic thin cylindrical shells with free ends by the Rayleigh-Ritz method[J]. Journal of Sound and Vibration, 1996, 195(1): 117-135.

[128] 王安稳, 李竹影. 复合材料层合圆柱壳的动力响应与层间应力[J]. 海军工程大学学报, 2000(4): 1-5.

[129] Zhang X M. Parametric analysis of frequency of rotating laminated composite cylindrical shells with the wave propagation approach[J]. Computer Methods in Applied Mechanics and Engineering, 2002, 191(19): 2057-2071.

[130] 高传宝, 张维衡, 戴起生. 用波传播方法分析复合材料层合圆柱壳的振动[J]. 噪声与振动控制, 2003, 23(6): 1-4.

[131] Ye T G, Jin G Y, Su Z, et al. A unified Chebyshev-Ritz formulation for vibration analysis of composite laminated deep open shells with arbitrary boundary conditions[J]. Archive of Applied Mechanics, 2014, 84(4): 441-471.

[132] Kouchakzadeh M A, Shakouri M. Free vibration analysis of joined cross-ply laminated conical shells[J]. International Journal of Mechanical Sciences, 2014, 78(78): 118-125.

[133] 宋旭圆. 层合圆柱壳结构的非线性振动特性研究[D]. 大连: 大连理工大学, 2016.

[134] Biswal M, Sahu S K, Asha A V. Vibration of composite cylindrical shallow shells subjected to hygrothermal loading-experimental and numerical results[J]. Composites Part B: Engineering, 2016, 98: 108-119.

[135] 谭安全, 刘敬喜, 李天匀, 等. 复合材料层合圆柱壳的振动特性[J]. 船舶力学, 2017, 21(8): 1035-1040.

[136] Ghasemi A R, Mohandes M. Free vibration analysis of rotating fiber-metal laminate circular cylindrical shells[J]. Journal of Sandwich Structures and Materials, 2017, 21(3): 1009-1031.

[137] Tang Q S, Li C F, Wen B C. Analysis on forced vibration of thin-wall cylindrical shell with nonlinear boundary condition[J]. Shock and Vibration, 2016(1): 1-22.

[138] Tang Q S, Li C F, She H X, et al. Modeling and dynamic analysis of bolted joined cylindrical shell[J]. Nonlinear Dynamics, 2018, 93(4): 1953-1975.

[139] 唐千升. 压缩机用压力管道动力学特性研究[D]. 沈阳: 东北大学, 2015.

[140] Saravanan C, Ganesan N, Ramamurti V. Analysis of active damping in composite laminate cylindrical shells of revolution with skewed PVDF sensors/actuators[J]. Composite Structures, 2000, 48(4): 305-318.

[141] Balamurugan V, Narayanan S. Shell finite element for smart piezoelectric composite plate/shell structures and ills application to the study of active vibration control[J]. Finite Elements in Analysis and Design, 2001, 37(9): 713-738.

[142] 张亚红, 张希农, 谢石林. 层叠式 PVDF 压电作动器及圆柱壳的振动主动控制[J]. 力学季刊, 2006, 27(4): 591-597.

[143] Kar-Gupta R, Venkatesh T A. Electromechanical response of 1-3 piezoelectric composites: An analytical model[J]. Acta Materialia, 2007, 55(3): 1093-1108.

[144] Sheng G G, Wang X. Studies on dynamic behavior of functionally graded cylindrical shells with PZT layers under moving loads[J]. Journal of Sound and Vibration, 2009, 323(3-5): 772-789.

[145] Sheng G G, Wang X, Fu G, et al. The nonlinear vibrations of functionally graded cylindrical shells surrounded by an elastic foundation[J]. Nonlinear Dynamics, 2014, 78(2): 1421-1434.

[146] 盛国刚. 压电与功能梯度圆柱壳的力学特性研究[D]. 上海: 上海交通大学, 2009.

[147] Sheng G G, Wang X. Nonlinear vibration control of functionally graded laminated cylindrical shells[J]. Composites Part B: Engineering, 2013, 52(9): 1-10.

[148] 刘艳红, 陈庆远, 卿光辉. 含固支边的压电层合开口圆柱壳的精确解法[J]. 机械强度, 2010, 32(6): 82-88.

[149] Kerur S B, Ghosh A. Active vibration control of composite plate using AFC actuator and PVDF sensor[J]. International Journal of Structural Stability and Dynamics, 2011, 11(2): 237-255.

[150] Nath J K, Kapuria S. Coupled efficient layerwise and smeared third order theories for vibration of smart piezolaminated cylindrical shells[J]. Composite Structures, 2012, 94(5): 1886-1899.

[151] Loghmani A, Danesh M, Keshmiri M, et al. Theoretical and experimental study of active vibration control of a cylindrical shell using piezoelectric disks[J]. Journal of Low Frequency Noise, Vibration and Active Control, 2015, 34(3): 269-287.

[152] Parashar S K, Kumar A. Three-dimensional analytical modeling of vibration behavior of piezoceramic cylindrical shells[J]. Archive of Applied Mechanics, 2015, 85(5): 641-656.

[153] Sharma A, Kumar A, Kumar R, et al. Finite element analysis on active vibration control using lead zirconate titanate-Pt-based functionally graded piezoelectric material[J]. Journal of Intelligent Material Systems and Structures, 2016, 27(4): 490-499.

[154] Hać A, Liu L. Sensor and actuator location in motion control of flexible structures[J]. Journal of Sound and Vibration, 1993, 167(2): 239-261.

[155] 陈勇, 陶宝祺, 刘果, 等. 压电复合材料薄壳结构振动主动控制[J]. 压电与声光, 1998, 20(4): 228-232.

[156] Jin Z L, Yang Y W, Soh C K. Application of fuzzy GA for optimal vibration control of smart cylindrical shells[J]. Smart Materials and Structures, 2005, 14(6): 1250-1264.

[157] 王建国, 丁根芳, 覃艳. 基于遗传算法和梯度算法压电层合结构的最优形状控制[J]. 固体力学学报, 2008, 29(1): 59-65.

[158] 刘朋. 压电智能悬臂梁传感器、作动器位置与数目优化设计[D]. 西安: 西安电子科技大学, 2008.

[159] Sohn J W, Choi S B, Kim H S. Vibration control of smart hull structure with optimally placed piezoelectric composite actuators[J]. International Journal of Mechanical Sciences, 2011, 53(8): 647-659.

[160] 李鑫. 圆柱壳压电能量采集及振动主动控制研究[D]. 杭州: 浙江大学, 2012.

[161] Biglar M, Mirdamadi H R, Danesh M. Optimal locations and orientations of piezoelectric transducers on cylindrical shell based on gramians of contributed and undesired Rayleigh-Ritz modes using genetic algorithm[J]. Journal of Sound and Vibration, 2014, 333(5): 1224-1244.

[162] Gençoğlu C, Özgüven H N. Optimal placement of piezoelectric patches on a cylindrical shell for active vibration control[C]. Conference Proceedings of the Society for Experimental Mechanics Series, New York, 2014: 673-681.

[163] 柴旭. 压电层合曲壳结构振动主动控制[D]. 大连: 大连理工大学, 2014.

[164] Zhang S Q, Schmidt R, Qin X S. Active vibration control of piezoelectric bonded smart structures using PID algorithm[J]. Chinese Journal of Aeronautics, 2015, 28(1): 305-313.

[165] Zhang X Y, Zhang S Q, Wang Z X, et al. Disturbance rejection control with $H_\infty$ optimized observer for vibration suppression of piezoelectric smart structures[J]. Mechanics and Industry, 2019, 20(2): 1-13.

[166] Zhang X Y, Wang R X, Zhang S Q, et al. Generalized-disturbance rejection control for vibration suppression of piezoelectric laminated flexible structures[J]. Shock and Vibration, 2018(1): 1-17.

[167] Bendine K, Boukhoulda F B, Haddag B, et al. Active vibration control of composite plate with optimal placement of piezoelectric patches[J]. Mechanics of Advanced Materials and Structures, 2017, 16(7): 1-9.

[168] Zhai J J, Zhao G Z, Shang L Y. Integrated design optimization of structural size and control system of piezoelectric curved shells with respect to sound radiation[J]. Structural and Multidisciplinary Optimization, 2017, 56(6): 1287-1304.

[169] Hu K M, Li H. Multi-parameter optimization of piezoelectric actuators for multi-mode active vibration control of cylindrical shells[J]. Journal of Sound and Vibration, 2018, 426: 166-185.

[170] Ganapathi M, Varadan T K. Nonlinear free flexural vibrations of laminated circular cylindrical shells[J]. Composite Structures, 1995, 30(1): 33-49.

[171] 李健, 李红影, 郭星辉. 圆柱壳几何大变形非线性频率求解的渐近摄动法[J]. 振动与冲击, 2007, 26(3): 42-44.

[172] 李永刚, 郭星辉. 旋转圆柱壳非线性波动振动分析[J]. 南昌工程学院学报, 2007, 26(6): 32-36.

[173] Jansen E L. The effect of static loading and imperfections on the nonlinear vibrations of laminated cylindrical shells[J]. Journal of Sound and Vibration, 2008, 315(4-5): 1035-1046.

[174] 瞿叶高, 华宏星, 勇谌, 等. 复合材料旋转壳自由振动分析的新方法[J]. 力学学报, 2013, 45(1): 139-143.

[175] Wang Y Q, Liang L, Guo X H. Internal resonance of axially moving laminated circular cylindrical shells[J]. Journal of Sound and Vibration, 2013, 332(24): 6434-6450.

[176] Wang Y Q. Nonlinear vibration of a rotating laminated composite circular cylindrical shell: Traveling wave vibration[J]. Nonlinear Dynamics, 2014, 77(4): 1693-1707.

[177] 王延庆, 梁力, 郭星辉, 等. 层合圆柱壳1∶1内共振研究[J]. 振动与冲击, 2011, 30(9): 10-14.

[178] 张宇飞, 王延庆, 闻邦椿. 轴向运动层合薄壁圆柱壳内共振的数值分析[J]. 振动与冲击, 2015, 34(22): 82-86.

[179] 王延庆, 梁力. 基于多元L-P法的复合材料圆柱壳内共振分析[J]. 工程力学, 2012, 29(7): 29-34.

[180] Dey T, Ramachandra L S. Non-linear vibration analysis of laminated composite circular cylindrical shells[J]. Composite Structures, 2017, 163: 89-100.

[181] Jabareen M, Mtanes E. A solid-shell Cosserat point element for the analysis of geometrically linear and nonlinear laminated composite structures[J]. Finite Elements in Analysis and Design, 2018, 142: 61-80.

[182] Ninh D G, Bich D H. Characteristics of nonlinear vibration of nanocomposite cylindrical shells with piezoelectric actuators under thermo-mechanical loads[J]. Aerospace Science and Technology, 2018: 77: 595-609.

[183] Ashok M H, Shivakumar J, Nandurkar S, et al. Geometrically nonlinear transient vibrations of actively damped anti-symmetric angle ply laminated composite shallow shell using active fibre composite(AFC)actuators[J]. IOP Conference Series: Materials Science and Engineering, 2018, 310: 012101.

[184] Zhang S Q, Zhao G Z, Rao M N, et al. A review on modeling techniques of piezoelectric integrated plates and shells[J]. Journal of Intelligent Material Systems and Structures, 2019, 30(8): 1133-1147.

[185] Rafiee M, Mohammadi M, Aragh B S, et al. Nonlinear free and forced thermo-electro-aero-elastic vibration and dynamic response of piezoelectric functionally graded laminated composite shells: Part Ⅱ: Numerical results[J]. Composite Structures, 2013, 103(9): 188-196.

[186] Rafiee M, Mohammadi M, Aragh B S, et al. Nonlinear free and forced thermo-electro-aero-elastic vibration and dynamic response of piezoelectric functionally graded laminated composite shells, Part Ⅰ: Theory and analytical solutions[J]. Composite Structures, 2013, 103: 179-187.

[187] Shen H S, Yang D Q. Nonlinear vibration of anisotropic laminated cylindrical shells with piezoelectric fiber reinforced composite actuators[J]. Ocean Engineering, 2014, 80(1): 36-49.

[188] Zhang S Q, Schmidt R. Large rotation theory for static analysis of composite and piezoelectric laminated thin-walled structures[J]. Thin-Walled Structures, 2014, 78: 16-25.

[189] Zhang S Q, Zhao G Z, Zhang S Y, et al. Geometrically nonlinear FE analysis of piezoelectric laminated composite structures under strong driving electric field[J]. Composite Structures, 2017, 181: 112-120.

[190] Jafari A A, Khalili S M R, Tavakolian M. Nonlinear vibration of functionally graded cylindrical shells embedded with a piezoelectric layer[J]. Thin-Walled Structures, 2014, 79(3): 8-15.

[191] Zhang S Q, Li Y X, Schmidt R. Active shape and vibration control for piezoelectric bonded composite structures using various geometric nonlinearities[J]. Composite Structures, 2015, 122: 239-249.

[192] Arani A G, Karimi M S, Bidgoli M R. Nonlinear vibration and instability of rotating piezoelectric nanocomposite sandwich cylindrical shells containing axially flowing and rotating fluid-particle mixture[J]. Polymer Composites, 2016, 38: 577-596.

[193] 樊温亮. 湿热条件下具脱层压电圆柱壳非线性静动力学研究[D]. 长沙: 长沙理工大学, 2016.

[194] Yue H H, Lu Y F, Deng Z Q, et al. Experiments on vibration control of a piezoelectric laminated paraboloidal shell[J]. Mechanical Systems and Signal Processing, 2017, 82: 279-295.

[195] Lee Y S, Yang M S, Kim H S, et al. A study on the free vibration of the joined cylindrical-spherical shell structures[J]. Applied Mechanics and Materials, 2013, 390(27): 207-214.

[196] 王雪仁, 缪旭弘, 贾地. 多点激励条件下结构振动响应测量方法与应用[C]//中国造船工程学会. 第十二届船舶水下噪声学术讨论会论文集. 无锡: 《船舶力学》编辑部, 2009: 284-291.

[197] Schwingshackl C W, Massei L, Zang C, et al. A constant scanning LDV technique for cylindrical structures: Simulation and measurement[J]. Mechanical Systems and Signal Processing, 2010, 24(2): 394-405.

[198] Farshidianfar A, Farshidianfar M H, Crocker M J, et al. Vibration analysis of long cylindrical shells using acoustical excitation[J]. Journal of Sound and Vibration, 2011, 330(14): 3381-3399.

[199] Grigorenko A Y, Puzyrev S V, Prigoda A P, et al. Theoretical-experimental investigation of frequencies of free vibrations of circular cylindrical shells[J]. Journal of Mathematical Sciences, 2011, 174(2): 254-267.

[200] 温华兵, 申华, 孟繁林, 等. 加筋圆柱壳体支撑结构振动传递特性试验研究[C]//中国造船工程学会船舶力学学术委员会. 第十三届船舶水下噪声学术讨论会论文集. 无锡:《船舶力学》编辑部, 2011: 91-96.

[201] Jalali H, Parvizi F. Experimental and numerical investigation of modal properties for liquid-containing structures[J]. Journal of Mechanical Science and Technology, 2012, 26(5): 1449-1154.

[202] 程亮亮. 圆柱壳类结构的模态参数辨识技术与软件[D]. 沈阳: 东北大学, 2013.

[203] 王宇, 翟敬宇, 李晖, 等. 模态数量对薄壁短圆柱壳振动响应分析的影响[J]. 噪声与振动控制, 2014, 34(2): 50-55.

[204] Yang J S, Xiong J, Ma L, et al. Modal response of all-composite corrugated sandwich cylindrical shells[J]. Composites Science and Technology, 2015, 115: 9-20.

[205] Zippo A, Barbieri M, Pellicano F. Experimental analysis of pre-compressed circular cylindrical shell under axial harmonic load[J]. International Journal of Non-Linear Mechanics, 2016, 94: 417-440.

[206] Yan S, Li B, Li F, et al. Finite element model updating of liquid rocket engine nozzle based on modal test results obtained from 3-D SLDV technique[J]. Aerospace Science and Technology, 2017, 69: 412-418.

[207] Wilkes D R, Matthews D, Sun H, et al. An experimental and numerical investigation of the vibrational response of a flanged cylinder structure[J]. Acoustics Australia, 2017, 45(1): 85-99.

[208] Zhao K Q, Fan J, Wang B, et al. Vibroacoustic behavior of a partially immersed cylindrical shell under point-force excitation: Analysis and experiment[J]. Applied Acoustics, 2020, 161: 107170.

[209] 李晖. 圆柱壳模态参数的先进测试方法及其应用研究[D]. 沈阳: 东北大学, 2014.

[210] 李晖, 孙伟, 张永峰, 等. 约束态圆柱壳固有频率的精确测试[J]. 东北大学学报(自然科学版), 2013, 34(9): 1314-1318.

[211] Li H, Sun W, Zhai J Y, et al. Precise Measurement of natural frequencies and mode shapes of cantilever thin cylindrical shell[J]. Journal of Vibration Engineering and Technologies, 2015, 3(4): 513-537.

[212] Li H, Zhu M W, Xu Z, et al. The influence on modal parameters of thin cylindrical shell under bolt looseness boundary[J]. Shock and Vibration, 2016(3): 1-15.

[213] Li H, Luo H T, Sun W, et al. The influence of elastic boundary on modal parameters of thin cylindrical shell[J]. International Journal of Acoustics and Vibration, 2018, 23(1): 93-105.

[214] Li H, Sun W, Zhu M W, et al. Experimental study on the influence on vibration characteristics of thin cylindrical shell with hard coating under cantilever boundary condition[J]. Shock and Vibration, 2017(9-10): 1-23.

[215] Zippo A, Barbieri M, Iarriccio G, et al. Nonlinear vibrations of circular cylindrical shells with thermal effects: An experimental study[J]. Nonlinear Dynamics, 2020, 99: 373-391.

[216] Li C F, Zhang Z X, Yang Q Y, et al. Experiments on the geometrically nonlinear vibration of a thin-walled cylindrical shell with points supported boundary condition[J]. Journal of Sound and Vibration, 2020, 473: 115226.

[217] Qatu M S. Recent research advances in the dynamic behavior of shells: 1989-2000, Part 2: Homogeneous shells[J]. Applied Mechanics Reviews, 2002, 55(4): 15-34.

[218] Loy C T, Lam K Y, Shu C. Analysis of cylindrical shells using generalized differential quadrature[J]. Shock and Vibration, 1997, 4(3): 193-198.

[219] Pellicano F, Amabili M, Païdoussis M P. Effect of the geometry on the non-linear vibration of circular cylindrical shells[J]. International Journal of Non-Linear Mechanics, 2002, 37(7): 1181-1198.

[220] Amabili M. Nonlinear vibrations of laminated circular cylindrical shells: Comparison of different shell theories[J]. Composite Structures, 2011, 94(1): 207-220.

[221] Abad J, Franco J M, Celorrio R, et al. Design of experiments and energy dissipation analysis for a contact mechanics 3D model of frictional bolted lap joints[J]. Advances in Engineering Software, 2012, 45(1): 42-53.

[222] Galletly G D. On the in-vacuo vibrations of simply supported, ring-stiffened cylindrical shells[C]. Procecdings of the 2nd U. S. National Congress Applied Mechanics, American Society of Mechanical Engineers, New York, 1955: 225-231.

[223] Sun S P, Cao D Q, Chu S M. Free vibration analysis of thin rotating cylindrical shells using wave propagation approach[J]. Archive of Applied Mechanics, 2012, 83(4): 521-531.

## ■ 附录 A  4.1.1 节公式具体表达式

式（4.1）中 $u$、$v$、$w$ 的具体表达式为

$$
\begin{aligned}
u &= \boldsymbol{U}^{\mathrm{T}} \boldsymbol{p} \\
v &= \boldsymbol{V}^{\mathrm{T}} \boldsymbol{q} \\
w &= \boldsymbol{W}^{\mathrm{T}} \boldsymbol{r}
\end{aligned}
\tag{A.1}
$$

$$
\begin{aligned}
\boldsymbol{U} &= \begin{bmatrix} \boldsymbol{U}_u^0 & \boldsymbol{U}_u^1 & \cdots & \boldsymbol{U}_u^n & \cdots & \boldsymbol{U}_u^{N_n} \end{bmatrix} \\
\boldsymbol{V} &= \begin{bmatrix} \boldsymbol{V}_v^0 & \boldsymbol{V}_v^1 & \cdots & \boldsymbol{V}_v^n & \cdots & \boldsymbol{V}_v^{N_n} \end{bmatrix} \\
\boldsymbol{W} &= \begin{bmatrix} \boldsymbol{W}_w^0 & \boldsymbol{W}_w^1 & \cdots & \boldsymbol{W}_w^n & \cdots & \boldsymbol{W}_w^{N_n} \end{bmatrix}
\end{aligned}
\tag{A.2}
$$

$$
\begin{aligned}
\boldsymbol{p} &= \begin{bmatrix} \boldsymbol{p}_u^0 & \boldsymbol{p}_u^1 & \cdots & \boldsymbol{p}_u^n & \cdots & \boldsymbol{p}_u^{N_n} \end{bmatrix} \\
\boldsymbol{q} &= \begin{bmatrix} \boldsymbol{q}_v^0 & \boldsymbol{q}_v^1 & \cdots & \boldsymbol{q}_v^n & \cdots & \boldsymbol{q}_v^{N_n} \end{bmatrix} \\
\boldsymbol{r} &= \begin{bmatrix} \boldsymbol{r}_w^0 & \boldsymbol{r}_w^1 & \cdots & \boldsymbol{r}_w^n & \cdots & \boldsymbol{r}_w^{N_n} \end{bmatrix}
\end{aligned}
\tag{A.3}
$$

式中，

$$
\boldsymbol{U}_u^n = \begin{pmatrix} \varphi_{1n}^u(\xi)\cos(n\theta) \\ -\varphi_{1n}^u(\xi)\sin(n\theta) \\ \vdots \\ \varphi_m^u(\xi)\cos(n\theta) \\ -\varphi_m^u(\xi)\sin(n\theta) \\ \vdots \\ \varphi_{N_T}^u(\xi)\cos(n\theta) \\ -\varphi_{N_T}^u(\xi)\sin(n\theta) \end{pmatrix}, \quad
\boldsymbol{V}_v^n = \begin{pmatrix} \varphi_{1n}^v(\xi)\sin(n\theta) \\ \varphi_{1n}^v(\xi)\cos(n\theta) \\ \vdots \\ \varphi_m^v(\xi)\sin(n\theta) \\ \varphi_m^v(\xi)\cos(n\theta) \\ \vdots \\ \varphi_{N_T}^v(\xi)\sin(n\theta) \\ \varphi_{N_T}^v(\xi)\cos(n\theta) \end{pmatrix}, \quad
\boldsymbol{W}_w^n = \begin{pmatrix} \varphi_{1n}^w(\xi)\cos(n\theta) \\ -\varphi_{1n}^w(\xi)\sin(n\theta) \\ \vdots \\ \varphi_m^w(\xi)\cos(n\theta) \\ -\varphi_m^w(\xi)\sin(n\theta) \\ \vdots \\ \varphi_{N_T}^w(\xi)\cos(n\theta) \\ -\varphi_{N_T}^w(\xi)\sin(n\theta) \end{pmatrix}
\tag{A.4}
$$

$$\boldsymbol{p}_u^n = \begin{pmatrix} a_{1n}^c \cos(\omega t) \\ a_{1n}^s \sin(\omega t) \\ \vdots \\ a_{mn}^c \cos(\omega t) \\ a_{mn}^s \sin(\omega t) \\ \vdots \\ a_{N_Tn}^c \cos(\omega t) \\ a_{N_Tn}^s \sin(\omega t) \end{pmatrix}, \quad \boldsymbol{q}_v^n = \begin{pmatrix} b_{1n}^c \cos(\omega t) \\ b_{1n}^s \sin(\omega t) \\ \vdots \\ b_{mn}^c \cos(\omega t) \\ b_{mn}^s \sin(\omega t) \\ \vdots \\ b_{N_Tn}^c \cos(\omega t) \\ b_{N_Tn}^s \sin(\omega t) \end{pmatrix}, \quad \boldsymbol{r}_w^n = \begin{pmatrix} c_{1n}^c \cos(\omega t) \\ c_{1n}^s \sin(\omega t) \\ \vdots \\ c_{mn}^c \cos(\omega t) \\ c_{mn}^s \sin(\omega t) \\ \vdots \\ c_{N_Tn}^c \cos(\omega t) \\ c_{N_Tn}^s \sin(\omega t) \end{pmatrix} \quad (\text{A.5})$$

式（4.3）中向量和矩阵的具体表达式为

$$\boldsymbol{M} = \begin{bmatrix} \boldsymbol{M}_1 & & \\ & \boldsymbol{M}_2 & \\ & & \boldsymbol{M}_3 \end{bmatrix} \quad (\text{A.6})$$

$$\boldsymbol{X} = \begin{pmatrix} \boldsymbol{p} \\ \boldsymbol{q} \\ \boldsymbol{r} \end{pmatrix} \quad (\text{A.7})$$

$$\boldsymbol{K} = \begin{bmatrix} \boldsymbol{K}_1 & \frac{1}{2}\boldsymbol{K}_2 & \frac{1}{2}\boldsymbol{K}_3 \\ \frac{1}{2}\boldsymbol{K}_2 & \boldsymbol{K}_4 & \frac{1}{2}\boldsymbol{K}_5 \\ \frac{1}{2}\boldsymbol{K}_3^{\mathrm{T}} & \frac{1}{2}\boldsymbol{K}_5^{\mathrm{T}} & \boldsymbol{K}_6 \end{bmatrix} \quad (\text{A.8})$$

$$\boldsymbol{K}_{\text{bolt}} = \begin{bmatrix} \boldsymbol{B}_1 & \boldsymbol{0} & \boldsymbol{0} \\ \boldsymbol{0} & \boldsymbol{B}_2 & \boldsymbol{0} \\ \boldsymbol{0} & \boldsymbol{0} & \boldsymbol{B}_3 \end{bmatrix} \quad (\text{A.9})$$

式中，

$$\boldsymbol{M}_1 = \rho h L \int_0^1 \int_0^{2\pi} \boldsymbol{U}\boldsymbol{U}^{\mathrm{T}} R \mathrm{d}\theta\mathrm{d}\xi, \quad \boldsymbol{M}_2 = \rho h L \int_0^1 \int_0^{2\pi} \boldsymbol{V}\boldsymbol{V}^{\mathrm{T}} R \mathrm{d}\theta\mathrm{d}\xi, \quad \boldsymbol{M}_3 = \rho h L \int_0^1 \int_0^{2\pi} \boldsymbol{W}\boldsymbol{W}^{\mathrm{T}} R \mathrm{d}\theta\mathrm{d}\xi \quad (\text{A.10})$$

$$\boldsymbol{K}_1 = \int_0^1 \int_0^{2\pi} \left\{ \frac{Eh}{1-\mu^2} \frac{1}{L^2} \frac{\partial \boldsymbol{U}}{\partial \xi}\frac{\partial \boldsymbol{U}^{\mathrm{T}}}{\partial \xi} + \left[ \frac{Eh}{1-\mu^2}\frac{1-\mu}{2}\frac{1}{R^2} + \frac{Eh^3}{12(1-\mu^2)}\frac{1-\mu}{2R^2}\frac{1}{4R^2} \right] \frac{\partial \boldsymbol{U}}{\partial \theta}\frac{\partial \boldsymbol{U}^{\mathrm{T}}}{\partial \theta} \right\} R L \mathrm{d}\theta\mathrm{d}\xi \quad (\text{A.11a})$$

$$K_2 = \frac{1}{2}\int_0^1\int_0^{2\pi} \frac{Eh}{1-\mu^2}\frac{2\mu}{RL}\frac{\partial U}{\partial\xi}\frac{\partial V^{\mathrm{T}}}{\partial\theta} + \left[\frac{Eh}{1-\mu^2}\frac{1-\mu}{2}\frac{2}{RL}\right.$$

$$\left. - \frac{Eh^3}{12(1-\mu^2)}\frac{1-\mu}{2R^2}\frac{3}{2RL}\right]\frac{\partial U}{\partial\theta}\frac{\partial V^{\mathrm{T}}}{\partial\xi}RL\mathrm{d}\theta\mathrm{d}\xi \tag{A.11b}$$

$$K_3 = \frac{1}{2}\int_0^1\int_0^{2\pi}\left[\frac{Eh}{1-\mu^2}\frac{2\mu}{RL}\frac{\partial U}{\partial\xi}W^{\mathrm{T}} + \frac{Eh^3}{12(1-\mu^2)}\frac{1-\mu}{2R^2}\frac{2}{RL}\frac{\partial U}{\partial\theta}\frac{\partial^2 W^{\mathrm{T}}}{\partial\xi\partial\theta}\right]RL\mathrm{d}\theta\mathrm{d}\xi \tag{A.11c}$$

$$K_4 = \int_0^1\int_0^{2\pi}\left\{\left[\frac{Eh}{1-\mu^2}\frac{1}{R^2} + \frac{Eh^3}{12(1-\mu^2)}\frac{1}{R^4}\right]\frac{\partial V}{\partial\theta}\frac{\partial V^{\mathrm{T}}}{\partial\theta}\right.$$

$$\left. + \left[\frac{Eh}{1-\mu^2}\frac{1-\mu}{2}\frac{1}{L^2} + \frac{Eh^3}{12(1-\mu^2)}\frac{1-\mu}{2R^2}\frac{9}{4L^2}\right]\frac{\partial V}{\partial\xi}\frac{\partial V^{\mathrm{T}}}{\partial\xi}\right\}RL\mathrm{d}\theta\mathrm{d}\xi \tag{A.11d}$$

$$K_5 = \frac{1}{2}\int_0^1\int_0^{2\pi}\left[\frac{2Eh}{(1-\mu^2)R^2}\frac{\partial V}{\partial\theta}W^{\mathrm{T}} - \frac{2\mu Eh^3}{12(1-\mu^2)R^2L^2}\frac{\partial V}{\partial\theta}\frac{\partial^2 W^{\mathrm{T}}}{\partial\xi^2}\right.$$

$$\left. - \frac{2Eh^3}{12(1-\mu^2)R^4}\frac{\partial V}{\partial\theta}\frac{\partial^2 W^{\mathrm{T}}}{\partial\theta^2} - \frac{Eh^3(1-\mu)}{4(1-\mu^2)R^2L^2}\frac{\partial V}{\partial\xi}\frac{\partial^2 W^{\mathrm{T}}}{\partial\xi\partial\theta}\right]RL\mathrm{d}\theta\mathrm{d}\xi \tag{A.11e}$$

$$K_6 = \int_0^1\int_0^{2\pi}\left[\frac{Eh}{1-\mu^2}\frac{1}{R^2}WW^{\mathrm{T}} + \frac{Eh^3}{12(1-\mu^2)}\frac{1}{L^4}\frac{\partial^2 W}{\partial\xi^2}\frac{\partial^2 W^{\mathrm{T}}}{\partial\xi^2} + \frac{Eh^3}{12(1-\mu^2)}\frac{2\mu}{R^2L^2}\frac{\partial^2 W}{\partial\xi^2}\frac{\partial^2 W^{\mathrm{T}}}{\partial\theta^2}\right.$$

$$\left. + \frac{Eh^3}{12(1-\mu^2)}\frac{1}{R^4}\frac{\partial^2 W}{\partial\theta^2}\frac{\partial^2 W^{\mathrm{T}}}{\partial\theta^2} + \frac{Eh^3}{12(1-\mu^2)}\frac{1-\mu}{2R^2}\frac{4}{L^2}\frac{\partial^2 W}{\partial\xi\partial\theta}\frac{\partial^2 W^{\mathrm{T}}}{\partial\xi\partial\theta}\right]RL\mathrm{d}\theta\mathrm{d}\xi$$

$$\tag{A.11f}$$

$$B_1 = \sum_{S=1}^{N_b} k_u^{\theta_S}UU^{\mathrm{T}}\Big|_{\xi=0,\theta=\theta_S}, \quad B_2 = \sum_{S=1}^{N_b} k_v^{\theta_S}VV^{\mathrm{T}}\Big|_{\xi=0,\theta=\theta_S}$$

$$B_3 = \sum_{S=1}^{N_b} k_w^{\theta_S}WW^{\mathrm{T}}\Big|_{\xi=0,\theta=\theta_S} + \sum_{S=1}^{N_b} k_\theta^{\theta_S}\left(\frac{\partial W}{L\partial\xi}\right)^2\Big|_{\xi=0,\theta=\theta_S}$$

$$\tag{A.12}$$

# ■ 附录 B　5.1.1 节公式具体表达式

式（5.14）中向量与矩阵的具体表达式为

$$M = \begin{bmatrix} M_{\mathrm{d}} & M_{\mathrm{dR}} & M_{\mathrm{dD}} \\ M_{\mathrm{dR}}^{\mathrm{T}} & M_{\mathrm{R}} & M_{\mathrm{RD}} \\ M_{\mathrm{dD}}^{\mathrm{T}} & M_{\mathrm{RD}}^{\mathrm{T}} & M_{\mathrm{D}} \end{bmatrix} \tag{B.1}$$

式中，

$$\boldsymbol{M}_{\mathrm{d}} = \begin{bmatrix} m_{\mathrm{D}} + m_{\mathrm{d}} & 0 & 0 & 0 \\ 0 & m_{\mathrm{D}} + m_{\mathrm{d}} & 0 & 0 \\ 0 & 0 & m_{\mathrm{D}} + m_{\mathrm{d}} & 0 \\ 0 & 0 & 0 & J \end{bmatrix}$$

$$\boldsymbol{M}_{\mathrm{R}} = \begin{bmatrix} m_{\mathrm{D}} & 0 & 0 \\ 0 & m_{\mathrm{D}} & 0 \\ 0 & 0 & m_{\mathrm{D}} \end{bmatrix}, \quad \boldsymbol{M}_{\mathrm{D}} = \begin{bmatrix} \boldsymbol{M}_1 & 0 & 0 \\ 0 & \boldsymbol{M}_2 & 0 \\ 0 & 0 & \boldsymbol{M}_3 \end{bmatrix}, \quad \boldsymbol{M}_{\mathrm{dR}} = \begin{bmatrix} m_{\mathrm{D}} & 0 & 0 \\ 0 & m_{\mathrm{D}} & 0 \\ 0 & 0 & m_{\mathrm{D}} \\ 0 & 0 & 0 \end{bmatrix}$$

$$\boldsymbol{M}_{\mathrm{dD}} = \begin{bmatrix} 0 & 0 & 0 \\ 0 & \boldsymbol{N}_{\mathrm{Vc}}^{\mathrm{T}} & \boldsymbol{N}_{\mathrm{Ws}}^{\mathrm{T}} \\ 0 & -\boldsymbol{N}_{\mathrm{Vs}}^{\mathrm{T}} & \boldsymbol{N}_{\mathrm{Wc}}^{\mathrm{T}} \\ 0 & 0 & 0 \end{bmatrix}, \quad \boldsymbol{M}_{\mathrm{RD}} = \begin{bmatrix} 0 & 0 & 0 \\ 0 & \boldsymbol{N}_{\mathrm{Vc}}^{\mathrm{T}} & \boldsymbol{N}_{\mathrm{Ws}}^{\mathrm{T}} \\ 0 & -\boldsymbol{N}_{\mathrm{Vs}}^{\mathrm{T}} & \boldsymbol{N}_{\mathrm{Wc}}^{\mathrm{T}} \end{bmatrix}, \quad m_{\mathrm{D}} = \pi \rho h L R$$

$$\boldsymbol{G} = \begin{bmatrix} 0 & 0 & \boldsymbol{G}_{\mathrm{dD}} \\ 0 & 0 & \boldsymbol{G}_{\mathrm{RD}} \\ \boldsymbol{G}_{\mathrm{dD}}^{\mathrm{T}} & \boldsymbol{G}_{\mathrm{RD}}^{\mathrm{T}} & \boldsymbol{G}_{\mathrm{D}} \end{bmatrix} \tag{B.2}$$

式中，

$$\boldsymbol{G}_{\mathrm{D}} = \begin{bmatrix} 0 & 0 & 0 \\ 0 & 0 & 2\Omega\boldsymbol{M}_4 \\ 0 & -2\Omega\boldsymbol{M}_4^{\mathrm{T}} & 0 \end{bmatrix}, \quad \boldsymbol{G}_{\mathrm{RD}} = \begin{bmatrix} 0 & 0 & 0 \\ 0 & -\Omega\boldsymbol{N}_{\mathrm{Vs}}^{\mathrm{T}} & \Omega\boldsymbol{N}_{\mathrm{Wc}}^{\mathrm{T}} \\ 0 & -\Omega\boldsymbol{N}_{\mathrm{Vc}}^{\mathrm{T}} & -\Omega\boldsymbol{N}_{\mathrm{Ws}}^{\mathrm{T}} \end{bmatrix}$$

$$\boldsymbol{G}_{\mathrm{dD}} = \begin{bmatrix} 0 & 0 & 0 \\ 0 & -\Omega\boldsymbol{N}_{\mathrm{Vs}}^{\mathrm{T}} & \Omega\boldsymbol{N}_{\mathrm{Wc}}^{\mathrm{T}} \\ 0 & -\Omega\boldsymbol{N}_{\mathrm{Vc}}^{\mathrm{T}} & -\Omega\boldsymbol{N}_{\mathrm{Ws}}^{\mathrm{T}} \\ 0 & 0 & 0 \end{bmatrix}$$

$$\boldsymbol{K} = \begin{bmatrix} \boldsymbol{K}_{\mathrm{d}} & 0 & 0 \\ 0 & \boldsymbol{K}_{\mathrm{R}} & \boldsymbol{K}_{\mathrm{RD}} \\ 0 & \boldsymbol{H}_{\mathrm{RD}}^{\mathrm{T}} & \boldsymbol{K}_{\mathrm{D}} \end{bmatrix} \tag{B.3}$$

式中，

$$\boldsymbol{K}_{\mathrm{d}} = \begin{bmatrix} k_x & 0 & 0 & 0 \\ 0 & k_s & 0 & 0 \\ 0 & 0 & k_s & 0 \\ 0 & 0 & 0 & k_\theta + 2\pi R^3 k_v \end{bmatrix}, \quad \boldsymbol{K}_{\mathrm{R}} = \begin{bmatrix} k_u & 0 & 0 \\ 0 & \pi R k_w & 0 \\ 0 & 0 & \pi R k_w \end{bmatrix}$$

$$\boldsymbol{K}_{\mathrm{RD}} = \begin{bmatrix} \boldsymbol{0} & \boldsymbol{0} & \boldsymbol{0} \\ \boldsymbol{0} & \boldsymbol{0} & \boldsymbol{B}_{\mathrm{Ws}}^{\mathrm{T}} \\ \boldsymbol{0} & \boldsymbol{0} & \boldsymbol{B}_{\mathrm{Wc}}^{\mathrm{T}} \end{bmatrix}$$

$$\boldsymbol{K}_{\mathrm{D}} = \begin{bmatrix} \boldsymbol{K}_1 + \boldsymbol{H}_1 + \boldsymbol{S}_u & \dfrac{1}{2}\boldsymbol{K}_2 & \dfrac{1}{2}\boldsymbol{K}_3 \\ \dfrac{1}{2}\boldsymbol{K}_2^{\mathrm{T}} & \boldsymbol{K}_4 + \boldsymbol{H}_2 + \boldsymbol{S}_v + \varOmega^2 \boldsymbol{M}_2 & \dfrac{1}{2}\boldsymbol{K}_5 + \boldsymbol{H}_4 \\ \dfrac{1}{2}\boldsymbol{K}_3^{\mathrm{T}} & \dfrac{1}{2}\boldsymbol{K}_5^{\mathrm{T}} + \boldsymbol{H}_4^{\mathrm{T}} & \boldsymbol{K}_6 + \boldsymbol{H}_3 + \boldsymbol{S}_w + \boldsymbol{S}_\theta + \varOmega^2 \boldsymbol{M}_3 \end{bmatrix}$$

$$\boldsymbol{q} = \begin{pmatrix} y_{\mathrm{d}} & x_{\mathrm{d}} & z_{\mathrm{d}} & \theta & x_{\mathrm{R}} & y_{\mathrm{R}} & z_{\mathrm{R}} & q_u & q_v & q_w \end{pmatrix}^{\mathrm{T}} \tag{B.4}$$

其中，

$$\boldsymbol{M}_1 = \rho h L R \int_0^1 \int_0^{2\pi} \boldsymbol{U}\boldsymbol{U}^{\mathrm{T}} \mathrm{d}\theta \mathrm{d}\xi \tag{B.5a}$$

$$\boldsymbol{M}_2 = \rho h L R \int_0^1 \int_0^{2\pi} \boldsymbol{V}\boldsymbol{V}^{\mathrm{T}} \mathrm{d}\theta \mathrm{d}\xi \tag{B.5b}$$

$$\boldsymbol{M}_3 = \rho h L R \int_0^1 \int_0^{2\pi} \boldsymbol{W}\boldsymbol{V}^{\mathrm{T}} \mathrm{d}\theta \mathrm{d}\xi \tag{B.5c}$$

$$\boldsymbol{M}_4 = \rho h L R \int_0^1 \int_0^{2\pi} \boldsymbol{V}\boldsymbol{W}^{\mathrm{T}} \mathrm{d}\theta \mathrm{d}\xi \tag{B.5d}$$

$$\boldsymbol{N}_{\mathrm{Vc}}^{\mathrm{T}} = \rho h L R \int_0^1 \int_0^{2\pi} \boldsymbol{V}^{\mathrm{T}} \cos\theta \mathrm{d}\theta \mathrm{d}\xi \tag{B.6a}$$

$$\boldsymbol{N}_{\mathrm{Wc}}^{\mathrm{T}} = \rho h L R \int_0^1 \int_0^{2\pi} \boldsymbol{W}^{\mathrm{T}} \cos\theta \mathrm{d}\theta \mathrm{d}\xi \tag{B.6b}$$

$$\boldsymbol{N}_{\mathrm{Vs}}^{\mathrm{T}} = \rho h L R \int_0^1 \int_0^{2\pi} \boldsymbol{V}^{\mathrm{T}} \sin\theta \mathrm{d}\theta \mathrm{d}\xi \tag{B.6c}$$

$$\boldsymbol{N}_{\mathrm{Ws}}^{\mathrm{T}} = \rho h L R \int_0^1 \int_0^{2\pi} \boldsymbol{W}^{\mathrm{T}} \sin\theta \mathrm{d}\theta \mathrm{d}\xi \tag{B.6d}$$

$$\boldsymbol{K}_1 = \int_0^1 \int_0^{2\pi} \left\{ \frac{Eh}{1-\mu^2} \frac{1}{L^2} \frac{\partial \boldsymbol{U}}{\partial \xi} \frac{\partial \boldsymbol{U}^{\mathrm{T}}}{\partial \xi} \right.$$
$$\left. + \left[ \frac{Eh}{1-\mu^2} \frac{1-\mu}{2} \frac{1}{R^2} + \frac{Eh^3}{12(1-\mu^2)} \frac{1-\mu}{2R^2} \frac{1}{4R^2} \right] \frac{\partial \boldsymbol{U}}{\partial \theta} \frac{\partial \boldsymbol{U}^{\mathrm{T}}}{\partial \theta} \right\} RL\mathrm{d}\theta \mathrm{d}\xi \tag{B.7a}$$

$$\boldsymbol{K}_2 = \int_0^1 \int_0^{2\pi} \left\{ \frac{Eh}{1-\mu^2} \frac{2\mu}{RL} \frac{\partial \boldsymbol{U}}{\partial \xi} \frac{\partial \boldsymbol{V}^{\mathrm{T}}}{\partial \theta} \right. $$
$$\left. + \left[ \frac{Eh}{1-\mu^2} \frac{1-\mu}{2} \frac{2}{RL} + \frac{Eh^3}{12(1-\mu^2)} \frac{1-\mu}{2R^2} \frac{3}{2RL} \right] \frac{\partial \boldsymbol{U}}{\partial \theta} \frac{\partial \boldsymbol{V}^{\mathrm{T}}}{\partial \xi} \right\} RL\mathrm{d}\theta\mathrm{d}\xi \tag{B.7b}$$

$$\boldsymbol{K}_3 = \int_0^1 \int_0^{2\pi} \left[ \frac{Eh}{1-\mu^2} \frac{2\mu}{RL} \frac{\partial \boldsymbol{U}}{\partial \xi} \boldsymbol{W}^{\mathrm{T}} + \frac{Eh^3}{12(1-\mu^2)} \frac{1-\mu}{2R^2} \frac{2}{RL} \frac{\partial \boldsymbol{U}}{\partial \theta} \frac{\partial^2 \boldsymbol{W}^{\mathrm{T}}}{\partial \xi \partial \theta} \right] RL\mathrm{d}\theta\mathrm{d}\xi \tag{B.7c}$$

$$\boldsymbol{K}_4 = \int_0^1 \int_0^{2\pi} \left\{ \left[ \frac{Eh}{1-\mu^2} \frac{1}{R^2} + \frac{Eh^3}{12(1-\mu^2)} \frac{1}{R^4} \right] \frac{\partial \boldsymbol{V}}{\partial \theta} \frac{\partial \boldsymbol{V}^{\mathrm{T}}}{\partial \theta} \right. $$
$$\left. + \left[ \frac{Eh}{1-\mu^2} \frac{1-\mu}{2} \frac{2}{L^2} + \frac{Eh^3}{12(1-\mu^2)} \frac{1-\mu}{2R^2} \frac{9}{4L^2} \right] \frac{\partial \boldsymbol{V}}{\partial \xi} \frac{\partial \boldsymbol{V}^{\mathrm{T}}}{\partial \xi} \right\} RL\mathrm{d}\theta\mathrm{d}\xi \tag{B.7d}$$

$$\boldsymbol{K}_5 = \int_0^1 \int_0^{2\pi} \left[ \frac{Eh}{1-\mu^2} \frac{2}{R^2} \frac{\partial \boldsymbol{V}}{\partial \theta} \boldsymbol{W}^{\mathrm{T}} - \frac{Eh^3}{12(1-\mu^2)} \frac{2\mu}{R^2 L^2} \frac{\partial \boldsymbol{V}}{\partial \theta} \frac{\partial^2 \boldsymbol{W}^{\mathrm{T}}}{\partial \xi^2} \right. $$
$$\left. - \frac{Eh^3}{12(1-\mu^2)} \frac{2}{R^4} \frac{\partial \boldsymbol{V}}{\partial \theta} \frac{\partial^2 \boldsymbol{W}^{\mathrm{T}}}{\partial \theta^2} - \frac{Eh^3}{12(1-\mu^2)} \frac{1-\mu}{2R^2} \frac{6}{L^2} \frac{\partial \boldsymbol{V}}{\partial \xi} \frac{\partial^2 \boldsymbol{W}^{\mathrm{T}}}{\partial \xi \partial \theta} \right] RL\mathrm{d}\theta\mathrm{d}\xi \tag{B.7e}$$

$$\boldsymbol{K}_6 = \int_0^1 \int_0^{2\pi} \left[ \frac{Eh}{1-\mu^2} \frac{1}{R^2} \boldsymbol{W}\boldsymbol{W}^{\mathrm{T}} + \frac{Eh^3}{12(1-\mu^2)} \frac{1}{L^4} \frac{\partial^2 \boldsymbol{W}}{\partial \xi^2} \frac{\partial^2 \boldsymbol{W}^{\mathrm{T}}}{\partial \xi^2} + \frac{Eh^3}{12(1-\mu^2)} \frac{2\mu}{R^2 L^2} \frac{\partial^2 \boldsymbol{W}}{\partial \xi^2} \frac{\partial^2 \boldsymbol{W}^{\mathrm{T}}}{\partial \theta^2} \right. $$
$$\left. + \frac{Eh^3}{12(1-\mu^2)} \frac{1}{R^4} \frac{\partial^2 \boldsymbol{W}}{\partial \theta^2} \frac{\partial^2 \boldsymbol{W}^{\mathrm{T}}}{\partial \theta^2} + \frac{Eh^3}{12(1-\mu^2)} \frac{1-\mu}{2R^2} \frac{4}{L^2} \frac{\partial^2 \boldsymbol{W}}{\partial \xi \partial \theta} \frac{\partial^2 \boldsymbol{W}^{\mathrm{T}}}{\partial \xi \partial \theta} \right] RL\mathrm{d}\theta\mathrm{d}\xi \tag{B.7f}$$

$$\boldsymbol{H}_1 = \frac{LN_\theta^0}{R^2} \int_0^1 \int_0^{2\pi} \frac{\partial \boldsymbol{U}}{\partial \theta} \frac{\partial \boldsymbol{U}^{\mathrm{T}}}{\partial \theta} R\mathrm{d}\theta\mathrm{d}\xi \tag{B.8a}$$

$$\boldsymbol{H}_2 = \frac{LN_\theta^0}{R^2} \int_0^1 \int_0^{2\pi} \left( \frac{\partial \boldsymbol{V}}{\partial \theta} \frac{\partial \boldsymbol{V}^{\mathrm{T}}}{\partial \theta} + \boldsymbol{V}\boldsymbol{V}^{\mathrm{T}} \right) R\mathrm{d}\theta\mathrm{d}\xi \tag{B.8b}$$

$$\boldsymbol{H}_3 = \frac{LN_\theta^0}{R^2} \int_0^1 \int_0^{2\pi} \left( \frac{\partial \boldsymbol{W}}{\partial \theta} \frac{\partial \boldsymbol{W}^{\mathrm{T}}}{\partial \theta} + \boldsymbol{W}\boldsymbol{W}^{\mathrm{T}} \right) R\mathrm{d}\theta\mathrm{d}\xi \tag{B.8c}$$

$$H_4 = \frac{LN_\theta^0}{R^2}\int_0^1\int_0^{2\pi}\left(\frac{\partial V}{\partial\theta}W^{\mathrm{T}} - V\frac{\partial W^{\mathrm{T}}}{\partial\theta}\right)R\mathrm{d}\theta\mathrm{d}\xi \tag{B.8d}$$

$$S_u = k_u\int_0^{2\pi}UU^{\mathrm{T}}\big|_{\xi=0}R\mathrm{d}\theta \tag{B.9a}$$

$$S_v = k_v\int_0^{2\pi}VV^{\mathrm{T}}\big|_{\xi=0}R\mathrm{d}\theta \tag{B.9b}$$

$$S_w = k_w\int_0^{2\pi}WW^{\mathrm{T}}\big|_{\xi=0}R\mathrm{d}\theta \tag{B.9c}$$

$$S_\theta = k_\theta\int_0^{2\pi}\frac{\partial W}{L\partial\xi}\frac{\partial W^{\mathrm{T}}}{L\partial\xi}\big|_{\xi=0}R\mathrm{d}\theta \tag{B.9d}$$

$$B_{\mathrm{Ws}}^{\mathrm{T}} = k_w\int_0^{2\pi}W^{\mathrm{T}}\sin\theta\big|_{\xi=0}R\mathrm{d}\theta \tag{B.10a}$$

$$B_{\mathrm{Wc}}^{\mathrm{T}} = k_w\int_0^{2\pi}W^{\mathrm{T}}\cos\theta\big|_{\xi=0}R\mathrm{d}\theta \tag{B.10b}$$

# 附录 C　5.2.1 节公式具体表达式

## 1. 轮盘质量矩阵

$$M_{\mathrm{d}} = \begin{bmatrix} m_{\mathrm{d}}+\rho hLR\int_0^1\int_0^{2\pi}\mathrm{d}\theta\mathrm{d}\xi & 0 \\ 0 & m_{\mathrm{d}}+\rho hLR\int_0^1\int_0^{2\pi}\mathrm{d}\theta\mathrm{d}\xi \end{bmatrix} \tag{C.1}$$

## 2. 鼓筒质量矩阵

$$M_{\mathrm{m}} = \begin{bmatrix} M_1 & & \\ & M_2 & \\ & & M_3 \end{bmatrix}$$

$$= \begin{bmatrix} \rho hLR\int_0^1\int_0^{2\pi}UU^{\mathrm{T}}\mathrm{d}\theta\mathrm{d}\xi & 0 & 0 \\ 0 & \rho hLR\int_0^1\int_0^{2\pi}VV^{\mathrm{T}}\mathrm{d}\theta\mathrm{d}\xi & 0 \\ 0 & 0 & \rho hLR\int_0^1\int_0^{2\pi}WW^{\mathrm{T}}\mathrm{d}\theta\mathrm{d}\xi \end{bmatrix} \tag{C.2}$$

## 3. 轮盘-鼓筒系统惯性耦合项

$$M_{\mathrm{cp}} = \begin{bmatrix} \rho hLR\int_0^1\int_0^{2\pi}\cos(\theta+\varphi)V^{\mathrm{T}}\mathrm{d}\theta\mathrm{d}\xi & \rho hLR\int_0^1\int_0^{2\pi}\sin(\theta+\varphi)W^{\mathrm{T}}R\mathrm{d}\theta\mathrm{d}\xi \\ -\rho hLR\int_0^1\int_0^{2\pi}\sin(\theta+\varphi)V^{\mathrm{T}}\mathrm{d}\theta\mathrm{d}\xi & \rho hLR\int_0^1\int_0^{2\pi}\cos(\theta+\varphi)W^{\mathrm{T}}R\mathrm{d}\theta\mathrm{d}\xi \end{bmatrix} \tag{C.3}$$

4. 轮盘的刚度矩阵

$$\boldsymbol{K}_{\mathrm{d}} = \begin{bmatrix} k_s & 0 \\ 0 & k_s \end{bmatrix} \tag{C.4}$$

5. 鼓筒刚度矩阵

$$\boldsymbol{K}_{\mathrm{m}} = \begin{bmatrix} \tilde{\boldsymbol{K}}_1 & \tilde{\boldsymbol{K}}_2 & \tilde{\boldsymbol{K}}_3 \\ \tilde{\boldsymbol{K}}_5^{\mathrm{T}} & \tilde{\boldsymbol{K}}_4 & \tilde{\boldsymbol{K}}_5 \\ \tilde{\boldsymbol{K}}_3^{\mathrm{T}} & \tilde{\boldsymbol{K}}_5^{\mathrm{T}} & \tilde{\boldsymbol{K}}_6 \end{bmatrix} \tag{C.5}$$

式中,

$$\begin{cases} \tilde{\boldsymbol{K}}_1 = \boldsymbol{K}_1 + \boldsymbol{H}_1 \\ \tilde{\boldsymbol{K}}_2 = \boldsymbol{K}_2 \\ \tilde{\boldsymbol{K}}_3 = \boldsymbol{K}_3 \\ \tilde{\boldsymbol{K}}_4 = -\Omega^2 \boldsymbol{M}_2 + \boldsymbol{K}_4 + \boldsymbol{H}_2 \\ \tilde{\boldsymbol{K}}_5 = \boldsymbol{K}_5 + \boldsymbol{H}_4 \\ \tilde{\boldsymbol{K}}_6 = -\Omega^2 \boldsymbol{M}_3 + \boldsymbol{K}_6 + \boldsymbol{H}_3 \end{cases}$$

其中,

$$\begin{aligned} \boldsymbol{K}_1 = {} & LR\int_0^1\int_0^{2\pi} \frac{Eh}{1-\mu^2}\frac{1}{L^2}\frac{\partial \boldsymbol{U}}{\partial \xi}\frac{\partial \boldsymbol{U}^{\mathrm{T}}}{\partial \xi}\,\mathrm{d}\xi\mathrm{d}\theta \\ & + LR\int_0^1\int_0^{2\pi} \frac{Eh}{1-\mu^2}\frac{1-\mu}{2}\frac{1}{R^2}\frac{\partial \boldsymbol{U}}{\partial \theta}\frac{\partial \boldsymbol{U}^{\mathrm{T}}}{\partial \theta}\,\mathrm{d}\xi\mathrm{d}\theta \end{aligned} \tag{C.6a}$$

$$\begin{aligned} \boldsymbol{K}_2 = {} & \frac{LR}{2}\int_0^1\int_0^{2\pi} \frac{Eh}{1-\mu^2}\frac{2\mu}{LR}\frac{\partial \boldsymbol{U}}{\partial \xi}\frac{\partial \boldsymbol{V}^{\mathrm{T}}}{\partial \theta}\,\mathrm{d}\xi\mathrm{d}\theta \\ & + \frac{LR}{2}\int_0^1\int_0^{2\pi} \frac{Eh}{1-\mu^2}\frac{1-\mu}{2}\frac{2}{LR}\frac{\partial \boldsymbol{U}}{\partial \theta}\frac{\partial \boldsymbol{V}^{\mathrm{T}}}{\partial \xi}\,\mathrm{d}\xi\mathrm{d}\theta \end{aligned} \tag{C.6b}$$

$$\boldsymbol{K}_3 = \frac{LR}{2}\int_0^1\int_0^{2\pi} \frac{Eh}{1-\mu^2}\frac{2\mu}{LR}\frac{\partial \boldsymbol{U}}{\partial \xi}\boldsymbol{W}^{\mathrm{T}}\,\mathrm{d}\xi\mathrm{d}\theta \tag{C.6c}$$

$$\begin{aligned} \boldsymbol{K}_4 = {} & LR\int_0^1\int_0^{2\pi} \frac{Eh}{1-\mu^2}\frac{1}{R^2}\frac{\partial \boldsymbol{V}}{\partial \theta}\frac{\partial \boldsymbol{V}^{\mathrm{T}}}{\partial \theta}\,\mathrm{d}\xi\mathrm{d}\theta \\ & + \frac{LR}{2}\int_0^1\int_0^{2\pi} \frac{Eh}{1-\mu^2}\frac{1-\mu}{2}\frac{1}{L^2}\frac{\partial \boldsymbol{V}}{\partial \xi}\frac{\partial \boldsymbol{V}^{\mathrm{T}}}{\partial \xi}\,\mathrm{d}\xi\mathrm{d}\theta \end{aligned} \tag{C.6d}$$

$$K_5 = \frac{LR}{2}\int_0^1\int_0^{2\pi}\frac{Eh}{1-\mu^2}\frac{2}{R^2}\frac{\partial V}{\partial\theta}W^{\mathrm{T}}\mathrm{d}\xi\mathrm{d}\theta \tag{C.6e}$$

$$\begin{aligned}
K_6 &= LR\int_0^1\int_0^{2\pi}\frac{Eh}{1-\mu^2}\frac{1}{R^2}WW^{\mathrm{T}}\mathrm{d}\xi\mathrm{d}\theta \\
&+ LR\int_0^1\int_0^{2\pi}\frac{Eh^3}{12(1-\mu^2)}\frac{1}{L^4}\frac{\partial^2 W}{\partial\xi^2}\frac{\partial^2 W^{\mathrm{T}}}{\partial\xi^2}\mathrm{d}\xi\mathrm{d}\theta \\
&+ LR\int_0^1\int_0^{2\pi}\frac{Eh^3}{12(1-\mu^2)}\frac{1}{R^4}\frac{\partial^2 W}{\partial\theta^2}\frac{\partial^2 W^{\mathrm{T}}}{\partial\theta^2}\mathrm{d}\xi\mathrm{d}\theta \\
&+ LR\int_0^1\int_0^{2\pi}\frac{Eh^3}{12(1-\mu^2)}\frac{1-\mu}{2}\frac{4}{L^2R^2}\frac{\partial^2 W}{\partial\xi\partial\theta}\frac{\partial^2 W^{\mathrm{T}}}{\partial\xi\partial\theta}\mathrm{d}\xi\mathrm{d}\theta \\
&+ \frac{LR}{2}\int_0^1\int_0^{2\pi}\frac{Eh^3}{12(1-\mu^2)}\frac{2\mu}{L^2R^2}\left(\frac{\partial^2 W}{\partial\xi^2}\frac{\partial^2 W^{\mathrm{T}}}{\partial\theta^2}+\frac{\partial^2 W}{\partial\theta^2}\frac{\partial^2 W^{\mathrm{T}}}{\partial\xi^2}\right)\mathrm{d}\xi\mathrm{d}\theta
\end{aligned} \tag{C.6f}$$

$$H_1 = \frac{LRN_\theta^0}{R^2}\int_0^1\int_0^{2\pi}\frac{\partial U}{\partial\theta}\frac{\partial U^{\mathrm{T}}}{\partial\theta}\mathrm{d}\xi\mathrm{d}\theta \tag{C.7a}$$

$$H_2 = \frac{LRN_\theta^0}{R^2}\int_0^1\int_0^{2\pi}\left(\frac{\partial V}{\partial\theta}\frac{\partial V^{\mathrm{T}}}{\partial\theta}+VV^{\mathrm{T}}\right)\mathrm{d}\xi\mathrm{d}\theta \tag{C.7b}$$

$$H_3 = \frac{LRN_\theta^0}{R^2}\int_0^1\int_0^{2\pi}\left(WW^{\mathrm{T}}+\frac{\partial W}{\partial\theta}\frac{\partial W^{\mathrm{T}}}{\partial\theta}\right)\mathrm{d}\xi\mathrm{d}\theta \tag{C.7c}$$

$$H_4 = \frac{LRN_\theta^0}{R^2}\int_0^1\int_0^{2\pi}\left(\frac{\partial V}{\partial\theta}W^{\mathrm{T}}-V\frac{\partial W^{\mathrm{T}}}{\partial\theta}\right)\mathrm{d}\xi\mathrm{d}\theta \tag{C.7d}$$

6. 鼓筒非线性项

$$\begin{aligned}
Q_u &= \frac{LR}{2}\int_0^1\int_0^{2\pi}\frac{EH}{1-\mu^2}\frac{1}{L^3}\frac{\partial U}{\partial\xi}\left(\frac{\partial W^{\mathrm{T}}}{\partial\xi}q_w\right)^2\mathrm{d}\theta\mathrm{d}\xi \\
&+ \frac{LR}{2}\int_0^1\int_0^{2\pi}\frac{EH}{1-\mu^2}\frac{2\mu}{2LR^2}\frac{\partial U}{\partial\xi}\left(\frac{\partial W^{\mathrm{T}}}{\partial\theta}q_w\right)^2\mathrm{d}\theta\mathrm{d}\xi \\
&+ \frac{LR}{2}\int_0^1\int_0^{2\pi}\frac{EH}{1-\mu^2}\frac{1-\mu}{2}\frac{2}{LR^2}\frac{\partial U}{\partial\theta}\frac{\partial W^{\mathrm{T}}}{\partial\xi}q_w\frac{\partial W^{\mathrm{T}}}{\partial\theta}q_w\mathrm{d}\theta\mathrm{d}\xi
\end{aligned} \tag{C.8}$$

$$Q_v = \frac{LR}{2} \int_0^1 \int_0^{2\pi} \frac{EH}{1-\mu^2} \frac{1}{R^3} \frac{\partial V}{\partial \theta} \left( \frac{\partial W^{\mathrm{T}}}{\partial \theta} q_w \right)^2 \mathrm{d}\theta \mathrm{d}\xi$$

$$+ \frac{LR}{2} \int_0^1 \int_0^{2\pi} \frac{EH}{1-\mu^2} \frac{2\mu}{2L^2 R} \frac{\partial V}{\partial \theta} \left( \frac{\partial W^{\mathrm{T}}}{\partial \xi} q_w \right)^2 \mathrm{d}\theta \mathrm{d}\xi \qquad (\text{C.9})$$

$$+ \frac{LR}{2} \int_0^1 \int_0^{2\pi} \frac{EH}{1-\mu^2} \frac{1-\mu}{2} \frac{2}{L^2 R} \frac{\partial V}{\partial \xi} \frac{\partial W^{\mathrm{T}}}{\partial \xi} q_w \frac{\partial W^{\mathrm{T}}}{\partial \theta} q_w \mathrm{d}\theta \mathrm{d}\xi$$

# ■ 附录 D　5.3.1 节公式具体表达式

$$M = \begin{bmatrix} M_{\mathrm{d}} & \\ & M_{\mathrm{D}} \end{bmatrix} \qquad (\text{D.1})$$

式中，

$$M_{\mathrm{d}} = \begin{bmatrix} M_{\mathrm{d}}^u & & \\ & M_{\mathrm{d}}^v & \\ & & M_{\mathrm{d}}^w \end{bmatrix}, \quad M_{\mathrm{D}} = \begin{bmatrix} M_{\mathrm{D}}^u & & \\ & M_{\mathrm{D}}^v & \\ & & M_{\mathrm{D}}^w \end{bmatrix} \qquad (\text{D.2})$$

其中，

$$M_{\mathrm{d}}^u = \rho h b^2 \int_{a/b}^1 \int_0^{2\pi} U_{\mathrm{d}} U_{\mathrm{d}}^{\mathrm{T}} \eta \mathrm{d}\theta \mathrm{d}\eta \qquad (\text{D.3a})$$

$$M_{\mathrm{d}}^v = \rho h b^2 \int_{a/b}^1 \int_0^{2\pi} V_{\mathrm{d}} V_{\mathrm{d}}^{\mathrm{T}} \eta \mathrm{d}\theta \mathrm{d}\eta \qquad (\text{D.3b})$$

$$M_{\mathrm{d}}^w = \rho h b^2 \int_{a/b}^1 \int_0^{2\pi} W_{\mathrm{d}} W_{\mathrm{d}}^{\mathrm{T}} \eta \mathrm{d}\theta \mathrm{d}\eta \qquad (\text{D.3c})$$

$$G = \begin{bmatrix} G_{\mathrm{d}} & \\ & G_{\mathrm{D}} \end{bmatrix} \qquad (\text{D.4})$$

式中，

$$G_{\mathrm{d}} = \rho_{\mathrm{d}} h_{\mathrm{d}} b^2 \Omega \begin{bmatrix} \int_{a/b}^1 \int_0^{2\pi} U_{\mathrm{d}} \dfrac{\partial U_{\mathrm{d}}^{\mathrm{T}}}{\partial \theta} \eta \mathrm{d}\theta \mathrm{d}\eta & 0 & 0 \\ 0 & 0 & 2\int_{a/b}^1 \int_0^{2\pi} V_{\mathrm{d}} W_{\mathrm{d}}^{\mathrm{T}} \eta \mathrm{d}\theta \mathrm{d}\eta \\ 0 & -2\int_{a/b}^1 \int_0^{2\pi} W_{\mathrm{d}} V_{\mathrm{d}}^{\mathrm{T}} \eta \mathrm{d}\theta \mathrm{d}\eta & 0 \end{bmatrix}$$

$$(\text{D.5})$$

$$G_D = 2\Omega\rho_D h_D L_D \begin{bmatrix} 0 & 0 & 0 \\ 0 & 0 & \int_0^1\int_0^{2\pi} V_D W_D^{\mathrm{T}} R_D \mathrm{d}\theta\mathrm{d}\xi \\ 0 & -\int_0^1\int_0^{2\pi} W_D V_D^{\mathrm{T}} R_D \mathrm{d}\theta\mathrm{d}\xi & 0 \end{bmatrix} \quad (\text{D.6})$$

$$K = \begin{bmatrix} K_d & K_{Dd} \\ K_{Dd}^{\mathrm{T}} & K_D \end{bmatrix} \quad (\text{D.7})$$

式中，

$$K_{Dd} = \begin{bmatrix} -\left(B_{Dd}^{u}\right)^{\mathrm{T}} & & \left(B_{Dd}^{\theta}\right)^{\mathrm{T}} \\ & -\left(B_{Dd}^{v}\right)^{\mathrm{T}} & \\ & & -\left(B_{Dd}^{w}\right)^{\mathrm{T}} \end{bmatrix}, \quad K_d = K_d^{\text{bolt}} + K_d^{\text{BD}} + K_d^{\varepsilon} + K_d^{\Omega} \quad (\text{D.8})$$

$$K_D = K_D^{\text{bolt}} + K_D^{\text{BD}} + K_D^{\varepsilon} + K_D^{\Omega}$$

其中，

$$K_d^{\text{bolt}} = \begin{bmatrix} B_d^{u} + B_d^{\theta} & & \\ & B_d^{v} & \\ & & B_d^{w} \end{bmatrix}, \quad K_d^{\varepsilon} = \begin{bmatrix} K_d^{u} & & \\ & K_d^{v} & \left(K_d^{wv}\right)^{\mathrm{T}} \\ & K_d^{wv} & K_d^{w} \end{bmatrix}$$

$$K_d^{\text{BD}} = \begin{bmatrix} S_{d1}^{u} + S_{d2}^{u} + S_{d1}^{\theta} + S_{d2}^{\theta} & & \\ & S_{d1}^{v} + S_{d2}^{v} & \\ & & S_{d1}^{w} + S_{d2}^{w} \end{bmatrix}$$

$$K_d^{\Omega} = \begin{bmatrix} K_d^{u\Omega} - \Omega^2 M_d^{u\theta\theta} & & \\ & -\Omega^2 M_d^{v} & \\ & & -\Omega^2 M_d^{w} \end{bmatrix} \quad (\text{D.9})$$

$$K_D^{\text{bolt}} = \begin{bmatrix} B_D^{u} & & \\ & B_D^{v} & \\ & & B_D^{w} + B_D^{\theta} \end{bmatrix}, \quad K_D^{\text{BD}} = \begin{bmatrix} S_D^{u} & & \\ & S_{D2}^{v} & \\ & & S_D^{w} + S_D^{\theta} \end{bmatrix}$$

$$K_D^{\varepsilon} = \begin{bmatrix} K_1 & K_2 & K_3 \\ K_2 & K_4 & K_5 \\ K_3^{\mathrm{T}} & K_5^{\mathrm{T}} & K_6 \end{bmatrix}$$

$$K_D^{\Omega} = \begin{bmatrix} H_1 & & \\ & -\Omega^2 M_D^{v} + H_2 & H_4 \\ & H_4^{\mathrm{T}} & -\Omega^2 M_D^{w} + H_3 \end{bmatrix}$$

其中，

$$\boldsymbol{M}_{\mathrm{d}}^{u\theta\theta} = \rho_{\mathrm{d}} h_{\mathrm{d}} \int_a^b \int_0^{2\pi} \frac{\partial \boldsymbol{U}_{\mathrm{d}}}{\partial \theta} \frac{\partial \boldsymbol{U}_{\mathrm{d}}^{\mathrm{T}}}{\partial \theta} r \mathrm{d}r \mathrm{d}\eta \tag{D.10}$$

$$\begin{aligned}
\boldsymbol{K}_{\mathrm{d}}^{u} = \frac{Eh^3}{12(1-\mu^2)} \int_0^{2\pi} \int_a^b &\left[ \frac{\partial^2 \boldsymbol{U}_{\mathrm{d}}}{\partial r^2} \frac{\partial^2 \boldsymbol{U}_{\mathrm{d}}^{\mathrm{T}}}{\partial r^2} + \frac{1}{r^2} \frac{\partial^2 \boldsymbol{U}_{\mathrm{d}}}{\partial r^2} \frac{\partial^2 \boldsymbol{U}_{\mathrm{d}}^{\mathrm{T}}}{\partial r^2} \right. \\
&+ \frac{1}{r^4} \frac{\partial^2 \boldsymbol{U}_{\mathrm{d}}}{\partial \theta^2} \frac{\partial^2 \boldsymbol{U}_{\mathrm{d}}^{\mathrm{T}}}{\partial \theta^2} + \frac{2}{r^3} \frac{\partial^2 \boldsymbol{U}_{\mathrm{d}}}{\partial \theta^2} \frac{\partial \boldsymbol{U}_{\mathrm{d}}^{\mathrm{T}}}{\partial r} \\
&+ \frac{2\mu}{r} \frac{\partial^2 \boldsymbol{U}_{\mathrm{d}}}{\partial r^2} \frac{\partial \boldsymbol{U}_{\mathrm{d}}^{\mathrm{T}}}{\partial r} + \frac{2\mu}{r^2} \frac{\partial^2 \boldsymbol{U}_{\mathrm{d}}}{\partial r^2} \frac{\partial^2 \boldsymbol{U}_{\mathrm{d}}^{\mathrm{T}}}{\partial \theta^2} \\
&+ 2(1-\mu)\left( \frac{1}{r^2} \frac{\partial^2 \boldsymbol{U}_{\mathrm{d}}}{\partial r \partial \theta} \frac{\partial^2 \boldsymbol{U}_{\mathrm{d}}^{\mathrm{T}}}{\partial r \partial \theta} \right. \\
&\left.\left. + \frac{1}{r^4} \frac{\partial \boldsymbol{U}_{\mathrm{d}}}{\partial \theta} \frac{\partial \boldsymbol{U}_{\mathrm{d}}^{\mathrm{T}}}{\partial \theta} - \frac{2}{r^3} \frac{\partial \boldsymbol{U}_{\mathrm{d}}}{\partial \theta} \frac{\partial^2 \boldsymbol{U}_{\mathrm{d}}^{\mathrm{T}}}{\partial r \partial \theta} \right) \right] r \mathrm{d}r \mathrm{d}\theta
\end{aligned} \tag{D.11a}$$

$$\begin{aligned}
\boldsymbol{K}_{\mathrm{d}}^{w} = \frac{Eh^3}{1-\mu^2} \int_0^{2\pi} \int_a^b &\left( \frac{\partial \boldsymbol{W}_{\mathrm{d}}}{\partial r} \frac{\partial \boldsymbol{W}_{\mathrm{d}}^{\mathrm{T}}}{\partial r} + \frac{\mu}{r} \frac{\partial \boldsymbol{W}_{\mathrm{d}}}{\partial r} \boldsymbol{W}_{\mathrm{d}}^{\mathrm{T}} + \frac{\mu}{r} \boldsymbol{W}_{\mathrm{d}} \frac{\partial \boldsymbol{W}_{\mathrm{d}}^{\mathrm{T}}}{\partial r} \right. \\
&\left. + \frac{1}{r^2} \boldsymbol{W}_{\mathrm{d}} \boldsymbol{W}_{\mathrm{d}}^{\mathrm{T}} + \frac{1-\mu}{2r^2} \frac{\partial \boldsymbol{W}_{\mathrm{d}}}{\partial \theta} \frac{\partial \boldsymbol{W}_{\mathrm{d}}^{\mathrm{T}}}{\partial \theta} \right) r \mathrm{d}r \mathrm{d}\theta
\end{aligned} \tag{D.11b}$$

$$\begin{aligned}
\boldsymbol{K}_{\mathrm{d}}^{wv} = \frac{1}{2} \frac{Eh}{1-\mu^2} \int_0^{2\pi} \int_a^b &\left( \frac{2\mu}{r} \frac{\partial \boldsymbol{W}_{\mathrm{d}}}{\partial r} \frac{\partial \boldsymbol{V}_{\mathrm{d}}^{\mathrm{T}}}{\partial \theta} + \frac{1-\mu}{r} \frac{\partial \boldsymbol{W}_{\mathrm{d}}}{\partial \theta} \frac{\partial \boldsymbol{V}_{\mathrm{d}}^{\mathrm{T}}}{\partial r} \right. \\
&\left. - \frac{1-\mu}{r^2} \frac{\partial \boldsymbol{W}_{\mathrm{d}}}{\partial \theta} \boldsymbol{V}_{\mathrm{d}}^{\mathrm{T}} + \frac{2}{r^2} \boldsymbol{W}_{\mathrm{d}} \frac{\partial \boldsymbol{V}_{\mathrm{d}}^{\mathrm{T}}}{\partial \theta} \right) r \mathrm{d}r \mathrm{d}\theta
\end{aligned} \tag{D.11c}$$

$$\begin{aligned}
\boldsymbol{K}_{\mathrm{d}}^{v} = \frac{Eh}{1-\mu^2} \int_0^{2\pi} \int_a^b &\left( \frac{1}{r^2} \frac{\partial \boldsymbol{V}_{\mathrm{d}}}{\partial \theta} \frac{\partial \boldsymbol{V}_{\mathrm{d}}^{\mathrm{T}}}{\partial \theta} + \frac{1-\mu}{2} \frac{\partial \boldsymbol{V}_{\mathrm{d}}}{\partial r} \frac{\partial \boldsymbol{V}_{\mathrm{d}}^{\mathrm{T}}}{\partial r} + \frac{1-\mu}{2r^2} \boldsymbol{V}_{\mathrm{d}} \boldsymbol{V}_{\mathrm{d}}^{\mathrm{T}} \right. \\
&\left. - \frac{1-\mu}{2r} \frac{\partial \boldsymbol{V}_{\mathrm{d}}}{\partial r} \boldsymbol{V}_{\mathrm{d}}^{\mathrm{T}} - \frac{1-\mu}{2r} \boldsymbol{V}_{\mathrm{d}} \frac{\partial \boldsymbol{V}_{\mathrm{d}}^{\mathrm{T}}}{\partial r} \right) r \mathrm{d}r \mathrm{d}\theta
\end{aligned} \tag{D.11d}$$

$$\boldsymbol{K}_{\mathrm{d}}^{u\Omega} = \int_0^{2\pi} \int_a^b \left( \sigma_r \frac{\partial \boldsymbol{U}_{\mathrm{d}}}{\partial r} \frac{\partial \boldsymbol{U}_{\mathrm{d}}^{\mathrm{T}}}{\partial r} + \sigma_\theta \frac{1}{r^2} \frac{\partial \boldsymbol{U}_{\mathrm{d}}}{\partial \theta} \frac{\partial \boldsymbol{U}_{\mathrm{d}}^{\mathrm{T}}}{\partial \theta} \right) r \mathrm{d}r \mathrm{d}\theta \tag{D.11e}$$

$$\boldsymbol{H}_1 = \frac{N_\theta^0}{R_D^2} \int_0^{2\pi} \int_0^1 \frac{\partial \boldsymbol{U}_{\mathrm{D}}}{\partial \theta} \frac{\partial \boldsymbol{U} \boldsymbol{U}_{\mathrm{D}}^{\mathrm{T}}}{\partial \theta} L_{\mathrm{D}} R_{\mathrm{D}} \mathrm{d}\xi \mathrm{d}\theta \tag{D.12a}$$

$$H_2 = \frac{N_\theta^0}{R_D{}^2} \int_0^{2\pi} \int_0^1 \left( \frac{\partial V_D}{\partial \theta} \frac{\partial V_D^T}{\partial \theta} + V_D V_D^T \right) L_D R_D \mathrm{d}\xi \mathrm{d}\theta \tag{D.12b}$$

$$H_3 = \frac{N_\theta^0}{R_D{}^2} \int_0^{2\pi} \int_0^1 \left( \frac{\partial W_D}{\partial \theta} \frac{\partial W_D^T}{\partial \theta} + W_D W_D^T \right) L_D R_D \mathrm{d}\xi \mathrm{d}\theta \tag{D.12c}$$

$$H_4 = \frac{N_\theta^0}{R_D{}^2} \int_0^{2\pi} \int_0^1 \left( \frac{\partial V_D}{\partial \theta} W_D^T - V_D \frac{\partial W_D^T}{\partial \theta} \right) L_D R_D \mathrm{d}\xi \mathrm{d}\theta \tag{D.12d}$$

$$S_{d1}^u = \int_0^{2\pi} k_{d1}^u \underbrace{\left( U_d U_d^T \right)}_{r=a} a \mathrm{d}\theta, \quad S_{d1}^v = \int_0^{2\pi} k_{d1}^v \underbrace{\left( V_d V_d^T \right)}_{r=a} a \mathrm{d}\theta,$$

$$S_{d1}^w = \int_0^{2\pi} k_{d1}^w \underbrace{\left( W_d W_d^T \right)}_{r=a} a \mathrm{d}\theta, \quad S_{d1}^\theta = \int_0^{2\pi} k_{d1}^\theta \underbrace{\left( \frac{\partial U_d}{\partial r} \frac{\partial U_d^T}{\partial r} \right)}_{r=a} a \mathrm{d}\theta,$$

$$S_{d2}^u = \int_0^{2\pi} k_{d2}^u \underbrace{\left( U_d U_d^T \right)}_{r=b} b \mathrm{d}\theta, \quad S_{d2}^v = \int_0^{2\pi} k_{d2}^v \underbrace{\left( V_d V_d^T \right)}_{r=b} b \mathrm{d}\theta, \tag{D.13a}$$

$$S_{d2}^w = \int_0^{2\pi} k_{d2}^w \underbrace{\left( W_d W_d^T \right)}_{r=b} b \mathrm{d}\theta, \quad S_{d2}^\theta = \int_0^{2\pi} k_{d2}^\theta \underbrace{\left( \frac{\partial U_d}{\partial r} \frac{\partial U_d^T}{\partial r} \right)}_{r=b} b \mathrm{d}\theta$$

$$B_D^u = \sum_{b=1}^{N_b} \underbrace{k_u U_D U_D^T}_{\eta=R_D/b, \xi=0, \theta=\theta_b} , \quad B_D^v = \sum_{b=1}^{N_b} \underbrace{k_v V_D V_D^T}_{\eta=R_D/b, \xi=0, \theta=\theta_b} ,$$

$$B_D^w = \sum_{b=1}^{N_b} \underbrace{k_w W_D W_D^T}_{\eta=R_D/b, \xi=0, \theta=\theta_b} , \quad B_D^\theta = \sum_{b=1}^{N_b} k_\theta \underbrace{\frac{\partial W_D}{\partial x} \frac{\partial W_D^T}{\partial x}}_{\eta=R_D/b, \xi=0, \theta=\theta_b} \tag{D.13b}$$

$$B_d^u = \sum_{b=1}^{N_b} \underbrace{k_u U_d U_d^T}_{\eta=R_D/b, \xi=0, \theta=\theta_b} , \quad B_d^v = \sum_{b=1}^{N_b} \underbrace{k_v V_d V_d^T}_{\eta=R_D/b, \xi=0, \theta=\theta_b} ,$$

$$B_d^w = \sum_{b=1}^{N_b} \underbrace{k_w W_d W_d^T}_{\eta=R_D/b, \xi=0, \theta=\theta_b} , \quad B_d^\theta = \sum_{b=1}^{N_b} k_\theta \underbrace{\frac{\partial U_d}{\partial r} \frac{\partial U_d^T}{\partial r}}_{\eta=R_D/b, \xi=0, \theta=\theta_b} \tag{D.13c}$$

$$B_{Dd}^u = \sum_{b=1}^{N_b} \underbrace{k_u U_D U_d^T}_{\eta=R_D/b, \xi=0, \theta=\theta_b} , \quad B_{Dd}^v = \sum_{b=1}^{N_b} \underbrace{k_v V_D V_d^T}_{\eta=R_D/b, \xi=0, \theta=\theta_b} ,$$

$$B_{Dd}^w = \sum_{b=1}^{N_b} \underbrace{k_w W_D W_d^T}_{\eta=R_D/b, \xi=0, \theta=\theta_b} , \quad B_{Dd}^\theta = \sum_{b=1}^{N_b} k_\theta \underbrace{\frac{\partial W_D}{\partial x} \frac{\partial W_d^T}{\partial r}}_{\eta=R_D/b, \xi=0, \theta=\theta_b} \tag{D.13d}$$

# ■ 附录 E　6.1.1 节公式具体表达式

1. 复合材料层合圆柱壳质量矩阵 $\boldsymbol{M}$ 的表达式

$$\boldsymbol{M} = \begin{bmatrix} \boldsymbol{M}^{uu} & & \\ & \boldsymbol{M}^{vv} & \\ & & \boldsymbol{M}^{ww} \end{bmatrix} \tag{E.1}$$

式中，

$$\begin{aligned} \boldsymbol{M}^{uu} &= \rho H L R \int_0^1 \int_0^{2\pi} \bar{\boldsymbol{U}}\bar{\boldsymbol{U}}^{\mathrm{T}} \mathrm{d}\theta \mathrm{d}\xi \\ \boldsymbol{M}^{vv} &= \rho H L R \int_0^1 \int_0^{2\pi} \bar{\boldsymbol{V}}\bar{\boldsymbol{V}}^{\mathrm{T}} \mathrm{d}\theta \mathrm{d}\xi \\ \boldsymbol{M}^{ww} &= \rho H L R \int_0^1 \int_0^{2\pi} \bar{\boldsymbol{W}}\bar{\boldsymbol{W}}^{\mathrm{T}} \mathrm{d}\theta \mathrm{d}\xi \end{aligned} \tag{E.2}$$

2. 复合材料层合圆柱壳势能刚度矩阵 $\boldsymbol{K}$ 的表达式

$$\boldsymbol{K} = \begin{bmatrix} \boldsymbol{K}^{uu} & \dfrac{1}{2}\boldsymbol{K}^{uv} & \dfrac{1}{2}\boldsymbol{K}^{uw} \\ \dfrac{1}{2}\boldsymbol{K}^{uv} & \boldsymbol{K}^{vv} & \dfrac{1}{2}\boldsymbol{K}^{vw} \\ \dfrac{1}{2}\boldsymbol{K}^{vw} & \dfrac{1}{2}\boldsymbol{K}^{uv} & \boldsymbol{K}^{ww} \end{bmatrix} \tag{E.3}$$

式中，

$$\boldsymbol{K}^{uu} = \frac{L}{R} \int_0^1 \int_0^{2\pi} \left( A_{66} \frac{\partial \bar{\boldsymbol{U}}}{\partial \theta} \frac{\partial \bar{\boldsymbol{U}}^{\mathrm{T}}}{\partial \theta} + \frac{R^2 A_{11}}{L^2} \frac{\partial \bar{\boldsymbol{U}}}{\partial \xi} \frac{\partial \bar{\boldsymbol{U}}^{\mathrm{T}}}{\partial \xi} \right) \mathrm{d}\theta \mathrm{d}\xi \tag{E.4a}$$

$$\boldsymbol{K}^{uv} = \frac{L}{R} \int_0^1 \int_0^{2\pi} \left( \frac{2RA_{12}}{L} \frac{\partial \bar{\boldsymbol{U}}}{\partial \xi} \frac{\partial \bar{\boldsymbol{V}}^{\mathrm{T}}}{\partial \theta} + \frac{2R^2 A_{66}}{L} \frac{\partial \bar{\boldsymbol{U}}}{\partial \theta} \frac{\partial \bar{\boldsymbol{V}}^{\mathrm{T}}}{\partial \xi} \right) \mathrm{d}\theta \mathrm{d}\xi \tag{E.4b}$$

$$\boldsymbol{K}^{uw} = \frac{L}{R} \int_0^1 \int_0^{2\pi} \left( \frac{2RA_{12}}{L} \frac{\partial \bar{\boldsymbol{U}}}{\partial \xi} \bar{\boldsymbol{W}}^{\mathrm{T}} \right) \mathrm{d}\theta \mathrm{d}\xi \tag{E.4c}$$

$$\boldsymbol{K}^{vv} = \frac{L}{R} \int_0^1 \int_0^{2\pi} \left[ \left( A_{22} + \frac{D_{22}}{R^2} \right) \frac{\partial \bar{V}}{\partial \theta} \frac{\partial \bar{V}^{\mathrm{T}}}{\partial \theta} + \left( \frac{R^2 A_{66}}{L^2} + \frac{D_{66}}{L^2} \right) \frac{\partial \bar{V}}{\partial \xi} \frac{\partial \bar{V}^{\mathrm{T}}}{\partial \xi} \right] \mathrm{d}\theta \mathrm{d}\xi \qquad (\mathrm{E.4d})$$

$$\boldsymbol{K}^{vw} = \frac{L}{R} \int_0^1 \int_0^{2\pi} \left( 2 A_{22} \frac{\partial \bar{V}}{\partial \theta} \bar{W}^{\mathrm{T}} - \frac{2 D_{22}}{R^2} \frac{\partial \bar{V}}{\partial \theta} \frac{\partial^2 \bar{W}^{\mathrm{T}}}{\partial \theta^2} - \frac{4 D_{66}}{L^2} \frac{\partial \bar{V}}{\partial \xi} \frac{\partial^2 \bar{W}^{\mathrm{T}}}{\partial \xi \partial \theta} \right.$$
$$\left. - \frac{2 D_{12}}{L^2} \frac{\partial \bar{V}}{\partial \theta} \frac{\partial^2 \bar{W}^{\mathrm{T}}}{\partial \xi^2} \right) \mathrm{d}\theta \mathrm{d}\xi \qquad (\mathrm{E.4e})$$

$$\boldsymbol{K}^{ww} = \frac{L}{R} \int_0^1 \int_0^{2\pi} \left( A_{22} \bar{W} \bar{W}^{\mathrm{T}} + \frac{R^2 D_{11}}{L^4} \frac{\partial^2 \bar{W}}{\partial \xi^2} \frac{\partial^2 \bar{W}^{\mathrm{T}}}{\partial \xi^2} \right.$$
$$+ \frac{D_{22}}{R^2} \frac{\partial^2 \bar{W}}{\partial \theta^2} \frac{\partial^2 \bar{W}^{\mathrm{T}}}{\partial \theta^2} + \frac{2 D_{12}}{L^2} \frac{\partial^2 \bar{W}}{\partial \xi^2} \frac{\partial^2 \bar{W}^{\mathrm{T}}}{\partial \theta^2} \qquad (\mathrm{E.4f})$$
$$\left. + \frac{4 D_{66}}{L^2} \frac{\partial^2 \bar{W}}{\partial \xi \partial \theta} \frac{\partial^2 \bar{W}^{\mathrm{T}}}{\partial \xi \partial \theta} \right) \mathrm{d}\theta \mathrm{d}\xi$$

3. 复合材料层合圆柱壳边界刚度矩阵 $\boldsymbol{K}_{\mathrm{spr}}$ 的表达式

$$\boldsymbol{K}_{\mathrm{spr}} = \begin{bmatrix} \boldsymbol{K}_{\mathrm{spr}}^{uu} & 0 & 0 \\ 0 & \boldsymbol{K}_{\mathrm{spr}}^{vv} & 0 \\ 0 & 0 & \boldsymbol{K}_{\mathrm{spr}}^{ww} \end{bmatrix} \qquad (\mathrm{E.5})$$

（1）当边界为弧度约束时，边界刚度矩阵元素具体表达式为

$$\boldsymbol{K}_{\mathrm{spr}}^{uu} = \sum_{s=1}^{\mathrm{NS}} \int_{\theta_s}^{\theta_s'} \left[ k_{u,s}^0 \bar{U}(0) \bar{U}^{\mathrm{T}}(0) + k_{u,s}^1 \bar{U}(1) \bar{U}^{\mathrm{T}}(1) \right] R \mathrm{d}\theta$$

$$\boldsymbol{K}_{\mathrm{spr}}^{vv} = \sum_{s=1}^{\mathrm{NS}} \int_{\theta_s}^{\theta_s'} \left[ k_{v,s}^0 \bar{V}(0) \bar{V}^{\mathrm{T}}(0) + k_{v,s}^1 \bar{V}(1) \bar{V}^{\mathrm{T}}(1) \right] R \mathrm{d}\theta$$

$$\boldsymbol{K}_{\mathrm{spr}}^{ww} = \sum_{s=1}^{\mathrm{NS}} \int_{\theta_s}^{\theta_s'} \left[ k_{w,s}^0 \bar{W}(0) \bar{W}^{\mathrm{T}}(0) + \frac{k_{\theta,s}^0}{L^2} \frac{\partial \bar{W}(0)}{\partial \xi} \frac{\partial \bar{W}^{\mathrm{T}}(0)}{\partial \xi} + k_{w,s}^1 \bar{W}(1) \bar{W}^{\mathrm{T}}(1) \right. \qquad (\mathrm{E.6})$$
$$\left. + \frac{k_{\theta,s}^1}{L^2} \frac{\partial \bar{W}(1)}{\partial \xi} \frac{\partial \bar{W}^{\mathrm{T}}(1)}{\partial \xi} \right] R \mathrm{d}\theta$$

（2）当边界为点约束时，边界刚度矩阵元素具体表达式为

$$
\boldsymbol{K}_{\mathrm{spr}}^{uu} = \sum_{p=1}^{\mathrm{NA}} \left[ k_{u,p}^{\prime 0} \bar{\boldsymbol{U}}\left(0,\theta_p\right) \bar{\boldsymbol{U}}^{\mathrm{T}}\left(0,\theta_p\right) + k_{u,p}^{\prime 1} \bar{\boldsymbol{U}}\left(1,\theta_p\right) \bar{\boldsymbol{U}}^{\mathrm{T}}\left(1,\theta_p\right) \right]
$$

$$
\boldsymbol{K}_{\mathrm{spr}}^{vv} = \sum_{p=1}^{\mathrm{NA}} \left[ k_{v,p}^{\prime 0} \bar{\boldsymbol{V}}\left(0,\theta_p\right) \bar{\boldsymbol{V}}^{\mathrm{T}}\left(0,\theta_p\right) + k_{v,p}^{\prime 1} \bar{\boldsymbol{V}}\left(1,\theta_p\right) \bar{\boldsymbol{V}}^{\mathrm{T}}\left(1,\theta_p\right) \right]
$$

$$
\boldsymbol{K}_{\mathrm{spr}}^{ww} = \sum_{p=1}^{\mathrm{NA}} \left[ k_{w,p}^{\prime 0} \bar{\boldsymbol{W}}\left(0,\theta_p\right) \bar{\boldsymbol{W}}^{\mathrm{T}}\left(0,\theta_p\right) + \frac{k_{\theta,p}^{\prime 0}}{L^2} \frac{\bar{\boldsymbol{W}}\left(0,\theta_p\right)}{\partial \xi} \frac{\bar{\boldsymbol{W}}^{\mathrm{T}}\left(0,\theta_p\right)}{\partial \xi} \right.
$$
$$
\left. + k_{w,p}^{\prime 1} \bar{\boldsymbol{W}}\left(1,\theta_p\right) \bar{\boldsymbol{W}}^{\mathrm{T}}\left(1,\theta_p\right) + \frac{k_{\theta,p}^{\prime 1}}{L^2} \frac{\bar{\boldsymbol{W}}\left(1,\theta_p\right)}{\partial \xi} \frac{\bar{\boldsymbol{W}}^{\mathrm{T}}\left(1,\theta_p\right)}{\partial \xi} \right]
$$

（E.7）